国家精品课程配套立体化教材

生物学基础实验教程

（第三版）

（Ⅰ）

——植物生物学实验、动物生物学实验、微生物学实验、细胞生物学实验、免疫学实验

滕利荣　孟庆繁　主编

科学出版社

北　京

内 容 简 介

本书在加强基本技术和基本方法介绍的同时，注重各门实验技术和实验方法的合理综合，注重实验内容与科研、生产和实际应用的密切联系，体现基础与前沿、经典与现代的有机结合。共设49个实验项目。

本书按植物生物学、动物生物学、微生物学、细胞生物学和免疫学等实验内容分为五篇，每篇从基础性实验、综合性实验和设计创新性实验三个层面设置实验项目，每个实验项目按相关理论知识、目的要求、实验原理、材料与器材、实验步骤、实验结果、注意事项、思考题等进行了系统编排。每门实验课程内容后，设有设计创新实验，列出选题范围和要求，并在附录中列出设计创新实验实施程序及要求。

本教材是高校生命科学实验教学和教学改革急需的教材，也可作为生命科学科技工作者的工具参考书。为大中专院校生命科学相关专业和非生物学相关专业的师生、科研、企事业单位的人员提供参考。

图书在版编目(CIP)数据

生物学基础实验教程.1，植物生物学实验、动物生物学实验、微生物学实验、细胞生物学实验、免疫学实验/滕利荣，孟庆繁主编.—3版.—北京：科学出版社，2008

国家精品课程配套立体化教材

ISBN 978-7-03-022056-1

Ⅰ.生…　Ⅱ.①滕…　②孟…　Ⅲ.生物学-实验-高等学校-教材　Ⅳ.Q-33

中国版本图书馆CIP数据核字(2008)第105493号

责任编辑：单冉东　李晶晶／责任校对：赵桂芬

责任印制：徐晓晨／封面设计：耕者设计工作室

科学出版社出版

北京东黄城根北街16号

邮政编码：100717

http://www.sciencep.com

北京虎彩文化传播有限公司印刷

科学出版社发行　各地新华书店经销

*

1999年8月第一版　2004年8月第二版

吉林科学技术出版社

2008年6月第三版　开本：787×1092　1/16

2019年1月第七次印刷　印张：22 3/4

字数：520 000

定价：68.00元

（如有印装质量问题，我社负责调换）

编写人员名单

主　编　滕利荣　孟庆繁

副主编　陈　霞　张桂荣　许　月　单亚明

孙陆果　费晓方　陈亚光　任晓冬

编　委（按姓氏汉语拼音排序）

暴学祥　陈亚光　陈　霞　陈　越　程瑛琨　崔银秋

费晓方　高　波　高朝辉　关树文　侯阿澧　郝淑美

韩　璐　胡　鑫　黄宜兵　姜　丹　姜春来　金元宝

梁涌涛　雷连成　李　璨　李婉南　李又欣　林　凤

林瑞东　林相友　刘小波　刘　艳　刘　洋　逯家辉

马俊锋　孟繁清　孟令军　孟庆繁　孟　威　权宇彤

邱芳萍　任晓冬　孙陆果　邵　妍　申斯乐　苏维彪

单亚明　汤海峰　滕国生　滕利荣　田晓乐　王德利

王　飞　王彦峰　王贞佐　王丽萍　武　毅　谢秋宏

肖洪兴　许　月　闫国栋　杨东升　赵建军　赵明智

张桂荣　张金祥　张　瑶　周　杰　周　艳

主　审　刘兰英　袁长吉

第三版前言

生命科学是21世纪各国争先发展的学科之一，要实现我国生命科学的跨越式发展，培养具有国际竞争能力的创新型人才是关键。对于生命科学创新型人才的培养，实践教学是最佳切入点，通过实践教学不仅可以向学生传授生命科学知识，使其掌握娴熟的实验技能，培养其综合分析问题和解决问题能力，而且对于培养学生团结合作、严谨求实、勇于创新的科学品质和为人类造福的价值观具有重要作用。为了适应社会发展对人才培养的需要，我们不断深化实验教学体系、内容和方法的系统改革，并加强与之相适应的配套教材建设，使实验教学改革更有利于学生知识、能力和素质的全面协调发展。

本教材自1999年第一版、2004年第二版出版以来，深受读者欢迎，已被多所高校所采用。随着科学技术的快速发展，新知识、新技术和新方法不断诞生。为了保持实验内容的先进性，适应新形势下高素质创新型人才培养的需求，经征求广大读者使用意见，结合生物学实验教学改革的实践，决定对本教材再次修订。第三版修订中仍然秉承"加强基础、拓宽知识、培养能力、激励个性"的人才培养思想，坚持有利于学生自主学习、合作学习和研究性学习的原则，在保持第二版整体实验教学体系基础上，在实验内容上做了部分调整和部分实验内容的修改。

本书是国家精品课程——生物学基础实验的配套立体化教材之一，该系列教材包括：①《生物学基础实验教程（第三版）（Ⅰ）——植物生物学实验、动物生物学实验、微生物学实验、细胞生物学实验、免疫学实验》；②《生物学基础实验教程（第三版）（Ⅱ）——遗传学实验、生物化学实验、分子生物学实验》；③《高校教学实验室管理》；④《现代生命科学实践教学改革的研究》；⑤《生物学综合实验网络教程》（光盘）；⑥普通高等教育"十一五"国家级规划教材《生命科学仪器使用技术教程》，共同组成生命科学实验教学系统的配套教材。

本书修订的实验项目选择设计时，结合"生物学基础实验"国家精品课程的建设和生物学自身的特点，按基本技术、宏观（个体）水平、细胞水平和分子水平4个层次统筹设计实验项目，避免了内容的重复，节省了学时。本书注重各门实验技术和实验方法的合理综合，注重实验内容与科研、生产和实际应用的密切联系，体现基础与前沿、经典与现代的有机结合，有利于学生自主学习、合作学习和研究性学习。同时，每门实验课后均设有设计创新实验。

第Ⅰ分册按植物生物学实验、动物生物学实验、微生物学实验、细胞生物学实验、免疫学实验等实验内容分为5篇；第Ⅱ分册按遗传学实验、生物化学实验、分子生物学实验等实验内容分为3篇。每篇从基础性实验、综合性实验和设计创新性实验3个层面上设置实验项目。每个实验项目按相关理论知识、目的要求、实验原理、材料与器材、实验步骤、实验结果、注意事项、思考题等进行了系统编排。为了培养学生综合实践能力，加强了实验内容的科学综合；为了保持实验内容的先进性，将科学研究成果中技术先进、方法成熟、适合本科生教学的实验项目引入到实验教材；为了使实验教学内容与理论课内容合理衔接，本教材将理论课程内容涉及的实验内容独立出来,作为每个实验相关理论知识内容,列在每个实验之前。为了给学生创造个性发展和创新能力培养的空间环境,调动学生设计创新实验的积极性,激发学生设计创新实验热情,每门实验课程内容后面,设计创新实验,列出选题范围,让学生根据自己的兴趣爱好自主选题,设计研究方案,进行实验研究。另外,从实验原料的选用、实验路线设计、检测方法、统计学分析方法等多个方面进行了调整,使实验知识点训练更具有系统性、完整性和实用性。

本书由吉林大学生命科学学院、东北师范大学生命科学学院、吉林大学白求恩医学院、吉林大学畜牧兽医学院、吉林大学珠海分校、长春理工大学生命科学与技术学院和长春工业大学化学与生命科学学院等单位长期从事实验教学工作、潜心钻研实验教学改革、科学研究有所建树的教师集体编写,他们为此书的撰写付出了艰辛劳动。科学出版社单冉东编辑也为系列图书编写和顺利出版提供大力支持,在此一并表示感谢!

在本书编写过程中,错漏在所难免,还望同仁不吝赐教!

编　者

2008 年 3 月

第二版前言

《生物学基础实验教程》自 1999 年出版以来，深受广大读者的欢迎，在此期间经过多次印刷，被多所高校作为教材和工具书。读者们在使用本书后，对本书也提出不少的修改意见和建议。这些都使得编者深受鼓舞与鞭策，产生了修订本书的动力。随着生命科学迅速发展，新技术、新方法层出不穷，为了适应实践能力和创新能力人才培养的需要，更好地满足学生自主学习、自主训练，在吉林大学生命科学学院本科实验教学改革实践的基础上，我们对本教程进行了修订。

与第一版相比，实验体系和内容都作了重大调整，将原来的一本教材分为生物学基本技术实验、普通生物学基础实验、现代生物学基础实验三册，将生物学常用的实验技术和实验方法，以及常用相关仪器的操作规程及注意事项单独列为基本技术实验分册，供学生基本技术和仪器设备训练。将植物生物学实验、动物生物学实验、微生物学实验、遗传学实验和细胞生物学实验五门课程的 49 个实验项目列入普通生物学基础实验中，将生物化学实验、免疫学实验和分子生物学实验三门课程的 43 个实验项目列入现代生物学基础实验中。实验项目按基础性实验、综合性实验和设计创新性实验三个层面设置，注重各门实验课程内容之间的衔接，突出综合性、设计创新性实验，特别是将最新的适合实验教学的科研成果引入到实验项目中，使实验内容与科研、工程、社会应用项目密切联系，体现基础与前沿、经典与现代的有机结合。本书强调先进性和实用性，注重对学生综合能力、实践能力和创新能力的培养，使实验内容更符合生命科学优秀人才培养的需要。

我们在编写第二版时仍然秉承第一版写作的指导思想——力求内容全面新颖，语言深入浅出、通俗易懂，能反映生命科学各领域涉及的主要实验技术和实验方法，但限于编者的知识水平和写作能力，错误和纰漏之处在所难免，恳请读者批评指正。

编　者

2004 年 7 月

第一版前言

随着科学技术的不断发展和知识经济的不断深入，国家和社会对高素质生命科学人才的要求日益广泛，而生命科学人才的基本素质之一，是对生物学基础实验全面、正确的理解与掌握。因此，人们对于一本广泛涉及生物学基础实验内容的教科书的要求也愈来愈迫切，激励我们编写这样一本综合的生物学基础实验教程。

生物学基础实验是一门内容广泛、技术操作性强，全面体现生物学基本方法、基本手段的实验教学。它是植物生物学、动物生物学、细胞生物学、生物化学、分子生物学等学科的基础训练。

高等教育的发展正由过细的专业划分走向综合化，这就要求在实验内容上，以不断改革的教学思想为指导，设置既有基础实验技术，又有学科发展前沿、知识结构合理的实验内容。学习生命科学的学生，要对生命科学各个专业的基本方法、基本技术和基本操作，有一个系统的学习与掌握，并从中培养学生的实验动手能力、综合分析能力、创新能力和科学思维，达到全面提高学生素质的目的。我们按照教育部对大学生物学基础实验的要求，根据《世界贷款高等教育发展项目实验教学建设方案》提供的生物学基础教学实验项目，在确定实验内容方面做了大量的筛选工作，着重将生物实验中最基本、最常用的内容详尽地介绍给大家，并尽可能地介绍一些近年发展起来的新方法、新技术，以及我们在实验教学和科学研究中的经验总结。本实验教程涉及生物学的类群、个体、细胞和分子等诸多层次的实验教学内容。本书可供综合性大学生命科学学院、师范院校生物系和相关院校农、林、医、药等专业开设"生物学基础实验"课程的教材使用，也可供从事生物科学、医学、生物制药等专业的研究人员参考。

本书的编写由主编和副主编进行集体策划、构思，经编委多次讨论，根据各自专长分工编写，再互审互改，最后由主编统稿修改。可以说，每个篇章的内容都包含了各位编者在教学、科研中的经验和心血，因此本教材是集体智慧的结晶。

由于编者水平有限，在编写过程中疏忽与错漏再所难免，恳请读者批评指正，我们将不胜感激。

编　者

1999年6月10日

目　　录

第三篇 微生物学实验

第四篇　细胞生物学实验

第五篇 免疫学实验

第一篇　植物生物学实验

实验备忘记录

实验一　植物组织、器官的结构观察

相关理论知识

(1) 在植物中，具有相同来源的同一类型或不同类型细胞群所组成的结构和功能单位，称为组织。根据不同组织的功能和结构特点，可以把植物的组织分为分生组织和成熟组织，成熟组织又分为：保护组织、薄壁组织、机械组织、输导组织和分泌组织。

(2) 植物的营养器官包括：根、茎、叶。

根是绝大部分植物体生长在地面下的营养器官。根的主要功能是固定、支持和从环境中吸收水分和营养，同时兼有储藏作用。根的顶端能无限向下生长，并能发生侧向的支根(侧根)，形成根系。

茎是植物体地上部分联系根和叶的营养器官。茎的生理功能主要是输导作用和机械支持作用。茎上通常着生有叶、花和果实。由于多数植物体的茎顶端具有无限生长的特性，因而可以形成庞大的枝系。

叶是植物进行光合作用的主要器官，植物的叶由叶片、叶柄和托叶三部分组成。同时具有这三部分的叶称为完全叶，缺少其中任一部分者都称为不完全叶。

(3) 花是被子植物繁殖的主要器官，一朵完整的花由五部分组成，即花梗、花托、花被、雄蕊群和雌蕊群，其中，花被又分成花萼和花冠两部分。雄蕊由花药和花丝组成，花药中产生花粉；雌蕊由柱头、花柱、子房组成，子房的胎座上着生胚珠，花的各部结构在不同植物种类中的差异，能作为鉴别植物的依据，也反映出花对传粉等功能的适应。

(4) 在传粉、受精后，花中子房或连同子房以外的其他结构发育成果实，果实中有种子。果实和种子有不同类型，也有着不同的适应传播机制。

果实是由子房发育形成的，果实由果皮和包含在果皮内的种子组成。果皮可分成三层，即内果皮、中果皮和外果皮。

种子由胚、胚乳和种皮三部分组成，胚由受精卵发育而成，完整的胚由胚根、胚轴、胚芽和子叶几部分构成；胚乳由受精极核发育而成；种皮则由珠被发育而成。

一　植物组织的结构观察

目 的 要 求

通过本实验了解并掌握各种植物组织的结构特点。

材料与器材

1. 材料

蚕豆(*Vicia faba*)或天竺葵(*Pelargonium hortorum*)的叶片、小麦(*Triticum aestivum*)叶片、接骨木(*Sambucus williamsii*)嫩枝、夹竹桃(*Nerium indicum*)叶片、马铃薯(*Solanum tuberosum*)块茎、黑藻[*Hydrilla verticillata* (Linn. f.) *Roule*]茎、芹菜(*Apium graveolens*)叶柄、南瓜(*Cucurbita moschata*)茎及其纵切永久制片、白梨(*Pyrus bretschneideri*)果肉。

2. 试剂

5%番红、苏丹Ⅲ、间苯三酚、1 mol/L 盐酸。

3. 器材

显微镜、载玻片、盖玻片、镊子、解剖刀、单面刀片、双面刀片、培养皿、吸水纸。

实验步骤

1. 初生保护组织——表皮的观察

(1) 撕取双子叶植物蚕豆或天竺葵叶的一小片下表皮，放在载玻片的水滴上，盖上盖玻片，制成临时装片，置于低倍镜下观察，可以见到两种形态不同的细胞：一种是不规则的普通表皮细胞，有细胞核，无叶绿体，细胞排列紧密，呈板块状；另一种是成对的肾形细胞，有细胞核，也有明显的叶绿体，这是气孔的保卫细胞。除此之外，还可以观察到表皮上的附属物——表皮毛及顶端膨大具有分泌功能的腺毛。

(2) 取新鲜的小麦叶片一片，放在载玻片上，一手压住叶片的一端，另一手用刀片轻轻地刮，把叶片一面的表皮、内部的叶肉组织和叶脉刮掉，只剩下一面的表皮，看上去透明无色。然后用刀片截取刮好的一段放到另一张滴有水滴的载玻片上，再滴一滴5%的番红染液，加盖玻片，3～5 min后，用吸水纸吸去多余的染液，再滴加一滴水，在显微镜下观察。表皮细胞是长形的，与叶片的长轴平行，细胞核被染成红色。在两个大的、长形的细胞之间，有两个较小的细胞，其中，一个略大些的为栓质细胞，另一个为硅质细胞。表皮上的气孔成一纵行排列，两个保卫细胞呈哑铃状，旁边有两个副卫细胞呈三角状，保卫细胞比副卫细胞小。

2. 次生保护组织——周皮的观察

取接骨木的枝条，先将枝条的横截面切平，再做徒手横切片。切片不一定是整个截面，但一定需带有树皮的部分。将切好的切片放在盛水的培养皿中，用镊子挑选较薄的切片放在载玻片的水滴中，加盖玻片后，在显微镜下观察。一般在表皮尚存仍起作用的时候，周皮便开始产生。因此，在显微镜下可见在表皮以内具有多层排列整齐的扁平状细胞，如果用苏丹Ⅲ染色，这些细胞的细胞壁变成红色，这是木栓渗入细胞壁的标志，这些细胞为木栓层，木栓层以内是一层木栓形成层及一层栓内层，三者共同构成了周皮。

在周皮上还有皮孔与外界相通，用肉眼观察枝条时，皮孔为一个小点。皮孔处的木栓形成层细胞比它两侧的木栓形成层细胞更为活跃，细胞分裂快，产生球形、细胞间隙发达的补充细胞，由于这些细胞多，向外挤压，使其外面的木栓层破裂，形成皮孔。

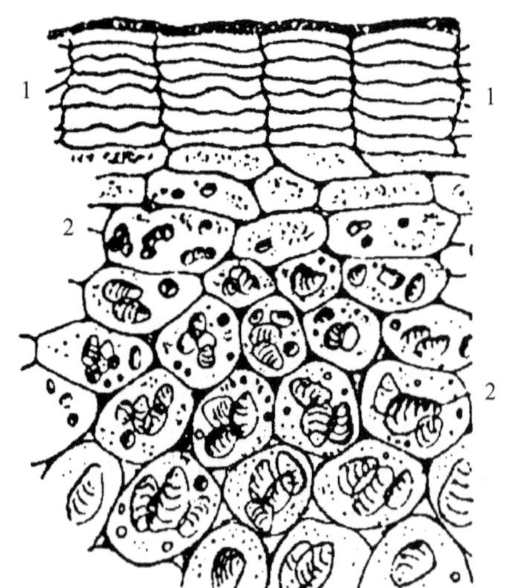

图 1-1-1 马铃薯块茎的储藏组织

1. 周皮；2. 储有淀粉粒的薄壁细胞

3. 薄壁组织的观察

(1) 同化组织：取夹竹桃叶片的永久装片或临时装片，置于显微镜下观察。在上、下表皮之间含有大量叶绿体的细胞便为同化组织。

(2) 储藏组织：取马铃薯块茎做徒手切片，制成临时装片，在显微镜下观察，可见一些薄壁、近于等径的多面体细胞，细胞内充满了卵圆形的大型淀粉粒(图 1-1-1)。

(3) 通气组织：取黑藻茎的永久装片或临时装片进行观察，可见有些细胞间隙特别发达，形成气腔和气道，具有通气的作用，即为通气组织(图 1-1-2)。

4. 机械组织的观察

(1) 厚角组织：取新鲜的芹菜叶柄，做徒手横切片，制成临时装片，置于低倍镜下观察，将叶柄茎外围具有棱角突起处移至视野中央，可见在突起的棱角内侧具有一团具珠光色的细胞，细胞壁在角隅处加厚，看起来很像星芒状结构。其中灰暗色的“洞穴”是细胞腔，里面充满原生质体。随后转换高倍镜观察其细胞结构。

(2) 厚壁组织：厚壁组织根据细胞的形态可分为纤维和石细胞两类。

取新鲜的南瓜茎做徒手横切片，然后放入盛水的培养皿中，用镊子选取较薄的切片放在载玻片上，加一滴 1 mol/L 盐酸，过 1～2 min 后再加一滴间苯三酚，盖上盖玻片，用吸水纸吸去多余的液体，即可在显微镜下观察。由于纤维细胞的细胞壁是木质化的，故呈现红色。它是死细胞，在细胞腔内见不到生活的原生质体。纤维在南瓜茎中由 2～3 层细胞连成一圈，又称为环管纤维。

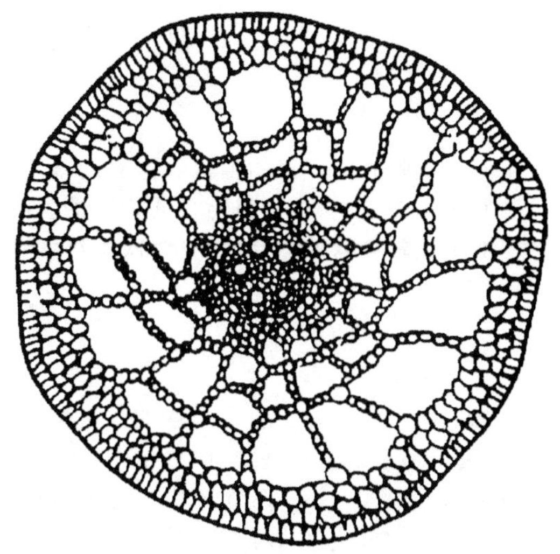

图 1-1-2　黑藻茎的通气组织

取梨靠近中部的一小块果肉，挑取其中一个沙粒状的组织置载玻片上，用镊子柄将石细胞群压散，然后用盐酸-间苯三酚染色，盖上盖玻片，在显微镜下观察。可见被染成红色的石细胞，呈圆形或椭圆形，细胞壁很厚。

5. 输导组织的观察

取一段南瓜茎，从外观上看它是五棱柱状体，横切面近似五边形，中间是星状的髓腔，表皮与髓腔之间的组织中有 10 个维管束，5 个较大，5 个较小。这些维管束中主要是输导组织，分为木质部和韧皮部。

(1) 木质部：取南瓜茎纵切片置低倍镜下观察，切片中央两侧被染成红色且有各种加厚花纹的管状细胞为导管分子，它们以端壁上的穿孔相互连接，上下贯通形成导管。其中管径较小、壁具有螺旋形加厚并木质化的为螺纹导管；管径较大、壁具有网状加厚并木质化的为网纹导管；偶尔也可以看到管径较小、壁上有环状加厚并木质化的环纹导管。注意在切片中有些导管分子被纵向切开，因而只能看到导管两边侧壁和中间空腔，而看不到导管壁上加厚的花纹。

(2) 韧皮部：观察南瓜茎纵切片，分布在木质部内外两侧被染成绿色的主要是韧皮部。此处可见一些口径较大的长管状筛管分子，它们彼此上下相连形成筛管。换用高倍镜可见上下两个筛管分子连接的端壁稍微膨大、染色较深，这些水平的或倾斜的端壁即为筛板，有些还可看到筛板上的筛孔。筛管分子无细胞核，其细胞质常收缩成一束，离开侧壁，两端较宽，中间较窄，这就是通过筛孔的原生质丝，比胞间连丝粗大，特称为联络索。在筛管分子旁边紧贴着染色较深、细长的伴胞，其细胞质浓，并具细胞核。

思　考　题

1. 表皮和周皮均为保护组织，二者有何不同？
2. 比较薄壁组织、厚角组织和厚壁组织的细胞特点。
3. 在横切面上，如何区分木质部和韧皮部？

二　被子植物营养器官的结构观察

目 的 要 求

（1）了解并掌握植物各营养器官的基本结构；

（2）比较单、双子叶植物相同营养器官的异同；

（3）比较各营养器官的初生、次生结构。

材料与器材

1. 材料

葱（*Allium fistulosum*）根横切永久制片、棉花（*Gossypium hirsutum*）老根横切永久制片、紫丁香（*Syringa oblata*）枝芽、向日葵（*Helianthus annus*）茎横切永久制片、玉米（*Zea mays*）茎横切永久制片、椴树（*Tilia* sp.）茎横切永久制片、蚕豆（*Vicia faba*）叶横切永久制片、小麦（*Triticum aestivum*）叶横切永久制片。

2. 器材

显微镜、体视显微镜、放大镜、双面刀片。

实 验 步 骤

1. 根的结构

（1）根的初生结构：取葱根横切永久制片（用番红和固绿染色），先在低倍镜下观察，然后转换高倍镜观察各部分结构。

① 表皮：是最外面的一层细胞，为生活细胞，细胞壁薄，近似长方形，排列整齐，无胞间隙。在永久制片上可看到有些表皮细胞向外突出形成根毛。

② 皮层：表皮以内维管柱以外是皮层，葱根横切面上，皮层占较大比例，代表了一般根初生结构的特点。皮层由多层大而壁薄的细胞组成，细胞排列疏松，具较大的细胞间隙。最靠近表皮的一层细胞排列整齐，无细胞间隙，为外皮层。最内一层细胞较小，排列紧密，在其径向壁和横向壁上具有部分木质化或栓质化的带状增厚，为内皮层，其上的带状增厚为凯氏带。

③ 维管柱：皮层以内的中央部分为维管柱。它由中柱鞘、初生木质部和初生韧皮部组成。在葱根的中央无髓的结构，但在许多单子叶植物根的中央可以看到薄壁细胞形成的髓。

中柱鞘是紧靠内皮层以内的一层薄壁细胞，形状较扁，排列较整齐，比内皮层细胞略小，这些细胞具有潜在的分生能力。

葱根的中央是一个大的导管，其他导管排列成六个辐射的棱角，为六原型的初生木质部。由于木质部细胞的壁大多木质化而被染成红色，导管分子又大于周围的细胞，因而很容易识别出木质部。初生木质部每一束的外面部分的导管口径较小，为原生木质部，里面的部分的导管口径较大，是后生木质部，原生木质部先成熟，后生木质部后成熟。

在相邻的两个初生木质部束之间，靠近中柱鞘的一侧，有一些细胞的直径比较大，细胞壁薄，细胞内含有原生质体，但无细胞核。其旁常有直径较小而原生质体更浓的细胞，它们都被染成绿色，这就是韧皮部。直径较大的细胞是筛管分子，旁边的小细胞是伴胞。

葱根的结构代表着一般根的初生结构。各种植物根的初生结构的差别主要是木质部束的数目不同，例如萝卜、甜菜是二原型的，蚕豆是四原型的，棉花是五原型的。

（2）根的次生结构：取棉花老根横切的永久制片（用番红-固绿染色），先在低倍镜下观察，其最主要的特点是形成层环已由波浪形变成了圆形环状，并向内产生了大量的次生木质部，向外产生了少量的次生韧皮部。同时中柱鞘已产生了木栓形成层，并形成了周皮，此时由于次生结构产生挤压及周皮的隔断作用，表皮与皮层已脱落，从外向内观察，可分别区分出以下几部分：

① 周皮：为老根最外面的几层细胞，细胞径向排列整齐，横切面多少呈扁方形。其外面的几层细胞被染成棕红色，这是木栓层；其内方有一层被染成蓝绿色的扁方形薄壁细胞，内有原生质体，这是木栓形成层；栓内层位于木栓形成层之内侧，由较大的薄壁细胞构成。初生韧皮部已被挤破，常分辨不清。

② 次生维管组织：在周皮之间被染成蓝绿色的部分是次生韧皮部，包括筛管、伴胞、韧皮薄壁细胞及少量略呈红色的韧皮纤维。注意在横切面上韧皮薄壁细胞与筛管分子的形态相似，常不易区分。此外，有许多薄壁细胞在径向方向上排列成行，呈放射状的倒三角形，是韧皮射线，起着横向运输的作用。

在横切面上占主要部分的是被染成红色的次生木质部，它包括导管、管胞、木纤维和木薄壁细胞，其中导管易于辨认，是一些口径大、被染成红色而原生质体解体的死细胞。管胞和木纤维在横切面上口径较小，可与导管区分，一般也被染成红色，但二者之间不易分辨。此外，在木质部中有一些呈径向排列，被染成绿色的薄壁细胞，称木射线。木射线与韧皮射线是相通的，合称维管射线。

在次生木质部与次生韧皮部之间是维管形成层，被染成浅绿色，有几层扁平的薄壁细胞。实际上形成层只有一层细胞，而我们观察到的是多层细胞，这是因为形成层分裂形成的幼嫩细胞尚未分化成木质部和韧皮部的各种细胞，因此与形成层不易区分。

2. 茎的结构

(1) 芽的结构：取丁香的一个新鲜枝芽，用双面刀片将其从正中间纵剖为二，放在体视显微镜（实体显微镜）下观察芽的结构，注意区分芽轴、生长锥、叶原基、幼叶及腋芽原基。

(2) 双子叶植物茎的初生结构：取向日葵茎横切的永久制片，在显微镜下详细观察。

① 表皮：表皮由原表皮发育而来，细胞较小，只有一层，排列紧密，细胞外壁可见有角质化的角质层，属初生保护组织。用高倍镜观察幼茎表皮气孔的保卫细胞，这种细胞的横切面比一般表皮细胞小，还可见两个保卫细胞之间的孔隙，其里面的腔隙是孔下室。

② 皮层：是表皮以内、维管柱以外的部分，和根的初生结构比较其所占比例很小。皮层的最内一层细胞内常储有丰富的淀粉粒，称为淀粉鞘。

③ 维管柱：比较发达，所占面积比较大，可以分为维管束、髓射线和髓三部分。

A. 维管束：呈束状，染色较深，在茎的横切面上排成一环，是复合组织。每一维管束都是由初生韧皮部、束中形成层和初生木质部组成。韧皮部在木质部的外方，为外韧维管束，由于有束中形成层存在，所以也叫无限维管束。

初生韧皮部包括原生韧皮部和后生韧皮部，它在发育过程中，是自外向内成熟的，为外始式。在韧皮部的外侧还有原生韧皮纤维的存在，其内方才是筛管、伴胞和韧皮薄壁细胞。

束中形成层夹在初生韧皮部与初生木质部之间。在横切面上细胞呈扁平状态，细胞壁薄，染色浅淡。它是原形成层保留下来的仍具有分裂能力的组织。

初生木质部包括原生木质部和后生木质部。靠近茎中心的是原生木质部，导管口径小，发生早，染色深。而后生木质部在外方，导管口径较大，发生较晚，所以染色较浅。由此可见茎的初生木质部的发育为内始式。

B. 髓射线：是存在于两个维管束之间的薄壁细胞，它外连皮层，内连髓，起运输作用，并兼有储藏功能。

C. 髓：位于茎的中央，由薄壁细胞构成，细胞排列疏松，常具储藏功能。

(3) 单子叶植物茎的初生结构：绝大多数单子叶植物茎的维管束中无形成层，因此只有初生

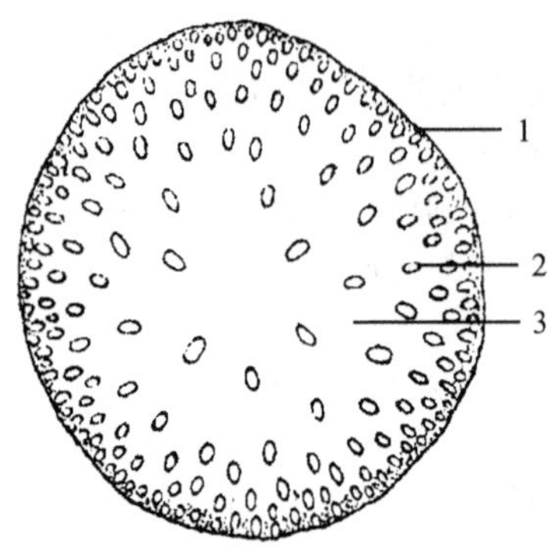

图 1-1-3 玉米茎节间部分轮廓图
1. 表皮；2. 维管束；3. 基本组织

结构，和双子叶植物茎比较，主要不同点是其维管束呈散布状态，分布于基本组织中，因此没有皮层和髓的明显界限。取玉米茎的横切永久制片，在显微镜下可观察到以下主要结构(图 1-1-3)：

① 表皮：为茎的最外层细胞，排列整齐，外壁具较厚的角质层，气孔的保卫细胞较小，两侧的副卫细胞很大。

② 基本组织：靠近表皮的数层细胞形状小，排列紧密，细胞壁增厚而木质化，是厚壁组织，称外皮层，是基本组织的一部分，有机械支持的作用，其内为薄壁组织，是基本组织的主要部分，细胞较大，排列疏松，有胞间隙，越靠近茎的中部，细胞个体越大。其中有许多维管束呈星散分布状态。

③ 维管束：分散在基本组织内，靠近边缘部分分布较多，但个体较小，在茎中部分布的维管束较少，但个体较大，因此在玉米茎中无皮层和髓的界限，也无维管柱的界限。换高倍镜观察一个维管束的结构(图 1-1-4)，可见到每一个维管束的外围都有一圈由纤维组成的维管束鞘，里面只有韧皮部和木质部，无形成层，为有限维管束。初生韧皮部中的原生韧皮部有时已被挤破，后生韧皮部在它的里侧，是有功能的部分，只包含筛管和伴胞，排列十分规则。初生木质部通常含有 3～4 个显著的、被染成红色的导管，口径较大，在横切面上呈"V"字形排列。"V"字形的上半部分是后生木质部，有两个较大的孔纹导管，横向排列，二者之间分布着一些管胞；"V"字形的下半部分是原生木质部，由 1～2 个相对较小的环纹或螺纹导管及薄壁细胞组成，导管呈径向排列，由于茎的生长，可能将导管扯破，形成气腔。

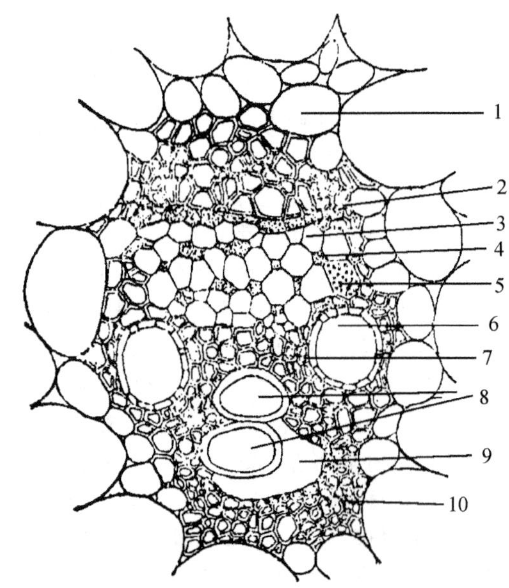

图 1-1-4 玉米茎内一个维管束的放大
1. 基本组织；2. 被压毁的原生韧皮部；3. 筛管；4. 伴胞；5. 筛板；6. 孔纹导管；7. 管胞；8. 环纹或螺纹导管；9. 气腔；10. 机械组织(维管束鞘)

(4) 双子叶植物茎的次生结构：取椴树茎横切永久制片(番红和固绿染色)，先在低倍镜下观察，然后转换高倍镜由外及内仔细观察以下结构：

① 表皮：已基本脱落，仅存部分残片，有厚的角质层。

② 周皮：很明显，已替代表皮，行使保护功能，由木栓层、木栓形成层和栓内层组成。

③ 皮层：绝大部分皮层已因次生结构的增多而被挤破，只在周皮之内、维管柱的外方残留一部分皮层，由厚角组织和薄壁组织组成，有些薄壁组织细胞中含有晶体。

④ 韧皮部：在皮层和形成层之间，呈梯形，与排列成喇叭形的髓射线相间分布。在切片中，明显可见被染成红色的韧皮纤维与被染成绿色的韧皮薄壁细胞，筛管和伴胞呈横条状相间排列。

⑤ 形成层：只有一层细胞，但由于其分裂出来的幼嫩细胞还未分化成木质部和韧皮部的各种细胞，所以看上去这种扁平的细胞有 4～5 层之多，其排列整齐，而且径向壁连成一线。

⑥ 木质部：形成层以内，在横切面占有最大面积，主要是次生木质部。由于其细胞直径大小和细胞壁厚薄不同，可见年轮的明显界线，呈同心环状。紧靠中央髓部周围有几束是初生木

质部。

⑦ 髓:位于茎的中心,多数为薄壁细胞,还有少数石细胞,在髓的四周具有一圈小型厚壁细胞,为环髓带。

⑧ 髓射线:由髓的薄壁细胞向外辐射排列,经木质部时,为1～2列细胞,至韧皮部时细胞变大,并沿切向方向延长,呈倒三角形。

⑨ 维管射线:在次生木质部和次生韧皮部中产生的次生射线,它由薄壁细胞构成,呈径向放射状排列,与髓射线比较有几点不同:一是它比髓射线短;二是数目不定;三是来源不同,髓射线来源于基本分生组织,而维管射线来源于形成层。

3. 叶的结构

(1) 双子叶植物叶的结构:取蚕豆叶横切永久制片(番红-固绿染色),在显微镜下观察其内部结构。最外一层是表皮层,是一层排列比较整齐的细胞,细胞比较小,有明显的细胞核,没有叶绿体,有时能见到其上有表皮毛或腺毛。靠近上表皮的是排列整齐的叶肉组织,呈柱状垂直于上表皮,细胞核被染成红色,细胞里有许多叶绿体,这些细胞构成了栅栏组织。蚕豆的栅栏组织只有一层细胞。在栅栏组织下面,即靠近下表皮处是排列不整齐、形状不规则、细胞间隙较大的一些细胞,细胞核也被染成红色,细胞内含有许多叶绿体,这是海绵组织。栅栏组织和海绵组织共同构成了叶肉组织,执行光合作用。

在蚕豆叶横切面上,叶的中脉比较容易观察清楚。一般中脉比较粗大,并且正好被横切,其他叶脉往往是斜切的。观察中脉时,注意区别叶背面和叶腹面,即远轴面和近轴面。就中脉来讲,向外凸出的一面为远轴面。叶脉由木质部和韧皮部组成,外面有维管束鞘包围,维管束鞘都是薄壁细胞。在中脉的木质部和韧皮部之间有形成层。木质部被染成红色,细胞中空,口径较大靠近近轴面,而韧皮部被染成绿色,细胞较小,靠近远轴面。在远轴面近表皮处,有厚角组织细胞,对叶片起支持作用。其他叶脉大致与中脉相似,只是木质部与韧皮部的细胞少而小,结构简单。

(2) 单子叶植物叶的结构:这里主要介绍禾本科植物叶片的结构。取小麦叶横切永久制片(番红-固绿染色)。先在低倍镜下观察,然后转换高倍镜仔细观察以下结构:

① 表皮:小麦叶片的上、下表皮的细胞排列紧密,外面有角质层,表皮上有气孔,保卫细胞小,副卫细胞略大。表皮细胞大小不一,排列在不同的水平面上。在表皮的某些部位,一般介于两条叶脉之间往往有几个较大的、连在一起的细胞,它们的外切向壁往往较厚,这几个细胞在横切面上略呈扇形排列,这种细胞含有较多的水分,叫做泡状细胞。

② 叶肉:细胞比较均一,没有栅栏组织与海绵组织之分,都是富含叶绿体的同化组织,细胞间隙比较小。

③ 叶脉:小麦叶脉为平行叶脉,所以在横切片上多呈横切状态。有时也能见到两个大叶脉之间有较小的叶脉相连接,叶脉由木质部和韧皮部组成,二者之间无形成层。木质部在近轴面,韧皮部在远轴面,外围有两层细胞构成的维管束鞘,内层维管束鞘细胞较小,外层细胞较大,具叶绿体,但比叶肉细胞中的叶绿体小而少。在维管束的上面或下面,也就是靠近上表皮和下表皮处,有木质化的厚壁组织细胞,使叶片更加坚固,因其细胞壁木质化,故被染成红色。

思　考　题

1. 根的初生结构与次生结构有何区别?
2. 单子叶植物茎与双子叶植物茎在初生结构上有何区别?

三　被子植物繁殖器官的结构观察

（一）花的结构观察

目 的 要 求

（1）了解被子植物花的结构；

（2）掌握不同发育时期花药的解剖结构及花粉粒的形成过程；

（3）掌握子房和胚珠的结构，了解胚囊的发育过程。

材料与器材

1. 材料

百合（*Lilium* spp.）花蕾、不同发育时期百合花药横切的永久制片、百合子房横切的永久制片、百合胚囊发育各时期的永久制片。

2. 器材

显微镜、放大镜、刀片。

实 验 步 骤

1. 花的结构

（1）取新鲜的中度成熟的百合花蕾（或浸泡的材料），用双面刀片纵剖，观察花各部分的排列位置。

（2）取一个百合花蕾在上 1/3 处进行徒手横切，观察其横剖面上花各部分的排列关系。由外向里用放大镜观察，可见 2 层花被、6 个雄蕊的花药，以及雌蕊的花柱。

外层花被：较内层花被厚，有内外表皮。其间的薄壁细胞没有栅栏组织和海绵组织的分化，不具叶绿体，胞间隙较大、排列疏松，具维管束，与叶脉之横切面相似。

内层花被：较外层花被薄，有内外表皮，其中，薄壁细胞多呈海绵组织状（无栅栏组织），无叶绿体，胞间隙大，维管束与外层花被相似。

雄蕊的花药为 6 个横切面，似蝶形，分两轮排列。中央为花柱的横切面。

（3）取百合花蕾在下 1/5 处通过子房作徒手横切观察，除见花被和子房的横切面外，注意观察 6 条花丝横切面。它们除周围的表皮外，内部是薄壁组织和一个中央的维管束，常呈周韧型，即中央是木质部。

2. 花药的结构与发育

观察不同发育时期百合花药的横切制片，多数被子植物的花药由 4 个花粉囊（药室）组成，分为左右两半，中间由药隔相连。花药的发育过程一般包括造孢组织时期、花粉母细胞时期、二分体和四分体时期、单胞花粉粒时期和成熟花粉粒时期。有条件时，请按顺序在显微镜下逐步进行观察，注意药壁和药室内细胞的变化过程。

（1）造孢组织时期：花药幼小，在横切面上呈蝴蝶形，一侧有两个花粉囊，中部为药隔，可见其中有一维管束穿过，周围部分都是薄壁组织。在药隔之下的空间中，有时有一个花丝的横切面，其中也有一个维管束的断面，应注意辨别。选择一个切面完整的花粉囊，置高倍镜下观察，但此时花粉囊壁层的分化还不太明显：最外层是表皮细胞，细胞较小，其内为 3～5 层分化不大的壁细胞。药室内为许多核大、质浓、排列紧密的多边形的造孢组织。有时可以见到正在进行有丝分裂的造孢细胞，这是它们在增加其自身的数目。

(2) 花粉母细胞时期(图 1-1-5):这时花药壁的各层已分化明显。最外层是表皮,细胞小,具角质层,有保护功能。有时可见气孔器。表皮之下是一层近于方形的较大的细胞,叫药室内壁,由于在细胞质中常有明显的淀粉粒,所以也有人称淀粉层。在其内为1～3层较小的、呈切向延长的扁细胞,称中层。最内一层是绒毡层,为质浓、核大的柱状细胞,有腺细胞的特点,可向药室内分泌各种物质。药室内是许多圆形的花粉母细胞,它们核大、质浓,是减数分裂的准备时期。由于原来造孢组织细胞间的胞间层已解体,药室扩大,故细胞彼此分开,变为圆形。在有些制片中,可见到花粉母细胞内已出现染色体,说明它们已进入减数分裂的前期Ⅰ、中期Ⅰ、后期Ⅰ、甚至末期Ⅰ,即已进入第一次减数分裂时期,此时花粉母细胞的染色体数仍为 $2n$。

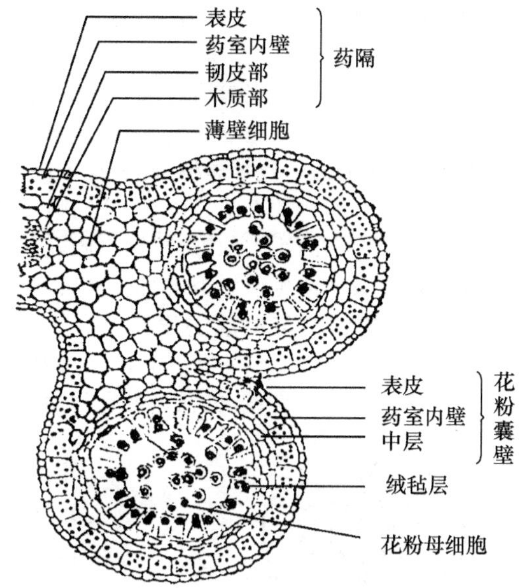

图 1-1-5　百合花药横切(1/2)(示花粉母细胞时期)

(3) 二分体和四分体时期:花粉母细胞已完成了第一次减数分裂,一分为二形成两个相连的细胞,称二分体。此时其染色体已属单倍体(n)。同时亦可见到有些花粉母细胞已完成了减数分裂的第二次分裂,形成四个小孢子,但仍被包围在共同的胼胝质的壁中,称四分体。此时药室内壁和中层的变化不大,而绒毡层细胞由于核裂而出现双核现象。在有些制片中,可见到一个药室内的花粉母细胞,同步现象明显,同时处于前期Ⅱ、中期Ⅱ、后期Ⅱ或末期Ⅱ,直到一分为四,形成四个连在一起的小孢子。

(4) 单胞花粉粒时期:药壁绒毡层细胞开始退化,细胞壁出现解体现象,使原生质体彼此联合在一起,形成着色很深的一圈,此后,这圈具有多核的原生质团就在原处逐渐退化消失。在此时的药室中,每个四分体的四个小孢子已从胼胝质壁中释放出来,成为彼此分离的具有单倍染色体的小孢子,其核居中央,也称单胞花粉粒。以后继续发育长大,液泡化加强,形成的大液泡将胞核由细胞中央推到一边,并形成了内、外壁和萌发孔,使小孢子发育成熟,称单核靠边期。

(5) 成熟花粉粒时期(图 1-1-6):药壁绒毡层继续退化、完全消失或仅存残余,中层也在退化过程中基本解体,故此时药壁已极简化。药室内壁的细胞壁上出现了明显的带状不均匀加厚,故此时称为纤维层,在它的外面还有一薄层表皮层。与此同时,花药一侧的两个药室之间的隔膜已解体、相互联通成为一体,此外,在药室开裂处可看到有些表皮细胞特化,变成个体较大、胞质浓厚、

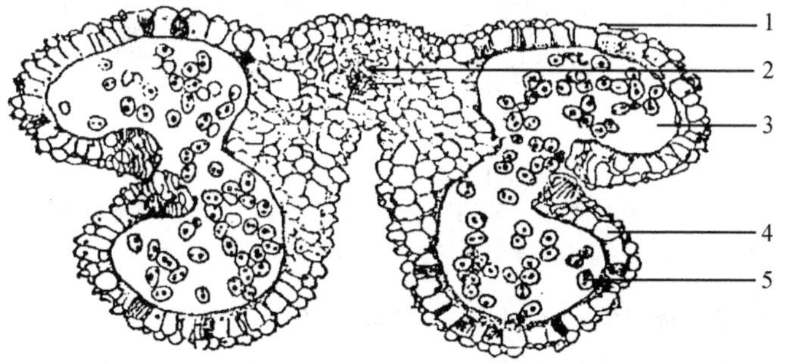

图 1-1-6　百合成熟花药横切(示成熟花粉粒时期)

1. 表皮;2. 药隔维管束;3. 花粉囊(药室);4. 纤维层;5. 二胞花粉粒

染色深的薄壁细胞，称唇细胞。一般花药成熟后，就在这两串唇细胞间作纵向开裂，花粉随即由此散出。

然后换高倍镜仔细观察药室内的成熟花粉粒，往往可见有两个明显的核，其中一个较大，呈圆形，是营养核；另一个较小的是生殖核，常呈梭形，后期亦呈圆形。如果切片清晰，质量高，可进一步观察，在梭形的生殖核周围，能看见围绕它的部分细胞质比较透明，与大范围的营养细胞的细胞质之间有一明显的界限。因此，这时候成熟粒已不是一个简单的细胞，而是在大的营养细胞中又包埋着一个小的生殖细胞，故称二胞花粉。其外壁具有网状纹饰，并有一个萌发沟。有些植物的花粉粒在成熟前生殖细胞进行一次有丝分裂，形成2个精子，称三胞花粉。

3. 子房的结构与胚囊的发育

取百合子房横切（示胚珠结构）的永久制片，先观察整个子房结构（图1-1-7），可以明显地见到百合子房有三个子房室，也就是说它是由3个心皮彼此连合而成的合生雌蕊。在每个子房室中可见两个胚珠，胚珠着生在每个心皮（子房壁）的内侧边缘上。两个子房室之间的部分是两个心皮的结合处，是一隔膜，外侧为一凹陷，即腹缝线，其内有一堆维管束，是两个心皮侧束合并的结果。在每个子房壁中央有一中脉维管束（背束）与其相应的凹陷，即背缝线。三个心皮向内折卷形成中轴，胚珠着生在中轴上，故称中轴胎座。百合子房横切面上有六个胚珠，但它的子房细长，实际整个子房包含着六行胚珠，由于它们在中轴上排列整齐又常与中轴呈垂直状态，所以在横切制片时，可以得到倒生胚珠的纵切面和六个胚珠同在一个制片上的标本。应在低倍镜下，先选择一个通过胚珠正中的纵切面，换高倍镜仔细观察，识别外珠被、内珠被、珠孔、珠柄、合点、珠心和胚囊等结构（图1-1-8C、D）。

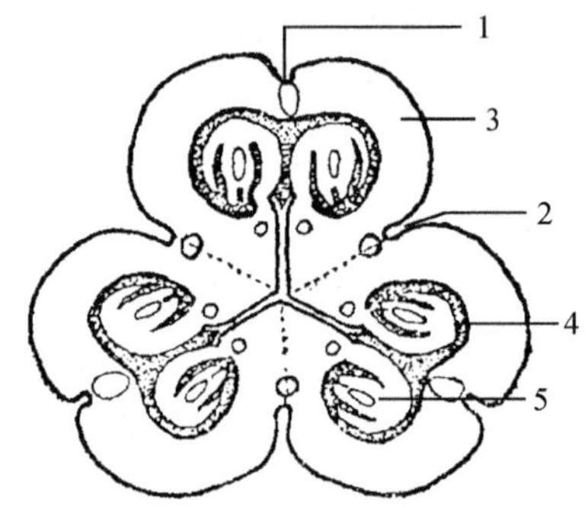

图1-1-7　百合子房横切

1. 背缝线；2. 腹缝线；3. 子房壁；4. 子房室；5. 胚珠

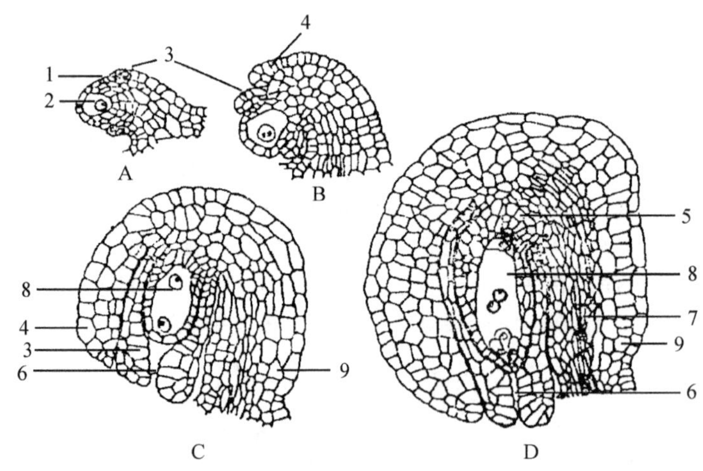

图1-1-8　百合胚珠的发育

A、B. 大孢子母细胞时期，内、外珠被发生；C、D. 在珠心中发生胚囊，胚珠分化完全

1. 珠心；2. 大孢子母细胞；3. 内珠被；4. 外珠被；5. 合点区；6. 珠孔；7. 原形成层；8. 胚囊；9. 珠柄

观察百合胚囊发育各时期的永久制片，一般包括胚囊母细胞时期、二分体和四分体时期、胚囊发育（幼期胚囊）时期和成熟胚囊时期。注意：胚囊是一个囊状的立体结构，所以它们的细胞或核都不是排列在一个水平上，要想在一张切片中把有关的细胞和核都找到，几乎是不可能的，因

此需要观察连续切片，才能弄清成熟胚囊的全貌。一般在一张成熟胚囊的切片上，最多只能看到4～6个细胞核，常见切片是2核至4核，因此观察时必须参考有关照片和附图进行分析，才能判断它们是属于什么时期。

(1) 胚囊母细胞时期：取百合幼小子房横切(示胚囊母细胞或大孢子母细胞)永久制片，观察中轴上胚珠发生的情况。注意胚珠刚发生时的胚珠原基，是一团珠心组织，在其前端、表皮之下已开始分化出一个明显的大细胞，早期称孢原细胞(图1-1-9A)，后来称大孢子母细胞也称胚囊母细胞(图1-1-9A)。它的个大、质浓、核也大，有2～3个核仁。在有些制片中可以见到在珠心组织基部的外围已有珠被正在发生和形成(图1-1-8A、B)，向上生长，逐渐包被珠心。大孢子母细胞内已出现了染色体，说明它已进入减数分裂的前期Ⅰ、中期Ⅰ、后期Ⅰ，甚至末期Ⅰ，即已进入减数分裂时期，此时大孢子母细胞的染色体仍为$2n$(图1-1-9B、C)。

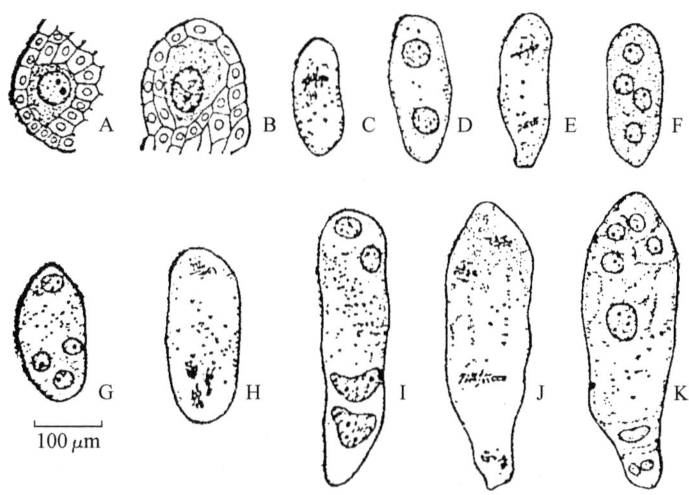

图1-1-9　百合胚囊的发育

A. 胚珠纵切，示孢原细胞；B. 大孢子母细胞在减数分裂前期Ⅰ；C. 中期Ⅰ；D. 前二核期；E. 减数分裂中期Ⅱ；F. 前四核期；G. 大孢子核呈1+3排列；H. 3个大孢子核在合并；I. 后四核期；J. 4核在分裂；K. 8核胚囊

(2) 二分体和四分体时期(大孢子形成期)：大孢子母细胞已完成了减数分裂的第一次分裂，形成2个相同大小的子核，称前二核期(图1-1-9D)，也称二分体时期。接着此二核(n)进行减数分裂的二次分裂，形成4个大孢子核，称前四核期，也称四分体时期(图1-1-9F)。注意百合大孢子母细胞在进行染色体减半的两次核分裂时，都没有伴随细胞质的分裂，即没有细胞壁的形成，只是形成了4个大孢子核，染色体是单倍体(n)，所以核较小。此时胚珠的两层珠被已发育完全，胚珠已经倒转过来，呈倒生状态，但珠被在珠孔端尚留有较大的开口。

(3) 胚囊发育时期：百合4个大孢子核都参与胚囊的发育，在此过程中，首先是3个大孢子核移向合点端，珠孔端只留下一个大孢子核，呈3+1排列(图1-1-9G)，此后在大孢子核进一步进行有丝分裂时，珠孔端的一核正常地分裂，形成2个单倍体的小核，而合点端的3个核在分裂时，3个纺锤体合并(图1-1-9H)，相互融合，因此待分裂终结时，就形成两个三倍体的大核，结果出现了两个大核和两个小核的后四核期，也称四核胚囊期(图1-1-9I)。然后这4个核再各自进行一次有丝分裂(图1-1-9J)，形成8核胚囊(图1-1-9K)，即相当于雌配子体形成。

(4) 成熟胚囊时期：即形成8核胚囊后，两端各有一个大核和一个小核向胚囊中央移动、靠拢，形成两个极核(上极核为单倍体、下极核为三倍体)并和周围的细胞质组成中央细胞。合点端的3个大核进一步发育为3个三倍体的反足细胞，珠孔端的3个小细胞核，分别发育为单倍体的卵细胞(雌配子)和两个助细胞,构成卵器。注意:在成熟胚囊的制片中,反足细胞常提前退化。

百合属植物的胚囊在发育过程中,都是4个大孢子核一起参与胚囊的形成,故属于贝母型。注意与蓼型胚囊的发育过程作比较分析。

思 考 题

1. 为什么说花是一个适应生殖功能的变态的枝条?
2. 雌蕊是由什么构成的?分几部分?子房的构造如何?胚珠在何处发生?
3. 成熟花粉粒的结构如何?从孢原细胞怎样发育成小孢子的?它又如何发育成被子植物的雄配子体?
4. 胚囊在什么地方形成?以贝母型胚囊为例,说明从孢原细胞如何发育为成熟胚囊?

(二) 果实和种子的结构与类型

目 的 要 求

(1) 了解果实的结构组成及各部分的来源;

(2) 掌握果实主要类型的特征;

(3) 通过各种类型种子的解剖观察,掌握种子的基本形态和结构。

材料与器材

1. 材料

桃(*Prunus persica*)花和果实、苹果(*Malus domestica*)花和果实、草莓(*Fragaria ananassa*)花和果实、桑(*Morus alba*)的雌花序和桑椹、菜豆(*Phaseolus vulgaris*)种子、蓖麻(*Ricinus communis*)种子、玉米(*Zea mays*)或小麦(*Triticum aestivum*)的籽粒和纵切永久制片。

2. 器材

放大镜、刀片。

实 验 步 骤

1. 果实的结构和类型

(1) 真果和假果的结构:依据参与果实形成的部分不同,可将果实分为两大类。单纯由子房发育成的称真果,多数植物如此;而除子房外,还有花的其他部分(如花托、花萼等)参加果实组成的为假果。

① 真果的结构(图1-1-10):取桃花与桃果实做实验材料先观察桃花的各部分,然后与纵剖为二的桃的嫩果对照观察。分析花的各部分在形成果实时,发生了哪些变化?

桃果实的外果皮、中果皮和内果皮十分清晰(外果皮膜质,中果皮肉质多汁,内果皮为坚硬的骨质),是比较典型的真果。

② 假果的结构(图1-1-11):取苹果花及果实作实验材料,在观察花的各部分形态后,用双面刀片通过花的正中做纵剖面,注意子房完全陷入花筒之中,并与花筒紧密结合在一起,而花萼、花冠和雄蕊均为上位。然后将幼小的苹果纵剖为二,与花的结构对照分析,注意花的各部分在果实形成时,仅保留了下位子房与花筒部分,其他部分全部枯萎和凋落,有时花萼有残余宿存。

再用刀片通过花筒与下位子房形成的果实做一横切面观察,可见它是由5个心皮连合构成的中轴胎座,并与花筒紧密结合为一体,我们食用的部分主要来源于花筒,而带黑点部分是真正的果皮。比较这样形成的果实与桃、豆荚等真果的不同。

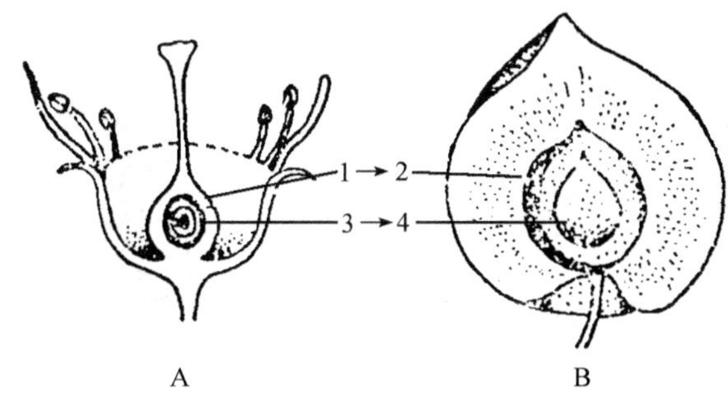

图 1-1-10　桃果实的形成与结构

A. 桃花的纵剖面；B. 桃果实的剖面图

1. 子房壁；2. 果皮；3. 胚珠；4. 种子

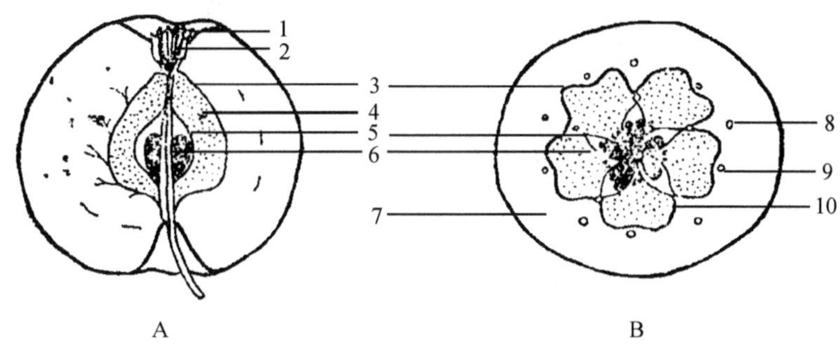

图 1-1-11　苹果的形成与结构

A. 纵剖面；B. 横剖面

1. 花萼残余；2. 雄蕊与花柱残余；3. 心皮外限；4. 中果皮；5. 内果皮；
6. 种子；7. 花筒膨大部分；8. 花萼维管束；9. 花冠维管束；10. 心皮背束

(2) 单果、聚合果和聚花果的结构：根据果实的来源、结构和果皮性质的不同，果实又可分为单果、聚合果、聚花果三大类。如果一朵花只有一个雌蕊，后来只形成一个果实，称为单果。这种单果可以由一个心皮形成，也可以由 2 至多个心皮合生而成。在一朵花中，有许多分离的心皮(雌蕊)，以后每个心皮形成一个小果，并相聚在同一个花托上，称为聚合果。而由整个花序发育而成的果实则为聚花果。

① 单果的结构(图 1-1-11)：取桃的嫩果将其纵剖为二进行观察(如前所述)。

② 聚合果的结构(图 1-1-12)：取草莓花和果实，均做纵剖观察。可以看到一朵草莓花中有许多分离的雌蕊，然后每个雌蕊的子房长成一个小瘦果，这是真正的果实，我们食用的肉质部分则为花托膨大而成。所以，从本质上看草莓果也是假果，而从结构上看，称其为聚合瘦果。

③ 聚花果的结构(图 1-1-13)：取桑的雌花序和桑椹(果实)做纵剖观察，能看到桑的雌花序是由许多朵雌花组成的，每朵小花只有花萼及雌蕊，而桑椹就是由整个雌花序发育而成的。我们所食用的部分是由许多雌花的肉质化的花萼组成的，故称聚花果。此外，凤梨(菠萝)、无花果等也属聚花果。所不同的是：凤梨的可食部分除肉质化的花被和子房外，还有花序轴，而无花果则主要以肉质化的凹陷的花序轴为可食部分。

2. 种子的结构和类型

(1) 双子叶植物无胚乳种子的形态和结构：取菜豆种子作材料，于实验前 1～2 天，将其浸泡于清水中，让其充分的吸胀与软化，以利于解剖观察。取已泡胀的菜豆种子一粒，观察其形态结构(图 1-1-14)。种子的外形略呈肾形，外面有革质的种皮包被，颜色依品种不同而不同。在种子

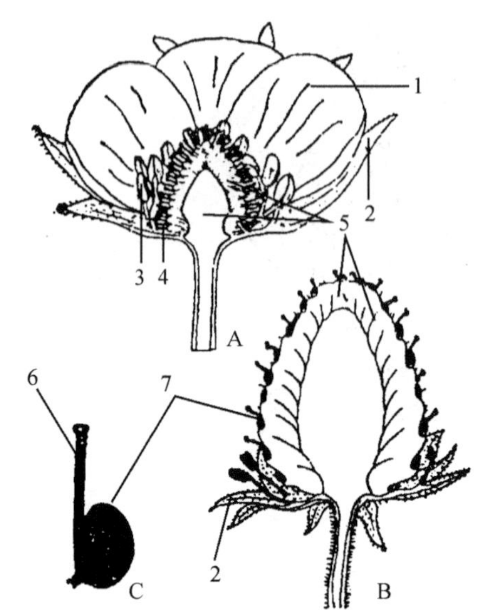

图 1-1-12　草莓花与聚合果的纵剖面

A. 花的纵剖面；B. 聚合果的纵剖面；C. 一个分离的雌蕊

1. 花冠；2. 花萼；3. 雄蕊；4. 雌蕊；5. 花托；6. 花柱；7. 瘦果

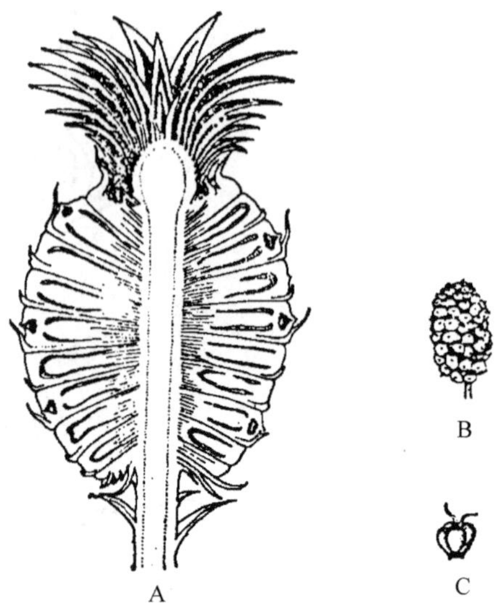

图 1-1-13　聚花果

A. 凤梨(菠萝)；B. 桑果(桑椹)；

C. 桑果的一个小果(带有花萼)

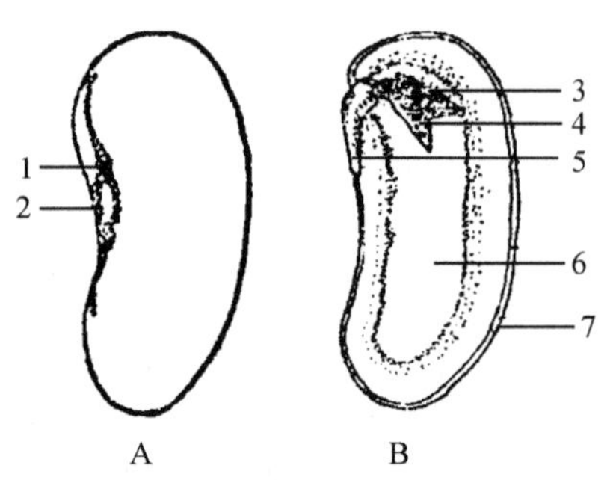

图 1-1-14　菜豆种子的结构

A. 种子的外形；B. 去掉一侧的种皮和子叶

1. 种孔；2. 种脐；3. 胚轴；4. 胚芽；

5. 胚根；6. 子叶；7. 种皮

稍凹的一侧有一条状的斑痕，是种脐，它是种子成熟时与果实脱离后遗留的痕迹。在种脐一端的种皮上有一个小孔，是种孔，即胚珠时期的珠孔，当种子萌发时，胚根首先从这个小孔伸出，突破种皮，所以亦叫发芽口，用手挤压种子的两侧时，可见有水泡自种孔溢出。在种脐的另一端种皮上，近处有一瘤状突起，远端是种脊，内含维管束。剥去种皮，可见两片肥厚的子叶(豆瓣)，掰开两片子叶，可以看见这两片子叶着生在胚轴上。胚轴的上端为胚芽，有两片比较清晰的幼叶，如果用解剖针挑开幼叶，用放大镜观察时，可见胚芽的生长点和突起状的叶原基。在胚轴的下端为一尾状物，是胚根，当种子萌发时，胚根最先突破种皮。菜豆等种子的种皮里面整个结构就是胚，没有胚乳的存在。

(2) 双子叶植物有胚乳种子的形态与结构：取蓖麻种子进行观察(图 1-1-15)，可见其具有坚硬的种皮，种皮由三层结构组成：最外面一层为膜状，具黑褐色花纹，有光泽；中层骨质含黑褐素；内层为白色膜质。从种子表面观察，在种子上端有一浅色的海绵状突起，叫种阜，能吸水，有利于种子萌发。在种子腹面种阜内侧的小突起即种脐，必要时可用手持放大镜观察。种阜和种脐的下方有一条纵向的隆起为种脊。种孔被种阜遮盖，一般看不见。小心地剥去种皮，其内肥厚的部分是胚乳，持刀片与种子的宽面平行做纵切，把胚乳分为两半，用放大镜观察，能见到叶脉清晰的子叶，同时可以看到胚根和极小的胚芽，胚轴虽然很短，但可见到它连接着两片子叶、胚芽和胚根。

(3) 单子叶植物有胚乳“种子”的形态与结构：可选用玉米或小麦的籽粒作实验材料，于实验前置于清水中浸透。这些籽粒不仅是种子，由于其果皮和种皮愈合在一起，不易分开，所以在本质上是结构特殊的颖果，其中，只有一个种子。

取一粒已浸泡过的玉米籽粒，先观察外形，为圆形或马齿形，稍扁，在顶端可见到花柱的遗

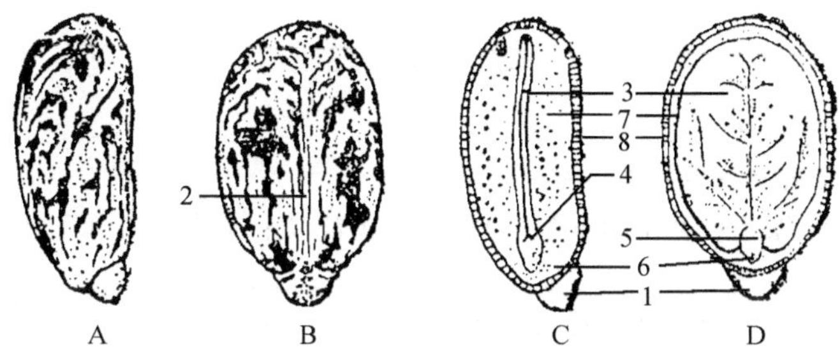

图 1-1-15　蓖麻种子的结构

A. 种子外形侧面观；B. 种子外形腹面观；C. 与子叶面垂直的正中纵切；D. 与子叶面平行的正中纵切

1. 种阜；2. 种脊；3. 子叶；4. 胚芽；5. 胚轴；6. 胚根；7. 胚乳；8. 种皮

迹，在下端有果柄。去掉果柄时可见到果皮上有块黑色的组织，即种脐。透过果皮和种皮，可清楚地看到种子中的胚（图 1-1-16A）。然后用刀片垂直颖果的宽面，沿胚之正中做纵切，将其剖为两半，用放大镜观察其纵切面，它的外面只有一层厚皮，是由果皮和种皮紧密结合形成的，果皮和种皮以内的大部分疏松组织是胚乳，在背侧基部的一角，与胚乳相对的是胚。然后再加一滴稀释的碘液，胚乳部分马上变成蓝黑色，而胚呈橘黄色，十分清晰，仔细观察时还可以区分盾片（子叶）、胚芽、胚轴和胚根的位置。

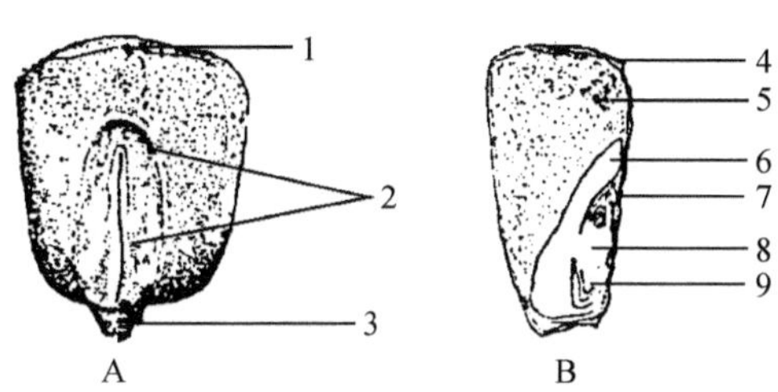

图 1-1-16　玉米颖果的结构

A. 玉米颖果外形；B. 颖果纵切面

1. 花柱遗迹；2. 胚；3. 果柄；4. 果皮和种皮；5. 胚乳；6. 子叶；7. 胚芽；8. 胚轴；9. 胚根

再取玉米胚纵切制片，详细观察胚的结构。它亦由胚芽、胚轴、胚根和子叶四部分组成，但子叶只有一个，称盾片。在胚的内侧，子叶与胚乳相连处的表皮细胞排列整齐，呈柱状，称上皮细胞。此外在胚根和胚芽外面各包着一个套状组织，分别称为胚根鞘和胚芽鞘（图 1-1-16B）。

小麦和玉米的颖果基本相同，只是在胚的结构上稍有不同，在小麦胚轴的外侧生有一个小型的外胚叶（图 1-1-17）。

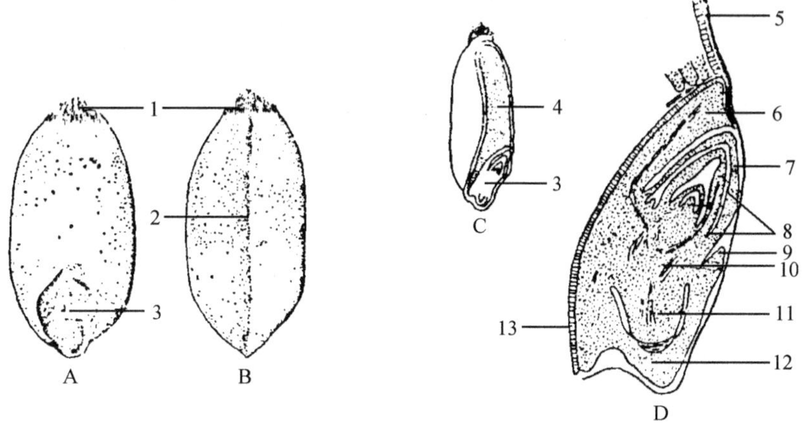

图 1-1-17　小麦颖果的结构

A. 颖果外形背面观；B. 颖果外表腹面观；C. 颖果过腹沟纵切面；D. 胚纵切

1. 果皮；2. 腹沟；3. 胚；4. 胚乳；5. 果皮与种皮；6. 盾片；7. 胚芽鞘；8. 胚芽；9. 外胚叶；10. 胚轴；11. 胚根；12. 胚根鞘；13. 上皮细胞

思 考 题

1. 真果和假果各部分的来源如何?

2. 单果、聚合果和聚花果的结构有何不同?

3. 什么是种子? 以菜豆种子和玉米籽粒为例,比较双子叶植物和单子叶禾本科植物"种子"在构造上的异同。

4. 蓖麻种子和菜豆种子的结构有何异同?

实验二　植物理化性质的测定

相关理论知识

（1）水势是水的化学势，是水分用来做功和发生化学反应的能量大小的度量。植物细胞与相邻细胞或外界环境之间水分的移动，决定于细胞水势的大小，水总是由水势高的部分向水势低的部分移动。

水势的测定方法主要有：小液流法、折射仪法、压力室法、露点法和热电耦法。其中，小液流法最简便易行，但精确性相对较差。

（2）呼吸作用是指生物体内的有机物通过氧化还原作用产生 CO_2，同时释放能量的过程，是生物有机体新陈代谢的一个重要组成部分。呼吸强度为单位重量的植物材料在单位时间内所释放的 CO_2 毫克数，是植物呼吸作用强度的重要指标。

目前测定植物呼吸强度的方法主要有：小篮子法、气流法、测压法、氧电极法、红外线 CO_2 气体分析仪等方法。小篮子法虽然精确性差，但较简便易行。

（3）叶绿体色素包括：叶绿素和类胡萝卜素。大多数情况下，叶绿素与类胡萝卜素的含量比为 3∶1。

叶绿素是植物吸收太阳光能进行光合作用的主要色素。高等植物叶绿体中主要含叶绿素 a 和叶绿素 b，叶绿素 a 对叶绿素 b 的比也是 3∶1。

类胡萝卜素也有收集光能的作用，除此之外，还有防护光照伤害叶绿素的功能，叶绿体中的类胡萝卜素包括两类：即胡萝卜素和叶黄素。在颜色上，胡萝卜素呈橙黄色，叶黄素呈黄色。

（4）种子发芽率是指在最适宜条件下、在规定天数内发芽的种子占供试种子的百分数。它是决定种子品质和实用价值大小的主要依据，与播种时的用种量直接有关。但是常规法（直接发芽）测定发芽率所需时间较长，特别是有时为了应急需要，没有足够的时间来测定发芽率，可通过判断种子有无生命力来快速测定种子发芽率。一般常用的方法有：氯化三苯基四氮唑法、溴麝香草酚蓝法、红墨水染色法、靛红染色法、荧光分析法、软 X 射线造影法、电导率法、光密度法、尿糖试纸法和自由基测定法等。本实验仅介绍前三种快速测定的方法。

一　植物组织水势的测定（小液流法）

目的要求

（1）了解水分在生命活动中的作用；

（2）掌握水势的概念；

（3）学习用小液流法测定植物组织水势的方法。

实验原理

将浸过植物组织的溶液液滴置于原浓度溶液中时，若液滴上升，说明植物组织的水势大于溶液的渗透势，组织失水，使溶液浓度变小，相对密度变小；若液滴下降，说明植物组织水势小于溶液的渗透势，组织吸水，使溶液浓度变大，相对密度变大；若液滴静止不动，说明此时植物组织的水势等于溶液的渗透势，水分保持动态平衡，溶液浓度不发生改变，相对密度也不变。根据此时溶液的浓度，利用公式，即可计算出植物组织的水势。

材料与器材

1. 材料

马铃薯块茎。

2. 试剂

1 mol/L 蔗糖溶液、甲烯蓝。

3. 器材

试管、试管塞、移液管、打孔器、刀片、卡介苗注射器。

实验步骤

(1) 配制一系列不同浓度的蔗糖溶液(0.05 mol/L、0.1 mol/L、0.15 mol/L、0.2 mol/L、0.25 mol/L、0.3 mol/L、0.35 mol/L、0.4 mol/L)各 10 mL,注入 8 支试管中,分别加上塞子,并编号,作为对照组。

(2) 另取 8 支试管,编好号,作为试验组。分别取对照组各试管中溶液 4 mL 移入相同编号的试验组试管中,再将各试管都加上塞子。

(3) 用 0.5 cm 打孔器在马铃薯块茎上钻取若干相同的圆条,然后切成 1 mm 厚圆片,向试验组的每一试管中各加相等数目(约 5 片)的马铃薯小片,塞好塞子,放置 30 min,在这段时间内摇动数次,到时间后,向每一试管中各加甲烯蓝粉末少许,并振荡,此时溶液变成蓝色。

(4) 用卡介苗注射器从试验组的各试管中依次吸取着色的液体少许,然后伸入对照组的相同编号试管的液体中部,缓慢从注射器中横向放出一滴蓝色试验溶液,并观察小液滴移动的方向,记录液滴不动的试管中蔗糖溶液的浓度。

(5) 计算:$\varphi_w = -iRTC$

式中,φ_w 为细胞水势;i 为解离系数(蔗糖为 1);R 为气体常数 0.083×10^5 L·Pa/(mol·K);T 为绝对温度即 273℃+t(t 为实验温度);C 为等渗溶液的浓度。

思考题

1. 在本实验的操作过程中,哪些操作容易产生误差,使实验不能得到完满结果?
2. 新鲜和干燥环境下储存的马铃薯块茎水势有何差异?

二 植物呼吸强度的测定(小篮子法)

目的要求

(1) 了解植物呼吸作用的过程和原理;

(2) 学习用小篮子法测定植物呼吸强度。

实验原理

植物呼吸时放出的 CO_2 被 $Ba(OH)_2$ 吸收,起中和反应,而使 $Ba(OH)_2$ 的量减少,然后用草酸滴定剩余的 $Ba(OH)_2$,同时做一个空白实验,用空白和样品两者消耗草酸溶液之差,即可计算出被测植物材料在单位时间内放出 CO_2 的数量,即植物的呼吸强度。

材料与器材

1. 材料

发芽的水稻种子。

2. 试剂

碱石灰、0.05 mol/L $Ba(OH)_2$、0.1%酚酞指示剂(1 g 酚酞溶于 100 mL 95%乙醇中)、1/44 mol/L 乙二酸溶液($H_2C_2O_4 \cdot 2H_2O$ 2.8651 g 加蒸馏水定容至 1000 mL,每毫升相当于 1 mg CO_2)。

3. 器材

广口瓶、酸式滴定管、尼龙网制小篮、干燥管、温度计、橡皮塞。

实验步骤

(1) 取 500 mL 广口瓶一个,用三孔橡皮塞塞紧,一孔插入盛碱石灰的干燥管,使进入广口瓶的空气无 CO_2,一孔插入温度计,另一孔直径 1 cm 左右,供滴定用,滴定前用小橡皮塞塞紧,瓶塞下面挂一尼龙网制小篮,用以盛实验材料,整个装置如图 1-2-1 所示。

(2) 称取萌发的水稻种子 5 g,装于小篮内,将小篮挂在广口瓶内,同时加 0.05 mol/L 的 $Ba(OH)_2$ 溶液 25 mL 于广口瓶内,立即塞紧瓶塞,并用熔化的石蜡密封瓶口,防止漏气。其间轻摇广口瓶数次,使溶液表面的 $BaCO_3$ 薄膜被破坏,以利于对 CO_2 的吸收。

(3) 1 h 后,快速打开瓶塞,取出小篮,加入 2 滴指示剂,立即重新塞紧瓶塞。然后拔出小橡皮塞,将滴定管插入小孔中,用 1/44 mol/L 的草酸滴定,直到红色突然消失。记录滴定所耗用的草酸溶液的毫升数。

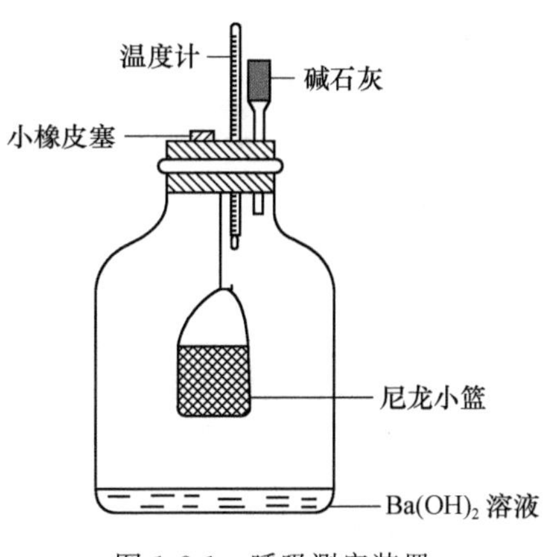

图 1-2-1　呼吸测定装置

(4) 另取用沸水煮死的种子为材料,作同样测定,以此作为对照。

(5) 计算

$$呼吸强度[CO_2,mL/(g \cdot h)]=\frac{V_0-V_1(mL)}{种子鲜重(g)\times 时间(h)}$$

V_0 为煮死的种子所耗用草酸的毫升数,V_1 为发芽的种子所耗用草酸的毫升数。

思　考　题

1. 广口瓶中插入温度计有何作用?
2. 科研和生产中测定呼吸强度有什么意义?举例说明。

三　叶绿素的提取及性质测定

目的要求

(1) 学习叶绿体色素的提取和分离方法;

(2) 了解叶绿素和类胡萝卜素的一些主要理化性质。

实验原理

叶绿素具有光学活性，它吸收光量子而转变成激发态叶绿素分子，很不稳定，当它回到基态时可发射出红光量子，因而产生荧光。

叶绿素的化学性质很不稳定，易受强光破坏，特别是叶绿素与蛋白质分离后，破坏更快。

叶绿素中的镁可被 H^+、Cu^{2+}、Zn^{2+} 等离子取代。H^+ 取代后形成褐色的去镁叶绿素，Cu^{2+}、Zn^{2+} 等离子取代后形成绿色的铜代叶绿素、锌代叶绿素等。

叶绿素是一种二羧酸的酯类，可与碱起皂化作用，形成的盐能溶于水，因而可用此法将其与类胡萝卜素分开。

材料与器材

1. 材料

菠菜叶片。

2. 试剂

石英砂、碳酸钙、丙酮、乙酸铜、乙醚、盐酸、30%氢氧化钾-甲醇溶液。

3. 器材

研钵、移液管、吸耳球、天平、漏斗、分液漏斗、量筒、试管、试管夹、酒精灯。

实验步骤

1. 叶绿体色素的提取

将新鲜菠菜叶片洗净擦干，去掉叶柄和叶脉，剪成小块，称取 2 g 置于研钵中，加石英砂和碳酸钙少许，丙酮 5 mL，研磨成匀浆，再加丙酮 15 mL，则得深绿色提取液，用漏斗（垫一张滤纸）过滤，即为色素提取液。

2. 叶绿素的荧光现象

取上述色素丙酮提取液少许于试管中，用反射光和透射光观察提取液的颜色有无不同，反射光下观察到的溶液颜色，即为叶绿素产生的荧光颜色。

3. 光对叶绿素的破坏作用

取上述色素丙酮提取液少许，分装于 2 支试管中，1 支试管放在黑暗处（或用黑纸包裹），另 1 支试管放在强光下（如太阳光下），经 1～2 h 后，观察两支试管中溶液的颜色有何变化。

4. H^+ 和 Cu^{2+} 对叶绿素分子中 Mg^{2+} 的取代作用

取上述色素丙酮提取液少许于试管中，一滴一滴加入浓盐酸，直至溶液出现褐绿色，此时叶绿素分子已遭破坏，形成去镁叶绿素。然后加醋酸铜晶体 1 小块，慢慢加热溶解，则又产生鲜亮的绿色，此时铜已取代了在叶绿素中的镁，形成铜代叶绿素。

5. 叶绿素与类胡萝卜素分离

取上述色素丙酮提取液 10 mL，加到盛有 20 mL 乙醚的分液漏斗中，摇动分液漏斗，并沿漏斗边缘加入 30 mL 蒸馏水，轻轻摇动分液漏斗，静置 10 min，溶液即分为两层。此时色素已全部转入上层乙醚中，弃去下层丙酮和水，再用蒸馏水冲洗乙醚溶液 1～2 次。然后于色素乙醚溶液中加入 5 mL 30% KOH 甲醇溶液，用力摇动分液漏斗，静置约 10 min，再加蒸馏水约 10 mL，摇动后静置分离，则得到黄色素层和绿色素层。

思考题

1. 铜在叶绿素分子中替代镁的作用，有何实际意义？
2. 在皂化反应中加入乙醚有什么作用？

四　种子发芽率的快速测定

（一）氯化三苯基四氮唑法（TTC 法）

目 的 要 求

学习用氯化三苯基四氮唑法快速测定种子发芽率。

实 验 原 理

2,3,5-氯化三苯基四氮唑（TTC）的氧化状态是无色的，被氢还原之后成红色三苯基甲臜（TTF）。

$$C_6H_5-C\begin{matrix} \nearrow N-N-C_6H_5 \\ \searrow N=N^{+}-C_6H_5 \end{matrix}\ Cl^- \xrightarrow{+2H} C_6H_5-C\begin{matrix} \nearrow N-N(H)-C_6H_5 \\ \searrow N=N-C_6H_5 \end{matrix} + HCl$$

TTC（无色）　　　　TTF（红色）

具有生命力的种子，由于呼吸作用产生的氢能使 TTC 还原成 TTF，因此胚部便染成红色；而无生命的种子没有呼吸代谢活力，TTC 不被还原，因而胚部不着色。所以，可根据种子胚部染不染成红色来判断种子有无生命力，从而测定种子发芽率。

材料与器材

1. 材料

水稻、小麦、大豆、玉米、向日葵等植物的种子。

2. 试剂

0.5% TTC 溶液。

3. 器材

恒温箱、烧杯、培养皿、天平、刀片、镊子。

实 验 步 骤

1. 浸种

将待测种子在 30～35℃温水中浸种 2～6 h，以增强种胚的呼吸强度，使显色迅速。

2. 显色

取吸胀的种子 200 粒，水稻种子要去壳，豆类种子要去种皮，用刀片沿种子胚的中线纵切为两半。

将其中的一半置于培养皿中，加入适量的 0.5% TTC，以覆盖种子为度，然后将其置于 30℃恒温箱中 0.5～1 h。观察结果，凡胚被染为红色的为有生命力的种子，胚部未被染为红色的为丧失生命力的死种子。

将另一半在沸水中煮 5 min 杀死胚，作同样染色处理，作为对照观察。

3. 计算

计算胚被染成红色的活种子的百分率，即为快速测定的种子发芽率。

(二) 溴麝香草酚蓝法(BTB 法)

目 的 要 求

学习用溴麝香草酚蓝法快速测定种子发芽率。

实 验 原 理

凡活细胞必有呼吸作用,吸收空气中的 O_2 放出 CO_2,CO_2 溶于水成 H_2CO_3,H_2CO_3 解离成 H^+ 和 HCO_3^-,使得种胚周围环境的酸度增加,用溴麝香草酸蓝(BTB)作指示剂,可使其呈现黄色。

材料与器材

1. 材料

水稻、小麦、大豆、玉米、向日葵等植物的种子。

2. 试剂

0.1% BTB 溶液、1% BTB 琼脂凝胶(1 g 琼脂加热溶于 100 mL 0.1% BTB 溶液中)。

3. 器材

恒温箱、天平、培养皿、烧杯、镊子、漏斗、滤纸。

实 验 步 骤

1. 浸种

同上述 TTC 法。

2. 显色

取吸胀的种子 200 粒,整齐地埋于准备好的琼脂凝胶培养皿中,种子平放,间隔距离至少 1 cm。然后将培养皿置于 30～35℃下培养 2～4 h,在蓝色背景下观察,如种胚附近呈现较深的黄色晕圈是活种子,否则是死种子。

用在沸水中煮 5 min,胚已被杀死的种子作同样处理,进行对比观察。

3. 计算

计算胚附近出现黄色晕圈的活种子的百分率,即为快速测定的种子发芽率。

(三) 红墨水染色法

目 的 要 求

学习用红墨水染色法快速测定发芽率。

实 验 原 理

凡生活细胞的原生质膜具有选择性吸收物质的能力,而死的种胚细胞原生质膜丧失这种能力,于是染料便能进入死细胞使其染色,而活细胞不被染色。

材料与器材

1. 材料

水稻、小麦、大豆、玉米、向日葵等植物的种子。

2. 试剂

稀释20倍的红墨水染液。

3. 器材

恒温箱、刀片、镊子。

实验步骤

1. 浸种

同上述TTC法。

2. 染色

取已吸胀的种子200粒,水稻种子去壳,豆类种子去种皮,然后用刀片沿胚的中线纵切为两半。

将一半置于培养皿中,加入5%红墨水,以覆盖种子为度,染色10～15 min(温度高时间可短些)。然后倒去红墨水,用水冲洗多次,至冲洗液无色为止。观察结果,凡种胚不着色或着色很浅的为活种子,凡种胚与胚乳或子叶着色程度相同的为死种子。

将另一半在沸水中煮5 min杀死胚,作同样染色处理,作为对照观察。

3. 计算

计算种胚不着色或着色浅的活种子的百分率,即为快速测定的种子发芽率。

思 考 题

1. 试验结果与常规直接萌发的结果是否一致?为什么?
2. TTC法、BTB法和红墨水法测定的种子萌发率有时会有所不同,为什么?

实验三　种子植物标本的采集、制作与保存

相关理论知识

植物标本根据使用目的可分为：整体标本、解剖标本、系统发育标本和比较标本。目前通用的植物标本制作方法有干制和浸制两大类。对于含水量较少、易于干燥、干燥后又不易变形的植物材料可采用真空干燥、冰冻干燥、微波干燥、硅胶干燥和吸水纸压制等物理方法进行强制性脱水，也可以首先进行必要的化学处理，然后再进行脱水干制。根据处理方法的不同，干制标本又可分为：蜡叶标本、原色覆膜标本和原色立体标本。而对于那些柔软多汁、不易干燥或干燥后易变形的植物材料，多采用浸泡的方法制作标本。

目的要求

(1) 识别各种常见的种子植物；

(2) 掌握标本的采集、制作和保存方法。

材料与器材

1. 材料

各种种子植物。

2. 试剂

60%乙醇、5%福尔马林。

3. 器材

标本夹、采集箱和采集袋、枝剪和高枝剪、手锯、掘根器、放大镜、钢卷尺、相机、望远镜、塑料的广口瓶、吸水纸、采集标签、野外记录签、定名签。

实验步骤

1. 标本的采集

采集标本是为了更好地辨认、鉴定植物种类，因此必须收集带有花、果的标本，至少具二者之一，因为鉴定植物种类主要靠花果的形态。

对于草本植物，矮茎的要连根拔出或挖出，高茎的则应把它折成"N"形收压起来。太粗太高的可剪取上段带花果部分，再切取下段带根部分，中间留一小段带1～2片叶的部分，三段合并为一份标本，务必将全草高度记录下来。

对于木本植物，选取有花、果而其叶片(序)又完整的枝条剪下，其长度为25～30 cm较为合适。如果花、果太密，可以适当进行疏花或疏果。如果木本植物是药用植物，最好取其药用部分(如根或树皮)一段附在枝条标本上。有些植物是先开花后长叶的，则应在开花时采一次，长叶后再采集一次。还有些植物是雌雄异株的，就要分开采集标本。

有些植物属寄生类型，采集时要连寄主一起采，包括寄主的一段枝条或草本的一段茎叶，最好不要将二者分开。

野外采集应有现场记录，记录的内容按表1-3-1格式填写，但其中有几项最为重要，如植物的当地土名，务必尽量收集；同时了解其用途，将其记下；另外生态环境(山坡、林下或沟边等)、海拔、植物的花果颜色等都很重要，因为花色易变，而有些种类在鉴定种或变种时花色为重要根据之一。

表 1-3-1　植物标本野外记录签格式

植物标本野外记录

中　名________________

土　名________________

拉丁名________________

地　点________________

生　境________________

海　拔________________

习性(体态)________________

植物高________________胸　径________________

根________________胸　径________________

叶　序________________

花________________

果________________

用　途________________

采集者________________采集号________________

日　期　　　年　　月　　日

采集记录的同时要按种编号。编号也要同时写在采集标签(表 1-3-2)上,并用线穿好拴在标本上。这样可按记录本号数找到标本,不致有误。

表 1-3-2　植物标本采集标签格式

采集号

地　点

采集者

　　　　年　　月　　日

标本名可在种确定后补写,书写最好用铅笔,易修正,且不易褪色。

2. 标本的制作

(1) 蜡叶标本的制作:野外采来的标本当初是新鲜潮湿的,需要经过不断换纸吸水把它压干,才能保持不坏。换纸时另有一种标本夹,其大小与带到野外的标本夹一样,不过夹板厚些,能压更多的东西,用比较粗的绳子捆绑。换纸须勤。刚采回的标本,前 3 天要每天换干纸 2～3 次,最少换一次,遇水分含量大的植物一定要多垫些纸压得紧些。换纸时注意检查标本的花瓣、叶片有无折皱,如有则务必理平。另外注意标本上叶片就面时有正面和反面的放置。

有些种类如百合科的野蒜或百合,地上鳞茎压制成标本后仍能萌芽,可以放在水里煮几分钟,再用 5%乙醇浸 1～2 天,然后再压。马齿苋、景天之类的肉质茎叶植物,还有一部分容易掉叶子和花的种类也可用上法处理。

标本压干以后,通常要进行消毒灭菌。因为植物体上常有虫子或虫卵在其内、外部,如不消毒,则会被蛀虫蛀食破坏。消毒方法:可以将压干的标本放在消毒室或消毒箱内,再用敌敌畏置于玻璃皿内,放入室内或箱里,利用气熏办法杀虫,2～3 天后取出,即可装帧。

装帧用洁白的台纸(用白纸加厚而成),纸长约 42 cm,宽约 30 cm,将消过毒的标本放在台纸上，要摆好适当位置，尤其花枝不可太近台纸边缘，否则易碰坏。如果枝条太密或花果太多时，可临时剪修去一些，然后用小纸条粘贴固定，也可用针线固定。在台纸上固定好后，在右一角贴上标本定名签(表 1-3-3)。一时鉴定不出的标本，可以将标本和野外记录送有关单位代为鉴定。

表 1-3-3　植物标本定名签格式

××(单位名)植物标本室	
采集号	
科　名	
中　名	
土　名	
拉丁名	
经济用途	
采集者	
鉴定者	
产　地	
日　期　　年　　月　　日	

(2) 浸制标本的制作：有许多果实不好压制则可以浸制，如桃、李、葡萄等的果实可洗净放入 60%乙醇或 5%福尔马林溶液中长久保存。

有一种浸制方法能保存植物的绿色不变，用乙醋酸和等量清水混合，再缓缓加入结晶乙酸铜，一边加入一边搅拌使乙酸铜充分溶解到有沉淀为止，再加 3 倍清水就成了保存溶液。然后将标本放入溶液中置火上烧煮，温度以 80℃左右为宜，注意看植物由绿色变淡黄，10～15 min 后再变成绿色，就可停火。把处理过的标本从溶液里取出，用清水洗净后，再放入有 5%福尔马林溶液的广口瓶里即可。

3. 标本的保存

鉴定好的标本，连同台纸一起按科类放进标本柜。如属永久保存，最好在进柜前用氯化汞消毒一次，并经常检查，发现虫蛀破损，尽快采取措施。标本在柜中的放置地位可按惯例处理。一般按恩格勒系统排置科的顺序；科内按属名第一字母的顺序存放，余字母类推；属内按种名词第一字母的顺序排列，第 2、3 字母类推。如属模式标本，台纸上应注明 type 字样，保存尤要当心。

思　考　题

1. 一份好的标本应具备哪些条件？
2. 为什么要做好野外采集记录？采集记录里的各项可否省略？为什么？

实验四　设计创新实验

实验目的

目的是培养学生的创新意识、创新精神、创新能力和科学思维，引导学生的科研兴趣、训练学生的综合科研技能和协作能力，推进学生自主学习、合作学习、研究性学习。

选题范围

(1) 植物的无土栽培。

(2) 名贵花卉的栽培技术研究。

(3) 植物的组织培养。

(4) 影响植物生长发育的客观因素研究。

(5) 影响植物开花的客观因素研究。

(6) 不良环境对植物的影响。

实验步骤

在完成基础和综合实验的基础上，学生们根据自己的兴趣在以上范围内，选择一个研究题目进行自主设计，通过自行查阅资料、设计实验方案、填写设计实验申请书、根据自己时间来实验室进行实验研究、自行处理实验数据、撰写实验研究论文等。

设计创新实验申请书、实施程序、工作流程和设计创新实验要求等详细内容见附录8。

第二篇　动物生物学实验

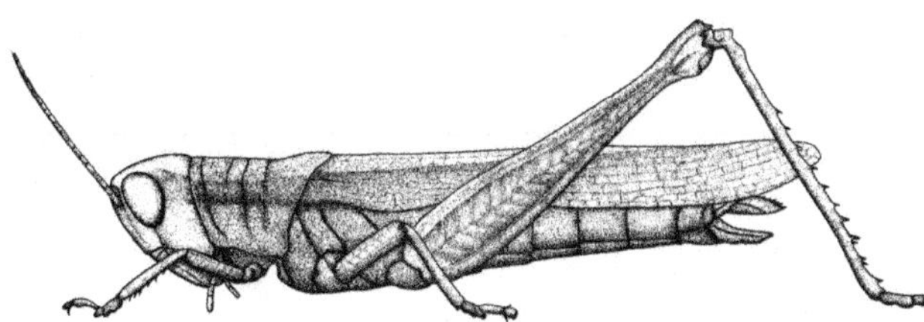

实验备忘记录

实验一　动物解剖及形态观察实验

相关理论知识

(1) 原生生物是一类目前已知的最原始的真核生物，包括一切单细胞和多细胞群体的单细胞动物。它们和其他所有的多细胞动物均不相同，虽然由单个细胞构成，但仍然是一个完整的有机体，具有营养、呼吸、排泄和生殖等作为一个动物所具有的一切机能。因此，作为一个动物来说，原生动物的结构是最简单和最原始的，但是作为一个细胞来说，则又是非常复杂的，其细胞质分化形成了不同的胞器，如鞭毛、纤毛是运动胞器；胞口、胞咽、胞肛是营养胞器；眼点是感觉胞器等。每一种胞器都有一定的结构，并在原生动物的生活中完成一定的生理功能。

(2) 蛔虫类群包括 7 个门的动物，外部形态差异很大，相互之间的亲缘关系也不甚清楚，但是它们都有一个共同特征，即都有假体腔，又称初生体腔，指体壁中胚层与内胚层消化道之间的腔。

假体腔动物与无体腔的扁形动物相比，身体出现明显的变化。首先，假体腔的出现使动物的肠道与体壁之间有了空腔，为体内器官系统的发展提供了空间；其次，体壁有了中胚层形成的肌肉层，同时体腔液具有一定的流动压力，使动物的运动能力得到明显加强；另外，由于腔内充满了体腔液，腔内物质出现了简单的流动循环，利于营养物质及代谢产物的输送。

完全消化道的出现，使消化道出现分工，食物残渣可以固定地由肛门排出体外，消化力得到加强，排泄系统原肾型，设有循环系统和呼吸器官，体表角化。

(3) 蝗虫身体异律分节，有带关节的附肢。具混合体腔和开管式循环系统；有几丁质的外骨骼；其中一些类群具有对陆地生活的高度适应；是原口动物中最进化的类群。

节肢动物的身体在分节的基础上分为头、胸、腹 3 个部分；有的类群具有可以飞翔的翅。生长过程中有蜕皮现象。身体结构、形态、呼吸器官和排泄器官多样化，是动物界中种类最多的一个动物门。

(4) 鱼类是最低等的有颌、变温脊椎动物，并适应水生生活而发展出许多特有的结构，出现了能咬合的上下颌及成对的附肢(偶鳍)。骨骼为软骨或硬骨。脊柱代替了脊索，成为身体的主要支持结构。头骨更加完整，脑和感觉器官更发达。身体多为流线型，分为头、躯干和尾，体被骨质鳞片或盾鳞，体表具侧线。以鳔或脂肪调节身体比重获得水的浮力；靠躯干分节的肌节的波浪式收缩传递和尾部的摆动获得向前的推进力。以鳃为呼吸器官。血液循环为单循环。有良好的调节体内渗透压的机制。

(5) 蟾蜍是脊椎动物进化历程中的一个重要类群，处于从水生向陆生过渡的中间地位。变温。幼体以鳃呼吸，成体以肺呼吸，并辅以皮肤呼吸。皮肤裸露，出现轻微角质化。具典型的陆生脊椎动物的五指(趾)型四肢，脊椎出现了颈椎和荐椎的分化，心脏的心房出现分隔，血液循环为不完全双循环。出现中耳和在空气中传导声波的耳柱骨，具有犁鼻器。原脑皮。体外受精，体外发育幼体经变态转为成体。

(6) 鸟类是恒温、高代谢率的高等动物，具有极好的适应空中飞翔的功能性特征。身体流线型，颈长，具角质喙，无齿；体表被羽，皮肤薄而干，缺少腺体，前肢变为翼，后肢因不同习性而有变异，具气质骨，有发达的龙骨突和胸肌；肺呼吸，具气囊，为双重呼吸；心脏完全分隔为 4 室，血液完全双循环；体内受精，产大型羊膜卵；大脑纹状体发达，有复杂的生殖行为，视觉发达；尿酸为主要排泄产物。

(7) 家兔系哺乳类，全身被毛，体温恒定，胎生，具有胎盘(除单孔类外)，哺乳(具乳腺)；四肢经扭转位于身体腹面；头骨合颞窝型，双枕髁，具有完整的次生硬腭和肌肉质软腭；下颌为单一齿骨，齿骨上着生槽生异型齿，为再生齿；颈椎恒为7块(极少数例外)；具汗腺；血液完全双循环，红血球无核，保留左体动脉弓；肺泡是气体交换的最终场所；具有肌肉质横膈；发展了外耳壳，听小骨3块；大脑发达且机能皮层化，发展了新小脑。

一　眼虫及草履虫观察

目的要求

了解眼虫作为单细胞生物兼具动植物特征；认识草履虫形态结构及学习游动生物观察方法。

材料与器材

1. 材料

活体眼虫和草履虫，眼虫和草履虫装片。

2. 试剂

碘液、乙酸洋红、石炭酸品红染液、蓝墨水。

3. 器材

显微镜、胶头吸管、载玻片、盖玻片、吸水纸、脱脂棉、擦镜纸。

实验步骤

1. 眼虫观察

(1) 绿眼虫(*Euglena viridis*)装片观察。初步认识眼虫的大小、形态及主要结构：细胞核、叶绿体、眼点等，为活体观察做准备。

(2) 绿眼虫活体观察。观察眼虫培养液为什么颜色？这种颜色在培养器壁上分布是否均匀？为什么会出现这种现象？用吸管从培养器中颜色较深一侧吸取一滴培养液，放在载玻片上，然后加盖玻片，将盖玻片一侧贴水慢慢倾斜盖上，以免产生气泡。

先在低倍镜下观察，可以看到许多呈纺锤形的绿眼虫在游动。注意观察眼虫的运动方式，眼虫沿身体纵轴方向进行螺旋式的旋转运动，称眼虫运动。选择一个活动较迟缓的眼虫，转换高倍镜观察。区分前后端，运动的前方为前端，前端钝圆，后端稍尖。眼虫前端有一红色结构为眼点，有何功能？眼点旁可见一泡状、无色透明的部分，称储蓄泡，由胞口通体外，胞口为前端凹陷部，用以排出代谢废物。有时可在储蓄泡后面观察到一个发亮的、处于舒张状态的伸缩泡，收缩时看不清。细胞质中有许多形状不一的绿色小体，称叶绿体。在虫体中部稍后有一大而圆的细胞核，生活时是透明的，不易观察。另做一装片，在盖玻片一侧加一滴乙酸洋红，可使核染成红色。将视野亮度调暗些，注意观察眼虫前端，可以见到前端有摆动的鞭毛。若不清楚，在盖玻片边缘加一滴碘液，将鞭毛染成褐色后观察。副淀粉粒不易看到。有时在视野内可以看到圆形不动的个体，其中有的是在进行上面观察时，水分逐渐散失变干，眼虫停止运动，缩成球形，这是形成包囊前的虫态变化，有的是取样前就已形成有囊壁包围的包囊，包囊在何种条件下形成？有何意义？

2. 大草履虫观察

(1) 大草履虫(*Paramecium caudatum*)装片观察。初步认识大草履虫形状、大小及主要结构：表膜、纤毛、刺丝泡、口沟、胞口、细胞核等，为活体观察做准备。

(2) 大草履虫活体观察。取一张载玻片，撕取少许脱脂棉丝放在载玻片上，目的是限制草履虫游动速度,便于观察。然后用吸管从草履虫培养液中的表层(这里草履虫较多)吸取一滴培养液,滴加在脱脂棉丝上,盖上盖玻片,置于低倍镜下观察,观察时使视野稍暗。如果视野中草履虫游动仍很快,用吸水纸放在盖玻片一侧,吸掉一部分水,再进行观察。

首先观察草履虫的整体形状,似一只倒置的草鞋。分辨其前后端,前端稍圆,后端稍尖。然后观察草履虫如何运动。

选择一个活动迟缓的草履虫,转换高倍镜观察其构造。虫体最外面为表膜,有弹性,当草履虫穿过棉丝时,体形可以改变。缩小光圈,可以看到虫体全身布满纤毛,纤毛不停地击水摆动,比较虫体各部位纤毛的长度,想想与其运动方式的关系?从虫体前侧面斜向后到虫体中部,有一凹沟,称口沟。在口沟后端有胞口,胞口后有一略呈弯管状的胞咽,内有纤毛,具运输食物的功能。

表膜内,紧贴表膜的一层透明无颗粒的细胞质为外质。外质内有与表膜垂直排列的,折光性强的椭圆形的刺丝泡。另制作一张装片,在盖玻片的一侧滴一滴蓝墨水,由另一侧用吸水纸吸水,使蓝墨水浸入盖玻片下,放到高倍镜下观察,可以看到从刺丝泡中发射出的刺丝,在草履虫周围呈乱丝状。

外质内部的细胞质多颗粒,为内质。内质中有处于不同消化程度的食物泡。在虫体的前后端各有一个圆的亮泡,为伸缩泡。每一伸缩泡向周围细胞质伸出放射排列的收集管,伸缩泡和收集管的伸缩交替进行,前后两个伸缩泡的伸缩也是交替进行的,它们有何功用?大草履虫有两个细胞核:一个大核,一个小核,在内质中央。大核呈肾形,生活时小核不易观察到。在盖玻片的一侧滴一滴石炭酸品红染液,在另一侧用吸水纸吸水,使染液浸入盖玻片下,静放 10 min,再进行观察。大、小核被染成清晰可见的红色,小核位于大核凹处。

思 考 题

1. 眼虫、草履虫如何运动?运动机理是什么?
2. 通过对眼虫、草履虫的观察,总结单细胞动物有哪些细胞器的分化,各有什么功能?

课 外 实 习

1. 无色眼虫诱变实验

根据实验提示,独立设计并完成实验。

实验提示:多数眼虫具有色素体,少数种类无色素体。部分有色素体的种类可以通过黑暗培养,高温或紫外光等方法诱变处理后,使虫体丧失绿色。

本实验需纯培养的眼虫,可选择 2~3 种进行对照,如绿眼虫,纤细眼虫,培养的温度需控制在 25℃左右。实验方法根据实验室条件选择。实验结果需观察下列内容:眼虫是否变色?变色培养时间?变色后能否恢复?

2. 草履虫无性及有性生殖培养实验:

根据实验提示独立设计并完成实验。

实验提示:草履虫可进行无性生殖和有性生殖。无性生殖为横二分裂,有性生殖为接合生殖。在营养物质丰富的条件下,草履虫主要进行无性生殖,在营养物质缺乏的条件下主要进行有性生殖。

本实验需用草履虫纯培养液,实验材料可选用大草履虫,培养的温度控制在 20~30℃。营养条件的改变自行设计。

二　蛔虫解剖及横切片观察

目 的 要 求

（1）通过对蛔虫的观察，了解线形动物的一般特征与寄生生活相适应特点；

（2）学习解剖蛔虫及观察内部器官的方法。

材料与器材

1. 材料

蛔虫浸制标本和横切面玻片标本。

2. 器材

显微镜、解剖盘、放大镜、解剖器、大头针、蜡盘。

实 验 步 骤

蛔虫解剖和横切片观察

1. 蛔虫解剖

（1）外形观察：取雌雄蛔虫（*Ascaris Lumbricoides* Linnaeus）浸制标本置于解剖盘中观察。虫体呈圆柱形，两端细，前端稍钝，后端稍尖。体表角质膜上可以看到四条线。区分雌雄虫：雄虫稍小，腹面后端向膜面卷曲，有两根交合刺，常由泄殖腔孔伸出，生殖孔、肛门开口于泄殖腔。雌虫稍粗大，后端直，生殖孔开口于体前端腹面约 1/3 处，位于腹线上。肛门开口于腹面近体末端 2 mm 中线上。用放大镜观察蛔虫前端，前端中央有口，口周围有三片唇，背侧一个背唇，腹侧有两个腹唇，背唇上有两个乳突，腹唇上各有一个乳突。口的后方约 2 mm 处的腹中线上有一个排泄孔。

（2）内部解剖：将蛔虫腹面向下，置于解剖盘中，用解剖针沿虫体前端略偏离背线处向后将体壁剖开，或用解剖剪剪开（注意解剖针和剪尖不要插入太深，以免破坏内部结构），展开两侧的体壁，用大头针固定在蜡盘上，大头针要向外倾斜 45°插入蜡盘，加清水没过虫体，在水中用解剖针小心将各器官略加分离，然后进行观察。

① 体线：在体壁背面正中有背线，腹面正中有腹线，两侧各有一条侧线。

② 消化系统：为一直管，最前端为口，口后接肌肉质的咽，咽后为肠，扁管状，近后端为直肠（肠与直肠界限不易分清）。雄蛔虫直肠开口于泄殖腔，由泄殖腔孔通体外，雌蛔虫直肠则由肛门通体外。

③ 生殖系统：雌雄异体。

雄虫：雄性生殖器官为一条细长的单管，位于体中部稍前，盘曲迂回于体腔中。管的游离端细长而弯曲的部分为精巢，精巢后接输精管，但与精巢的界限不易区分。输精管后为膨大的储精囊，后接细直的射精管，进入泄殖腔内，由泄殖孔通体外。

雌虫：雌性生殖器官为前端汇合的两条细长的管，呈“Y”字形。每一管的游离端最细的部分为卵巢，逐渐加粗的部分为输卵管，与卵巢无明显界限。输卵管后接较粗大的子宫，两条子宫汇合成管状的阴道，末端以生殖孔开口腹面前端 1/3 处。

2. 横切面玻片标本观察

取蛔虫横切面玻片标本，置于低倍镜下观察。

（1）体壁：由角质层、表皮层和肌肉层组成。最外层为无细胞结构的角质层，其下为细胞界限不清的表皮层，为合胞体结构。表皮层在背腹及两侧向内增厚为背线、腹线和侧线。背、腹线较侧线细，其内端膨大呈圆形，内分别有背神经索和腹神经索通过，腹神经索比背神经索粗，可以凭借此特征区分切片背、腹面。侧线较宽，其内可以看到排泄管的切面，为一圆孔。表皮层之下为肌肉层，由一层肌细胞组成，肌纤维纵行排列，其外部为肌纤维，染色较深，有收缩机能，称为收缩部。内部膨大为原生质部，细胞核位于其中。肌肉层被背腹线和两侧线分隔成四部分。

(2) 假体腔和消化管：体壁围成的腔为假体腔，腔内有生殖器官和消化管。消化管位于体腔中央，为一扁圆形的管道，由单层柱状上皮细胞组成，肠中间的空隙称肠腔。

(3) 生殖器官：雌雄异体。

雌虫：卵巢管切面形似车轮，管面最细，卵原细胞呈放射状排列，中央有一合胞体的中轴。输卵管切面较卵巢的粗，无合胞体中轴，其内可见卵细胞。子宫切面最粗，内有明显的腔隙，充满虫卵。

雄虫：雄虫横切片中，管腔最小，染色较深的为精巢，内有精原细胞；管腔较粗，染色较浅的为输精管，内有发育中的精细胞；管腔最大的为储精囊，内有精子。

思　考　题

1. 蛔虫有哪些特点与寄生生活相适应？
2. 根据对蛔虫的观察，总结线形动物有哪些基本特征？

三　蝗虫外形及内部解剖

目 的 要 求

通过对棉蝗的外形观察及内部解剖，了解昆虫的一般特征。

材料与器材

1. 材料

棉蝗的浸制标本。

2. 试剂

甘油。

3. 器材

显微镜、实体显微镜、解剖盘、解剖器、培养皿、载玻片、盖玻片。

实 验 步 骤

1. 棉蝗外形观察

棉蝗(*Chondracris rosea*)一般体呈青绿色，浸制标本呈黄褐色，体表被有几丁质的外骨骼，身体可明显分为头、胸、腹三部分。雌雄异体，雄虫比雌虫小。

(1) 头部。位于身体最前端，卵圆形，其外骨骼愈合成一坚硬的头壳。头部可分为以下几部分：头壳的前方为略呈梯形的额；额下连一片方形的唇基；额的上方，两复眼之间的背上方为头顶；复眼以下，头的两侧部分为颊；头顶和颊之后为后头。观察头部下列器官：

① 眼：棉蝗具一对复眼和三个单眼。复眼较大，椭圆形，呈棕褐色，位于头顶两侧。用刀片自复眼表面，切取一小片，置于载玻片上加甘油制成片装，在显微镜下观察，可见许多呈六角形的小眼。单眼较小，圆形，呈黄色。一个在额中央的凹陷处，另外两个分别位于两复眼内侧上方，可借助放大镜观察。三个单眼排成一个倒“品”字形。

② 触角：一对，位于两复眼内侧前方，为细长的丝状触角，由柄节、梗节和鞭节组成，鞭节又

分为许多亚节。

③ 口器：位于头部下方，蝗虫的口器为典型的咀嚼式口器。口器之间为口。蝗虫的口器包括五部分，观察时用镊子夹住口器各部的基部，自前向后将各部分摘下，按顺序摆放好，用放大镜观察。

A. 上唇：一片，板状，其下缘中央有一缺刻，上缘不直，连于唇基下方，覆盖着大颚。其外表面硬化，内表面柔软。

B. 大颚：略呈三角形。坚硬几丁质化，位于颊的下方，口的左右两侧，摘除上唇即看到。大颚内侧黑色，上面生有齿状突起，下部齿长而尖，为切齿部；上部齿粗糙宽大，为臼齿部。

C. 小颚：一对，位于大颚后方，口的左右两侧，小颚主体由轴节和茎节组成，轴节连于头部，茎节端部着生有两个颚叶。内侧较硬且具齿的为内颚叶，外侧呈匙状的为外颚叶。茎节外还有一细长分为五节的小颚须。

D. 下唇：一片，位于小颚后方，左右愈合为口器的底板。下唇的基部称为后颏，与头部相连，前颏端部有一对瓣状的唇舌，两侧各有一个分为三节的下唇须。

E. 舌：摘除口器其他部分后，口腔中可见一黑褐色的囊状结构即为舌。

(2) 胸部。位于头部后方，两者以膜质相连。胸部由三节组成，由前向后依次称前胸、中胸和后胸。每一胸节有一对足，中、后胸背面各有一对翅。

① 外骨骼：胸部被坚硬的几丁质的骨板所覆盖，背部的骨板称背板，腹面的骨板称腹板，两侧的骨板称侧板。

A. 前胸骨板：最前面一对附肢着生的体节为前胸。蝗虫的前胸背板非常发达，呈马鞍状，覆盖在前胸背面和两侧，后缘覆盖中胸。前胸侧板退化为前胸背板腹前方的一个很小的三角形骨片。前胸腹板在两足间有一突起，向后弯曲，称前胸腹板突，是分类的重要依据。

B. 中胸骨板：第二对附肢着生的体节为中胸。中胸背板被前胸背板和前翅覆盖。剪除前胸背板后部，将前翅拨向两侧，即可看到。前胸背板薄，略呈长方形。中胸侧板发达，其表面有一条斜行的侧沟，将侧板分为前后两部。中后胸腹板愈合成一块，但明显可分。

C. 后胸骨板：最后一对足着生的体节为后胸，其背板与中胸背板相似，被两对翅覆盖，将两翅拨向两侧即可看到。侧板被一斜行的侧沟，分为前后两部。腹板与中胸腹板愈合。

② 气门：胸部有两对气门。前一对在前胸与中胸侧板间的两侧薄膜上，拨开前胸背板即可看到。第二对位于两侧中胸与后胸侧板间、中足基部的薄膜上。

③ 附肢：胸部各节依次着生前足、中足和后足各一对。前足、中足较小，适于步行，称步行足。后足强大，适于跳跃，称跳跃足。各足均由六肢节构成。

基节：足基部第一节，与身体相连短而圆的部分。

转节：基节之后最短小的一节，轻微转动附肢即可看清。

腿节：转节后较粗大的一节，后足的腿节最发达。

胫节：在腿节之后，较细长的一节，呈红褐色，其后缘有两行细刺，末端还有数枚距。

跗节：在胫节之后，用放大镜观察，可见它由三节组成。第一节较长，有三个假分节，腹面有三个跗垫，第二节短，腹面有一个跗垫，第三节较长，无跗垫。

前跗节：位于第三跗节的端部，有一对爪，两爪间有一中垫。

④ 翅：两对，顺次称前翅和后翅，观察其着生的位置。前翅着生于中胸，革质；后翅着生于后胸，膜质。静息时，前后翅折叠于背部，前翅覆盖在后翅之上，起保护作用。摘下两翅，置于实体镜下观察其脉相。

(3)腹部。与胸部直接相连，由 11 个体节组成。腹部外骨骼较柔软，只由背板和腹板组成，侧板退化为连接背腹板的侧膜。雌雄蝗虫第一腹节至第八腹节形态构造相似，在背板两侧腹缘前角各有一个气门。蝗虫第一腹节背板两侧各有一个大而呈椭圆形的薄膜状的结构为听器。腹板与后胸腹板愈合。第二至第八腹节正常，末三个腹节退化，其形态因性别而异。

雌蝗虫：第九、十两节背板较狭，愈合，第十一节背板形成盾状的肛上板，肛门位于其下。在第十节背板后缘肛上板两侧各有一个小突起为尾须。两尾须内侧各有一个三角形的肛侧板。雌蝗虫第八节腹板特长，其后缘有一尖形突起，称导卵器，用镊子或解剖针轻轻挑起即可看到。雌蝗虫第九、十节腹板退化消失。腹部末端有两个向后突起的较硬而且具钩的结构为产卵器。背面一对称产卵背瓣，尖端向上钩曲。腹面一对称产卵腹瓣，尖端向下钩曲。

雄蝗虫：雄蝗虫背板结构基本与雌蝗虫相似，雄虫第八节腹板正常，第九节腹板发达，一直向右延伸到身体末端，并向上翘起，形成下生殖板。将下生殖板下压，可见到突起状的外生殖器——阴茎。

2. 内部解剖

左手持蝗虫，使其背部向上，右手持剪刀从腹部末端尾须处开始，自后向前沿肛门上方将左右两侧体壁剪开，注意剪尖稍外挑，剪至第一腹节背板前缘，再从第一腹节背板前缘横向剪断背板，用镊子把剪开的背壁自前向后揭开，翻到后端，依次观察下列器官系统：

(1) 循环系统。观察揭开背壁内侧，可见中央线上有一条半透明的细长管状结构，即为心脏。用镊子小心揭下这层膜状结构，注意保持完整，放入培养皿中，加清水进行观察。心脏按节有略膨大的部分，为心室。棉蝗有几个心室？各在哪几个腹节？心脏前端连一细管，即大动脉，贯穿胸部，直达头部。心脏两侧有扇形的翼状肌，外端着生于背侧体壁的内面，内端终止于心脏壁上。

(2) 呼吸系统。自气门向体内，可见许多白色分支的小管分布于内脏器官和肌肉中，即为气管。用放大镜观察内脏背面两侧，可以看到许多膨大的气囊。用镊子撕取少许胸部肌肉，放在载玻片上，捣碎，加水制成装片，置于显微镜下观察。可看到许多白色、透明、内具几丁质螺旋纹的气管，螺旋纹有何作用？

(3) 生殖系统。

① 雄性生殖系统：精巢位于腹部背面前缘消化管的背方，一对，左右相连成一长椭圆形结构。精巢前上方有一系带向前连于中胸背板。精巢由许多精巢小管组成，精巢小管的精巢后端腹面两侧向后各连出一条输精管，两输精管在第七腹节绕过消化道的腹面汇合成一条射精管，轻轻掀起消化管即可看到。射精管穿过生殖下板，开口于阴茎末端。在射精管的前端左右两侧，有一些迂回的细管，为副性腺管。将副性腺的细管拨散开，还可看到一对长椭圆形的储精囊。观察时可将消化管末端向背方挑起，但勿将消化管撕断。

② 雌性生殖器官：卵巢一对，位置与雄性相同。由许多短管状的卵巢管集合而成。卵巢前端也有一系带连于胸部骨板。卵巢两侧各有一条膨大的纵行管与卵巢管相连，称为卵萼。卵萼前端弯曲的管状结构为副性腺，卵萼后为输卵管。两输卵管在第七腹节绕过消化道汇合成一条总输卵管，经生殖腔开口于产卵腹瓣之间的生殖孔。将消化管略向背方挑起即可观察到。自生殖腔背方伸出一弯曲小管，其末端形成一椭圆形囊，即受精囊。

(4) 消化系统。用剪刀自胸部背板中央由后向前剪一纵口，一直剪到前胸背板之间的颈膜处，然后沿颈膜向两侧剪开头与胸部两侧的连接，用镊子剥离附生于背板和侧板的肌肉，再沿气门上缘由后向前分别剪除两侧侧板上部和背板，用镊子轻轻剥离胸部肌肉，摘除精巢或卵巢，完全暴露出消化管后，进行观察。

蝗虫消化系统由消化管和消化腺组成，消化管可分为前肠、中肠和后肠。前肠与中肠以着生胃盲囊部位为界。胃盲囊为12个指状突起，六个伸向前方，六个伸向后方。中肠与后肠交界处着生马氏管为排泄器官。

① 前肠：自咽至胃盲囊的一段消化管。最前端与口相通的肌肉质短管为咽，伸入头内。咽后为食道，食道后膨大的囊状结构为嗉囊。食道和嗉囊的界限不清。嗉囊之后，较嗉囊略细而且壁富肌肉的一段前胃。

② 中肠：又称胃，位于胃盲囊至马氏管着生部位间的一段管道。

③ 后肠：马氏管着生部位以后的一段肠管。与胃连接较粗的一段称回肠，其后较细而弯曲的一段为结肠，结肠后较膨大的一段为直肠，末端开口于肛门。

④ 唾液腺：一对，呈葡萄状，位于胸部嗉囊腹面两侧，把消化道翻向一侧，用镊子轻轻剥离该处肌肉即可观察到。

(5) 排泄器官。为马氏管，着生于中后肠交界处的丝状小管。将虫体浸入盛水的培养皿中，用放大镜观察，它是盲管还是开管？

(6)神经系统。

① 脑：用剪刀由后向前剪开两复眼间头壳，剪去头顶和后头的头壳，但保留复眼和触角，再用镊子小心地摘除头壳内的肌肉，即可看到脑。其位于两复眼间，呈淡黄色，仔细剥离观察脑向触角和眼发出的神经。

② 围咽神经：为脑向后发出的一对神经，绕过咽后端，连接于食道下神经节。由脑向后剥离即可看到。

③ 腹神经索：将消化管除去，再将肌膈和胸部肌肉除去，即可看到胸部和腹部中线处的白色神经索。小心地将腹神经索完整地取下，放到培养皿中，加水置于实体镜下观察。它由两股构成，并在一定部位膨大形成神经节，发出神经通向其他器官，数一数有多少个神经节？各在什么部位？比较各神经节大小，想想为什么有大有小？

思　考　题

1. 蝗虫口器的各部分具有什么功能？
2. 通过本实验总结昆虫纲的主要特征，其中哪些特征是对陆生生活的适应？

课 外 实 习

蝗虫单眼和复眼功能实验

实验提示：蝗虫的复眼除能感光又能辨认物体的大小，单眼仅能感光。实验时用盐酸分别破坏蝗虫的单眼和复眼，然后置于带孔的纸盒中，观察蝗虫的反应。可取两只蝗虫进行对照实验。此实验需注意实验程序的设计。

四　鲤鱼外形及内部解剖

目 的 要 求

通过对鲤鱼的外形观察及内部解剖，了解硬骨鱼类的主要特征及鱼类适应水生生活的特征。初步掌握鱼类的解剖技术。

材料与器材

1. 材料

活体鲤鱼(*Cyprinus carpio* Linnaeus)，鲤鱼的骨骼标本。

2. 器材

解剖盘、解剖器、实体显微镜、骨剪、培养皿、脱脂棉、放大镜。

实 验 步 骤

1. 鲤鱼外形观察

用骨剪敲击鲤鱼头背面中后部，将其处死，置于解剖盘中进行外形观察。

鲤鱼的身体呈纺锤形，两侧较扁，背部灰黑色，体侧颜色较浅略带金黄色，腹部近白色。整个身体可区分为头、躯干和尾三部分。头与躯干部的分界线为鳃盖后缘，躯干与尾的分界线为肛门。

(1) 头部。头的前端有口，口角有两对触须。吻部背面有一对鼻孔，每一鼻孔被鼻瓣分为前后两部分，用镊子轻轻拨动即可看见。鲤鱼鼻腔是否与口腔相通？眼位于头部两侧，鱼死后眼是否闭上？为什么？眼后头部两侧为鳃盖，鳃盖后缘具薄而柔软的鳃盖膜，其后下方的开口为鳃孔。

(2) 躯干部和尾部。

皮肤：表皮和真皮均为多层细胞，且皮肤与肌肉紧密相接，皮下组织极少，使整个身体成为坚实的实体。表皮内具有大量单细胞黏腺，分泌黏液使体表黏滑，可以减少水中游泳的阻力，并可保护身体免遭病菌、寄生物的侵袭。

① 鳞片：躯干部和尾部体表被有圆鳞，呈覆瓦状排列。身体两侧各有一行由鳞片上的小孔排列而成的侧线，该行鳞片称侧线鳞。数一数每侧侧线鳞数目。从背鳍起点到侧线的斜列鳞数为侧线上鳞数，从臀鳍起点到侧线的斜列鳞数为侧线下鳞数，数一数侧线上鳞和侧线下鳞数目。用镊子取下几枚鳞片，置于实体镜下观察。鳞片大致呈圆形，中间有许多同心环纹称年轮，年轮怎样形成的？鳞片露于体表部分可见到许多黑色素斑。

② 鳍：躯干背部正中线有单个的背鳍；躯干腹面前方鳃盖后缘有一对胸鳍；躯干腹面中部，有一对腹鳍；肛门之后，尾部腹面中线上有单个的臀鳍；尾部末端为一个分叉状的尾鳍。

③ 肛门和泄殖孔：肛门位于躯干部和尾交界处，泄殖孔紧接肛门之后。

2. 内部解剖

(1) 肌肉系统。本实验只观察躯干部的肌肉。用镊子摘除体侧 4～5 行鳞片，用解剖刀剥去皮肤，即可看到躯干部的大侧肌是由许多弯曲的肌节组成，肌节间是结缔组织肌膈，另有一条与中轴平行的肌膈把大侧肌分为背部的轴上肌和腹部的轴下肌两部分。

轴上肌发达而有力，几乎是整个身体重量的一半。鱼的肌节呈锥形漏斗状，彼此套叠，在鱼体的横切面上呈现一系列同心圆状。一个肌节的收缩可以延伸几个骨节，快速传递收缩的力量。从头部开始的收缩在身体两侧交替进行，形成波浪式的传递，使收缩的一侧弯曲成“S”形。收缩在尾部结束，尾部将收缩的力传给水，这个力被水以同等大小，但方向相反的反作用力作用于尾部，这个力向前的分力是鱼体向前运动的主要推进力。

(2) 呼吸系统。用骨剪将左侧鳃盖沿眼后缘剪除，暴露出鳃腔，即可观察到鲜红的鳃，鲤鱼每侧具四个全鳃。剪下一个带鳃弓的全鳃，置于培养皿中加少量水，放在实体镜下观察。鲤鱼的鳃由鳃弓、鳃耙和鳃片组成。鳃内的弧形骨片称鳃弓，共五对，鳃弓内缘凹面上成行的突起称鳃耙。第五对鳃弓特化成下咽骨，其内侧着生咽齿。前四对鳃弓外缘各并排着生两个鳃片，每个鳃片称为半鳃，两个半鳃合成全鳃。每一鳃片由许多鳃丝组成，每一鳃丝两侧又有许多突起称鳃小片，是气体交换的场所。

鳃具有以下几个特点：

① 气体交换面积大，总面积为体表面积的 10～60 倍；

② 壁薄，使氧气进入血液的距离缩短，仅有 1～3 μm；

③ 鳃中有丰富的毛细血管分布；

④ 鳃中的血流方向与水流方向相反，形成逆流，促使气体充分交换；

⑤ 入鳃的血液为缺氧血，出鳃的血液为多氧血；

⑥ 鱼类的鳃使鱼类将水中80%的氧摄入体内。

(3) 内脏器官观察。左手握住鲤鱼背部，使其腹部向上，用剪刀在肛门前约半公分处剪一小的横口，将剪刀尖插入切口内(注意不要插入太深)，沿着腹中线向前剪至喉部。(经过胸腹鳍处，用骨剪剪开骨骼)。然后将鲤鱼左侧向上置于解剖盘中，用镊子提起左侧体壁，沿肛门前的横切口向背方剪到脊柱，再将刀口转向前方，沿脊柱下缘剪至鳃盖后缘并剪断肩带，刀口转向下，小心剪除左侧体壁(在剪开体壁过程中，用镊子分离体壁与内脏器官的联系，且剪尖要外挑)，暴露出内脏器官，按下列顺序进行观察。

① 原位观察：在最后一对鳃弓后下方有一小腔，为围心腔，它借薄的横膈与腹腔分开，心脏位于围心腔内。在心脏背上方有一暗红色的结构为头肾。在腹腔脊柱下方有两个囊状的鳔，在前后鳔室之间有一暗红色组织，为肾脏。在鳔腹面占体腔大部分的长形结构为生殖腺，雄性为乳白色的精巢，雌性为黄色的卵巢。腹腔内盘曲的管道为肠管。在肠管之间的肠系膜上有暗红色、弥散状的肝胰脏。在肠管和肝胰脏之间的红褐色器官为脾脏。

② 循环系统：鲤鱼的心脏由一心房、一心室和静脉窦构成。用镊子小心将围心膜撕破，首先观察心脏的搏动，寻找心脏各部分间的分界。心房和心室收缩比较明显。心室壁厚、淡红色，位于心脏腹面前方，心房位于心室后背方，暗红色。心脏后方呈暗红色，略呈三角形的薄囊为静脉窦。沿静脉窦向两侧剥离，试着寻找两侧的前主静脉和后主静脉。沿心室前方有一白色厚壁的圆锥形小球体为动脉球。动脉球前接一条较粗大的血管为腹大动脉，由它向左右两侧分出四对入鳃动脉进入鳃内。剪下一个带鳃弓的全鳃，用镊子夹住鳃丝的基部，摘除鳃丝，再用解剖针在鳃弓的凹槽内轻轻剥离，可以找到两根较细的血管，靠近鳃丝一侧的血管为入鳃动脉，靠近鳃耙一侧的血管为出鳃动脉。

③ 泄殖系统：

A. 雄性生殖系统：精巢一对，位于鳔的腹面，呈长形分叶状。每一精巢后部变细，由精巢壁延伸出一条很短的输精管，左右输精管后端汇合，通入尿殖窦，再以肛门后的泄殖孔开口体外。

B. 雌性生殖系统：卵巢一对，位于鳔的腹侧面，呈长柱形，生殖期内含有大量卵。每一卵巢壁向后延伸形成一条输卵管，左右输卵管后端汇合，通入尿殖窦，经尿殖孔开口于体外。

观察完移去生殖腺。

C. 排泄系统：肾脏位于体腔背壁，前后鳔室相接处的两侧，在该处向后通出两条输尿管，沿腹腔背壁后行，在近末端处汇合成膀胱，其末端开口于泄殖窦。另外，每一肾脏前端向前侧面扩展形成头肾，为拟淋巴腺。

鱼类渗透压调节：

a. 海生硬骨鱼的血液盐浓度低于周围海水，体液大量渗出，为补偿体液的丧失，大量吞饮海水，进入体内过多的盐通过位于鳃上皮的泌氯腺排出，同时，肾小体大部分退化，减少排尿量。

b. 海生软骨鱼则在血液中积累大量尿素，使血液渗透压高于周围海水，海水不断渗入体内。进入体内多余的水分由肾脏排出，多余的盐经直肠背面的直肠腺排出。

淡水硬骨鱼的血液浓度高于周围水环境，水分进入体内，通过肾脏排出，同时，鳃上皮具有从水中吸收盐分的细胞，以补偿盐的失去。

观察完摘除肾脏。

④ 鳔和韦伯氏器：鳔位于脊柱下方，鲤鱼的鳔分前后两个鳔室，后室前端腹面有鳔管和食道相通，轻轻掀起鳔即可观察到。鳔前端腹面毛细血管丰富的位置为红腺。用镊子夹住与鳔前端

相连的小骨用力拉出，此骨略呈三角形，为韦伯氏器的三角骨，韦伯氏器其他小骨不易找到。

⑤ 消化系统：出现上、下颌。包括：口、口腔、咽、食道、肠、肛门及肝胰脏。

消化道最前端为口，剪开口角，可见鲤鱼无颌齿，口后为口腔，口腔底部为不能活动的三角形的舌。口腔后鳃内侧为咽部。第五对鳃弓特化为下咽骨，其上生有咽齿，取下第五鳃弓观察咽齿着生方式及齿数。咽的后方为短的食道，其背面有鳔管通入。鲤鱼无明显的胃，鳔管之后为肠管。在肠管间呈暗红色、弥散状分布的为肝胰脏。轻轻地将肠管拉直观察，鲤鱼肠很长，小肠和大肠无明显分界，最后端的直肠以肛门开口于体外。在拉直肠管过程中，可看到一个暗绿色的球形结构为胆囊。

⑥ 脑：从两眼眶下剪，沿体长轴方向剪开头部背面骨骼；再在两纵切口的两端间横剪，小心地移去头部背面骨骼，用脱脂棉吸去银色发亮的脑脊液，脑便显露出来。从脑背面观察。

A. 端脑：由嗅脑和大脑组成。大脑分左右两个半球，各呈小球状位于脑的前端，其顶端各伸出一条棒状的嗅柄，嗅柄末端为椭圆形的嗅球，嗅柄和嗅球构成嗅脑。

B. 中脑：位于端脑之后，覆盖在间脑背面。较大，受小脑瓣所挤而偏向两侧，各成半月形突起，又称视叶。

C. 小脑：位于中脑后方，为一圆球形体，表面光滑，前方伸出小脑瓣突入中脑。

D. 延脑：是脑的最后部分，由一个面叶和一对迷走叶构成，面叶居中，其前部被小脑遮蔽，只能见到其后部。迷走叶较大，左右成对，在小脑的后两侧。延脑后部变窄，连脊髓。

鱼类具有发达的嗅觉，听觉器官仅有内耳，由三个半规管、椭圆囊和球囊组成，是平衡感受器。视觉已具备脊椎动物眼的基本模式，三套膜（巩膜、脉络膜和视网膜）和一套折光系统（角膜、房水、晶体和玻璃体）、软骨鱼类的晶体靠后，适于远视；硬骨鱼类晶体靠前，适于近视。

（4）骨骼系统。取鲤鱼整体和分散的骨骼标本，观察头骨、脊柱和附肢骨骼。

① 头骨：可分成脑颅和咽颅，另外有鳃盖骨。

A. 脑颅：先由前向后分成四个区来观察；然后再从背面和腹面观察。

a. 鼻区：位于最前端，环绕着鼻囊的区域。其前端中央有一块略呈三角形的中筛骨；中筛骨和外侧有一对侧筛骨；中筛骨前面还有一块前筛骨。

b. 蝶区：紧接鼻区之后，环绕眼眶四周。眼眶内侧壁有翼蝶骨，其前方为眶蝶骨，脑颅侧面围绕眼眶有六块围眶骨。

c. 耳区：前接蝶区，围绕耳囊四周。主要骨片有蝶耳骨一对，位于额骨后外侧；翼耳骨一对，位于顶骨两侧，长形而不规则；上耳骨一对，位于顶骨后方。

d. 枕区：脑颅的最后部分，由围绕枕骨大孔的四块骨片组成。其后端中央有一块上枕骨；其腹外侧枕骨大孔两侧有一外枕骨；脑颅腹面后端正中有一块基枕骨。

e. 脑颅的背面观：自前向后依次有鼻骨一对，位于前筛骨两侧；额骨一对，接中筛骨之后；额骨后面有一对顶骨。

f. 脑颅的腹面观：前端有一块犁骨，其后为一块副蝶骨。

B. 咽颅：位于脑颅下方，环绕消化道的最前端，由左右对称的骨片组成，包括颌弓、舌弓、鳃弓和鳃盖骨系。

a. 颌弓：上颌前方为一对前颌骨，其后为一对颌骨；上颌后端还有翼骨和方骨等。下颌主要是齿骨，其后部还有隅骨和关节骨。

b. 舌弓：位于颌弓之后，背面为一对舌颌骨，其下为角舌骨，腹面中央为基舌骨。

c. 鳃弓：鲤鱼具五对鳃弓。前四对鳃弓，由背至腹分别由咽鳃骨、上鳃骨、角鳃骨、下鳃骨和基鳃骨构成。第五对鳃弓特化为下咽骨，其内缘有三列咽齿。

C. 鳃盖骨系：位于头骨后部两侧，每侧由四枚鳃盖骨和三枚鳃条骨组成。

② 脊柱和肋骨：脊柱分躯椎和尾椎两部分。大约前 20 枚为躯椎，21 枚以后为尾椎，在第 5～20 躯椎有肋骨；注意观察每块椎骨由哪几部分构成。另外在前面三个椎骨上有一组韦伯氏器小骨，每侧有四块小骨：三角骨、间插骨、舟骨和闩骨。

③ 附肢骨骼：包括带骨和鳍骨。

A. 肩带和胸鳍骨：肩带与头骨相连，由匙骨、上匙骨、乌喙骨、肩胛骨、中乌喙骨和后匙骨构成；胸鳍骨由鳍担骨和鳍组成。

B. 腰带和腹鳍骨：腰带为一对无名骨，腹鳍骨由鳍担骨和鳍条组成。

C. 奇鳍骨：背鳍和臀鳍的鳍条中，前三个形成鳍棘，每一鳍条由鳍担骨支持。尾鳍中，尾杆骨和其前两个椎骨的髓棘和脉棘变形而阔的骨片作为支鳍骨，支持鳍条。

思　考　题

1. 硬骨鱼有哪些与水生生活相适应的特征？
2. 鲤鱼的呼吸系统包括哪几部分？它们怎样完成呼吸？

课 外 实 习

鱼鳔生理功能实验

实验提示：鱼鳔的主要功能是通过改变鳔内的气体而调节鱼体密度。鳔一旦被破坏，这一功能也将丧失，本实验利用针刺并抽取鳔内气体的方法来验证这一功能。

本实验可用鲫鱼做实验材料。用镊子将第 5、6 侧线鳞及第 11、12 侧线鳞垂直下方处第 1、2 行处的鳞片拔掉，然后用注射器从第 5、6 侧线鳞处垂直插入，抽取前鳔室内的气体。同样在第 11、12 侧线鳞下方直插入注射器，抽取后鳔室内气体。将抽空气体后的鲤鱼放回水中观察其变化。实验中需注意，当针头刺入鱼体内往外抽气时，如有较费劲的感觉，可能是针头没刺入鳔内。另外，要防止刺入过深而穿透鱼鳔。

五　蟾蜍外形及内部解剖

目 的 要 求

(1) 通过对蟾蜍外形及各器官系统的观察，了解两栖类初步适应陆生生活的特征；
(2) 熟练动物解剖技术。

材料与器材

1. 材料

活中华大蟾蜍(*Bufobufogar garizans*)，蟾蜍皮肤切片，蟾蜍骨骼标本。

2. 器材

显微镜、解剖器、解剖盘、大头针、细玻璃管、放大镜、脱脂棉。

实 验 步 骤

1. 蟾蜍外形观察

取一只活蟾蜍用左手持之观察，蟾蜍身体分为头、躯干和四肢三部分，无颈部分化。头部和躯干部以枕骨大孔为界。雄性蟾蜍较小，雌性蟾蜍较大。

(1) 头部：蟾蜍头部扁平，略呈三角形。吻部背面近前端有一对外鼻孔，外鼻孔外缘具鼻瓣，注意观察在进行呼吸运动时，鼻瓣如何运动，同时观察口腔底部的升降与鼻瓣运动的关系。在头部两侧略近背部有眼，眼大而突出，具上下眼睑，在下眼睑内侧有一半透明的薄膜，称瞬膜。用手轻触眼睑，观察上下眼睑是否活动、瞬膜如何活动，两眼后方各有一圆形的鼓膜。在头部后端两侧各有一椭圆形的隆起称耳后腺。用解剖针轻轻刺破耳后腺，可见其分泌出一种乳白色的液体，经加工之后即为中药“蟾酥”。

（2）躯干部：蟾蜍的躯干部短而宽，躯干末端两腿之间稍近背侧有一小孔称泄殖孔。

（3）四肢：注意观察四肢着生的位置。前肢短小由五部分组成，从近体侧起，依次为：上臂、前臂、腕、掌、指部。蟾蜍前肢具四指，指间无蹼。生殖季节雄蟾蜍的拇指基部内侧有一膨大的突起，称婚瘤，由黏液腺集合形成，便于交配时抱握雌体。另外雄性蟾蜍前肢较雌性的粗。后肢长大，由三部分组成，由近体侧起，依次为：股、胫和趾部。后肢五趾，趾间具蹼，但蹼不发达。

2. 皮肤系统

两栖类的皮肤较薄，由多层细胞组成的表皮和真皮组成，处于裸露状态，但表皮已开始有轻微角质化，在一定程度上防止了水分蒸发问题，因而只能在潮湿的环境中生活。蟾蜍的角质化程度较高，比较耐旱。

蟾蜍体表粗糙，有大小不等的圆形疣，但头部背面无疣。蟾蜍背部暗黑色，体侧和腹部浅黄色，间有黑色花纹。用手抚摸蟾蜍的皮肤，可以感觉到皮肤是黏滑的，具有黏液，黏液是由皮肤腺分泌的，对蟾蜍的生活有何意义？取蟾蜍的皮肤切片，置于显微镜下观察，可以看到皮肤分表皮和真皮两部分。表皮的外层为角质层，角质层之下为柱状细胞构成的生发层，其中有少量色素细胞及腺体开口。表皮层之下为真皮层，较厚，由结缔组织构成。可分为外层的疏松层和内层的致密层。疏松层中可以看到色素细胞，皮肤腺和血管等。致密层中有稠密的胶原纤维。

表皮衍生大量多细胞腺体和色素细胞。腺体包括两种，一种是黏液腺，分泌黏液使皮肤保持经常湿润，这对保护皮肤并对皮肤参与呼吸有重要意义。另一种是毒腺，数量较少，多分布在背部，是一种浆液腺，分泌物为白色，对捕食者具有威慑作用，如耳后腺。

表皮和真皮中的色素细胞决定动物的体色，并可使体色随环境改变，色素细胞含有色素颗粒，并有许多指状突起，当色素颗粒收缩聚集时体色变浅，色素颗粒扩展分散到细胞突起中时体色变深。

3. 内部解剖

用双毁髓法处死蟾蜍，左手持蟾蜍，使其背部向上，用食指和中指夹住前肢，无名指和小指夹住后肢，再用食指将头前端下压，这样可使头与脊柱相连处凸起。右手用解剖针在头与脊柱连接处中央的枕骨大孔刺入，先将探针左右移动，切断脑与脊髓的联系，并向前刺入颅腔捣毁脑髓，再将针尖向后插入椎管，搅动破坏脊髓，直到后肢及腹部肌肉完全松弛为止。注意在操作过程中，不要将蟾蜍耳后腺对着自己或其他同学的眼睛，以免耳后腺毒液溅人眼中。

将处死的蟾蜍腹面向上放于解剖盘中，用大头针把四肢的末端和吻端固定。用镊子夹起腹面后端近后肢基部的皮肤，然后将该处皮肤剪一横切口，由此处沿身体中线稍偏左直达下颌剪开皮肤，然后在前肢水平处将皮横剪开，剥离皮肤与肌肉的联系，用镊子将皮肤拉向两侧。操作过程中，注意观察皮肤与肌肉的连接及皮肤上血管的分布情况。

用镊子夹住后肢基部之间的腹肌，沿腹中线稍偏左自后向前剪开腹壁(这样可避开腹中线上的腹静脉，剪时剪尖略上挑，以免伤及内脏)。剪至剑胸骨时，由剑胸骨两侧进行斜剪，向前剪断乌喙骨和肩胛骨。用镊子提起胸骨，仔细剥离该处结缔组织和肌肉，避开血管，然后剪除胸骨和胸部肌肉。将腹中线上的腹静脉剥离开，把腹壁向两侧翻开，用大头针固定在解剖盘上，然后进行观察。

（1）循环系统：为不完全的双循环，由 1 个心室、2 个心房、静脉窦和动脉圆锥构成。

① 心脏：剪除胸骨后即可看到跳动的心脏，位于体腔前端胸骨背面。心脏外面有一薄而透

明的围心膜，心脏与围心膜之间的腔称围心腔。从心尖处用镊子提起围心膜并把它剪开，暴露出心脏，心脏略呈圆锥形，前部是两个薄壁有皱襞的囊状体，颜色暗红，分别称左心房和右心房，仔细观察可以看到二者的界限。心脏后部壁较厚而淡红色的是心室。心室和心房之间的沟为冠状沟，沟内有黄色的脂肪体。用镊子轻轻提起心尖并翻向上方，可看到在心脏的背侧有一暗红色的三角形薄囊，为静脉窦。在心室腹面的右上方，有一动脉圆锥。待观察完循环系统后，剪下心脏并纵剖开，用水冲洗，置于实体镜下观察其内部结构。在心房和心室之间有一孔隙称房室孔。在动脉圆锥内有一个纵行而腹面游离的瓣膜，称螺旋瓣。在心室和动脉圆锥之间也有一对半月形的瓣膜，称半月瓣。这些瓣膜有何作用？用解剖针轻轻探视肺静脉在左心房内的开口和静脉窦在右心房内的开口。

② 动脉：动脉圆锥的前端有两个分支，即左右动脉干。沿动脉干向前用镊子把周围的组织剥离开，可见每一支又发出三条动脉弓，再沿每一动脉弓剥离观察。最前面的一支为颈动脉弓，其前端分支为外颈动脉和内颈动脉。内侧的一支为外颈动脉，外侧一支为内颈动脉，在内颈动脉的基部有一膨大的颈动脉腺。动脉干最后一个分支为肺皮动脉，沿其剥离可见其分为两支，入肺的为肺动脉，到皮肤的为皮动脉。中间一支为体动脉弓，两体动脉弓前行不远向背方弯曲，绕过食道到肾脏前端汇合，沿脊柱腹面后行。体动脉弓和背大动脉在后行过程中，分支到内脏器官和四肢，沿体动脉向后剥离即可看到。

A. 食道动脉：用镊子将体动脉弓和颈动脉弓分叉处血管略向外侧掀起即可观察到。

B. 枕椎动脉：在体动脉弓弯转背面，较细小。

C. 锁骨下动脉：为体动脉弓发出的一条较粗的血管，通入前肢。

D. 腹腔肠系膜动脉：为背大动脉在腹腔内的第一个分支，由两体动脉弓会合处后方腹面通出。

E. 泄殖动脉：在背大动脉与肾脏相对位置的腹面向两侧发出的 4～6 对小血管，轻轻掀起背大动脉即可看到。

F. 腰动脉：在荐椎部位背大动脉背侧发出的 1～4 对细小的动脉，用镊子小心地挑起背大动脉，即可见到这些血管分布到体腔的背壁。

G. 后肠系膜动脉：从背大动脉近末端（分叉处前）的腹面发出一条很细的血管。

H. 髂动脉：将内脏轻轻掀开，可见背大动脉在尾杆骨中部分成两支较粗大的血管即为髂动脉。

③ 静脉系统：在静脉系统中只观察较大的静脉。

A. 前大静脉：用镊子夹起心尖，把心脏向头端翻起，可以看到与静脉窦前角相通的两条粗大的静脉，沿前大静脉向前剥离可看到其由三支汇合形成。最前方的一支为外颈静脉；中间一支为无名静脉，由锁骨下静脉和内颈静脉合成；最后一支较粗大的为锁骨下静脉。

B. 后大静脉：与静脉窦后角相通的粗大的静脉。沿后大静脉向后观察下列与其相通的静脉。

肝静脉：由肝脏发出的短而粗的血管，把肝脏轻轻掀起，可看到一条短而粗的血管通入肝脏，为肝门静脉。另外，位于腹中线处的腹静脉，在剑胸骨处，离开腹壁进入腹腔入肝脏。

肾静脉：由每个肾内侧发出的 4～6 条血管，汇入两肾间的后大静脉，由肾的外缘向后寻找，可以看到肾门静脉，由两条静脉汇合而成；一条为在大腿外侧的粗大的股静脉，另一条为在大腿基部内侧较细的臀静脉。

C. 肺静脉：将心脏翻向前，可以看到与左心房相通的很短的肺静脉，由两支细的从肺出来的血管汇合成。

注意在观察循环系统时，不要破坏内脏器官。

(2)消化系统：由消化道和消化腺组成。

① 消化道：由口咽腔到泄殖腔间的管道。

A. 口咽腔：将口打开，沿口角剪开。观察口咽腔内结构。上下颌有无颌齿？舌位于口腔底部，用镊子将其拉开，观察其着生方式及舌的长度。在口咽腔前顶壁有一对椭圆形的内鼻孔。在口角两侧有一对耳咽管孔，用镊子探视，可见其通到鼓膜。在舌后方腹面隆起部分的中央有一裂缝为喉门，在喉门后背方的开口为食道口。

B. 食道：用镊子从食道口向后插入，把肝脏掀开可看到镊子穿过一短管即为食道。

C. 胃：在食管下端弯曲的呈膨大囊状的结构。与食道相连一端为贲门，向后与肠相连一端为幽门。

D. 肠：胃之后即为肠，分小肠和直肠两部分。小肠前段呈"U"形弯曲的部分又称十二指肠，后段较长，盘曲在体腔右下部。小肠之后较粗的一段为直肠，末端开口于泄殖腔。

② 消化腺：

A. 肝脏：暗红色，位于体腔前端，分三叶，左右两叶较大，中间一叶较小。在左右两叶中间有一黄绿色圆形的胆囊，胆囊连一总胆管通入十二指肠。提起十二指肠，用手挤压胆囊，可见绿色的胆汁流入十二指肠。

B. 胰脏：位于胃和十二指肠弯曲处，为不规则淡黄色的条状腺体。

③ 脾：在肠系膜上的红褐色的球状小体，属淋巴器官，与消化无关。

(3) 呼吸系统：

① 喉头气管室：掀起心脏，可以看到一粗短略透明的管子，即喉头气管室。

蛙的雌雄两性均在气管室中具有声带，雄性在口腔底部两侧还具有声囊。可发出洪亮的叫声。蟾蜍雌雄两性均无声囊。

② 肺：位于心脏两侧的一对粉红色，近椭圆形的薄壁囊状物。如肺内无气体，可用细的玻璃管插入喉头气管室吹气，观察肺的结构，其内分隔成很多小室，且肺壁密布微血管。

由于无胸廓，其呼吸为咽式呼吸，呼吸动作借助口咽腔底部的升降，将空气压入肺部来完成。

(4) 泄殖系统：除去消化管和肝脏，即可观察到泄殖系统。

① 排泄系统：肾脏位于体腔中后部背壁，紧贴背柱两侧，蟾蜍的肾脏为长形分叶状，颜色呈红褐色。其腹面有一呈淡黄色的带状物为肾上腺。在肾脏外缘有一根白色的小管为输尿管，在雄性兼具输精，向后通入泄殖腔，在直肠的腹面有一薄壁囊，为膀胱，开口于泄殖腔。

② 生殖系统：

A. 雄性生殖系统：精巢位于肾脏的内侧呈长柱状，颜色呈淡黄色或灰黑色，用镊子轻轻提起精巢，可见其内侧有许多细管，为精巢小管，通入肾脏前端。精子如何排出？在精巢前端呈指状的黄色结构为脂肪体，有何作用？在精巢前方各有一个扁圆形的毕氏器，为退化的输卵管。

B. 雌性生殖系统：卵巢位于肾脏前端腹面，在非生殖季节为皱形结构，生殖季节内含大量黑色卵。在肾脏外侧可见呈乳白色细长弯曲的输卵管，其后端近泄殖腔处膨大成子宫，末端开口于泄殖腔。雌性卵巢前方也具有脂肪体和退化的精巢——毕氏器。

4. 骨骼系统

骨骼系统首次出现一块荐椎、一块颈椎，尾椎愈合形成棒状的尾杆骨，首次出现了胸骨，成体无肋骨。头骨脱离了肩带的束缚，有可灵活转动的可能，多愈合。出现五指(趾)型四肢。四肢骨骼多有愈合。取剥制好的蟾蜍的骨骼标本，观察头骨、脊柱和附肢骨骼。

(1) 头骨：蟾蜍的头骨扁而宽，分脑颅和咽颅两部分。

① 脑颅：头骨中央狭长部分为脑颅，为容纳脑髓的地方，其两侧各有一大的空窝，为容纳眼球部位。脑颅后端有枕骨大孔，脑由此与脊髓相通。

A. 脑颅背面观：在脑颅最后方有一对外枕骨围绕枕骨大孔，其上各有一个圆形突起为枕髁，与颈椎相关节。其前外侧为一对前耳骨，再外为一对呈“T”字形的鳞状骨。外枕骨之前为一对狭长的额顶骨，最前方为一对鼻骨，鼻骨和额顶骨间为蝶筛骨。

B. 脑颅腹面观：脑颅腹面正中为呈剑状的副蝶骨，副蝶骨之前为蝶筛骨（一部分被副蝶骨所盖），在蝶筛骨两侧有一对横行的跨骨，其前方鼻囊腹面有一对形状不规则的犁骨。在犁骨下方有呈“人”字形的翼状骨。

② 咽颅：包括构成上下颌的骨骼和舌骨。

A. 上颌骨：上颌的最前端为一对小的前颌骨，其后为一对上颌骨，颌骨后缘连一块方轭骨，上颌最后端为尚未骨化的方软骨。

B. 下颌骨：下颌最前端为一对小的翼骨，其后大部分为齿骨，齿骨之后为隅骨，下颌未骨化的部分为麦氏软骨，其后端变宽部分为关节骨，与上颌的方软骨相关节。

C. 舌骨：位于口腔底部，为支持舌的一组骨片。由扁平近长方形的舌骨体和其前端的一对前角及后端的一对后角组成。

(2) 脊柱：蟾蜍的脊柱由九枚椎骨和一枚尾杆骨构成。第一枚椎骨分化成颈椎，其横突退化，第二至第八枚椎骨为躯椎。第九枚椎骨分化成荐椎，横突粗大。尾杆骨是由多块退化的椎骨愈合而成，呈细长棒状，其前端有两个凹面。注意观察蟾蜍的椎体类型。

(3) 附肢骨：包括带骨和肢骨。

① 肩带：背面为上肩胛骨和肩胛骨，腹面为锁骨、乌喙骨和上乌喙骨。锁骨、乌喙骨和肩胛骨会合处为肩臼，与前肢相关节。上乌喙骨在腹中线处重叠，其下连胸骨，胸骨下圆形的软骨片为剑胸骨。

② 腰带：由骼骨、坐骨和耻骨三对骨片组成。骼骨呈棒状，位于背面，与荐椎的横突相接，坐骨在后端背面，耻骨位于腹面，三者在外侧面形成髋臼与后肢骨关节。

③ 附肢骨：

A. 前肢骨：自近体侧起依次为：肱骨、挠尺骨、腕骨、掌骨和指骨。

B. 后肢骨：自近体则起依次为：股骨、胫腓骨、跗骨、跖骨和趾骨。

神经系统仍处于较低水平。听觉出现中耳，由中耳腔、鼓膜和耳柱骨组成。内耳结构与鱼相似，但出现了真正的感音部位瓶状囊。视觉具有泪腺、下眼睑可活动，出现内鼻孔及锄鼻器。

思　考　题

1. 根据对蟾蜍的外形及解剖观察，总结两栖类对陆生生活的适应性及其适应的不完善性。
2. 试述蟾蜍后肢产生的二氧化碳如何排出体外。

课 外 实 习

青蛙变色实验

实验提示：蛙表皮和真皮内均含有黑色素细胞，色素细胞的胞质流动可将色素颗粒扩散至细胞外周或集中于细胞的中央。色素颗粒扩散就使皮肤颜色变深，集中就会使皮肤颜色变浅。而黑色素细胞是受脑垂体分泌的促黑激素控制的，促黑激素能够使皮肤黑色细胞中色素颗粒扩散，体色变黑。

本实验需制备脑垂体提取液。取 7～8 只大蟾蜍，取下脑垂体（脑垂体在颅腔底部副蝶骨的背面，揭开副蝶骨即可看到脑垂体在视交叉之后，呈粉红色小球状）。用镊子将其捣碎，加入 2 mL 0.7%生理盐水，即配制成脑垂体提取液。用注射器将提取液注入蛙皮下的淋巴囊，观察其皮肤颜色变化，可用一只仅注射 0.7%生理盐水的蛙做对照实验。

六 家鸡外形及内部解剖

目的要求

通过对家鸡的实验观察，了解鸟类适应于飞翔生活的主要特征；学习解剖鸟类方法。

材料与器材

1. 材料

活家鸡(雌、雄各半)，家鸡骨骼标本。

2. 试剂

蓝墨水。

3. 器材

解剖盘、解剖皿、注射器、骨剪、脱脂棉、烧杯、棉线。

实验步骤

1. 家鸡外形观察

将家鸡用压胸法处死，使家鸡侧卧于解剖盘中，用力压住家鸡的肋部，很快可使其窒息而死，之后进行外形观察。

家鸡的身体分头、颈、躯干、四肢、尾五部分。身体表面除喙、跗跖部和趾外，大部分被羽毛覆盖，使其外廓呈流线型。

(1) 头部。头部的前端延长形成角质喙，上喙基部有一对裂缝状的外鼻孔。头部两侧有一对大而圆的眼，眼具活动的眼睑和半透明的瞬膜。在眼的斜后方有一对被耳羽所掩盖的耳孔，头顶具肉冠，腹面具有肉垂。

(2) 颈部。颈长而灵活，运动自如。

(3) 躯干部。椭圆形，包括胸部和腹部，着生有翼和后肢。躯干部隆起部龙骨突，躯干末端有泄殖腔孔。

(4) 四肢。前肢特化形成翼，由上臂、前臂和腕掌指部组成。上臂着生有三级飞羽，前臂着生有次级飞羽，腕掌指部着生有初级飞羽。静息时，翼折叠成“之”字形紧贴于躯干外侧。后肢强大，包括股、胫、跗跖和趾四部分，跗跖上被有角质鳞片，后肢四趾，三前一后，趾端具爪。

(5) 尾。尾短，上面着生尾羽，在尾背面有尾脂腺，有何功用?

(6) 羽毛。羽毛有三种，正羽、绒羽和纤羽。

① 正羽：被覆在身体表面的大型羽片，拔取一正羽观察其结构。正羽由羽轴和羽片组成，羽轴下部中空透明部分为羽根，其末端插入皮肤之中，羽轴上部称羽干。羽片由枝和羽小枝组成。将正羽顶端的羽片剪下，用解剖针拨开几个地方，置于实体镜下观察。在羽干两侧的平行分支为羽枝，羽枝两侧的分支为羽小枝，羽小枝前侧的钩状突起为羽小钩，有何功用?

② 绒羽：拨开正羽，可见其下有棉花状的羽毛即为绒羽，其羽轴较短，羽枝柔软，羽小枝不具羽小钩。

③ 纤羽：夹杂在正羽和绒羽之间的，呈毛发状的羽毛即为纤羽。将正羽和绒羽拔掉之后可以看到。其羽轴细长，只有羽轴顶部有少数羽枝。

④ 羽的颜色：鸟羽的色彩极为丰富，一是色素沉积，即在羽毛发生过程中色素细胞侵入并注入色素颗粒产生颜色。二是结构色，即色素细胞上方的无色而凹凸不平的蜡质层和色素间无色而多角形的折光细胞引起，并随着观察角度的不同而有色彩的变化。

2. 内部解剖

将处死的家鸡腹部向上放在解剖盘中，用浸水的棉花，将其腹面中线附近的羽毛由前至后打湿，然后拔掉颈、胸、腹部腹中线处的羽毛，在拔颈部的羽毛时要小心，要顺着毛向拔。用镊子夹起泄殖腔稍前的皮肤，用剪刀沿腹中线向前剪开皮肤，一直剪到下喙基部，用解剖刀柄把腹面皮肤和肌肉分开，拉向两侧。注意剥离皮肤时不要损坏嗉囊部位。

(1) 肌肉系统。用解剖刀在稍偏离龙骨突中线处，将一侧的胸部肌肉切开，轻轻剥离外侧肌肉切口，可见胸部肌肉分内、外两层。外层为胸大肌，内层为胸小肌，用镊子夹住牵拉，观察翼的活动情况。

胸肌是鸟类最重要的飞翔肌，约占体重的1/5，分为胸大肌和胸小肌，均起于胸骨和龙骨突，胸大肌收缩时使翼下降；胸小肌收缩时使翼上举。

(2) 呼吸系统：包括：外鼻孔、内鼻孔、喉、气管、支气管、肺和气囊。

剪开嘴角两侧，打开口腔，可以看到口腔顶壁的一对内鼻孔。在舌根后方有一纵裂孔为喉门，把舌向外拉即可看到。喉门后通气管，气管位于颈部腹面皮肤下，有完整的软骨环支持。呼吸系统其他结构在打开体腔后观察。

将气管挑起在中部剪断，提起下段气管，用不带针头的注射器，吸到事先配制好的蓝黑水，向气管注射，直到腹部膨起，墨水停留在气管上段不再下流为止。然后剪取一段棉线，结扎住气管。

在泄腔孔稍前，沿腹中线处向前剪开腹部肌内，至龙骨突处，向两侧肋骨缘横向向两侧剪开肌肉，拉向两侧。再用滑剪沿肋骨在胸骨相连处剪断肋骨，一直剪至肩带，此处要先剥离血管，然后避开血管剪断肩带，小心将胸骨剪除暴露出内脏器官。打开体腔后，先观察各内脏器官所在位置，然后接着观察呼吸系统。

鸟类的气囊由单层上皮细胞膜围成，无气体交换功能，共四对半，位于体壁与内脏之间，分为后气囊(腹气囊和后胸气囊，与中支气管相连接)和前气囊(锁间气囊、颈气囊、前胸气囊，与次级支气管相连接)。

家鸡的气囊因注有蓝墨水而较清楚，在体腔后部每侧有一个大的薄囊为腹气囊。其前可以看到后胸气囊，后胸气囊之前为前胸气囊。在气管的后端两侧有成对的颈气囊。将嗉囊轻轻翻向一侧，可以在锁骨间看到单个的锁间气囊。鸟类的气囊有何作用？把胸腔内其他器官小心掀起，可以看到胸腔背壁有一对红色海绵状结构为肺，肺上端有支气管通入。在两支气管分叉处，内外管壁都变薄形成鸣管，是鸟类特有的发声器官。鸣管外侧连有鸣肌。

(3) 循环系统。鸟类的心脏完全的分为四室，多氧血和缺氧血在心脏得以完全分开，并以完全双循环的路线经全身各器官组织。血液中的红细胞仍保留细胞核。

① 心脏：在胸腔前部的胸骨背面，外面包有围心膜，剪开围心膜，心脏即可露出，呈倒圆锥形。心脏前部壁较薄而呈暗红色部分为心房，后部壁较厚而颜色较浅部分为心室，比较左右心室壁的厚度。循环系统观察完之后，取下心脏纵剖开，观察心脏内的瓣膜和开孔。

② 动脉：管壁厚而呈白色。

用镊子把心脏基部的结缔组织、脂肪等清理干净，把心脏稍提起，可看到左心室发出的白色的右体动脉弓，其基部稍前发出两条较大的无名动脉。然后绕过右支气管到心脏背面成为背大动脉，沿脊柱腹面下行。每支无名动脉又分出颈动脉、锁骨下动脉和胸动脉。颈动脉又分支为内颈、外颈动脉。沿无名动脉向前剥离即可找到这些动脉。背大动脉后行过程中依次分出腹腔动脉、前肠系膜动脉、生殖腺动脉、肾动脉、后肠系膜动脉、骼动脉和尾动脉等，把内脏器官翻向一侧，依据这些血管走向，即可区分找到这些动脉。

肺动脉由右心室发出，位于无名动脉的背侧，将心脏稍微提起，即可观察到。其发出分支进入左右肺内。

③ 静脉：管壁薄而呈暗红色。

用镊子夹住心尖，把心脏翻向前方，可以看到三条较大的静脉与右心房相通，前面两条短粗的为前大静脉，由颈静脉、锁骨下静脉和胸静脉合成，沿前大静脉向前剥离即可看到。从后端回心的一条粗大的血管为后大静脉。掀起肝脏可看到一条短粗的血管与后大静脉相通，此为肝静脉，翻转肝脏，可看到肝脏后端通入一条较粗的血管为肝门静脉。在肠系膜上有一条较大的静脉，为尾肠系膜静脉，是鸟类特有的静脉。与左心房相通的血管为肺静脉。

（4）消化系统。

① 消化道：口腔底部有舌，口腔后部为咽部。咽后喉门背面有食道开口，食道较长，在气管背面沿颈腹面下行，进入胸腹腔，食道在颈基部膨大形成嗉囊。移开其他器官，可看到食道下方的腺胃，剖开腺胃，可见其内壁较多粗糙腺体。腺胃之后为扁圆形的肌胃，剖割开肌胃，可见其肌肉壁较厚，内部覆有一层黄绿色的角质膜。肌胃下接肠，其前段呈“U”字形的部分为十二指肠。在十二指肠附近有一圆形的褐色小球为脾脏，属淋巴器官。十二指肠之后为小肠，细长而盘曲。小肠后接直肠，直肠很短，末端开口于泄殖腔。在小肠和大肠交界处有一对较小的盲肠。

② 消化腺：肝脏暗红色，分左右两叶，右叶较大，左叶较小。在肝脏后方有一暗绿色的胆囊；胆管开口于十二指肠。胰脏位于十二指肠弯曲部，呈淡黄色，有胰管通入十二指肠，试着剥离寻找胆管和胰管，看各有几条？

观察完之后，小心移去消化系统。

（5）泄殖系统。

① 排泄系统：鸡的肾脏呈长扁平形，分三叶，位于体腔后部背面的脊柱两侧，左右肾的腹侧各通出一条输尿管入泄殖腔。

② 生殖系统：

雄性：具成对的精巢，呈浅黄色，位于肾脏前端，其大小随生殖季节而变化。在精巢内侧卷曲的管为附睾，其后为白色弯曲的输精管，末端开口于泄殖腔。

雌性：右侧卵巢和输卵管退化，仅在左侧肾脏的前方可找到卵巢和输卵管。性成熟个体较明显，卵巢内有发育程度不同的卵。输卵管较粗大，最前端是漏斗状部分为喇叭口；其下为输卵管本部，较长；下端接细的峡部，卵壳膜在此形成；后端膨大为子宫，卵壳在此形成，最后通入泄殖腔。

3. 骨骼系统

（1）头骨：鸟类的头骨骨片很薄，成年时骨片愈合，骨缝几乎消失。头骨的前部为颜面，后部为顶枕部，后方腹面有枕骨大孔。头骨的两侧中央有大而深的眼眶。鸟类上颌与下颌前延伸形成喙。

（2）脊柱：鸟类的脊柱分五区：颈椎、胸椎、腰椎、荐椎和尾椎。

① 颈椎：椎体呈马鞍状，约 16 枚。第一枚特化为环椎，第二枚特化为枢椎。

② 胸椎：位于颈椎之后，由 5～6 枚椎骨构成，胸椎两侧各附一条肋骨，肋骨分背段的椎肋和腹段的胸肋。前面几对椎肋后有钩状突，压在后一条肋骨上，胸肋与胸骨相接。鸟类的胸骨很发达，其腹面中央的突起称龙骨突。

③ 综荐骨：由最后一枚胸椎及腰椎、荐推和部分尾椎愈合而成，其左右与腰带相关节。

④ 尾椎：最前面几枚参与构成综荐骨，其后几枚为分离的尾椎骨，最后几枚愈合成一块尾综骨。

（3）附肢骨：包括带骨和肢骨。

① 肩带：由肩胛骨、乌喙骨和锁骨组成。肩胛骨呈刀状，伸向背后方，与脊柱平行。乌喙骨位于肩胛骨前端腹面，二者相接处形成肩臼，连接肱骨。乌喙骨腹面接胸骨，锁骨位于乌喙骨的

前面，左右锁骨腹端愈合形成“V”字形的叉骨，有何功能？

② 腰带：由髂骨、坐骨和耻骨组成。成鸟髂骨与综荐骨愈合，坐骨位于其后下方，耻骨细长，位于坐骨腹缘，末端向后伸展不相连。

③ 肢骨：包括翼和后肢骨。

前肢(翼)：包括肱骨，细而直的桡骨和稍弯曲的尺骨，二者并行。腕骨两块(挠腕骨和尺腕骨)，其余腕骨与掌骨愈合为两块较长的腕掌骨。第二和第四指骨各只有一节指骨，第三指骨有两节指骨。

后肢：具股骨，腓胫骨，腓骨只有一点残迹。跗骨的近端与胫骨愈合成胫附骨，其远端和跖骨愈合成跗跖骨，下有四趾，拇趾向后。

4. 神经系统

(1) 神经系统：新脑皮有一定程度的发展，与爬行类水平相当，小脑特别发达，体积大，与其飞翔动作及协调密切相关。大脑纹状体特别发达，体积增大，与视觉相关的中脑视叶发达，嗅觉退化。

(2) 视觉：眼发达，眼肌肉缺失，可以减轻体重，视觉敏锐，调节能力强，可通过改变角膜及晶状体凸度的双重调节，瞬间由远视调节为近视，适于空中的空位定向、觅食和捕食。鸟除眼睑外，有发达的瞬膜，巩膜前面有薄的骨片以覆瓦状排列成环，称巩膜环，使眼球在飞行中能抵抗强大的气流压力而不变形。

(3) 位听器官：具有发达的听觉和平衡觉，中耳仍只有一块听小骨即耳柱骨，感音的瓶状囊更长，但未成蜗管。

思　考　题

1. 试述鸟类呼吸系统的结构特点及呼吸过程。
2. 试述鸟类的骨骼系统上有哪些适应飞翔生活的特点。

七　家兔外形及内部解剖

目的要求

通过对家兔的外形、骨骼系统及内部解剖的观察，掌握哺乳类躯体轮廓及器官系统的特征；进一步熟练解剖动物的方法和技能。

材料与器材

1. 材料

活家兔(雌雄各半)，家兔的骨骼标本。

2. 器材

解剖盘、解剖刀、线绳、脱脂棉、10 mL 注射器、针头、放大镜、钝头镊子、骨剪、纱布、烧杯、解剖台、组织剪、止血钳。

实验步骤

1. 家兔的外形观察

家兔(*Coryctolagus curiculus*)身体分头、颈、躯干、四肢及尾五部分。体表被毛，毛分为针毛、绒毛和触毛。针毛较长而稀疏，具有毛向；绒毛短细而且稠密，无毛向，隐于针毛间；触毛着生在嘴边，长而硬。

(1) 头颈部：头长圆形，以眼为界将头分为两区，眼以前为颜面区，眼以后为头颅区。颜面部的前端为口，围有肉质的唇，上唇中央有纵裂。鼻孔位于口的上前端，口和鼻孔周围有少量触毛。眼位于头部两侧，具上下眼睑和退化的瞬膜，待兔处死后，可用镊子将瞬膜从眼前内角拉出观察。眼后有一对大而可动的外耳壳。兔的颈部较短。

（2）躯干及尾：兔的躯干部可区分为背部、胸部和腹部。背部有明显的腰弯曲。用手摸家兔的腹侧，以胸骨剑突软骨为基点，向两侧沿肋骨后缘触摸，躯干前部有肋骨的部分为胸部，其后为腹部。腹部末端在尾基部有肛门，肛门之前有泄殖孔。注意在外形上区分雌雄兔，雌兔腹部腹侧有 4～5 对乳头（幼兔及雄兔不显著）。用右手抓住兔耳壳，左手托住臀部使其腹面向上，左手食指和中指夹住兔尾，拇指向下按生殖器，若顶端呈圆形，下为圆柱状的为雄兔；若顶端左右阴唇向两侧分开，前联合圆而后联合尖者为雌性。在生殖期雄兔肛门两侧有一对睾丸位于阴囊中。

兔的尾部很短，位于身体末端。

（3）毛及其他皮肤衍生物。哺乳类的皮肤，表皮和真皮加厚，表皮角质层发达真皮具极强的韧性，皮肤衍生物复杂、多样。

① 毛：毛为哺乳类所特有，内表皮角化形成，不仅可以减少体温散失，也可减少环境中热的进入，具有重要的保温和调温机能。

毛由毛干和毛根组成。毛根深埋在真皮毛囊内，末端膨大成毛球，内有真皮的乳头伸入，内含丰富毛细血管以供给毛生长所需养料，毛囊内有皮脂腺耳口，分泌的油脂润泽毛发和皮肤。毛囊基部有竖毛肌附着，收缩时使毛直立可调体温。有季节性脱落、更换，即换毛。

② 皮肤腺：皮脂腺发达，保持毛和皮肤的润泽；汗腺可调节体温并参与代谢废物如尿素的排泄。还有乳腺及气味腺。

此外还包括鳞片、爪、指甲、蹄和角等皮肤衍生物。

2. 家兔的内部解剖

家兔的处死常采用气栓法。气栓法多选择耳缘静脉处注空气。取 10 mL 带针头的注射器，抽入空气待用。用脱脂棉浸水将兔耳外侧毛打湿，用剪刀沿耳外侧将要注射部位的血管上方将毛剪去一些，然后用手指弹耳壳，使静脉充血，让兔头朝向注射者，注射者左手持兔耳，右手取已充有空气的注射器，将针头沿血流方向插入静脉血管，即可向静脉内注射空气。如果注入的空气沿血管向前走动，说明注射成功，将兔子放置地上 1～2 min 即可挣扎而死。如果注射时耳壳皮肤大面积充气膨起，说明针头未插入血管，换其他部位重新注射。注意开始插入针头的部位应靠近耳尖，若不成功，可逐渐下移注射部位。如一侧耳壳注射不成功可改用另一侧耳壳。

处死家兔最简单而快捷的方法是提起兔子的耳壳，用重物猛击兔子后头部，很快可将其处死，但这种方法可能对观察脑产生影响。

将兔腹面朝上置于解剖盘内，用线绳把四肢固定，将腹面中线附近的毛用水打湿。解剖时，用镊子在两后肢中间、泄殖孔稍前，轻轻提起腹壁皮肤，用剪刀剪一小的横口，然后再用剪刀将皮肤沿腹中线向前剪至下颌前端，最后自腹中线剖口处沿四肢内侧中央剪横切口。用镊子把腹面的皮肤与肌肉剥离开，并翻向两侧。在剥离头部腹面的皮肤时，注意不要伤及唾液腺和血管。

用剪刀从泄殖孔稍前沿腹中线向前剪开腹壁肌肉（注意剪尖向上挑，以免损伤内脏），剪至胸骨剑突时，沿胸腔后缘向两侧剪开腹壁，将腹壁肌肉拉向两侧，暴露出整个腹腔。先观察腹腔内各器官的正常位置；横膈之后为肝，胃位于肝后，其后为小肠，小肠后为粗大的盲肠及具深褶皱的大肠，最后面有呈囊袋状的膀胱。将肝和胃后推，可见其前有向腹腔隆起的圆顶状的膈，其中央为结缔组织构成的中央腱，其四周为膈肌。膈肌以肋骨、胸骨和椎骨为起点，而以中央腱为止点。用骨剪由距胸廓腹中线两侧各约 1.5 cm 处向前剪至第一肋骨，轻轻将胸骨掀起，可看到胸腔内有一纵行薄膜将胸腔分为左右两部分，该薄膜为中障膜。剪断中障膜，用镊子和解剖刀清除胸骨前端和锁骨处的肌肉和结缔组织，分离开较大的血管，然后剪断锁骨，除去胸骨打开胸腔。

(1) 循环系统。

① 心脏:位于胸腔内,呈圆锥形,略偏左侧,心尖向后,心脏外有围心膜。心脏腹前方有一粉红色腺体为胸腺,属淋巴器官。用剪刀剪开围心膜观察,心脏前部颜色较深而壁较薄的是心房,后部颜色较浅的是心室。心房和心室交界处有一沟围绕着心脏,为冠状沟,其间有脂肪。用镊子清除脂肪,可看到冠动脉和冠静脉。在心室的背腹面各有一纵沟,在外形上成形成左右心室的分界。待观察完循环系统后,取下心脏剖开,观察其内部构造。

② 动脉:哺乳动物仅有左体动脉弓。用镊子将家兔的心脏拉向右侧,可见左体动脉弓由左心室发出,沿其走向用镊子清除结缔组织,可见其向左弯转到背方,紧贴背柱后行,形成背大动脉。

在体动脉弓的基部向前发出三支大动脉。最右侧的称无名动脉,沿其向前剥离可见其分支为右锁骨下动脉和右总颈动脉。中间紧贴无名动脉基部的一支为左总颈动脉,最左侧的为左锁骨下动脉。

背大动脉后行过程中依次发出分支到身体后部各器官。背大动脉在胸部发出成对的较小的肋间动脉,其与肋间静脉伴行。背大动脉在进入腹腔后发出较粗大的腹腔动脉,到胃、肝、胰和十二指肠等器官。在腹腔动脉之后有前肠系膜动脉,将血液输送到十二指肠、胰、小肠和盲肠等处。到肾脏有一对肾动脉。到生殖腺有一对生殖腺动脉。背大动脉分支到腹腔背壁和腰部肌肉的动脉为腰动脉,用镊子将背大动脉稍提起即可看到。再向后分支出左右髂总动脉入后肢。大动脉末端发出一细小的尾动脉入尾部。

肺动脉由右心室的左前方发出,将心脏翻向前左方即可看到,其后端有两分支分别进入左右肺内。

③ 静脉:兔的静脉系统主要有肺静脉、一对前大静脉和一条后大静脉。

肺静脉与肺动脉伴行,由左右两肺发出,从心脏背侧返回左心房。

将心脏翻向前方,可见与右心房前面相通的两条粗大的前大静脉,沿其剥离观察,可见其由锁骨下静脉、颈总静脉汇合而成。锁骨下静脉在第一肋骨和锁骨间。颈总静脉由内外颈静脉汇合而成,在剪开颈部皮肤时看到的两条较粗大的静脉为外颈静脉,其内侧有较细的内颈静脉。将右肺折向左侧,在胸腔背壁接近中线处可看一条奇静脉,其向前通入右前大静脉。

与右心房后端相通的一条粗大的静脉为后大静脉,接受身体后部回心的血液。轻轻掀起肝脏可见肝静脉通入后大静脉,把肝翻向前可见肝门静脉。往后有一对来自肾脏的肾静脉。腰静脉较细小,有 6 条。来自生殖腺的为一对生殖腺静脉。后肢回流的血液由总髂静脉进入后大静脉。

(2) 消化系统。

① 唾液腺的观察:家兔具四对唾液腺。

A. 耳下腺(腮腺)此腺体最大,位于耳壳基部腹前方,紧贴皮下,将该外的皮肤剪开并清除附近的组织,即可看到淡红色的耳下腺。可用注射器吸取少许墨水,注入腺体以观察其腺管走向和开口。

B. 眶下腺:为家兔所特有的腺体,位于眼窝底部的前下角。先用镊子在该处撕掉眼底部的结缔组织,再用镊子向外挑取眼窝底部的内容物,即可把该腺体拉出,呈粉红色。注意与其前面呈白色的泪腺的区分。

C. 颌下腺:位于下颌后部的腹面两侧,剪开下颌的皮肤即可见到。腺体呈卵圆形,导管开口于下颌骨联合缝处。

D. 舌下腺:较小,呈扁长条形,位于近下颌骨联合处,舌的下面,沿着颌下腺管向前寻找即可看见,色淡黄。

② 口腔和咽:用解剖刀将两侧口角处剖开,切断咬肌等,打开口腔进行观察。口腔的前壁为上下唇,两侧为颊部。口腔顶壁前端为硬腭,后端为软腭,口腔底部有舌,舌表面有味蕾。上下颌上着生有牙齿,写出齿式,分析兔的牙齿的特点。咽位于软腭后背方,沿软腭中线剪开,可见一对小孔为内鼻孔。在咽部还有耳咽管的开孔,咽后部有食道的开口,其腹面为呼吸道的入口。

③ 消化道。

A. 食道:位于气管背面,由咽部后行伸入胸腔,穿过膈与胃相连。

B. 胃:与食道交界处称贲门,与十二指肠交界处为幽门。胃前缘的弯曲称胃小弯,胃后缘的弯曲称胃大弯。胃的左下方有一暗红色的腺体为脾脏,属淋巴器官。

C. 肠:与胃相接而呈"U"字形的部分为十二指肠,其后为小肠的空肠,为肠中最长部分。空肠后为回肠。回肠后接大肠的结肠。在回肠和结肠之间有长而粗大的盲肠,盲肠末端游离变细部分称蚓突。结肠的肠管上有由纵行的肌肉纤维形成的结肠袋。结肠后为直肠,一般直肠内有粪球而呈念珠状,直肠末端以肛门开口于体外。

④ 消化腺。

A. 肝脏:位于腹腔前部,呈暗红色分 6 叶。胆囊位于肝右中叶的背侧,胆汁通过胆管入十二脂肠。

B. 胰脏:分散在十二指肠弯曲处,呈淡黄色,通过胰管开口于十二指肠。

(3) 呼吸系统。

呼吸道自外鼻孔起始,空气由外鼻孔进入鼻腔,后经内鼻孔到咽,咽后为喉头,剪下喉头观察其软骨构成。甲状软骨最大,呈盾状,位于腹侧,其顶部内侧为会厌软骨,吞食时盖住喉头腔内壁的褶状物为声带。甲状软骨下为环状软骨,呈环状,下接气管。喉背侧环状软骨上有一对勺状软骨。喉腔内壁的褶状物为声带。兔的气管由许多背面不完整的软骨环支持,气管向后发出两支气管入肺。肺在心脏两侧的胸腔内,为海绵状。

(4) 排泄系统。

将消化道推至一侧,在近腰处的脊柱两侧有一对呈暗红色的蚕豆状结构即为肾脏,一般右肾位置较左肾高。肾脏前方脊柱两侧各有一黄色小圆形的肾上腺,属内分泌腺。肾脏向后通出的白色小管为输尿管,连于膀胱,尿经尿道排出体外。剪下一侧肾脏纵剖开后用水冲洗,用放大镜观察其构造。外侧呈红褐色的为皮质部,内侧颜色较浅而具放射状纹理的部分为髓质部,肾中央的空腔为肾盂。

(5) 生殖系统。

雄性:睾丸为一对卵圆形的器官。生殖期位于阴囊内,非生殖期位于腹腔内。若实验用雄兔的睾丸位于阴囊内,可先找到位于膀胱背面两侧的白色输精管,沿输精管向前可看到精索,用手提拉精索将睾丸拉回腹腔进行观察。在睾丸端部的盘旋管状构造为附睾。将骨盆的腹段切开后观察兔的副性腺。在膀胱与输精管的交界处腹面有精囊腺。在输精管与尿道会合处有一半圆形的腺体,分左右两叶,为前列腺。前列腺之后有尿道球腺。阴茎呈圆柱形。

雌性:卵巢呈椭圆形,位于肾脏上方。卵巢外侧各有一条细的输卵管,其前端以喇叭口开口在卵巢附近的腹腔内。输卵管下端膨大部分为子宫,兔的子宫为双子宫,左右两侧子宫在后端合成阴道,阴道向后延续为前庭,通过泄殖孔开口于体外,泄殖孔的腹缘有一小的突起为阴蒂,外围为小的阴唇。

(6) 兔脑的简单观察。

用骨剪将兔头部在第一至第二颈椎处剪下,剥除头部的皮肤,并将较大的肌肉切刮掉,除去连于头部的颈椎,尽量保留一部分脊髓,暴露出枕骨大孔。然后自枕骨大孔开始用剪刀骨剪剥离脑颅背面的骨片。先除掉上枕骨,向前除去顶间骨和顶骨,在该处有松果体,应先将该处脑膜与骨片分离后再除去骨片。再向前剥除额骨，继续向前剥离头骨骨片至大脑最前端时，要注意嗅球的剥离，嗅球在鼻的筛板凹窝内，很容易断裂。小心移去脑膜，然后进行观察。

① 嗅球：位于大脑前端的圆形小球，一对。

② 大脑半球：占脑背面绝大部分，兔的大脑表面沟回较少，两大脑半球中间有一纵裂。

③ 间脑：在背面被大脑半球所覆盖，不易观察，但在大脑半球间纵沟的后端，可看到由中脑发出的松果体。

④ 中脑：小心把大脑半球的后缘推向前方就能看到中脑，其背面有前后两对突起称四迭体。

⑤ 小脑：紧接大脑之后，分三部分，两侧为小脑半球，中间为不成对的蚓部。

⑥ 延脑：前面一部分为小脑覆盖，后连脊髓。用钝头镊子稍抬小脑后端，可见其背面之后脉络丛。

3. 骨骼系统

(1) 头骨。哺乳动物头骨骨块数目减少，愈合程度很高。

① 头骨背面观：枕骨大孔上方为一对上枕骨，其前方为间顶骨，间顶骨前为一对顶骨，顶骨前有一对额骨，额骨前为一对长形的鼻骨。

② 头骨侧面观：上枕骨外侧为岩骨，顶骨外侧为鳞骨，头骨最外侧的一对长形骨片为颧骨，构成颧骨弓中部。眼窝中间有眶蝶骨，其中间有一视神经孔。眼窝前壁有一小的泪骨。

③ 头骨腹面观：枕骨大孔腹面有单块的基枕骨，枕骨大孔的两侧为外枕骨，枕髁由基枕骨和外枕骨共同构成。枕髁两侧的泡状突起为鼓泡，为中耳所在处。基枕骨前方呈三角形的骨片为基蝶骨。基蝶骨两侧有翼蝶骨，其上有翼突。基蝶骨前腹面正中为前蝶骨。前蝶骨两侧为腭骨，腭骨前为上颌骨，其后面着生有前臼齿和臼齿。头骨最前端为前颌骨，其前端有两对门齿。下颌由一对齿骨构成。

(2) 脊柱。兔的脊柱约由 46 块脊椎骨构成，可区分为颈椎、胸椎、腰椎、荐椎和尾椎五部分。椎体为双平型，相邻两椎体间有椎间盘。

颈椎 7 块，第一枚为寰椎，第二枚为枢椎。胸椎 13 块，两侧连肋骨。每一肋骨背段为硬骨，腹段为软骨，前七对肋骨直接连胸骨为真肋，后面不与胸骨相连的称假肋，胸骨由六节骨片组成，前端呈扁平状的为胸骨柄，后端一节为剑突，中间各节为胸骨体。腰椎 7 枚，为脊椎骨中最粗大者。荐椎 4 块，愈合成一块荐骨，与腰带相连形成骨盆。尾椎 16 块，尾椎愈向后愈小。

(3) 附肢骨。

① 肩带：由肩胛骨和锁骨组成。肩胛骨为扁平的三角形骨片，其前端的凹窝为肩臼。肩臼上方有一弯曲的突起为乌喙突，是退化了的乌喙骨，锁骨退化成一小的薄骨片。

② 腰带：由髂骨、坐骨和耻骨三对骨组成，愈合成一对髋骨。在背侧髋骨与荐骨形成不动关节，在腹侧坐骨与耻骨相连接形成骨盆合缝。髂骨、坐骨与耻骨三骨会合处形成髋臼。

③ 肢骨：

前肢骨骼：由肱骨、桡骨、尺骨、腕骨、掌骨和指骨构成。尺骨与桡骨并行，对着指骨的为桡骨，尺骨长于桡骨。

后肢骨骼：由股骨、胫骨、腓骨、跗骨、跖骨、趾骨和膝盖骨构成。胫骨和腓骨并行，胫骨较粗大，腓骨较细小。

思 考 题

1. 家兔的消化系统有何特点？食物是如何消化的？营养物质是如何吸收的？
2. 哺乳动物后肢产生的代谢废物通过哪些血管和器官排出体外？
3. 哺乳类的骨骼系统有哪些进步性和适应性特征？

实验二　动物机能实验

相关理论知识

(1) 呼吸运动是指胸廓在呼吸肌参与下节律性的扩大和缩小。呼吸运动与心脏有相似之处,即都是由节奏的,日夜不停的运动。但这两种活动起因却有很大不同。心肌具有自律性,而呼吸肌是骨骼肌,本身无自律性。但是在呼吸中枢调节下,呼吸肌可以产生自律性收缩,并能够满足代谢的需要。

(2) 心脏的生理特性,包括兴奋性、自动节律性、传导性和收缩性,是心脏泵血功能的基础。心脏具有自动产生节律性兴奋的能力,称为自动节律性,简称自律性。正常心脏的自律性活动实际上受窦房结控制,是心脏的正常起搏点(两栖类为静脉窦)。其他自律组织的自律性较低,正常情况下处于窦性心律的控制之下,其自身的自律性不能表现出来,称之为潜在起搏点。在某些异常情况下,潜在起搏点有可能在窦性心律之外引起心脏的额外起搏,称异位节律。

(3) 肌肉收缩可产生长度或张力的变化,以此完成躯体运动或对抗外力的作用。肌肉收缩具有两种基本形式:等张收缩和等长收缩。当肌肉收缩时,收缩长度发生变化而产生的张力仍维持一定的收缩形式称为等张收缩;当肌肉完全不能缩短其长度,但其产生的张力却增加直到最大值,这种张力变化而长度不变的收缩形式成为等长收缩。肌肉收缩多具有空间和时间总和特性。当肌肉受到一个直接的单电震刺激时,引起一次收缩称为单收缩。单收缩可分为三个时期:潜伏期、缩短潜伏期和舒张期。肌肉收缩的幅度同刺激强度相关。由阈上刺激增强到最大刺激,肌肉收缩也逐渐增高到最大收缩。当全部运动单位达最大兴奋后,超最大刺激将不能继续增高收缩幅度。肌肉收缩还同多个刺激频率有关。相继两次超最大刺激,如间隔时间短,则先后两次收缩可呈现重叠,甚至变成一次更大的收缩,这一现象称为时间总和效应。根据刺激频率不同,在肌动描记图上,如各收缩波的波峰仍可分辨,称为不完全强直收缩;如各收缩波完全融合,不能分辨,表示肌肉维持稳定的收缩状态,称为完全强直收缩。

(4) 在心脏的活动周期中,心脏自动兴奋,兴奋传导并引起所有心肌细胞收缩。由于心肌细胞膜多种不同的离子通道顺序活动,相应地有一系列跨膜运动的离子流,导致细胞膜内、外两侧跨膜电位规律性地发生去极化和复极化,从而产生一次迅速而可传导的跨膜电位波动,称心肌动作电位。心肌动作电位是心肌电生理的基础。不同类型的心肌细胞发生的离子机制有所不同,因而它们的动作电位特征也有所不同。蛙心室肌细胞兴奋时的动作电位。其特征,如波形和波幅,时程等,属于快反应细胞动作电位,由 0 期(快速去极化)、1 期(快速复极化初期)、2 期(缓慢复极化或平台期)、3 期(终末复极化或快速复极化末期)和 4 期(静息期)所构成。

(5) 神经干中包含多类不同的神经纤维。神经干的电现象是其内许多神经纤维电活动成分的总和,称为神经干复合动作电位。以不同强度的电刺激作用于神经干,动作电位从无到有并逐渐增强到最大幅度,说明神经干是由多类兴奋阈值不同的神经纤维组成:阈刺激仅能激活阈值最低的一类纤维,随强度的增加,导致阈值较高的纤维先后兴奋,能使神经干中所有纤维都兴奋的刺激称为最大刺激。此时复合动作电位幅值达到最大;在强度极限超过最大刺激的超最大刺激时,幅度不会再增大。

(6) 在中枢神经系统参与下,机体对内、外刺激所作规律性应答称为反射,较复杂的反射需要较高级中枢部位的整合,而一些较简单反射,只需通过中枢神经系统的低级部位就能完成。例如将动物的高位中枢切除,而仅保留脊髓的动物称为脊动物,此时动物产生的各种反射活动为单纯的脊髓反射。反射活动的结构基础是反射弧,为从接受刺激到发生反应,兴奋在神经系统内循环的路径。

(7) 小脑被认为是调节运动的重要中枢。从机能上看，主要是维持躯体平衡、调节肌肉张力和协调随意运动，并且在技巧性运动的学习和建立过程中起着重要的作用。从系统发生来看，小脑可分为三个部分：古小脑、旧小脑和新小脑。古小脑是高等动物小脑的绒球小结叶的前身，主要接受来自前庭核的投射，参与平衡调节；鸟类和爬行类的旧小脑发展成为哺乳动物小脑的内侧部，即小脑的前叶和后叶蚓区。这些部位接受来自脊髓和三叉神经传入的信息，与控制肌紧张有关；高等哺乳动物进化出新小脑，即后叶。新小脑与大脑新皮层之间的交互机能联系密切，主要接受来自大脑皮层的传入，与运动控制有关(调节精巧运动和随意运动)。

(8) 大脑皮层具有管辖躯体运动的区域，即皮层运动区。主要包括中央前回的 4 区及中央前回之前的 6 区。其对躯体控制具有如下的特点：

① 一侧大脑皮层运动区主要调节和控制对侧的躯体运动，而头面部肌肉多属双侧性支配；

② 运动区具有精确的机能定位，一定的运动区支配一定部位的躯体和四肢，在空间方位关系上呈现一种头足倒置式样的安排；

③ 身体不同部位在皮层所占的代表区大小不同，运动精细如复杂的器官在大脑运动区占的区域大；

④ 以适当电流刺激运动代表区某一点，只会引起个别肌肉收缩，或某块肌肉得到一部分收缩，而不是肌肉群的协同收缩。

(9) 心脏和血管的活动受神经、体液和自身调节机制的调节。神经调节是指中枢神经系统通过反射调节心血管的活动。各种内外感受器的传入信息进入心血管中枢后，经过中枢的整合处理，改变了交感和副交感传出神经的紧张性活动，进而改变心输出量和外周阻力，使动脉血压得到调节。

心血管的活动还受到许多体液因素的调节，肾上腺素和去甲肾上腺素是其中两种主要的调节因素。

(10) 去大脑僵直是指如果在中脑上丘和下丘之间及红核下方水平面上将麻醉动物脑干切断，则动物立刻出现全身肌紧张加强、四肢强直、脊柱反张后挺的现象。去大脑僵直主要是一种反射性的伸肌紧张性亢进，是一种过强的牵张反射。

一　呼吸运动调节

目 的 要 求

学习呼吸运动的记录方法，观察神经和体液因素对呼吸运动的影响。

实 验 原 理

呼吸运动调节包括中枢神经系统的调节、呼吸的反射性调节及化学因素的调节。血液中化学因素主要是指氧分压下降、二氧化碳分压增高、酸度增加及某些药物。作用部位是位于延髓腹外侧浅表部位的中枢化学感受器和位于外周的颈动脉体和主动脉体。二氧化碳主要通过中枢化学感受器对呼吸起调节作用，对其外周的作用仅在含量增加较多时才表现出来。

缺氧对呼吸的影响是通过外周化学感受器实现的，但缺氧呼吸的加强作用远不如高二氧化碳的作用。原因一是接受缺氧刺激的外周化学感受器对缺氧的敏感性较低；二是缺氧刺激呼吸运动，呼吸增强使血液二氧化碳分压降低，结果抑制了呼吸中枢，部分抵消了缺氧的刺激作用；三是缺氧能直接损害中枢神经元的功能，降低呼吸中枢的反应性。H^+ 是外周化学感受器有效刺激物，也可直接刺激中枢化学感受器而加强呼吸，但 H^+ 不易透过血—脑屏障，故中枢化学感受脑脊液中 H^+ 的影响比受动脉血的影响大。

材料与器材

1. 材料

家兔。

2. 试剂

生理盐水、20%氨基甲酸乙酯、3%乳酸。

3. 器材

哺乳动物手术器械一套，兔手术台，气管插管，注射器(20 mL、5 mL 各一支)，50 cm 长的橡皮管一条，呼吸张力换能器，生理数据采集分析系统，纱布，线，球胆二个(分别转入 CO_2 和空气用)，保护电极，钠石灰瓶，万能支架，双凹夹，电极针，电极刺激导线。

实验步骤

1. 准备步骤

由兔耳缘静脉缓慢注入 20%氨基甲酸乙酯(5 mL/kg)，待动物麻醉后仰卧固定于手术台上，沿颈部正中切开皮肤，分离气管并插入气管插管，分离出颈部两侧迷走神经，穿线备用。

2. 记录呼吸运动

用橡皮管将气管插管一个侧管连于压力换能器，然后将压力换能器的输出端输入到多媒体生物信号记录处理系统的压力放大器输入端(第 3 通道)(图 2-2-1)另一侧管开口于大气，调整其口径(夹闭 1/3～1/2)使记录的呼吸运动有一定幅值，再调节多媒体生物信号处理系统的灵敏度及采样频率，使微机显示器所记录的呼吸曲线疏密及振幅均适宜。

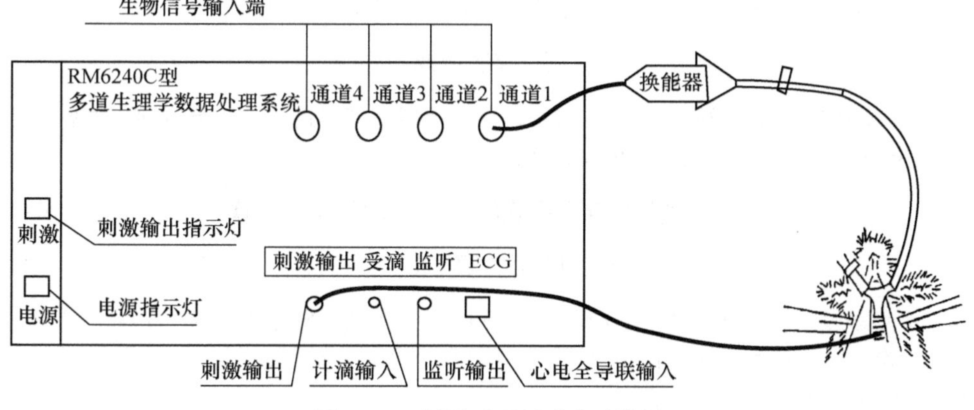

图 2-2-1　记录呼吸运动实验装置

3. 执行采集程序

在微机显示器上记录呼吸运动曲线。

4. 进行实验

(1) 记录正常呼吸曲线以做对照，认清曲线与呼吸运动的关系(图 2-2-2)。

(2) 增加吸入气中 CO_2 浓度。将装有 CO_2 的球胆管口对准气管插管侧管(二者有一定距离)并将球胆的夹子逐渐松开，使 CO_2 气流不宜过急地随吸气进入气管。此时呼吸运动加深加快。夹闭 CO_2 球胆管，呼吸恢复正常。

(3) 缺 O_2。将气管插管的侧管通过钠石灰与盛有一定容量空气的球胆相连，家兔呼吸球胆中的空气。动物呼出的 CO_2 可被钠石灰吸收，故随着呼吸的进行，球胆中的 O_2 愈来愈少，其呼

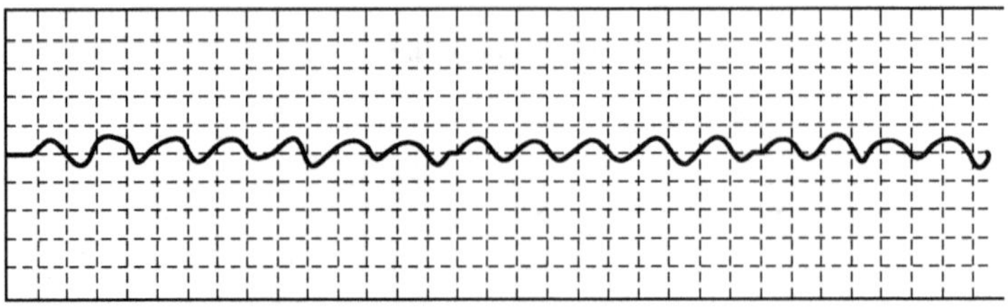

图 2-2-2 兔呼吸实验记录

吸运动加深加快。待呼吸运动恢复正常再进行下项观察。

(4) 增大无效腔。把 50 cm 长的橡皮管连接在侧管上,家兔通过这根长管进行呼吸,经一段时间后,呼吸运动加深加快,发生明显变化后即去掉橡皮管,使其恢复正常。

(5) 血中酸性物质增多时的效应。用 5 mL 注射器,由耳缘脉较快地注入 3%乳酸 2 mL,此时呼吸运动加深加快。

(6) 迷走神经在呼吸运动中的作用。记录一段对照曲线,先切断一侧迷走神经,呼吸运动的节律变慢,再切断另一侧迷走神经,观察动物呼吸有何变化。然后以不同刺激强度刺激一侧迷走神经的向中端,再观察呼吸运动的变化。

注 意 事 项

(1) 气管插管时,剪口后,插管前一定注意对气管进行止血和气管内清理干净再进行插管。

(2) 经耳缘静脉注射乳酸时,要选择静脉远端,注意不要刺穿静脉,以免乳酸外漏,引起动物躁动。

(3) 用保护电极刺激迷走神经向中端之前一定先检查刺激器的输出。

(4) 气管插管侧管的夹子在实验全过程中不得更动,以做前后比较。

思 考 题

1. 分析各项实验结果,缺 O_2、高 CO_2、及乳酸增多时对呼吸的影响机制有何不同?

2. 迷走神经在节律性呼吸运动中起何作用?

二 蛙心室期前收缩与代偿间歇

目 的 要 求

(1) 本实验观察在心动周期的不同时期给予心脏一次人工刺激后心脏的反应。

(2) 学习蛙心心脏波动曲线的记录方法。通过对期前收缩与代偿间歇的观察,验证心肌有效不应期较长的特征。

实 验 原 理

心肌每发生一次兴奋后,其兴奋性发生一系列周期性变化,与其他可兴奋组织相比,其特点是有效不应期特别长,约相当于整个收缩期,甚至可延续到舒张早期,在此期中,任何强大的刺激均不能使之产生动作电位。此后为相对不应期,进对强刺激产生兴奋(动作电位)。最后为超常期,无低常期。只有在心肌的舒张中期(相对不应期)给心脏单个阈上刺激,可引起一次较正常节律早的兴奋和收缩,成为前收缩。期前收缩也有一个有效不应期,因此当窦房结(两栖类动物为静脉窦)下达的正常节律性兴奋传到心室肌时,正好落在这个有效不应期内,不能引起心室肌的兴奋,必须等到再下一次窦房结的兴奋传来时才发生兴奋,因而在一次期前收缩之后,往往会出现一个较长的心室舒张期,称代偿间歇。

材料与器材

1. 材料

蟾蜍。

2. 试剂

任氏液。

3. 器材

剪刀、玻璃分针、探针、镊子、蛙心夹、蛙板、刺激电极、张力换能器、多媒体生物信号记录处理系统。

实 验 步 骤

1. 毁脑和脊髓

取蟾蜍一只，用左手握住，以食指压其头部前端，头部尽量前俯，右手持探针自枕骨大孔处垂直刺入，到达椎管，将探针刺向颅腔，彻底捣毁脑组织，再将探针原路退出，刺向尾侧，刺入椎管，捣毁脊髓。

2. 开胸，打开心包，暴露心脏

蛙仰位固定在蛙板上，在剑突下方，用尖镊子提起皮肤，用剪刀沿正中线向上剪开皮肤至下颌，提起剑突用剪刀沿正中线剪开，去胸骨，剪开心包膜，暴露心脏。

3. 蛙心夹夹住蛙心，连接张力换能器

按图示(2-2-8)线路连接仪器。

4. 刺激电极与心室壁两侧紧密固定

5. 进入软件观察，记录

注 意 事 项

(1) 破坏蟾蜍的脑和脊髓要完全。

(2) 应在心室舒张期用蛙心夹夹住心尖，注意不要夹破心室。

(3) 注意滴加任氏液，以保持蛙心适宜的环境。

思　考　题

1. 心肌能否产生强制收缩，为什么？
2. 如何记实心肌有较长的不应期？心肌较长的有效不应期有何生理意义？

三　坐骨神经-腓肠肌标本制备及骨骼肌收缩性质的观察

目 的 要 求

掌握生理实验基本技能并获得兴奋性良好的标本，了解骨骼肌收缩性质。

实 验 原 理

蛙类的一些基本生理活动规律与温血动物相似，而维持离体组织正常活动所需的理化条件比较简单，易于标本建立和控制。因此，在实验中常用蟾蜍或蛙的坐骨神经腓肠肌标本来观察兴奋与兴奋性、刺激与肌肉收缩等基本生理现象过程。

坐骨神经-腓肠肌标本是神经-肌肉生理中最重要、最基础的实验，从刺激神经到肌肉收缩的生理活动过程中的兴奋的产生、传导、兴奋分泌耦联，终板电位、肌峰电位的产生到肌肉收缩的性质等都可用坐骨神经-腓肠肌标本完成。

材料与器材

1. 材料

蟾蜍或蛙。

2. 试剂

任氏液。

3. 器材

蛙板、玻璃板、组织剪、大剪刀、有齿组织镊、探针、玻璃分针、瓷盘、滴管、培养皿、锌铜弓、肾形盘、万能支架、脱脂棉、线绳、纱布。

4. 仪器

生理数据采集分析系统、电极导线、肌肉张力换能器、标本屏蔽盒。

实验步骤

1. 破坏脑和脊髓

取蟾蜍一只，枕骨大孔处垂直刺入，然后向前，左手握住蟾蜍，用食指按压头部前端，拇指按压背部(图 2-2-3)。

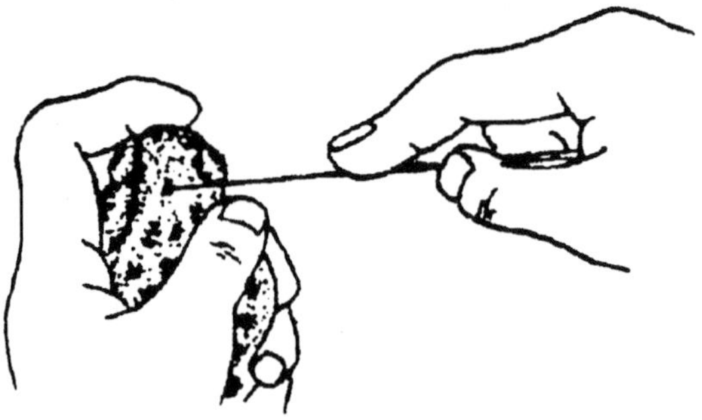

图 2-2-3　破坏蟾蜍脑脊髓的方法

右手持探针从枕骨大孔刺入颅腔，左右搅动，充分捣毁脑组织。然后将探针抽回至进针处，再向后刺入脊髓管，反复提插捣毁脊髓。此时如蟾蜍四肢松软，呼吸消失，表明脑和脊髓已完全破坏，否则按上法反复进行。

2. 剥离皮肤

左手握紧脊柱断端(注意不要握住或压迫神经)，右手捏住其上的皮肤边缘，用力向下剥掉全部后肢的皮肤(图 2-2-4)。把标本放在盛有任氏液的培养皿中。将手及用过的剪刀、镊子等全部手术器械洗净，再进行下面步骤。

图 2-2-4　剥掉后背及后肢皮肤

3. 剪除躯干上部及内脏

在骶髂关节以上 0.5～1 cm 处剪断脊柱，左手握住蟾蜍后肢，用拇指压住骶骨，使蟾蜍头与内脏自然下垂，左手持普通剪刀，沿脊柱两侧剪除一切内脏及头胸部，留下后肢、骶骨、脊柱以及紧贴于脊柱两侧的坐骨神经。剪除过程中注意勿伤坐骨神经。

4. 分离两腿

用镊子夹住脊柱将标本提起，背面朝上，剪去向上突起的尾骨(注意勿损伤坐骨神经)。然后沿正中线用剪刀将脊柱和耻骨联合中央劈开两侧大腿，并完全分离。将两腿浸入盛有任氏液的培养皿中。

5. 制作坐骨神经腓肠肌标本

取一蛙腿置于蛙板上。

(1) 游离坐骨神经。将标本背面朝上放置，把梨状肌及其附近的结缔组织剪去。循坐骨神经沟(股二头肌与半膜肌之间的裂缝处)找出坐骨神经的大腿段(图 2-2-5)。用玻璃针仔细剥离,剪断坐骨神经的所有分支,并将神经一直游离至腘窝处。

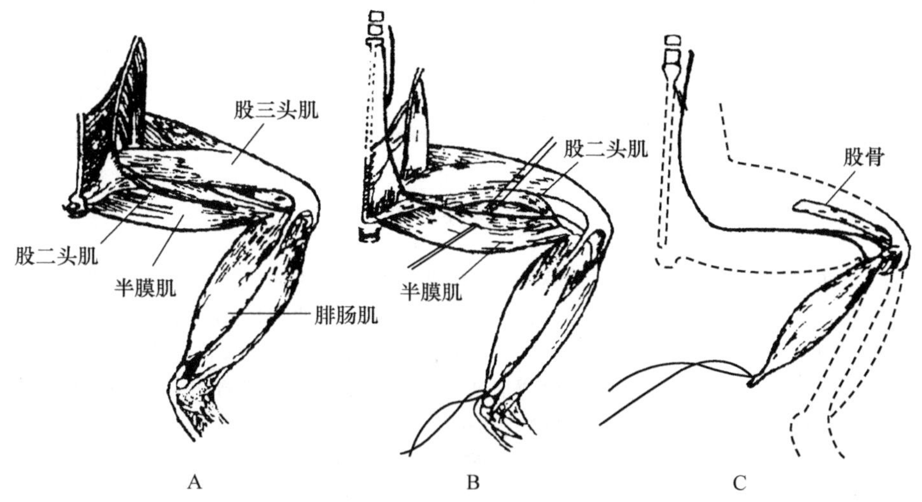

图 2-2-5　蟾蜍坐骨神经腓肠肌标本制备法

A. 后肢肌肉背面观;B. 坐骨神经分离暴露后的位置;C. 坐骨神经腓肠肌标本

(2) 完成坐骨神经小腿标本。将游离干净的坐骨神经搭于腓肠肌上,在膝关节周围剪掉全部大腿肌肉,并用普通剪刀将股骨刮干净,然后在股骨中部剪去上段股骨,保留的部分就是坐骨神经小腿标本。

(3) 完成坐骨神经腓肠肌标本。将上述坐骨神经小腿标本在跟腱处穿线结扎后,于结扎处远端剪断跟腱。游离腓肠肌至膝关节处,然后从膝关节囊将小腿其余部分剪掉,这样制得一个具有附着在股骨上的腓肠肌并带有支配腓肠肌的坐骨神经的标本。

6. 检查标本兴奋性

用经任氏液润湿的锌铜弓轻轻接触一下坐骨神经,如腓肠肌发生迅速而明显的收缩,则表明标本的兴奋性良好,即可将标本放在盛有任氏液的培养皿中,以备实验用。若无锌铜弓,亦可用中等强度单个电刺激作上述测试。

7. 收缩性质观察

将标本放于神经—肌槽与多媒体信号采集系统相连,分别记录单收缩,复合收缩,不完全强直收缩和完全强直缩曲线。

注 意 事 项

(1) 操作过程勿污染、压榨、损伤、过度牵拉神经和肌肉。

(2) 经常给神经和肌肉上滴加任氏液,防止表面干燥,以保持其正常兴奋性。

思　考　题

1. 单收缩和复合收缩的振幅不同,说明了什么?

2. 连续电刺激神经,肌肉会出现什么现象,为什么?

四　蛙心室肌细胞动作电位以及心电与心肌收缩的时相关系

目 的 要 求

(1) 观察蛙心室肌细胞动作电位的特征；

(2) 了解体表心电测量的原理和方法；

(3) 了解心肌电兴奋、传导和收缩关系。

实 验 原 理

在一次心动周期中，窦房结自律性最高，因而最先兴奋。然后，窦房结发生的兴奋传播到整个心房。通过房室交界区，引起心室肌兴奋。因此，在心动周期不同瞬间整个心脏的兴奋部位和未兴奋部位之间综合形成电场变化。根据心电的电偶学说，在心脏兴奋过程中外膜面带正电位最高的部位成为电源，带负电位最低的部位成为电穴，两者一起组成具有一定极化电压强度和方向的心电偶(心电矢量)。由于机体的组织及体液含大量可导电的电解质，形成一个容积导体，心脏就在其中活动，因此，在心动周期中不同瞬间的心脏活动的电场变化可以通过心脏周围的容积导体而反映到身体的体表各部位，所以在体表一定部位(四肢)安置测量电极，通过生物电放大器记录描记。可记录出电极所在部位反映的心电变化，即心电图。正常心电图测量电极位置和导联方式不同波形有所不同，但一般包括 P,QRS 和 T 三个波形和两个间期。P 波反映心房去极化过程，QRS 波反映心室去极化过程，T 波反映心室复极化过程，P-R 间期为心房开始兴奋至心室开始兴奋传导时间，S-T 段为心室肌全都处于动作电位平台期的去极化状态。

如果同时记录心电和心肌收缩曲线，在曲线中，可见 P 波在心房收缩波之前发生，而 QRS 波在心室收缩之前发生，从而证实了心肌兴奋传导、收缩活动之间的关系。

材料与器材

1. 材料

蟾蜍或蛙。

2. 试剂

任氏液。

3. 器材

多媒体生物信号记录处理系统、蛙类手术器械一套、玻璃微电极充满 3 mol/L KCl 溶液、电极电阻(10～30MΩ)、Ag-AgCl 电极丝、微电极推进器、蛙心夹、线。

机械-电换能器。

实 验 步 骤

1. 心肌动作电位

(1) 动物标本制备。破坏蛙的脑和脊髓，将蛙背位于蛙板上，暴露心脏。

(2) 调整实验仪器装置(图 2-2-6)。将玻璃微电极(充满 3 mol/L KCl 溶液，电极电阻 10～30MQ)安装到微电极推进器上，并将一根 Ag-AgCl 电极丝插入玻璃微电极内，其另一端连接于多媒体生物信号记录处理系统的生物电放大器输入端，例如，第一通道输入端。参考电极连于蛙的胸部。

(3) 设定实验参数。启动多媒体生物信号记录处理系统软件。进入用户自用模块，选择二

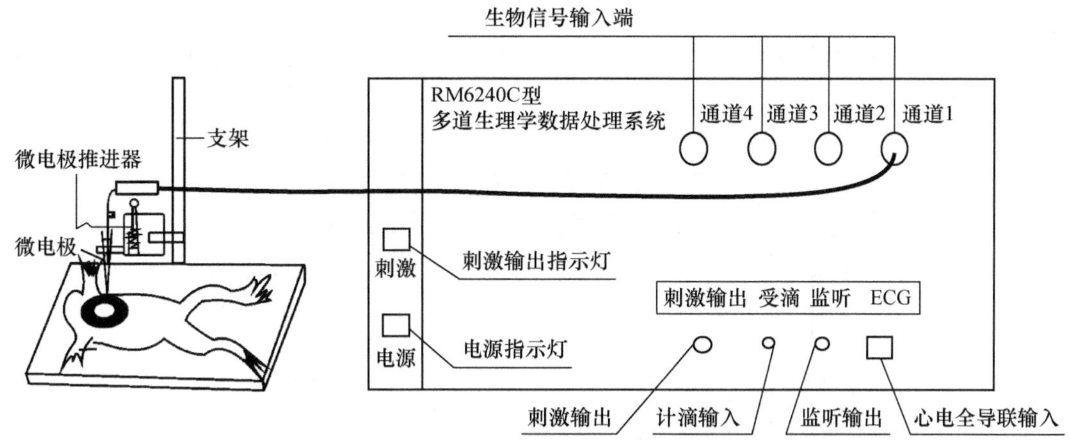

图 2-2-6 心肌动作电位实验装置

道生理记录仪模式。放大倍数 100～800 倍，高频滤波 1kHz，时间常数 1 s，采样周期 5～20 ms。

(4) 进行实验。进入微机采样记录监控状态。调节微电极推进器操纵旋钮，使微电极垂直下移，对准心尖部刺入心脏。在微机显示器上可见心肌动作电位的波形曲线(图 2-2-7)。

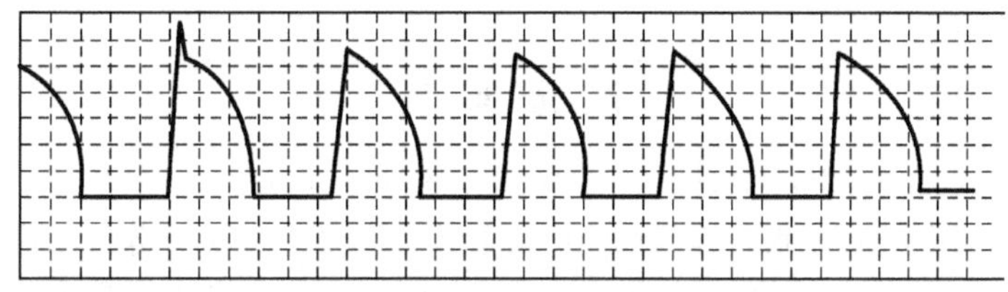

图 2-2-7 蛙心室动作电位实验记录

2. 心电与心肌收缩的时相关系

(1) 动物标本制备。同上。

(2) 调整实验仪器装置(图 2-2-8)。用大头针将蛙背位固定于蛙板上。固定蛙四肢的大头针作为引导心电的肢体电极，模拟标准导联Ⅱ，将左后肢电极接正输入极导线，左前肢电极接负输入极导线，右后肢电极接地。引导的心电信号电极输入至生物电放大器输入端，例如第一通道输入。将蛙心夹夹在蛙心尖 1 mm 处。蛙心夹上连线固定到换能器的金属弹片上使蛙心与水平面保持一定的角度(蛙心与水平面垂直时，心电矢量在水平面上的投影为零，因而，不能记录心电曲线)，然后将换能器的输出插头输入到微机的张力放大器输入端(如第 4 通道上)开机启动多媒体生物信号记录处理系统软件，进入心电，心肌收缩时相模块。

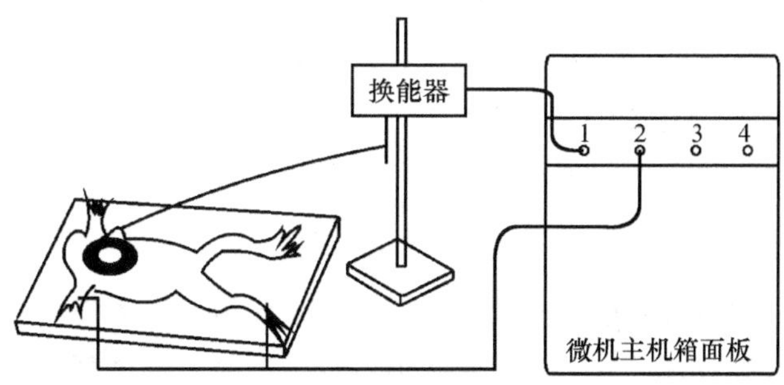

图 2-2-8 心电心肌收缩时相关系实验装置

(3) 进行实验。

① 设定实验参数：放大倍数为100～800倍。高频滤波为1kHz，时间常数为1s，采样时间为5～20 ms/点。

② 进入微机采样记录监控状态：在微机显示器记录心电(上)和心肌收缩(下)曲线(图2-2-9)。

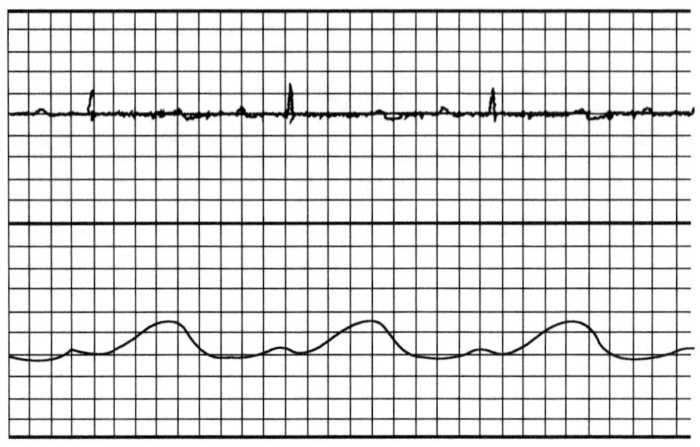

图2-2-9　蛙心电和心肌收缩时相实验记录

注意事项

(1) 安装微电极及操作其操纵器时要小心，勿弄断电极尖端。

(2) 将微电极对准心肌细胞膜刺入细胞时可能出现不是心肌动作电位波形，这时，应将电极向上拔起，重新进行步骤(4)(由于定位不精确，可能使微电极刺入细胞间隙)。

(3) 破坏蛙的脑和背髓应完全，以免在实验过程中由于蛙的肢体活动而影响记录曲线。

(4) 利用大头针作为心电引导电极，应保证与输入线接触良好。

思考题

1. 从肢体和躯干体表为什么能引导记录出心电活动？

2. 本实验的心肌动作电位记录方法与记录离体神经动作电位和蛙心电图方法相比较，有什么不同？为什么？

五　神经干的动作电位、传导速度及兴奋性测定

目的要求

(1) 观察蟾蜍坐骨神经动作电位的基本波形潜伏期、幅值及时程。

(2) 了解神经兴奋传导速度测定的基本原理和方法。

(3) 了解神经兴奋不应期测定的基本原理和方法。

实验原理

细胞在安静时，细胞膜两侧存在电位差，称为静息电位，膜外为正，膜内为负(极化状态)。可兴奋组织(例如神经纤维)在接受一次阈上刺激时，膜电位将发生一短暂的变化，由安静状态下的极化状态变为兴奋状态下的膜外负膜内正的去极化状态。因此，膜外兴奋区的电位比未兴奋区

的电位负。这种电位差所产生的局部电流又能引起邻近未兴奋区的去极化,而原来的兴奋区又恢复到膜外正膜内负的静息电位水平(复极化),从而使兴奋沿细胞膜传向整个细胞,这种短暂的可传播的电变化称为动作电位。

动作电位像波一样沿神经纤维传导。但其传播速度比电传导慢很多,这表明其传导机理与一般的电传导完全不同。动作电位的传导是通过局部电流或跳跃传导方式进行,其传导速度可用电生理方法精确测量。传导速度快慢主要受神经纤维的粗细、内阻及有无髓鞘的影响。

可兴奋组织(例如神经纤维)接受一次刺激产生兴奋以后(产生动作电位),其兴奋性将发生规律性的变化,依次经过绝对不应期、相对不应期、超常期和低常期,然后再回到正常的兴奋水平。在实验中用双脉冲法来测定神经纤维在一次兴奋后兴奋性发生的变化,即先给予一个一定强度的"条件性刺激",使神经兴奋。在神经发生兴奋后,按不同时间间隔再给予一个"测试刺激",用以检查测试神经刺激是否引起动作电位以及所引起的动作电位幅值的大小,以此来反映神经兴奋性的时相变化。测出相对、绝对不应期(绝对、相对不应期可合称有效不应期)。

材料与器材

1. 材料

蟾蜍或蛙。

2. 试剂

任氏液。

3. 器材

蛙类手术器械一套、多媒体生物信号记录处理系统、神经标本、屏蔽盒、滴管。

实 验 步 骤

1. 蟾蜍坐骨神经腓(胫)神经标本的制备

蟾蜍坐骨神经腓(胫)神经标本的制备过程与坐骨神经腓肠肌标本制备过程大体相同,不同的是只要神经不留股骨和腓肠肌,且神经是从坐骨神经起始一直分离到胫神经或腓神经。坐骨神经在腘窝上已分为胫神经和腓神经两支,如要制备腓神经,则在分叉的下方剪断内侧神经。腓神经绕过膝关节腓侧时,上面覆盖有肌肉和肌膜,应小心分离。将在腓肠肌沟内下行的腓神经一直分离到足部。用浸泡过任氏液的棉线,分别在靠近脊髓发源处结扎坐骨神经中枢端和踝部的腓神经外周端,并在结扎的远端剪断神经。制备成坐骨神经腓神经标本,将制备好的神经标本浸泡在任氏液中数分钟,待其兴奋性稳定后开始实验。

2. 调整实验装置

(1) 用镊子夹住神经标本两端扎线,将标本横搭在神经标本屏蔽盒的电极上,坐骨神经搭放在刺激电极 S_1、S_2 上,腓神经搭放在记录电极 r_1、r_2 上(图 2-2-10)。

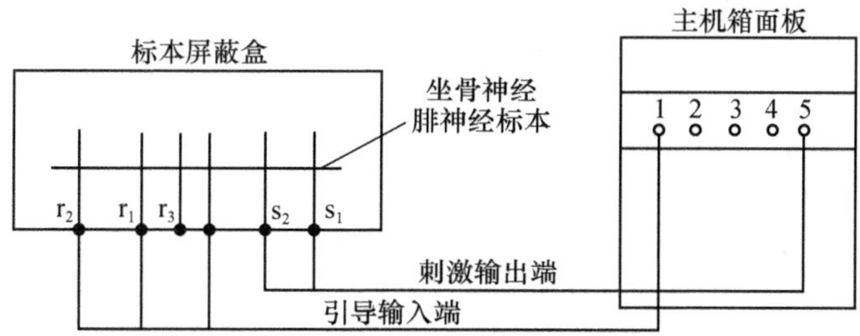

图 2-2-10　神经干动作电位实验装置

（2）记录电极及地线与微机的生物电放大器输入端相连，例如，第 1 通道生物电放大输入插座上，刺激输出（第 5 通道的刺激输出端）连至标本屏蔽盒的刺激电极接线柱上。

（3）开机启动多媒体生物信号记录处理系统软件，进入动作电位模块。设定参数如下：

高频滤波：10 kHz，时间常数（低频滤波）0.01 s，增益 100～800，刺激方式单次，刺激波宽 0.5～1 ms，刺激强度 1～5 V，采样周期 100 μs。

3. 引导双相动作电位

上述参数调整好后，进入微机采集记录的监控状态。在微机显示屏上记录显示双相动作电位的波形（图 2-2-11），这是由于该软件控制微机输出一个刺激脉冲，刺激坐骨神经腓神经标本产生动作电位。其动作电位沿神经纤维传导至记录电极，由记录电极输入到生物电放大器中，经幅值放大后再显示到微机显示器上。

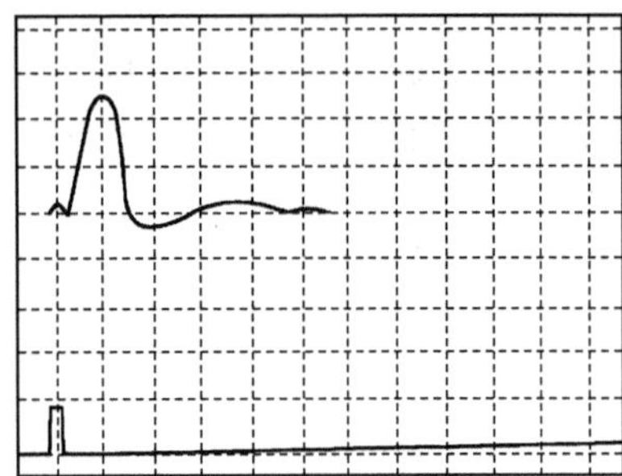

图 2-2-11　蛙坐骨神经双相动作电位实验记录

4. 引导单相动作电位

在记录电极 r_1、r_2 之间，用小镊子夹伤神经干，重复 2、3 步骤，在微机显示器上可看双相动作电位的波形发生改变，只剩下第一相（向上波），第二相消失（向下波），此即单相动作电位。

5. 神经纤维传导速度的测定

在其他条件不变的情况下，兴奋在神经上传导的距离与动作电位出现的潜伏期长短成正比。因此，根据兴奋传导的距离及传导此距离所需的时间即可算出兴奋在神经纤维上的传导速度。具体做法如下：

（1）将 r_1、r_2 记录电极连于多媒体生物信号记录处理系统的生物电放大输入端，重复上述 2、3。在微机显示器上显示动作电位（图 2-2-12B）。

（2）在微机显示器上，测定出从刺激伪迹前沿至动作电位起始转折处时间间隔的毫秒数，用 t_1 表示（图 2-2-12B 实线）。

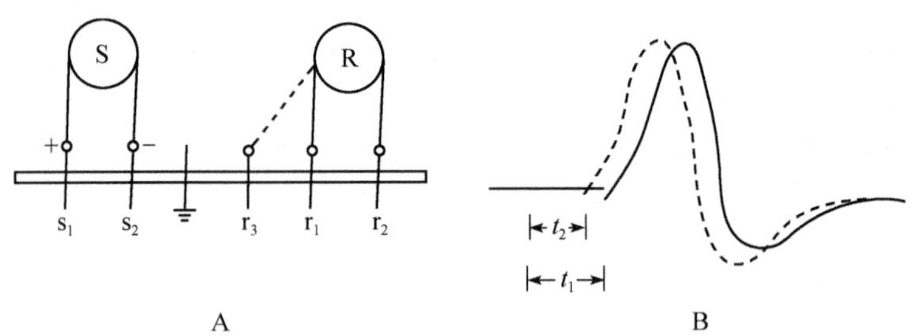

图 2-2-12　单组记录电极测定传导速度的方法

A. 装置示意图；B. 动作电位；S. 刺激装置；R. 记录装置

（3）记录电极 r_2 的输入线保持不动，将 r_1 的输入线移到 r_3 处，如（图 2-2-12A）图的虚线所示，按上述方法引导动作电位。此时可发现刺激伪迹与动作电位起始转折处的时间间隔缩短，图 2-2-12B 的虚线动作电位所示。用上述方法测出该时间间隔的毫秒数，用 t_2 表示。

（4）两记录电极 r_3、r_1 之间的距离，即神经长度毫米数，用 d 表示，则 t_1-t_2 为动作电位从 r_3 传至 r_1 走过 d 距离所耗费的时间。

（5）神经兴奋传导的平均速度用 V 表示。则神经传导速度 $\overline{V}=\frac{d}{t_1-t_2}$ mm/ms。

6. 神经兴奋不应期的测定

(1) 按单相动作电位引导方法引导单相动作电位先用单个刺激找出最大刺激强度(即动作电位的幅度不再随刺激强度的增加而增加),然后以此刺激强度输出双脉冲,可见显示器上先后有两个同样幅值的动作电位。

(2) 调节双脉冲时间间隔,逐渐缩短两个刺激波之间的间隔,在显示器上可见到第二个动作电位逐渐向第一个动作电位靠近。靠近到一定程度后,第二个动作电位幅值则开始减小。记下刚减小时,第二个与第一个刺激方波间的时间间隔,此为不应期(图 2-2-13)。

(3) 使第二个动作电位继续向第一个动作电位靠近,第二个动作电位逐渐消失,记录消失时第二个与第一个方波间的时间间隔,为绝对不应期近似值,不应期减去绝对不应期即为相对不应期。

7. 最大刺激及复合动作电位

以不同强度的刺激作用于神经干测定最大刺激及复合动作电位。

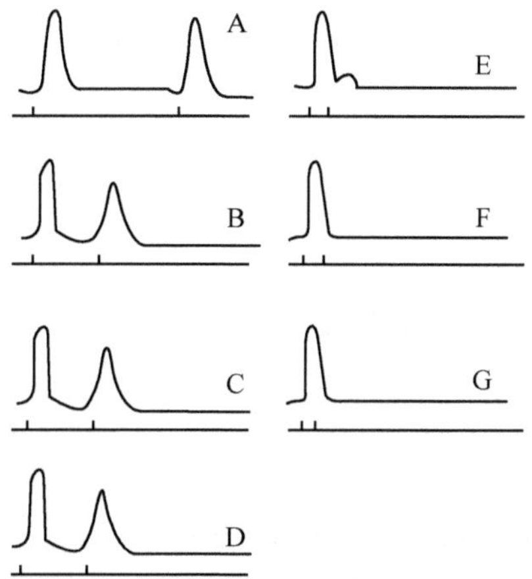

图 2-2-13　神经干兴奋后变化的测定
上线:动作电位;下线:刺激脉冲
A~G. 不同时间间隔所引起的动作电位波形

注 意 事 项

(1) 神经标本要求剥离干净,但又不能损伤神经主干,应用眼科剪小心剪去神经分支及周围结缔组织,切忌撕扯。

(2) 神经标本应与每个记录电极密切接触,尤其要注意与中间接地电极的接触。神经干不可弯折,并经常保持湿润,但要用棉球吸掉过多的任氏液水滴,防止电极间短路。

(3) 神经标本盒用毕应清洗、擦干,因残留的盐溶液常导致电极腐蚀、导线生锈。

思　考　题

1. 试述双相动作电位和单相动作电位的产生原理,两种电位在时程和幅度上有何不同?双相动作电位的第一个(向上)波的幅值与第二个(向下)波是否相同?为什么?

2. 神经一次兴奋后兴奋性改变的离子基础是什么?

六　反射弧的分析

目 的 要 求

用脊蛙分析屈肌反射以及反射弧的组成部分,探讨反射弧的完整性与反射活动的关系。

实 验 原 理

一个完整的反射弧,一般包括感受器、传入神经、神经中枢、传出神经和效应器 5 个部分。

感受器为将内外环境作用于机体的刺激能量转化为生物的神经冲动的换能装置。

传入神经可将感受器的神经冲动传导至中枢神经系统。

神经中枢是神经系统内参与某一反射的神经元群及其突触联系的集合体。

传出神经为运动神经元的轴突,把神经冲动由中枢传至效应器。

效应器是发生应答的器官,包括肌肉和腺体。

在反射弧通路的任何一处中断，都将使这一反射活动不能发生。

材料与器材

1. 材料

蟾蜍或蛙。

2. 试剂

0.5%及1%硫酸溶液。

3. 器材

常规手术器、铁支架、烧杯、小滤纸片、脱脂棉、线绳、培养皿、玻璃分针。

实验步骤

(1) 取蟾蜍或蛙一只，从鼓膜后缘处剪去颅脑部(也可以用探针由枕骨大孔伸入颅脑捣毁脑组织)制备脊蛙。

(2) 右腿大腿部(背侧)作纵向切口并分离右腿大腿部坐骨神经，穿线备用。

(3) 下颌穿线将脊蛙悬挂于铁支架上。

(4) 用浸有0.5%和1%的硫酸滤纸片分别刺激蟾蜍左、右后肢脚趾，反射时观察记录屈肌反射(注意：每次刺激后都要认真用水清洗受刺激部位皮肤并擦干，彻底清除硫酸)。

(5) 去除左后肢脚趾皮肤，重复步骤4。

(6) 结扎右腿坐骨神经，重复步骤4。

(7) 将浸有0.5%和1%的硫酸滤纸片置于腹部，观察搔扒反射，清洗。

(8) 用探针捣毁脊髓，重复步骤7。观察反射。

思考题

本实验中哪些步骤证明了反射弧功能的实现需要结构完整性？

七 小脑受伤动物运动功能障碍的观察

目的要求

观察毁损小鼠一侧小脑后出现的运动功能障碍，从而了解正常小脑功能。

实验原理

根据小脑各部分功能，如古小脑受损，则动物表现为平衡失调；旧小脑受损，则动物全身伸肌紧张亢进。但在灵长类，旧小脑损伤后，机能的缺陷并不明显；新小脑损伤，则随意运动出现障碍。表现为运动过度或不足、乏力、方向偏移和失去了运动的稳定性，特别是动作的开始、停止和改变方向更受到障碍，即所谓的共济失调性震颤等症状。

材料与器材

1. 材料

小鼠。

2. 试剂

乙醚。

3. 器材

手术刀、剪、探针、镊子、鼠板、20 mL 烧杯、棉球、纱布。

实 验 步 骤

(1) 观察手术前正常小鼠的运动情况。

(2) 麻醉:将小鼠罩于烧杯内,然后放一团浸透乙醚的棉球进行麻醉,至动物呼吸变深、慢为止。注意不可麻醉过深,也不要完全密闭烧杯,以免麻醉或窒息致死。

(3) 手术:将小鼠俯卧于鼠板上,用镊子提起头部皮肤,在两耳之间头正中横剪一小口再沿头部正中线向前方剪开长约 1 cm,向后剪至耳后缘水平;用左手拇指和食指捏住头部两侧,用手术刀柄将颈肌轻轻往后剥离,暴露顶间骨。通过透明的颅骨,可看到小脑位于顶间骨下方。在顶间骨一侧的正中,用探针垂直刺入,深 1～2 cm 再将针头稍作回转,可破坏一侧小脑。如有出血,以棉球压迫止血。探针拔出后,用镊子将皮肤复位。动物从麻醉中苏醒后即可进行观察。

(4) 观察手术后小鼠的运动情况,可见运动失调,总是向伤侧的方向回屈或围绕身体中轴向单方向旋转不停。注意其姿势不平衡现象和肢体肌紧张度的改变。

思 考 题

1. 一侧小脑损伤后为什么会出现所见到的运动功能障碍?
2. 用毁损法来认识中枢神经系统某一部位的正常生理功能其局限性如何?

八　大脑皮层运动机能定位

目 的 要 求

观察电刺激大脑皮层运动区的躯体运动效应和皮层运动机能定位现象,了解皮层运动区对躯体运动的调节作用。

实 验 原 理

皮层运动区是通过锥体系及锥体外系下行通路,控制脑干和脊髓运动神经元的活动,从而控制肌肉运动。电刺激运动区的不同部位,能引起特定的肌肉发生短促的收缩。在较低等的哺乳动物,如兔和大鼠,大脑皮层运动机能定位已具一定锥形。

材料与器材

1. 材料

家兔。

2. 试剂

20%氨基甲酸乙酯、生理盐水、液体石蜡。

3. 器材

哺乳类动物手术器械一套、小骨钻、小咬骨钳、骨蜡(或止血棉)、多媒体生物信号记录处理系统(电刺激器)、刺激电极、纱布。

实 验 步 骤

(1) 麻醉:兔按 3.3 mL/kg(20%氨基甲酸乙酯)耳缘静脉注射,轻麻。

（2）手术（开颅法）：将动物腹位固定于手术台上，把头固定于头架，剪去头部的毛，从眉间至枕部沿矢状线切开皮肤及骨膜，用刀柄向两侧剥离肌肉并刮去顶骨膜，用小骨钻钻开颅骨，勿伤硬脑膜。用小咬骨钳扩大创口，暴露一侧大脑上侧面，勿伤及矢状窦。需要时用骨蜡止血。用小镊子夹起硬脑膜，仔细剪去，暴露出大脑皮层，滴上少量温热液体石蜡，以防皮层干燥。术毕放松动物头及四肢，以便观察躯体运动效应。

（3）进行实验：逐点依次刺激大脑皮层不同区域，观察躯体运动反应。刺激器参数：

波宽 0.5～1 ms，强度 10～20 V，频率 20～100 Hz，每次刺激持续 1～5 s；每次刺激后休息 1 min。

注意事项

（1）麻醉不宜过深，过深则影响刺激效应。

（2）术中仔细止血，并注意勿损伤大脑皮层。保持皮层应有的兴奋性、表面光滑、血管清晰。

（3）选定恰当的刺激参数。

（4）刺激电极间距宜小，但勿短路。

思考题

为什么刺激大脑皮层引起的肢体运动往往有左右交叉现象？

九　血压调节

目的要求

以动脉血压为指标，观察整体情况下一些神经体液因素对心血管活动的调节。

实验原理

当支配心脏的交感神经兴奋时，末梢释放去甲肾上腺素，激活心肌细胞膜上的 β_1 受体，使心率加快，心肌收缩力加强，心内兴奋传导加速，从而使心输出量增加；支配心脏的迷走神经兴奋时，末梢释放乙酰胆碱激活心肌细胞膜上的 M 受体，引起心率减慢，心肌收缩力减弱，心内兴奋传导速度减慢，从而使心输出量减少。支配血管的自主神经主要是交感缩血管神经。它兴奋时末梢释放的去甲肾上腺素与血管平滑肌细胞膜的 α 受体结合，使平滑肌收缩，血管口径变小，外周阻力增大；如果释放的去甲肾上腺素与血管平滑肌细胞膜上的 β_2 受体结合，则可使平滑肌舒张，血管口径变大，外周阻力减少。

肾上腺素对 α 和 β 受体都有激动作用可使心跳加快加强，心输出量增加；它对血管的影响要看作用的血管壁上哪一类受体占优势，一般来说，在整体情况下，小剂量肾上腺素主要引起体内血液重分配，对总外周阻力影响不大，但大剂量的肾上腺素亦可使外周阻力明显升高。去甲肾上腺素主要激活 α 受体，所以其作用主要是引起外周血管广泛收缩，通过增加外周阻力而使动脉血升高，对心脏的直接作用较小，而且在外源性给予时，常因明显升压作用而通过窦弓反射（减压反射）引起反向性心率变慢。

材料与器材

1. 材料

家兔。

2. 试剂

20%氨基甲酸乙酯、0.5%肝素生理盐水、生理盐水、1∶10 000去甲肾上腺素、5∶100 000肾上腺素、1∶100 000乙酰胆碱。

3. 器材

多媒体生物信号记录处理系统、血压换能器、动脉插管、活动双凹夹、试管夹、铁支柱、三通管、双极保护电极、兔手术台、哺乳动物手术器械、注射器(5 mL,1 mL,20 mL)、有色丝线、纱布、脱脂棉花气管插管。

实验步骤

1. 血压换能器

将血压换能器头端的两个小管分别与一长一短两根橡皮管连接。其中长橡皮管连接动脉插管,用注射器将肝素生理盐水通过短橡皮管缓慢注入换能器和动脉插管内,将换能器和动脉插管内的空气排尽,然后将换能器的输出线接至多媒体生物信号记录处理系统主机面板压力放大器输入插口,如第3通道上。

2. 手术

(1) 麻醉。动物称重后,用20%氨基甲酸乙酯5 mL/kg由兔耳缘静脉注入(图2-2-14)。注射过程中注意观察动物肌张力、呼吸频率及角膜反射的变化,防止麻醉过深。麻醉完后,可用一动脉夹将针头固定,保留在耳缘静脉内,针头内插入一根针灸毫针,以防止出血和针头内凝血。实验中每次注射药物时,拔出毫针即可进行注射,以避免多次静脉穿刺。

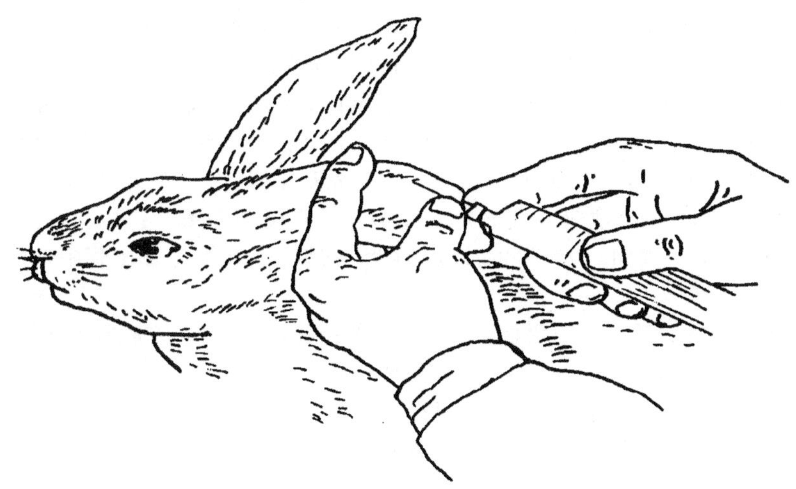

图2-2-14　兔耳静脉注射法

(2) 动物固定。将麻醉好的动物仰卧位固定于兔手术台上。颈部放正,必要时可在颈部下方垫一小垫,将颈部垫高,以利于手术。

(3) 分离颈部血管和神经。颈部剪毛,作长5～7 cm的正中切口,分离皮下组织和浅层肌肉后,沿纵行的气管前肌和斜行的胸锁乳突肌间纵向分离,将胸锁乳突肌向外侧分开,即可见到深层位于气管旁的血管神经束,仔细辨认并小心分离左侧的迷走神经和减压神经(图2-2-15)下穿不同颜色的湿线备用,然后分离双侧的颈总动脉穿线备用。

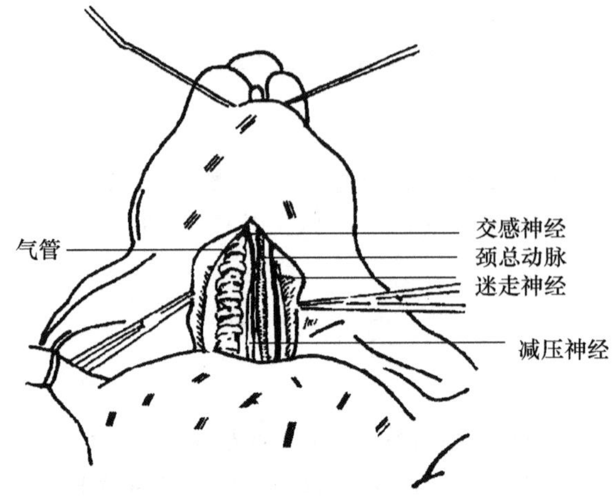

图 2-2-15 兔颈部神经、血管的解剖位置

(4) 动脉插管。分离右侧颈总动脉 2～3 cm(尽量向头端分离)近心端用动脉夹夹闭,远心端用线扎牢。在结扎处的近端剪一斜口,向心脏方向插入已注满肝素盐水的动脉插管(注意管内不应有气泡,如有气泡,因空气能压缩,将使血压变化幅度减少)用线将插管与动脉扎管。放开动脉夹,记录动脉血压。

3. 进行实验

(1) 设定实验参数。开机启动多媒体生物信号记录处理系统软件,进入用户自作模块,选择一道一刺激记录方式,采样周期为 20～100 ms/点。刺激器强度 5 V,刺激频率 20～200 Hz。

(2) 进入微机采样记录监控状态,在微机显示器记录血压波形。

(3) 正常血压曲线(图 2-2-16)。动脉血压随心室的收缩和舒张而变化。心室收缩时血压上升,心室舒张时血压下降,这种血压随心动周期的波动称为"一级波"(心搏波),其频率与心率一致。此外可见动脉血压亦随呼吸而变化,吸气时血压先是下降,继则上升,呼气时血压先是上升继则下降。这种波动叫"二级波"(呼吸波),其频率与呼吸频率一致,有时还可见到一种低频率(几次到几十次呼吸为一周期)的缓慢的波动,称为"三级波"可能与心血管中枢的紧张性周期有关。

(4) 牵拉颈总动脉。手持右侧颈总动脉远心端的结扎线,向心脏方向轻轻拉紧,然后做有节奏的往复牵拉(2～5 次/s,持续 5～10 s),血压下降。

(5) 夹闭颈总动脉。先用双极保护电极刺激完整的左侧减压神经,观察血压变化(血压如下降,应检查刺激器是否有输出或所刺激的是否为减压神经),以同样的刺激参数刺激其中枢端血压上升。

(6) 刺激迷走神经。结扎并剪断左侧迷走神经,刺激外周端,血压下降。

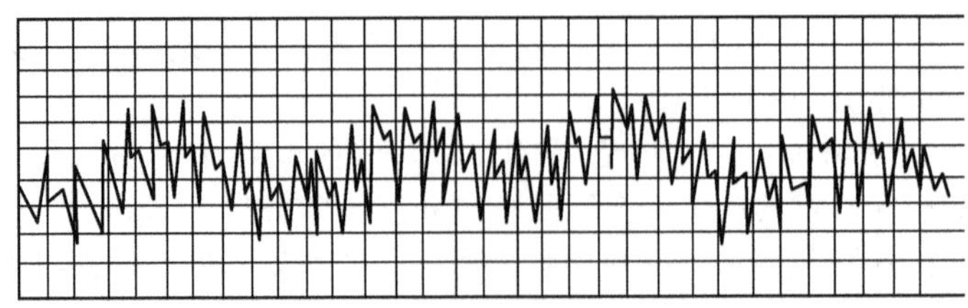

图 2-2-16 兔血压记录实验

(7) 静脉注射去甲肾上腺素。由耳缘静脉射 1∶100 000 去甲肾上腺素 0.2～0.3 mL,血压先上升后下降。

(8) 静脉注射肾上腺素。由耳缘静脉注射 5∶100 000 肾上腺素 5～0.4 mL,血压上升。

(9) 静脉注射乙酰胆碱。由耳缘静脉注射 1∶10 000 乙酰胆碱 0.2～0.3 mL,血压下降。

注意事项

(1) 每项实验后,应等血压基本恢复并稳定后再进行下一项。

(2) 每次注射药物后,应立即用注射器注射 0.5 mL 生理盐水,以防止药液残留在针头内及局部静脉中,影响下一种药物的效应。

思考题

1. 解释每项实验结果的产生原因。
2. 试述减压神经的血压调节中的作用。
3. 肾上腺素和去甲肾上腺素的作用有何不同?为什么?

十　去大脑僵直

目的要求

观察去大脑僵直的现象,了解大脑对肌紧张的调节作用。

实验原理

中枢神经系统对伸肌的紧张度具有易化作用和抑制作用,通过二者的作用使骨骼肌保持适当的紧张度,以维持机体的正常姿势。若在中脑上、下丘之间断离动物的脑干,则抑制伸肌紧张的作用减弱而易化伸肌紧张的作用相对地加强,动物将出现四肢僵直、头尾昂起、脊柱后挺的角弓反张现象。引起过强的牵张反射的原因主要是由于中脑水平切断脑干之后,来自红核以上部位的下行抑制性影响被阻断,网状抑制系统的活动降低,易化系统的作用因失去对抗而占优势,导致伸肌反射的亢进。

材料与器材

1. 材料

家兔。

2. 试剂

20%氨基甲酸乙酯、生理盐水、液体石蜡。

3. 器材

哺乳类动物手术器械一套、小骨钻、小咬骨钳、骨蜡(或止血海绵)、多媒体生物信号记录处理系统(电刺激器)、刺激电极、纱布。

实验步骤

1. 麻醉

从耳缘静脉按 0.5～0.8 mL/kg 的量缓慢注入 20%氨基甲酸乙酯溶液。

2. 手术

动物麻醉后,剪去颈部及头部的毛,然后将兔仰卧固定于手术台上,切开颈部皮肤,分离肌肉，作气管插管，找出两侧颈总动脉，穿线以备结扎。将兔转为俯卧位，把头固定于头架上。由两眉间至枕部将头皮纵行切开，用刀柄向两侧剥离肌肉与骨膜，在旁开矢状缝 0.5 cm 左右的颅顶处用骨钻开孔，再以小咬骨钳将创口扩大，暴露整个大脑上表面。扩创时，若颅骨出血可用骨蜡止血，特别是对侧扩展时，要注意勿伤及矢状窦，以免大出血。用小缝合针在矢状窦的前与后各穿一线并结扎。剪开硬脑膜。结扎两侧颈总动脉将动物的头托起，用竹刀从大脑半球后缘轻轻翻开枕叶，即可见到四迭体(上丘较大，下丘较小)，在上、下丘之间略向前倾斜以竹刀向颅底横切(图 2-2-17)，将脑干完全切断。

3. 进行实验

几分钟后，可见兔四肢伸直、头昂举、尾上翘，呈角弓反张状态(图 2-2-18)。

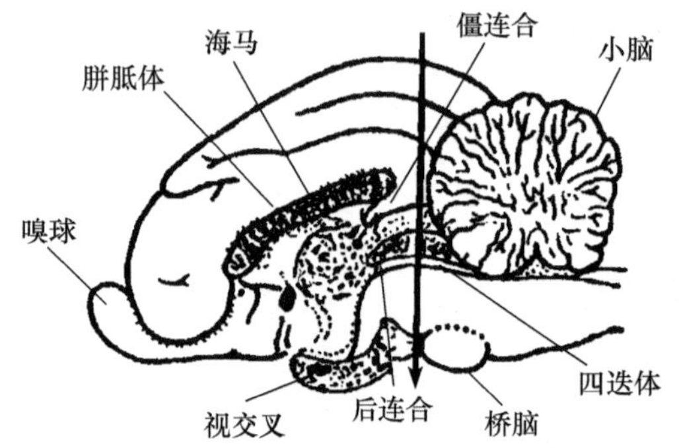

图 2-2-17　兔去大脑僵直脑剖面示意图

图 2-2-18　兔去大脑僵直状

注意事项

(1) 麻醉不能过深。

(2) 切断脑干处的定位要准确，若切割部位太低，可伤延髓呼吸中枢，引起呼吸停止。反之，横切部位过高，则可能不出现去大脑僵直现象。

思考题

产生去大脑僵直的机制是什么？

实验三　人体机能检测实验

相关理论知识

(1) 心脏瓣膜包括左房室瓣(二尖瓣)、右房室瓣(三尖瓣)和动脉瓣,随着心动周期而开启,有防止血液倒流的功能。心音是瓣膜关闭及心肌收缩引起的振动及血流与室壁和管壁之间所产生的声音。

(2) 通常所说的动脉血压是指体循环的动脉血压。在动物实验中常用水银检压直接测定动脉血压。由于水银的惯性大,这种方法对于测定血压的快速变化不够灵敏,但对于测量记录较缓慢的血压变化还是很适用的。在人体常用压脉带和听诊法间接测定动脉血压。由于大动脉中血压降落率很小,故在手臂测得的动脉血压数值可以近似地代表主动脉血压。利用导管插入术及灵敏的检压计,可以在人体或动物心血管系统的各部位直接测定血压。

用各种方法测定动脉血压的结果表明,在一个心动周期中,动物血脉随心室的舒缩而不断变化。心室收缩时,向主动脉射出一定量的血液。由于血管系统中存在外周阻力,这些血液不能无阻挡地立即向外周流失。一般在心室收缩期,只有每次搏输出量的大约 1/3 的血液通过微动脉,其余约 2/3 的血液在动脉,特别是主动脉内暂潴留,对动脉管壁施加侧压力。所以,在心室收缩期动脉血压升高,到心室快速射血期之末,升到最高值,称为收缩压(systolic blood pressure)。动脉管壁具有弹性,在心室收缩射血入动脉时,动脉管壁的弹力纤维被拉长,动脉管被动扩张把心室收缩所释放的能量的一部分以弹性势能的形式暂存起来,使动脉血压不致过度升高。

心室舒张时停止射血,动脉血压自然下降。到心室舒张期末,动脉血压降到最低值,称为舒张压(diastolic blood pressure)。在心室收缩期中被扩张了主动脉,到心室舒张期发生弹性回缩,压迫血液,所以在心室舒张期动脉血压仍能维持一定高度,舒张压并不降低到零。此时,原来暂存在动脉管壁中的弹性势能又转变成为动能,推动血液继续向外周流动。

肺容量包括:

潮气量:正常成人在平静呼吸时,每吸入或呼出的气量一般为 400～500 mL。因其周期性地进出肺脏,有如海水之涨落,故称为潮气量(tidal volume)。潮气量与年龄、性别、身材、体表面积、呼吸习惯等有关,有较大的个性差异。

补吸气量和深吸气量:在平静吸气之后再作最大吸气动作时所能吸入的气量称为补吸气量或吸气储备量(inspiratory reserve volume),正常成人为 1500～1800 mL。补吸气量与潮气量之和为深吸气量(inspiratory capacity)。如上所述,平静呼气之末,胸廓弹性力与肺回缩力的方向相反,因为其时胸廓容积小于其自然容积。但在深吸气时,胸廓扩大的容积已超过其自然容积,故此时胸廓弹性力与肺回缩力的方向相同。随吸气深度增加,胸和胸廓的回缩力不断增大,待此二种回缩力之和与吸气肌最大收缩力之间达到平衡时,胸廓不能继续扩大,即达到最大吸气之终点。

补呼气量:在平静呼气之后,再作最大呼气动作时所能呼出的气量称为补呼气量或呼气储备量(expiratory reserve volume),正常成人为 900～1200 mL。在深呼气时,呼气肌收缩迫使胸廓缩小。呼气收缩力的作用方向与肺回缩力的方向相同,而胸廓弹性力则因其容积小于自然容积而趋于使胸廓扩张回位与前二种力量方向相反,呼气越深,胸廓弹性回位力越大,到胸廓弹性回位力与呼气肌最大收缩力及肺回缩力总和达到平衡时,即为最呼气之终点。在肺量图上将最大呼气点连成一线,称为最大呼气基线。

肺活量:在最大吸气之后用最大呼气所能呼出的气量为肺活量(vital capacity)。肺活量为深吸气量与补呼气量之和，即潮气量、补吸气量与补呼气量三者之和。肺活量有相当大的个体差异，与年龄、性别、身材、呼吸肌强弱、肺和胸廓的弹性等因素有关。肺活量测定方法简单，同一人的肺活量在重复测定时，误差一般不超过5%。

(3) 大量失血会影响人的健康，甚至危及生命。因此必须及时抢救。临床上输血就是重要的抢救措施和治疗方法之一。输血时，必须注意供血者和受血者之间的血型(blood groups)是否相合。如受血者接受了血型不合的血液将会引起严重症状，甚至死亡。因此，了解血型的有关知识对临床实践有重要意义。

红细胞的凝集与血型系统　当一个人的红细胞同另一个人的血清混合时，有时可看到红细胞彼此凝集在一起，这种现象称为红细胞凝集(agglutination)反应。发生凝集反应是因为在红细胞膜上存有不同的抗原性物质，统称为凝集原(agglutinogen)；而在血清中会有相应特异性抗体总称为凝集素(agglutinin)。凝集原有不同种类，凝集素也有相应不同种类，当含有某一凝集原的红细胞和抗该凝集原的凝集素相遇时，发生凝集。根据红细胞膜上所含凝集原的不同，可把人的血液区分为不同的类型。到目前为止已发现多种血型，并分别归类成若干血型系统，现已发现的有ABO、MNSs、P、Rh等十几个血型系统。本节仅介绍在临床实践中有重要意义的ABO血型与Rh血型两个系统。其他血型系统由于凝集反应较弱，一般多不予考虑。

ABO血型系统分型的依据　在人类的ABO血型系统中，红细胞含有两种不同的凝集原，分别称凝集原A和凝集原B。与此相对应的，血浆中含有两种不同的凝集素，即α(或称抗A)凝集素和β(或称抗B)凝集素。α凝集素可使含凝集原A的红细胞凝集；β凝集素可使含凝集原B的红细胞凝集。凡红细胞含有凝集原A的血液，其血浆中不含α凝集素。根据红细胞所含凝集原的种类，可将人类ABO血型系统分成四种主要类型。

检查血型的方法是将受检者的稀释血液分别滴入抗A和抗B的鉴定血清中(在载玻片的左半侧有一滴抗A型血清，右半侧有一滴抗B型血清)，轻轻振荡玻片使其混匀，约10 min后在低倍显微镜下观察。如果抗A型和抗B型血清中的红细胞都不凝集，表示受试者为O型血；如果两种血清中的红细胞都凝集，则为AB型；如果抗B型血清中红细胞凝集而抗A型血清中的不凝集，则为B型；如果抗A型血清中的红细胞凝集而抗B型血清中的不凝集，则为A型(图2-3-1)。

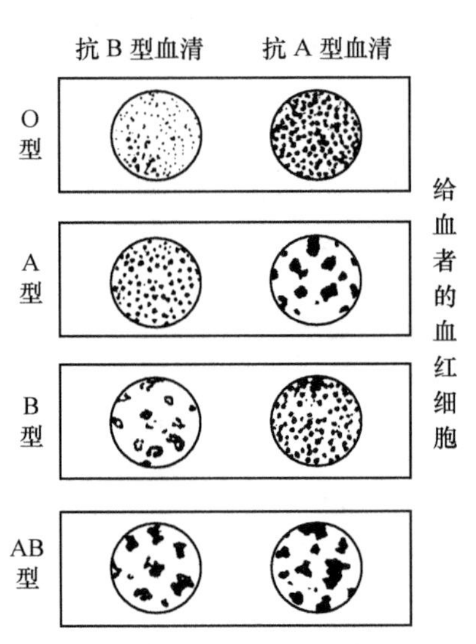

图2-3-1　ABO血型的检验凝集示意图

A型血液的红细胞可被B型的血浆所凝集，它的血浆则可使B型的红细胞凝集，因而A型和B型血液之间不能互相输血，而同型血液则可以互相输血。另外，AB型血液的红细胞既含凝集原A，也含凝集原B，因而使AB型以外任何一类的血浆都发生凝集。O型血液的红细胞不含任何一种凝集原，因而不为任何型血液的血浆所凝集；O型的血浆却可使O型以外的任何型的红细胞凝集。

一 人体心音听诊

目的要求

在一个心动周期中，由于心室的收缩与舒张，产生心腔内压、瓣膜开闭、血流方向和心室容积等变化。其中，动脉血压和由瓣膜关闭所形成的心音是临床检验的重要指标。

学习心音听取方法，了解正常心音的产生原理和特点。

实验原理

将听诊器置于受试者心前区胸壁上，直接听取心音。在每一个心动周期中，通常可听到两个心音，即第一心音和第二心音。第一心音发生在心缩期开始，音调低，持续时间相对较长，在心尖搏动处听得最清楚；第二心音发生在心舒期开始，音调较高，持续时间较短，在心底部听得清楚。

材料与器材

1. 材料

人。

2. 器材

听诊器(由胸件、管道和耳件三部件构成)。

实验步骤

1. 确定听诊部位

(1) 受试者解开上衣面向亮处静坐，检查者坐在对面。

(2) 认清心音听诊各个部位(图 2-3-2)。

二尖瓣听诊区：心尖部，左锁骨中线内侧第五肋间处。

三尖瓣听诊区：胸骨右缘第四肋间或胸骨剑突下。

肺动脉瓣听诊区：胸骨右缘第二肋间，胸骨左缘第三、四肋间为主动脉瓣第二听诊。主动脉瓣关闭不全时产生的杂音在此处最清楚。

肺动脉瓣听诊区：胸骨左缘第二肋间隙。

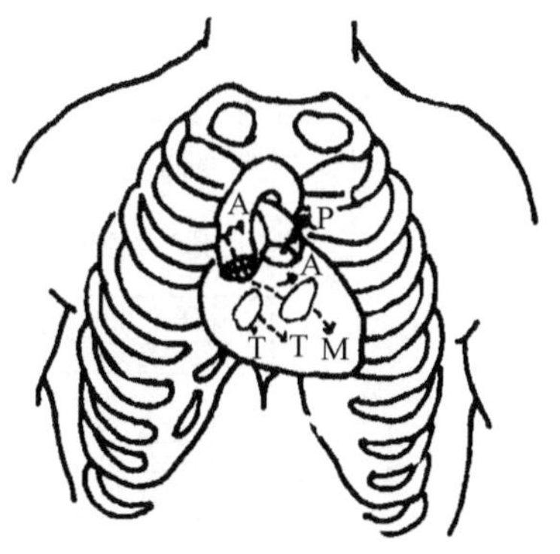

图 2-3-2 心音听诊部位

M. 二尖瓣区；A. 主动脉瓣区；P. 肺动脉瓣区；T. 三尖瓣区

2. 听心音

① 检查者戴好听诊器，以右手的拇指，食指和中指轻持听诊器胸器，置于受试者胸壁上(不要过紧或过松)按二尖瓣，主动脉瓣、肺动脉及三尖瓣听诊区顺次进行听诊。在胸壁任何部位均可听到两个心音。

② 区分两个心音，听取心音同时，可用手触诊心尖搏动或颈动脉搏动。与此搏动同时出现的心音即为第一心音，此外，再根据心音性质(音调高低，持续时间)，间隔时间，仔细区分第一心音与第二心音。

③ 比较不同部位上两心音的声音强弱。

注意事项

(1) 室内保持安静。如果呼吸音影响听诊时，可嘱受试者暂停呼吸。

(2) 听诊器耳件方向应与外耳道一致(向前)。胶管勿与他物摩擦，以免发生杂音，影响听诊。

思　考　题

1. 描述所听到的心音及不同听诊区两心音各自有何不同?
2. 根据听取心音的特点,说明两心音分别标志心动周期中的哪个期?

二　人体血压和肺活量测定

目 的 要 求

(1) 学习测定人体动脉血压的原理与方法,正确测定人体肱动脉的收缩压与舒张压的正常值。

(2) 了解肺活量的测量方法。

实 验 原 理

1. 血压测定原理

动脉血压是指流动的血液对血管壁的侧压力。测量人体动脉血压采用间接测量法,其原理是使用血压计的袖带在动脉外施加压力。根据身管音的来测量血压,这种方法是俄国学者 Kopotkob 首创,故称 Kopotkob(Koroukoff)氏听诊法。通常血液在血管内流动时没有声音。如果血流流过狭窄处形成涡流,则发出声音,当缠于上臂的袖带内的压力超过收缩压力时,完全阻断了肱动脉内的血流,此时听不到声音也触不到桡动脉搏(图 2-3-3A)。当袖带内压力比肱动脉的收缩压稍低的瞬间,血液只能在血压达到收缩压时,才能通过被压而变窄的肱动脉,形成涡流,发出声音,可在肱动脉远端听到声音,也可触到桡动脉搏(图 2-3-3B),此时袖带内的压力读数即为收缩压。当袖带内压力愈接近于舒张压时,通过的血量愈多,并且血流持续时间愈长,听到的声音越来越强而清晰(图 2-3-3C)。当袖带内压力降到等于或低于舒张压瞬间,血管内血流便由继续变为连续声音突然由强变弱或消失,脉搏随之恢复正常(图 2-3-3D),此时袖带内压力即为舒张压。

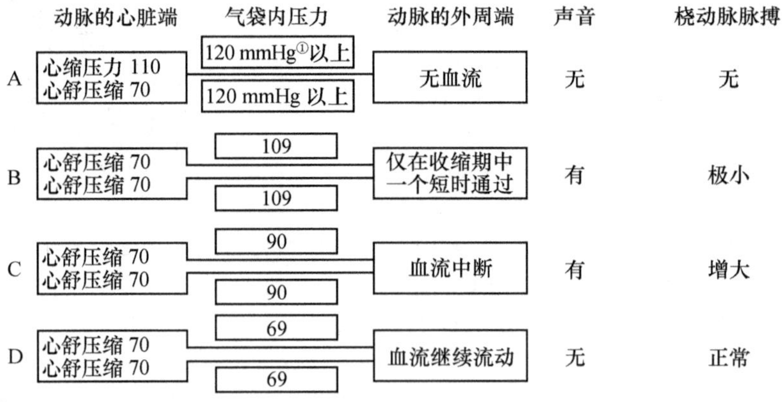

图 2-3-3　人体动脉血压的测定原理示意图

2. 肺活量测定原理

肺的主要功能是进行气体交换以维持正常的新陈代谢。为此,肺必须与外界大气不断地进行通气。故肺通气功能的测定是评定肺功能的指标之一。本实验旨在了解利用肺量计测量肺通气功能的方法和肺的正常通气量。

---

① 1mmHg=1.333 22×10^2Pa,下同。

材料与器材

1. 材料

人。

2. 器材

血压计、听诊器(图 2-3-4)、肺活量计、橡皮吹嘴、鼻夹、记纹鼓、间隔计时器、酒精棉球。

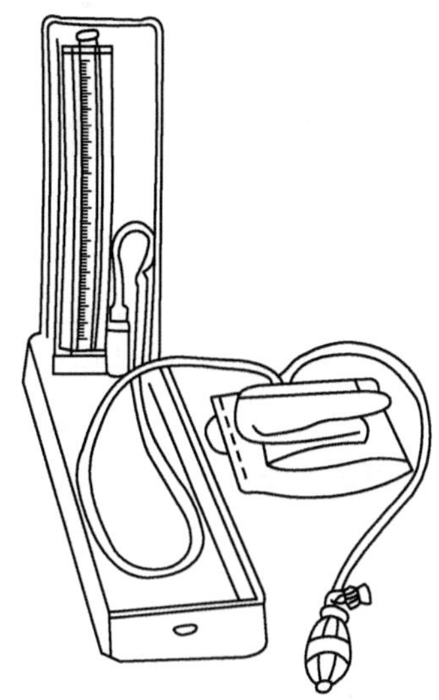

图 2-3-4　汞柱式血压计

实 验 步 骤

1. 人体动脉血压的测量

(1) 让受试者脱去一臂衣袖,常取右上臂。一般右上臂的动脉血压较左上壁的高出 0.67~1.33 kPa,静坐桌旁 5 min 以上。

(2) 松开血压计的橡皮球上的螺丝帽,驱出袖带内的残留气体后将螺帽旋紧。

(3) 让受试者前臂平放于桌上,手掌向上,使上臂中心部与心脏位置同高(坐位时平第四肋间)。将袖带缠绕该上臂,袖带下缘至少位于肘关节上 2 cm 处,缠带松紧适宜,开启水银槽开关。

(4) 将听诊器两耳塞入外耳道,务必使耳器的弯曲方向与外耳道一致。

(5) 在肘窝内侧先用手触及肱动脉搏所在部位,将听诊器胸器放置其上。

(6) 测量收缩压。挤压橡皮球将空气打入袖带内,使血压表上水银柱逐渐上升到听诊器听不到脉搏音为止,继续打气使水银再升 2.66~3.99 kPa(20~30 mmHg),一般打气到 23.9 kPa (180 mmHg)左右。随即松开气球徐徐放气,其速度以每秒下降 0.27~0.6 kPa(2~5 mmHg)为宜。在水银柱缓缓下降的同时仔细听诊,在一开始听到"崩崩"样的第一声脉搏声音时,此时血压表上所示水银柱刻度即代表收缩压。

(7) 测量舒张压。使袖带继续缓缓放气,这时声音有系列变化,先由低而高,而后由高突然变低,最后完全消失,在声音由强突然变弱瞬间,血压表所示水银柱刻度即代表舒张压;以声音突然消失时血压计所示水银刻度代表。如以后者为舒张压,需另加 0.6 kPa (5 mmHg)为妥。

血压记录以收缩压/舒张压 kPa 表示。例如收缩压为 14.7 kPa,舒张压为 9.33 kPa 时,记为 14.70/9.33。

2. 肺活量的测量

(1) 了解肺量计的构造和使用方法。各实验室的肺量计可能型号不一,但其基本构造则如图 2-3-5 所示。它由两个圆筒组成,下筒内装满水:筒的中央有两个通气 6、8 与外界上通,管的上口露出水面。上筒 2 倒浸于水中,该筒通过提线,经滑轮 3 与对测立管 5 内的平衡锤 4 保持平衡。通气管的下端有三通活门 7。当活门开放时,呼吸气可经通气管进出肺量计,上筒即随之上下移动,这时平衡锤上的指针便可指出筒内的气量。若在指针上安一杠杆,使杠杆末端的墨水笔尖与描记器鼓面接触,也可记录出呼吸气量变化的曲线。此曲线称为肺通气曲线图,可用于测算各种呼吸情况下的肺通气容量(图 2-3-6)。此时描笔向上表示吸气,描笔向下表示呼气。根据所使用的肺量计可定出描笔上下 1 mm 相当于多少毫升的气体出入量。此曲线图的横坐标可根据记纹鼓转动速度定出时间标记。

关闭活门 7,则呼吸气经通气管的侧口与外界相通。注意:肺量计两活门半闭时,切勿压上筒,以免将下筒内的水压入通气管,堵塞管道。

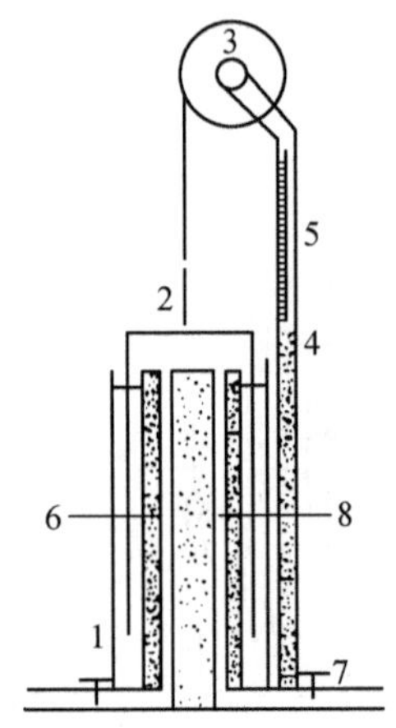

图 2-3-5　肺量计剖面图

1. 外筒；2. 上筒；3. 滑轮；4. 平衡锤；5. 刻度；6. 通气管；7. 三通活门；8. 三通管

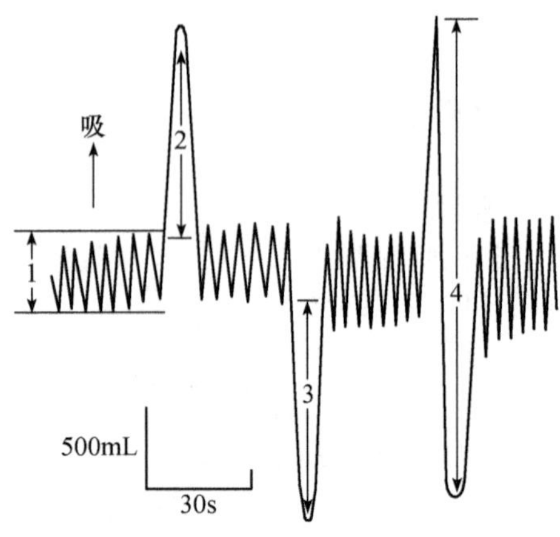

图 2-3-6　肺通气曲线的组成

1. 潮气量；2. 补吸气量；3. 补呼气量；4. 肺活量

(2) 潮气量、补吸气量、补呼气量和肺活量的测定。打开活门，将肺量计的上筒提起，使筒内充满空气 4～5 L，然后关闭两侧活门。在指针上安一杠杆，连接好描记装置。

受试者闭眼静坐，衔好用酒精消毒过的橡皮吹嘴，先用鼻作平静呼吸。

受试者夹鼻，用口通过活瓣呼吸。先关闭肺量计的两侧活门，不使与气筒相通。待受试者习惯用口呼吸后，打开肺量计的活门，并开动慢鼓。这时随着受试者在一次平静吸气之末。继续做一次最大限度的吸气。随后，在一次平静呼气之末，继续做一次最大限度的呼气。最后再让受试者做一竭力的深吸，继之以竭力的呼气。根据上述各种情况下呼吸曲线变化的高度，即可测出潮气量、补吸气量、补呼气量和肺活量，如图 2-3-6 所示。如此重复 3 次，求出平均值，填入下表。

项　目	潮气量/mL	补吸气量/mL	每分通气量/(mL/min)
1			
2			
3			
平均			

(3) 时间肺活量。肺量计内重新装满新鲜空气 4～5 L。在描记器的支架上装一电磁标记录走纸时间。

受试者口衔橡皮吹嘴，夹住鼻子，用口呼吸。开动快鼓(提起速度调节钮)，记录平静呼吸 3～4 次后，令受试者作最大限度的吸气，在吸气之末屏气 1～2 s，然后用最快的速度作用力深呼气，直到不能再呼为止。从记录纸上读出第一、第二和第三秒钟内的呼出气量，并计算出它们占全部呼出气量的百分率(图 2-3-7)。

据 1958 年统计资料，我国人的正常结果是，第一秒末、第二秒末和第三秒末的呼出气量分别占总呼出气量的 87.7%、95.0%和 98.0%。

(4) 最大通气量。仪器装置和方法同上。测试时受试者站立先进行平静呼吸，记录一段平静呼吸的通气曲线。然后按主试者口令在 15 s(或 12 s)钟内尽力作最深最快的呼吸(受试者测定前可预先加以练习)。根据曲线高度和次数计算 15 s(12 s)钟内的呼出或吸入气总量，再推算出每分钟的最大气量。我国人的测验平均数值为在城市学生及干部中，男性为 104.01 L；女性 82.5 L；煤矿工人中男性为 114.2 L。

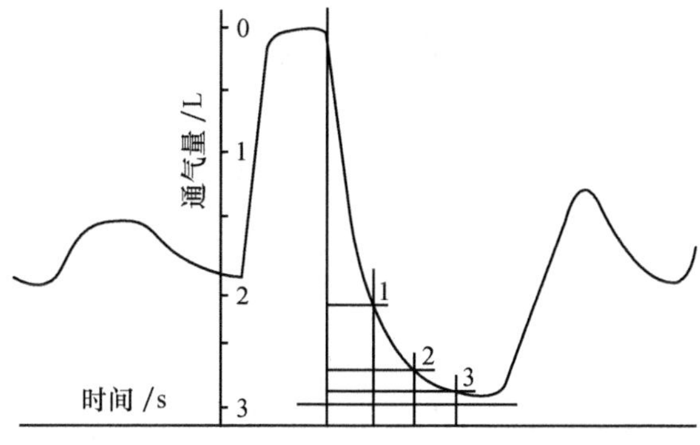

图 2-3-7　时间肺活量曲线

1. 第一秒末；2. 第二秒末；3. 第三称末

注意事项

（1）室内必须保持安静，以利听诊。

（2）测量血压时，无论采取坐、卧体位，上臂位置必须与心脏同一水平，且上臂不能被衣袖所压迫。

（3）听诊器胸件放在肱动脉搏动位置上面不能压得太重，更不能压在袖带底下进行测量，还必须注意听诊器胸件不能接触过松而听不到声音。

（4）动脉血压通常连测 2～3 次，取其最低值重复测定时，袖带内的压力必须降到 0，并且重新打气。

（5）发现血压超出正常范围时，应让受试者休息 10 min 后复测。在受试进行休息期间，可将袖带解下。

（6）血压计用毕，应将袖带内气体驱尽，卷好，放置盒内，以防玻璃折断。

思考题

1. 正常男女成人的血压值是多少？

2. 根据你的操作，你认为哪些因素可影响血压的测定？

3. 请你思考用触诊桡脉搏测定血压时，如何确定收缩压值？

4. 何谓潮气量、补吸气量、补呼气量和肺活量？正常男、女成人的肺活量约为多少？你测得的结果与之相比有无差异？若有差异，原因何在？

5. 分析肺活量与时间肺活量的意义有何不同？

三　人体血型的鉴定

目的要求

掌握 ABO 血型的鉴定方法和原理，观察红细胞凝集现象。

实验原理

根据红细胞膜外表面是否存在特异性的抗原 A 和 B，将人的血型分为 A、B、AB、O 四个类型。血清中含有分别与抗原 A 和抗原 B 起反应的抗体或凝集素（α、β 凝集素）。当抗体与相应抗原起反应时，红细胞发生凝集，最后溶解。为确保安全输血，临床上在输血前必须鉴定血型。

材料与器材

1. 材料

双凹载玻片、消毒牙签、刺血针、A型和B型标准血清、生理盐水、酒精棉球。

2. 器材

显微镜。

实验步骤

(1) 取一块清洁玻片，用蜡笔划上记号，左上角写A字，右上角写B字。

(2) 用小滴管吸抗A型标准血清一滴加入右侧，用另一小滴管吸抗B型标准血清一滴加入左侧。

(3) 穿刺手指取血，玻片的每侧各放入一小滴血，用牙签搅拌，使每侧抗血清和血液混合，每边用一支牙签，切勿混用。

(4) 静置室温下10～15 min，观察有无凝集现象。假如只是A侧发生凝集，则血型为A型；若只是B侧凝集，则为B型；若两边未凝集，则为O型；若两边均发生凝集，则为AB型。这种凝集反应的强度因人而异，所以有时需借助显微镜才能确定是否出现凝集。

思考题

1. 根据自己的血型，说明你能接受和输血给何种血型的人，为什么？
2. 如何区别血液的凝集与凝固，其机理是否一样？

实验四　设计创新实验

实 验 目 的

培养学生的创新意识、创新精神、创新能力和科学思维，引导学生的科研兴趣，训练学生的综合科研技能和协作能力，推进学生自主学习、合作学习、研究性学习。

选 题 范 围

(1) 药物对实验动物生理指标的影响——机理研究。

(2) 不同药物对动物血压的影响。

(3) 不同离子对心脏收缩功能影响。

(4) 不同药物对运动神经纤维损伤再生的影响。

(5) 不同药物对钙离子通道的影响。

实 验 步 骤

在完成基础和综合实验的基础上，学生们根据自己的兴趣在以上范围内，选择一个研究题目进行自主设计，通过自行查阅资料、设计实验方案、填写设计实验申请书、根据自己时间来实验室进行实验研究、自行处理实验数据、撰写实验研究论文等。

设计创新实验申请书、实施程序、工作流程和设计创新实验要求等详细内容见附录8。

第三篇　微生物学实验

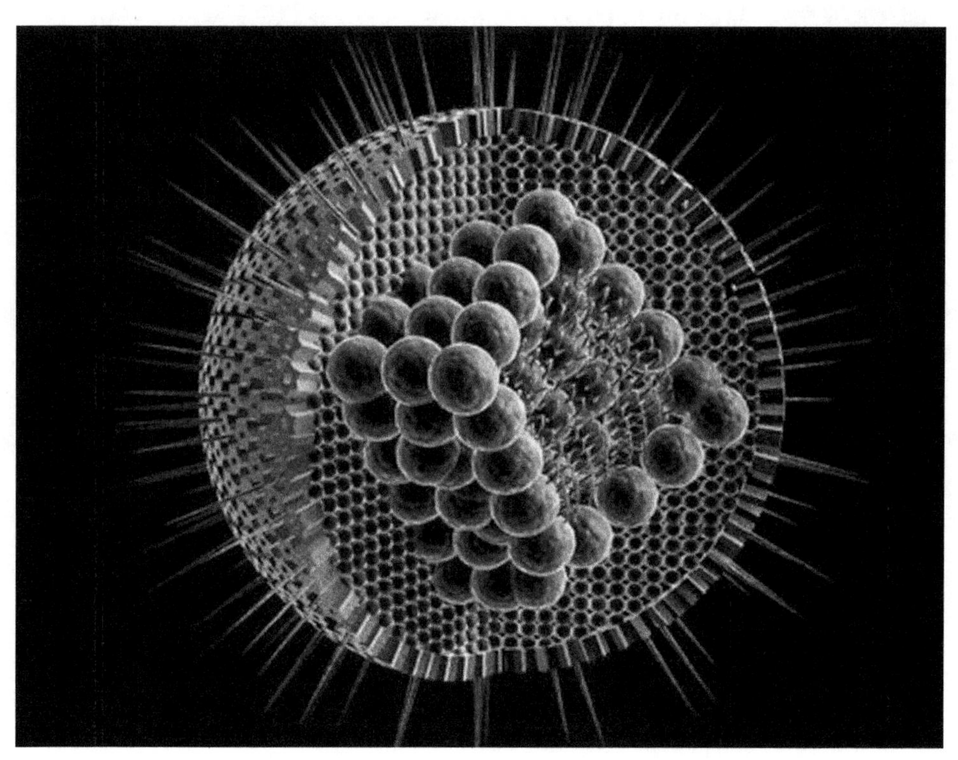

实验备忘记录

实验一　土壤中微生物的分离纯化、培养观察及保藏

相关理论知识

1. 消毒、灭菌及无菌操作技术

采用强烈的理化因素使任何物体内外所有的微生物永远丧失其生长繁殖能力的措施称之为灭菌(sterilization)。消毒(disinfection)则是用较温和的物理或化学法杀死物体上绝大多数微生物(主要是病原微生物和有害微生物的营养细胞),实际上是部分灭菌。

在微生物、动植物细胞、分子生物学实验、生产和科学研究工作中,需要进行细胞、微生物纯培养,不能有任何外来杂菌。因此,对所用器材、培养基要进行严格灭菌,对工作场所进行消毒,以保证工作顺利进行。实验室最常用的灭菌方法是利用高温处理达到杀菌效果。高温的致死作用,主要是使微生物的蛋白质和核酸等重要生物大分子发生变性而使微生物不能繁殖。高温灭菌分为干热灭菌和湿热灭菌两大类。湿热灭菌的效果比干热灭菌好。这是因为湿热下热量易于传递,更容易破坏保持蛋白质稳定性的氢键等结构,从而加速其变性。此外,过滤除菌、辐射灭菌和消毒、化学药物灭菌和消毒等也是微生物学操作中不可缺少的常用方法。

(1) 干热灭菌

干热灭菌包括火焰灼烧和干燥热空气灭菌。微生物接种工具如接种环、接种针或其他金属用具等,可直接在酒精灯火焰上灼烧进行灭菌。用这种方法灭菌迅速彻底。此外,接种过程中,试管或三角瓶口等,也可通过火焰灼烧灭菌。

用干燥热空气杀死微生物的方法称为干热灭菌。通常将灭菌物品用锡箔纸包裹好或放入灭菌专用的铁盒(或铝盒)内,置于鼓风干燥箱内,在 160～170℃加热 1～2 h。灭菌时间可根据灭菌物品性质与体积做适当调整,以达到灭菌目的。玻璃器皿(如吸管、培养皿等)、金属用具等凡不适于用其他方法灭菌而又能耐高温的物品都可用此法灭菌。消毒液体时严禁使用干热灭菌法。

(2) 湿热灭菌

湿热灭菌是利用热蒸汽灭菌,在相同温度下,湿热灭菌的效果比干热灭菌好的原因是:

① 热蒸汽对细胞成分的破坏作用更强。水分子的存在有助于破坏维持蛋白质三维结构的氢键和其他相互作用的弱键,更易使蛋白质变性。蛋白质含水量与其凝固温度成反比;

② 热蒸汽比热空气穿透力强,能更加有效地杀灭微生物;

③ 蒸汽存在潜热,当气体转变为液体时可放出大量热量,故可迅速提高灭菌物体的温度。

多数细菌和真菌的营养细胞在 60℃左右处理 15 min 后即可被杀死,酵母菌和真菌的孢子要耐热些,要用 80℃以上的温度处理才能被杀死;而细菌的芽孢更耐热,一般要在 120℃下处理 15 min 才能被杀死。

根据灭菌耐压力大小可以分为常压蒸汽灭菌和高压蒸汽灭菌。常压蒸汽灭菌在不能密闭的容器里产生蒸汽进行灭菌。所用的灭力器有阿诺氏(Aruokd)灭菌器或特制的蒸锅,也可用普通的蒸笼。常压蒸汽灭菌比较有代表性的是巴氏消毒法和间歇灭菌法。巴氏消毒法用于牛奶等不能进行高温灭菌的液体的一种消毒方法,其主要目的是杀死其中的无芽孢病原菌,而又不影响其特有风味。巴氏消毒法是一种低温消毒法,具体的处理温度和时间各有不同,一般在 85℃下保持 5 min 即可。间歇灭菌法又称分段灭菌法,适用于不耐热培养基的灭菌,方法是将待灭菌的培养基在 100℃下蒸煮 30～60 min。以杀死其中所有微生物的营养细胞,然后置室温或 20～30℃下保温过夜,诱导残留的芽孢萌发,第二天再以同法蒸煮和保温过夜,如此连续重复 3 天,即可在

较低温度下达到彻底灭菌的效果。

高压蒸汽灭菌是将水加热煮沸，并把其中原有的冷空气彻底驱尽后将锅密闭。再继续加热就会使锅内的蒸汽压逐渐上升，从而温度也随之上升到100℃以上。为达到灭菌效果，一般要求温度达到121℃（压力为0.1 MPa），维持15～30 min。也可采用在较低的温度（115℃，即0.075 MPa）下维持35 min的方法。蒸汽压力与温度的关系如表3-1-1所示。

表3-1-1　蒸汽压力与温度的关系

蒸汽压力（表压）		蒸汽温度	
kg/cm^2	MPa	℃	°F
0.00	0.000	100.0	212
0.25	0.025	107.0	224
0.50	0.050	112.0	234
0.75	0.075	115.5	240
1.00	0.100	121.0	250
1.50	0.150	128.0	262
2.00	0.200	134.5	274

在使用高压蒸汽灭菌器进行灭菌时，蒸汽灭菌器内冷空气的排除是否完全极为重要，因为空气的膨胀压大于水蒸气的膨胀压。所以当水蒸气中含有空气时，压力表所表示的压力是水蒸气压力和部分空气压力的总和，不是水蒸气的实际压力。它所相当的温度与高压灭菌锅内的温度是不一致的。这是因为在同一压力下的实际温度，含空气的蒸汽低于饱和蒸汽。见表3-1-2。

表3-1-2　空气排除程度与温度的关系

压力表读数/Pa	灭菌器内温度/℃				
	未排除空气	排除1/3空气	排除1/2空气	排除2/3空气	完全排除空气
35	72	90	94	100	109
70	90	100	105	100	115
105	100	109	112	115	121
140	109	115	118	121	126
170	115	121	124	126	130
210	121	126	128	130	135

由上表看出：灭菌锅中的空气排除不干净，达不到灭菌所需的实际温度。因此，必须将灭菌器内的冷空气完全排除，才能达到完全灭菌的目的。在空气完全排除的情况下，一般培养基只需在0.1 MPa下灭菌30 min即可。但对某些体积较大或蒸汽不易穿透的灭菌物品，如固体曲料、土壤和草炭等，则应适当延长灭菌时间，或将蒸汽压力升到0.15 MPa保持1～2 h。

（3）过滤除菌

过滤除菌是将液体通过某种微孔的材料，使微生物与液体分离。早年曾采用硅藻土等材料装入玻璃柱中，当液体流过柱子时菌体因其所带的静电而被吸附在多孔的材料上，但现今已基本为膜滤器所替代。

膜滤器采用微孔滤膜作材料，它通常由硝酸纤维素制成，可根据需要使之具有从0.025～25 μm不同大小的特定孔径。当含有微生物的液体通过孔径为0.2 μm的微孔滤膜时，大于滤膜孔径的细菌等微生物不能穿过滤膜而被阻拦在膜上，与通过的滤液分离开。微孔滤膜具有孔径小、价格低、可高压灭菌、滤速快及可处理大容量液体等优点。

过滤除菌可用于对热敏感液体的除菌，如含有酶或维生素的溶液、血清等。有些物质即使加热温度很低也会失活，也有些物质辐射处理也会造成损伤，此时过滤除菌就成了唯一可供选择的灭菌方法。过滤除菌还可用于啤酒生产中代替巴斯德消毒。

有些微生物学研究工作需要收集或浓缩细菌细胞，如进行细菌三亲本杂交，抗性筛选和同步生长实验等都需要利用滤膜注射器进行操作。这是一个在隔板中带有 0.22 μm 孔径的微孔滤膜的注射装置。在菌液注射过程中，细菌细胞由于不能通过滤膜而被收集在滤膜表面。

使用 0.22 μm 孔径滤膜虽然可以滤除溶液中存在的细菌，但病毒或支原体等仍可通过。必要时需使用小于 0.22 μm 孔径的滤膜，但滤孔容易堵塞。

(4) 紫外线杀菌

紫外线可以杀菌是因为它可以被蛋白质（波长为 280 nm）和核酸（波长为 260 nm）吸收，造成这些分子的变性失活。例如，核酸中的胸腺嘧啶吸收紫外光后，可以形成二聚体，导致 DNA 合成和转录过程中遗传密码阅读错误，引起致死突变。波长在 260 nm 左右的紫外线杀菌作用最强。紫外灯是人工制造的低压水银灯，能辐射出波长主要为 253.7 nm 的紫外线，杀菌能力强而且比较稳定。

紫外线穿透能力很差，不能穿过玻璃、衣物、纸张等其他物体，但能够穿透空气，因而可以用作物体表面或室内空气的杀菌处理，在微生物学研究及生产实践中应用较广。紫外灯的功率越大效能越高。紫外线的灭菌作用随其剂量的增加而加强，剂量是照射强度与照射时间的乘积。如果紫外灯的功率和照射距离不变，可以用照射的时间表示相对剂量。

紫外线对不同的微生物有不同的致死剂量。根据照射定律，照度与光源光强成正比而与距离的平方成反比。在固定光源情况下，被照物体越远，效果越差，因此，应根据被照面积、距离等因素安装紫外线灯。由于紫外线穿透力弱，一薄层普通玻璃或水，均能滤除大量的紫外线。因此，紫外线只适用于表面灭菌和空气灭菌。在一般实验室、接种室、接种箱、手术室和药厂包装室等，均可利用紫外灯照射杀菌，照射前适量喷洒石炭酸或煤酚皂溶液等消毒剂，可加强灭菌效果。紫外线对眼黏膜及视神经有损伤作用，对皮肤有刺激作用，所以应避免在紫外灯下工作，必要时需穿防护工作衣帽，并戴有色眼镜进行工作。

(5) 化学药剂消毒与杀菌

某些化学药剂可以抑制或杀死微生物，因而被用于微生物生长的控制。依作用性质可将化学药剂分为杀菌剂和抑菌剂。杀菌剂是能破坏细菌代谢机能并有致死作用的化学药剂，如重金属离子和某些强氧化剂等。抑菌剂并不破坏细菌的原生质，而只是阻抑新细胞物质的合成，使细菌不能增殖的化学药剂，如磺胺类药物及大多数抗生素等。

化学杀菌剂主要用于抑制或杀灭物体表面、器械、排泄物和周围环境中的微生物。抑菌剂常用于机体表面，如皮肤、黏膜、伤口等处防止感染，也有的用于食品、饮料、药品的防腐作用。杀菌剂和抑菌剂之间的界限有时并不很严格，如高浓度的石炭酸（3%～5%）用于器皿表面消毒杀菌，而低浓度的石炭酸（0.5%）则用于生物制品的防腐抑菌。理想的化学杀菌剂和抑菌剂应当是作用快、效力高但对组织损伤小，穿透性强但腐蚀小，配制方便且稳定，价格低廉易生产，并且无异味。

此外，微生物种类、化学药剂处理微生物的时间长短、温度高低以及微生物所处环境等，都影响着化学药剂杀菌或抑菌的能力和效果。微生物实验室中常用的化学杀菌剂有升汞、甲醛、高锰酸钾、乙醇、碘酒、龙胆紫、石炭酸、煤酚皂溶液、漂白粉、氧化乙烯、丙酸内酯、过氧乙酸、新洁尔灭等。常用化学杀菌剂的使用浓度和应用范围如表 3-1-3 所示。

表 3-1-3 常用化学杀菌剂

类 别	实 例	常用浓度	应用范围
醇类	乙醇	70%～75%	皮肤及器械消毒
酸类	乳酸	0.33～1 mol/L	空气消毒(喷雾或熏蒸)
	食醋	3～5 mL/m^3	熏蒸空气消毒,可预防流感
碱类	石灰水	1%～3%	地面消毒、粪便消毒等
	石炭酸	5%	空气消毒、地面或器皿消毒
	来苏儿	2%～5%	空气消毒、皮肤消毒
醛类	甲醛(福尔马林)	40%溶液 2～6 mL/m^3	接种室、接种箱或器皿消毒
重金属离子	升汞 硝酸银	0.1% 0.1%～1%	植物组织(如根瘤)表面消毒 皮肤消毒
氧化剂	高锰酸钾 过氧化氢	0.1%～3% 3%	皮肤、水果、蔬菜、器皿消毒 清洗伤口、口腔黏膜消毒
	氯气 漂白粉 过氧乙酸	0.2～1ppm① 1%～5% 0.2%～0.5%	饮用水消毒等 培养基容器、饮水和厕所消毒 塑料、玻璃、皮肤消毒等
染料	结晶紫	2%～4%	外用紫药水、浅疮口消毒
表面活性剂	新洁尔灭	1∶20 水溶液	皮肤及不能遇热器皿的消毒
季铵盐类	杜灭芬(消毒宁)	0.05%～0.1%	皮肤疮伤冲洗、棉织品、 塑料、橡胶物品消毒
烷基化合物	环氧乙烷	50 mg/100 mL	手术器械、敷料、搪瓷类灭菌
金属螯合剂	8-羟喹啉硫酸盐	0.1%～0.2%	外用清洗消毒

2. 培养基的制备

培养基是人工按一定比例配制的供微生物生长繁殖和合成代谢产物所需要的营养物质的混合物。培养基的原材料可分为碳源、氮源、无机盐、生长因子和水。根据微生物的种类和实验目的不同,培养基也有不同的种类和配制方法。

(1) 按培养基成分分类

① 天然培养基。主要成分是复杂的天然有机物质,如马铃薯、豆芽汁、牛肉膏、蛋白胨、血清、玉米粉、豆饼粉等。这些复杂天然有机物质的成分不完全了解,每次所用的原料,其中,各成分的数量也不恒定。这类培养基是实验室微生物发酵和企业常用的培养基,例如,牛肉膏蛋白胨培养基、马铃薯培养基、血琼脂培养基等。

② 合成培养基。用化学成分完全已知的纯试剂配制而成的培养基,如高氏Ⅰ号培养基、查氏培养基等。一般用于微生物的形态、营养代谢、分类鉴定、菌种选育、遗传分析等。

③ 半合成培养基。在合成培养基中添加某些天然成分(如少量玉米浆、酵母膏、麦芽汁等)而配成的培养基。多数微生物都能在此种培养基上生长。如马铃薯葡萄糖培养基。

(2) 按培养基的物理状态分类

① 固体培养基。在溶解的培养液中加入凝固剂即为固体培养基。实验用的凝固剂有琼脂、明胶和硅胶,后者用于配制自养微生物的固体培养基。其他多数微生物,以琼脂最为合适,一般

① $1ppm=10^{-6}$,下同。

用量为1.5%～2.5%即可凝固成固体。此培养基可供分离、鉴定、活菌计数、菌种保藏和菌落特性观察等用。

② 半固体培养基。在溶解的培养液中加入少量凝固剂即为半固体培养基，例如，琼脂只需加入0.2%～0.7%。常用作细菌运动观察、菌种保存和噬菌体的分离纯化及制剂等。

③ 液体培养基。不加凝固剂，配好后成液体状态的培养基。常用于生理代谢、微生物培养、遗传学的研究和工业发酵等。

(3) 按培养基的用途分类

① 基础培养基。基础培养基是指含有一般细菌生长繁殖需要的基本的营养物质的培养基。最常用的基础培养基是牛肉膏蛋白胨培养基。这种培养基可作为一些特殊培养基的基础成分。

② 营养培养基(加富培养基)。在基础培养基中加入某些特殊营养物质，如血液、血清、酵母浸膏或生长因子等。用以培养对营养要求高的微生物，如培养百日咳杆菌需要含有血液的培养基。

③ 鉴别培养基。是一类含有某种特定化合物或试剂的培养基。某种微生物在这种培养基上培养后，它所产生的某种代谢产物与这种特定的化合物或试剂能发生某种明显的特征性反应，根据这一特征性反应可以将某种微生物与其他种微生物区别开来。鉴别培养基主要用于不同类型微生物的快速鉴定，如用来检查细菌能否利用不同糖类产酸产气的糖发酵培养基以及能否产生硫化氢的醋酸铅培养基。

④ 选择培养基。利用微生物对某种或某些化学物质的敏感性不同，在培养基中加入这类物质，抑制不需要的微生物生长，而利于所需分离的微生物生长，从而达到分离或鉴别某种微生物的目的，如分离真菌的马丁氏培养基。既有选择作用又有鉴别作用的培养基，如鉴别肠道杆菌的远藤氏培养基和微生物遗传学研究用来选择营养缺陷型菌种的培养基等。

目前已有各种商品化的"干燥培养基"成品出售。这种培养基是将新鲜配制的液体培养基用喷雾干燥法、真空干燥法、低温干燥法或蒸发干燥法等将培养基内所含的水分去掉；或将培养基内的各种固形成分，经适当处理、充分混匀，便成干燥粉末。使用时只要按比例加入一定量的水，经溶解、分装、高压蒸汽灭菌，即可使用，这种培养基的优点是配制省时、携带方便、使用简易、质量稳定。

一　常用培养基的制备、灭菌

(一) 牛肉膏蛋白胨培养基的制备

目 的 要 求

(1) 了解培养基的配制原理；

(2) 掌握配制培养基的一般方法和步骤。

实 验 原 理

牛肉膏蛋白胨培养基是一种应用最广泛和最普通的细菌基础培养基，有时又称为普通培养基。由于这种培养基中含有一般细胞生长繁殖所需要的最基本的营养物质，所以可供微生物生长繁殖之用。基础培养基含有牛肉膏、蛋白胨和盐。其中牛肉膏为微生物提供碳源、能源、磷酸盐和维生素，蛋白胨主要提供氮源和维生素，而 NaCl 提供无机盐。在配制固体培养基时还要加入一定量琼脂作凝固剂，琼脂在常用浓度下96℃时熔化，实际应用时，一般在沸水浴中或下面垫以石棉网煮沸熔化，以免琼脂烧焦。琼脂在40℃时凝固，通常不被微生物分解利用。固体培养基中琼脂的含量根据琼脂的质量和气温的不同而有所不同。

由于这种培养基多用于培养细菌，因此要用稀酸或稀碱将其 pH 调至中性或微碱性，以利于细菌生长繁殖。

牛肉膏蛋白胨培养基的配方如下：

牛肉膏	3.0～5.0 g
蛋白胨	10.0 g
NaCl	5.0 g
琼脂	15.0～20.0 g
水	至 1000 mL
pH	7.4～7.6

材料与器材

1. 试剂

牛肉膏、蛋白胨、NaCl、琼脂、1 mol/L NaOH、1 mol/L HCl。

2. 器材

试管、三角烧瓶、烧杯、量筒、玻璃棒、培养基分装器、天平、牛角匙、高压蒸汽灭菌锅。pH 试纸(pH 5.5～9.0)、棉花、牛皮纸、记号笔、麻绳、纱布等。

实 验 步 骤

1. 称量

按培养基配方准确地依次称取牛肉膏、蛋白胨、NaCl 放入烧杯中。牛肉膏常用玻璃棒挑取，放在小烧杯或表面皿中称量，用热水溶化后倒入烧杯。也可放在称量纸上，称量后直接放入水中，这时如稍微加热，牛肉膏便会与称量纸分离，然后立即取出纸片。应注意，蛋白胨很易吸湿，在称取时动作要迅速。另外，称药品时严防药品混杂，一把牛角匙用于一种药品，或称取一种药品后，洗净，擦干，再称取另一药品，瓶盖也不要盖错。

2. 溶化

在上述烧杯中先加入少于所需要的水量，用玻棒搅匀，然后，在石棉网上加热使其溶解，或在磁力搅拌器上加热溶解，将药品完全溶解后，补充水到所需的总体积。如果配制固体培养基时，将称好的 15～20 g 琼脂放入已溶的药品中，再加热溶化，最后补充水分至所需的体积。

在琼脂溶化过程中，需不断搅拌防止琼脂糊底烧焦，同时应控制火力，避免培养基沸腾溢出。

3. 调 pH

在未调 pH 前，先用精密 pH 试纸测量培养基的原始 pH，如果偏酸，用滴管向培养基中逐滴加入 1 mol/L NaOH，边加边搅拌，并随时用 pH 试纸测其 pH，直至 pH 达 7.6。反之，用 1 mol/L HCl 进行调节。pH 不要调过头，以避免回调而影响培养基内各离子的浓度。配制 pH 低的琼脂培养基时，若预先调好 pH 并在高压蒸汽下灭菌，则琼脂因水解不能凝固。因此，应将培养基的成分和琼脂分开灭菌后再混合，或在中性 pH 条件下灭菌，再调整 pH。

4. 过滤

趁热用滤纸或多层纱布过滤，以利某些实验结果的观察。一般无特殊要求的情况下，这一步可以省去(本实验不需过滤)。

5. 分装

按实验要求，可将配制的培养基分别装入试管内或三角烧瓶内。分装装置见图 3-1-1。

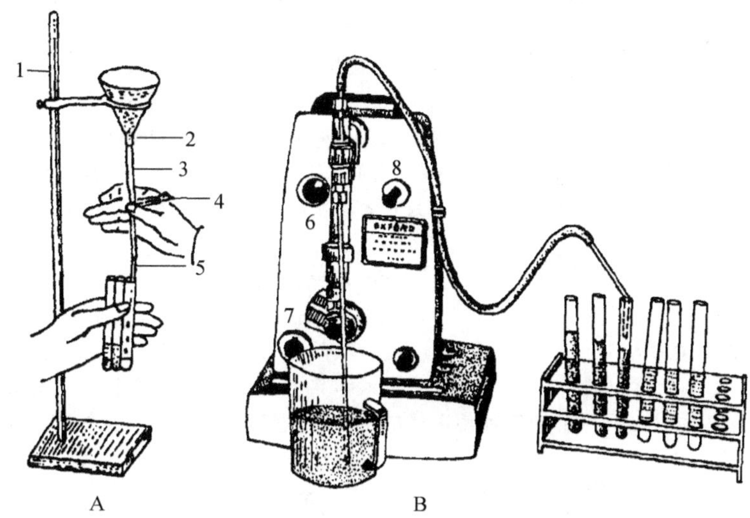

图 3-1-1　培养基分装装置

A. 漏斗分装装置；B. 自动分装器

1. 铁架；2. 漏斗；3. 乳胶管；4. 弹簧夹；5. 玻璃管；6. 流速调节；7. 装量调节；8. 开关

(1) 液体分装。分装高度以试管高度的 1/4 左右为宜。分装三角烧瓶的量则根据需要而定，一般以不超过三角烧瓶容积的一半为宜。如果是用于振荡培养用，则根据通气量的要求酌情减少；有的液体培养基在灭菌后，需要补加一定量的其他无菌成分，如抗生素等，此时装量一定要准确。

(2) 固体分装。分装试管，其装量不超过管高的 1/5，灭菌后制成斜面。分装三角烧瓶的量以不超过三角烧瓶容积的一半为宜。

(3) 半固体分装。试管一般以试管高度的 1/3 为宜，灭菌后垂直待凝。

分装过程中，注意不要使培养基沾在管(瓶)口上，以免沾污棉塞而引起污染。

6. 加塞

培养基分装完毕后，在试管口或三角烧瓶口上塞上棉塞(或泡沫塑料塞及试管帽等)，以阻止外界微生物进入培养基内而造成污染，并保证有良好的通气性能(棉塞制作方法附本实验后面)。

7. 包扎

加塞后，将全部试管用麻绳捆好，再在棉塞外包一层牛皮纸，外面用麻绳扎好，以防止灭菌时冷凝水润湿棉塞。用记号笔注明培养基名称、组别、配制日期。三角烧瓶加塞后，外包牛皮纸。用麻绳以活结形式扎好，使用时容易解开，同样记号笔注明培养基名称、组别、配制日期。

8. 灭菌

将上述培养基以 0.103 MPa，121℃，20 min 高压蒸汽灭菌。

9. 放置斜面

将灭菌的试管培养基冷至 50℃左右(以防斜面上冷凝水太多)，将试管口端搁在玻棒或其他合适高度的器具上，搁置的斜面长度以不超过试管总长的一半为宜(图 3-1-2)。

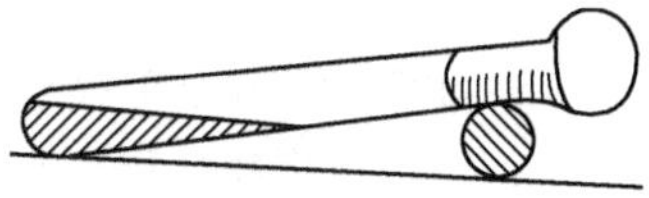

10. 无菌检查

将灭菌培养基放入 37℃的温室中培养 24～48 h，检查灭菌是否彻底。

图 3-1-2　摆斜面

附：棉塞的制作

棉塞的作用有二：一是保证通气良好；二是防止杂菌污染。因此棉塞质量的优劣对实验的结果有很大的影响。正确的棉塞要求形状、大小、松紧与试管口（或三角烧瓶口）完全适合，过紧则妨碍空气流通，操作不便；过松则达不到滤菌的目的。加塞时，应使棉塞长度的 1/3 在试管口外，2/3 在试管口内。如图 3-1-3 所示。做棉塞的棉花要选纤维较长，一般不用脱脂棉做棉塞。因为它容易吸水变湿造成污染，而且价格也贵。制作棉塞过程如图 3-1-4。

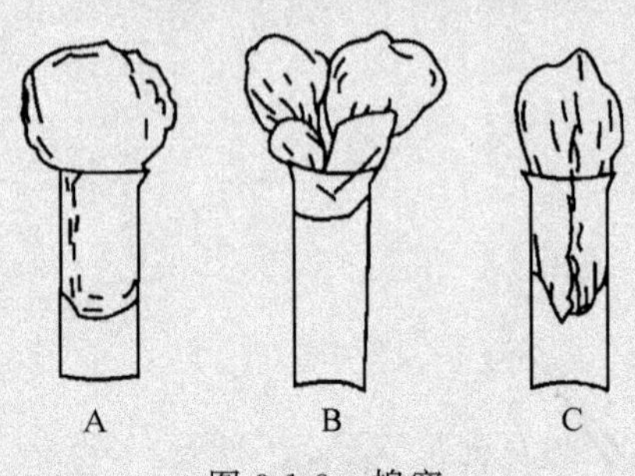

图 3-1-3　棉塞

A. 正确；B、C. 不正确

此外，在微生物实验和科研中，往往要用通气塞。所谓通气塞，就是几层纱布（一般 8 层）相互重叠而成，或是在两层纱布间均匀铺一层棉花而成。这种通气塞通常加在装有液体培养基的三角烧瓶口上。经接种后，放在摇床上进行振荡培养，以获得良好的通气促使菌体的生长或发酵，通气塞的形状如图 3-1-5。

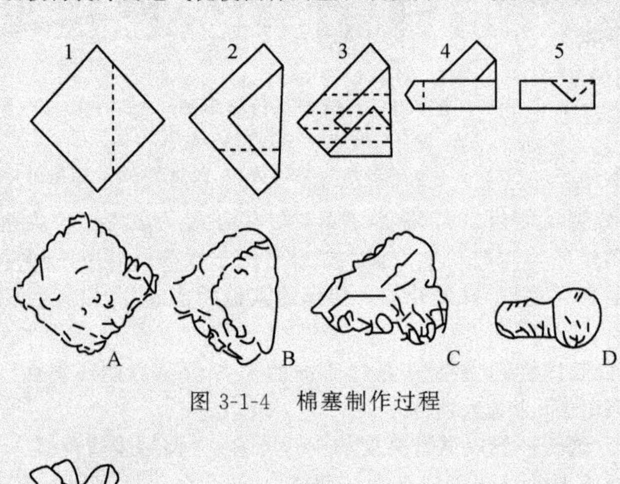

图 3-1-4　棉塞制作过程

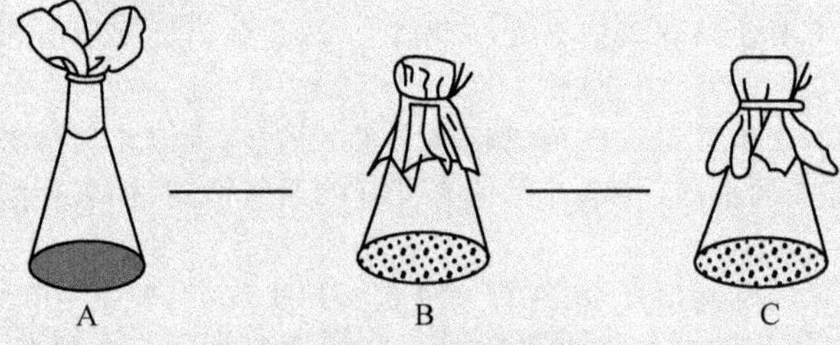

图 3-1-5　通气塞

A. 配制时纱布塞法；B. 灭菌时包牛皮纸；C. 培养的纱布翻出

思　考　题

1. 培养基配好后，为什么必须立即灭菌？如何检查灭菌后的培养基是无菌的？
2. 在配制培养基的操作过程中应注意些什么问题？为什么？
3. 培养微生物的培养基应具备哪些条件？为什么？
4. 培养基的配制原则是什么？

（二）血液琼脂培养基的制备

目的要求

掌握血液琼脂培养基的配制方法；熟悉血液培养基的用途。

实验原理

血液培养基是一种含有脱纤维动物血（一般用羊血或兔血）的牛肉膏蛋白胨培养基，除培养细菌所需要的各种营养外，还能提供特殊生长因子，如辅酶和血红素。此培养基常用于培养、分离和保存对营养要求苛刻的某些病原微生物。此外，该培养基还可用来测定细菌的溶血作用。

血液琼脂培养基的配方如下：

牛肉膏	3.0～5.0 g
蛋白胨	10.0 g
琼脂	15.0～20.0 g
水	至 1000 mL
pH	7.4～7.6
无菌脱纤维羊血（或兔血）	80～100 mL

材料与器材

1. 材料

牛肉膏蛋白胨培养基、健康的羊或兔。

2. 器材

装有 5～10 粒玻璃珠的无菌三角烧瓶、无菌注射器、无菌平皿等。

实验步骤

（1）制备牛肉膏蛋白胨琼脂培养基。

（2）无菌脱纤维羊血（或兔血）的制备。用配备 18 号针头的注射器以无菌操作抽取全血，立即注入装有无菌玻璃珠（直径约 3 mm）的无菌三角烧瓶中，摇动三角烧瓶 10 min 左右，形成的纤维蛋白块会沉淀在玻璃珠上，把含血细胞和血清的上清液倾入无菌容器即得到脱纤维羊血（或兔血），置冰箱备用。全过程必须严格无菌操作；制备脱纤维血液时，应摇动足够时间以防凝固。

（3）将牛肉膏蛋白胨琼脂培养基熔化，待冷至 45～50℃时，无菌操作加入 10%的无菌脱纤维羊血（或兔血）于培养基中，轻轻摇匀，以便血液和培养基充分混匀。45～50℃加入血液，琼脂不会凝固，同时保存不耐热的营养物质和白细胞的完整，便于观察细菌溶血作用。

（4）迅速以无菌操作倒入无菌平皿或分装试管内，制成血液琼脂平板或血液琼脂斜面。注意不要产生气泡。

（5）待凝固后，抽样于 37℃培养 18～24h，如无菌生长即可使用或保存于 4℃冰箱内备用。

思　考　题

1. 在培养、分离和保存病原微生物时，为什么培养基中要加入脱纤维血液？
2. 在制备血培养基时，所加入的血液不经脱纤维处理可以吗？为什么？
3. 在血液琼脂培养基制备过程中应注意哪些问题？为什么？

（三）半固体琼脂培养基

目的要求

（1）进一步熟悉培养基的配制方法；

（2）掌握半固体琼脂培养基的配制方法和用途。

实验原理

半固体琼脂培养基是在基础培养基中加入少量琼脂而制成的培养基。常用于观察细菌的运动、厌氧菌的分离和菌种的鉴定等。

在培养基中除了含有牛肉膏、蛋白胨、NaCl 以满足微生物生长所需的碳源、氮源和能源外，在配制半固体琼脂培养基时还要加入少量的琼脂，经煮沸溶化，40℃时凝固。由于培养基呈半固体，易于穿刺，用于厌氧菌的培养与分离，也可用于观察细菌运动。

半固体培养基的配方：

牛肉膏	3.0～5.0 g
蛋白胨	10.0 g
NaCl	5.0 g
琼脂	2.5～5.0 g
水	至 1000 mL
pH	7.4～7.6

材料与器材

1. 材料

牛肉膏蛋白胨培养基。

2. 器材

试管、三角烧瓶、烧杯、量筒、玻璃棒、培养基分装器、天平、牛角匙、高压蒸汽灭菌锅、pH 试纸（pH 5.5～9.0）、牛皮纸、记号笔、麻绳、纱布等。

实验步骤

（1）制备牛肉膏蛋白胨培养基。

（2）称取配方中琼脂量加于牛肉膏蛋白胨培养基中，加热熔化。

（3）过滤并分装试管，每管 1～1.5 mL。

（4）灭菌后，直立放置，待凝固后即成半固体培养基。

（5）无菌检查后保存备用。

思考题

1. 配制半固体培养基时应注意哪些？为什么？
2. 半固体培养基凝固剂的用量为多少？为什么？
3. 半固体培养基主要用途有哪些？

（四）高氏Ⅰ号培养基的制备

目 的 要 求

通过对高氏Ⅰ号培养基的配制，掌握配制合成培养基的一般方法。

实 验 原 理

高氏Ⅰ号培养基是用来培养和观察放线菌形态特征的合成培养基。如果加入适量的抗菌药物(如各种抗生素、酚等)，则可用来分离各种放线菌。高氏Ⅰ号培养基的主要特点是含有多种化学成分已知的无机盐，这些无机盐可能相互作用而产生沉淀。如高氏Ⅰ号培养基中的磷酸盐和镁盐相互混合时易产生沉淀，因此，在混合培养基成分时，一般是按配方的顺序依次溶解各成分，甚至有时还需要将两种或多种成分分别灭菌，使用时再按比例混合。此外，合成培养基有的还要补加微量元素，如高氏Ⅰ号培养基中的 $FeSO_4 \cdot 7H_2O$ 的量只有 0.001%，因此在配制培养基时需预先配成高浓度的 $FeSO_4 \cdot 7H_2O$ 储备液，然后再按需加入一定的量到培养基中。

高氏Ⅰ号培养基配方如下：

可溶性淀粉	20.0 g
NaCl	0.5 g
KNO_3	1.0 g
$K_2HPO_4 \cdot 3H_2O$	0.5 g
$MgSO_4 \cdot 7H_2O$	0.5 g
$FeSO_4 \cdot 7H_2O$	0.01 g
琼脂	15.0～25.0 g
水	至 1000 mL
pH	7.4～7.6

材料与器材

1. 试剂

可溶性淀粉、KNO_3、NaCl、$K_2HPO_4 \cdot 3H_2O$、$MgSO_4 \cdot 7H_2O$、$FeSO_4 \cdot 7H_2O$、琼脂。1mol/L NaOH、1mol/L HCl。

2. 器材

试管、三角烧瓶、烧杯、量筒、玻璃棒、培养基分装器、天平、牛角匙、高压蒸汽灭菌锅、pH 试纸(pH 5.5～9.0)、棉花、牛皮纸、记号笔、麻绳或橡皮筋、纱布等。

实 验 步 骤

1. 称量和溶化

按配方先称取可溶性淀粉，放入小烧杯中，并用少量冷水把淀粉调成糊状，再加入少于所需水量的沸水，继续加热，使可溶性淀粉完全溶化。然后再称取其他各成分依次逐一溶化。对微量成分 $FeSO_4 \cdot 7H_2O$ 可先配成高浓度的储备液按比例换算后再加入，方法是先在 100 mL 水中加入 1 g 的 $FeSO_4 \cdot 7H_2O$ 配成 0.01 g/mL，再在 1000 mL 培养基中加 1 mL 的 0.01 g/mL 的储备液即可。待所有药品完全溶解后，补充水分到所需的总体积。

2. pH 调节、分装、包扎、灭菌及无菌检查

思　考　题

1. 配制合成培养基加入微量元素时最好用什么方法加入？天然培养基为什么不需要另加微量元素？

2. 有人认为自然环境中微生物是生长在不按比例的基质中，为什么配制培养基时要注意各种营养成分的比例？

3. 你配制的高氏Ⅰ号培养基有沉淀产生吗？说明产生或未产生的原因。

4. 细菌能在高氏Ⅰ号培养基上生长吗？为了分离放线菌，你认为应该采取什么措施？

（五）马丁氏培养基的制备

目 的 要 求

（1）明确选择培养基的选择原理；

（2）通过对分离真菌的马丁氏(Martin)培养基配制，掌握选择培养基的配制方法。

实 验 原 理

马丁氏培养基是一种用来分离真菌的选择性培养基。此培养基是由葡萄糖、蛋白胨、KH_2PO_4、$MgSO_4 \cdot 7H_2O$、孟加拉红（玫瑰红，rose bengal）和链霉素等组成。其中，葡萄糖主要作为碳源，蛋白胨主要作为氮源，KH_2PO_4、$MgSO_4 \cdot 7H_2O$ 作为无机盐，为微生物提供钾、磷、镁离子。孟加拉红和链霉素能有效的抑制细菌和放线菌的生长，而对真菌无抑制作用，因而真菌在这种培养基上可以得到优势生长，从而达到分离真菌的目的。

马丁氏培养基配方如下：

蛋白胨	5.0 g
葡萄糖	10.0 g
KH_2PO_4	1.0 g
$MgSO_4 \cdot 7H_2O$	0.5 g
琼脂	15.0～20.0 g
水	至 1000 mL
pH	自然

此培养基 1000 mL 加 1%孟加拉红水溶液 3.3 mL。

临用时以无菌操作在 100 mL 培养基中加入 1%的链霉素 0.3 mL，使其终浓度为 3 μg/mL。

材料与器材

1. 试剂

KH_2PO_4、$MgSO_4 \cdot 7H_2O$、蛋白胨、葡萄糖、琼脂、孟加拉红（1%的水溶液）、链霉素（1%水溶液）。

2. 器材

试管、三角烧瓶、量筒、玻璃棒、培养基分装器、天平、牛角匙、高压蒸汽灭菌锅等。

实 验 步 骤

1. 称量和溶化

按培养基配方，准确称取各成分，并将各成分依次溶化在少于所需要的水量中。将各成分完全溶化后，补充水分到所需体积。再将孟加拉红配成1%的水溶液，在1000 mL培养基中加入1%的孟加拉红溶液3.3 mL，混匀后，加入琼脂加热熔化。

2. 分装、加塞、包扎、灭菌、无菌检查

3. 链霉素的加入

将链霉素配成1%的溶液，在100 mL培养基中加入1%链霉素液0.3 mL，使每毫升培养基中含链霉素30 μg。由于链霉素受热容易分解，所以临用时，将培养基溶化后待温度降至45～50℃时才能加入。

思考题

1. 举例说明什么是选择性培养基。
2. 试述选择性培养基在微生物研究中的作用。

（六）查氏培养基的制备

查氏培养基是用来培养霉菌的培养基。培养基由蔗糖、$NaNO_3$、K_2HPO_4、KCl和$MgSO_4$等组成。蔗糖主要作为碳源，$NaNO_3$作为氮源，其他成分是无机盐。

查氏培养基配方如下：

蔗糖	30.0 g
$NaNO_3$	2.0 g
K_2HPO_4	1.0 g
KCl	0.5 g
$MgSO_4$	0.5 g
$FeSO_4$	0.01 g
琼脂	15.0～20.0 g
水	至1000 mL
pH	自然

材料与器材

1. 试剂

蔗糖、$NaNO_3$、K_2HPO_4、KCl、$MgSO_4$、$FeSO_4$、琼脂。

2. 器材

试管、三角烧瓶、量筒、玻璃棒、培养基分装器、天平、灭菌锅等。

实验步骤

1. 称量和溶化

按培养基配方，准确称量各成分，依次溶于少量水中，待各成分溶化后，补充水分到所需体积。

2. 分装、加塞、包扎、灭菌、无菌检查

思考题

查氏培养基是哪种类型的培养基？试述此种培养基的优缺点。

（七）伊红美蓝培养基的制备

伊红美蓝培养基(eosin-methylene blue medium，简称EMB medium)常用于检查乳制品和饮

用水中是否污染了致病性的肠道细菌。培养基中的伊红为酸性染料，美蓝则为碱性染料。当大肠杆菌发酵乳糖产生混合酸时，细菌带正电荷，与伊红染色，再与美蓝结合，生成紫黑色化合物。在此培养基上生长的大肠杆菌形成呈紫黑色，带绿色金属光泽的小菌落。而产气杆菌则形成呈棕色的大菌落。不能发酵乳糖的细菌产生碱性物较多，带负电荷，与美蓝结合，被染成蓝色。

培养基成分：

乳糖	4 g
胰蛋白胨	10 g
NaCl	5 g
K_2HPO_4	2 g
2%伊红 Y 水溶液	20～30 mL
0.65%美蓝水溶液	10～15 mL
琼脂	20 g
蒸馏水	1000 mL
pH	7.6

材料与器材

1. 试剂

乳糖、胰蛋白胨、NaCl、K_2HPO_4、2%伊红水溶液、0.65%美蓝水溶液等。

2. 器材

试管、三角烧瓶、量筒、玻璃棒、天平、灭菌锅等。

实 验 步 骤

1. 称量和溶化

按培养基配方称取各成分，溶于少量水中，定容后调 pH。

2. 分装、加塞、包扎、灭菌

乳糖在高温灭菌时易受破坏，故需在 115℃灭菌 20 min。

思　考　题

1. 什么是选择性培养基？它在微生物学工作中有何重要性？

2. 现有培养基成分如下：

葡萄糖	10 g
$K_2HPO_4 \cdot 3H_2O$	0.2 g
NaCl	0.2 g
$MgSO_4 \cdot 7H_2O$	0.2 g
K_2SO_4	0.2 g
$CaCO_3$	5 g
琼脂	20 g
蒸馏水	1000 mL
pH	7.0～7.4

(1) 分析各营养成分的作用。

(2) 根据培养基成分来源和物理状态，此培养基属何种类型培养基？

(3) 此培养基的用途是什么？并说明其理由。

3. 如果在用马丁氏培养基分离真菌时，发现有细菌生长，你认为是什么原因？你将如何进一步分离纯化得到所需要的真菌？

4. 马丁氏培养基的 pH“自然”，根据你配制前两种培养基的经验和所学知识你认为此培养基灭菌后是应偏酸还是偏碱？为什么？

二　土壤中微生物的分离纯化及培养技术

目的要求

(1) 掌握倒平板的方法和几种常用的分离纯化微生物的基本操作技术；

(2) 了解不同的微生物在斜面培养基、半固体培养基和液体培养基中的生长特征；

(3) 进一步熟练和掌握微生物无菌操作技术；

(4) 掌握微生物培养方法。

实验原理

纯种分离技术是微生物学中重要的基本技术之一。从混杂微生物群体中获得单一菌株纯培养的方法称为分离(isolation)。纯种(纯培养，pure cultivation)是指一株菌种或一个培养物中所有的细胞或孢子都是由一个细胞分裂、繁殖而产生的后代。获得纯种的关键是在操作过程中必须严格按照无菌操作技术进行。

为了生产和科研的需要，人们往往需从自然界混杂的微生物群体中分离出具有特殊功能的纯种微生物。微生物分离、纯化可分为采样、富集培养、纯种分离和性能测定 4 个步骤。

(1) 采样。主要依据所筛选的微生物生态及分布概况，综合分析决定采样地点。

(2) 富集培养。如果所需的菌在试样中不占优势或需分离有特殊生理功能的菌株时，则可根据所筛选菌种的生理特性，加入某些特定物质，使所需的微生物增殖，限制不需要的微生物生长繁殖。在分离一般性能的菌株时，此步可以省略。

(3) 纯种分离(isolation of pure culture)。可用 10 倍稀释分离法、涂布法、划线分离法、单细胞分离法等方法来获得纯的菌株。

(4) 性能测定。包括初筛和复筛两个步骤。

下面分别介绍微生物培养技术、微生物的分离纯化和培养特征。

1. 微生物培养技术

(1) 斜面接种。

① 在牛肉膏蛋白胨斜面试管上用记号笔标明要接种的菌种名称、日期和接种者。

② 点燃酒精灯或煤气灯。

③ 将菌种试管和要接种的斜面试管，用大拇指和食指、中指、无名指握在左手中，试管底部放在手掌内并将中指夹在两试管之间，使斜面向上成水平状态，如图 3-1-6 所示，在火焰边用右手松动试管塞以利于接种时拔出。

④ 右手拿接种环通过火焰灼烧灭菌，在火焰边用右手的手掌边缘和小指，小指和无名指分别夹持棉塞(或试管帽)将其取出，并迅速灼烧管口。取试管棉塞或试管帽时要缓慢拔出，不宜用力过猛。

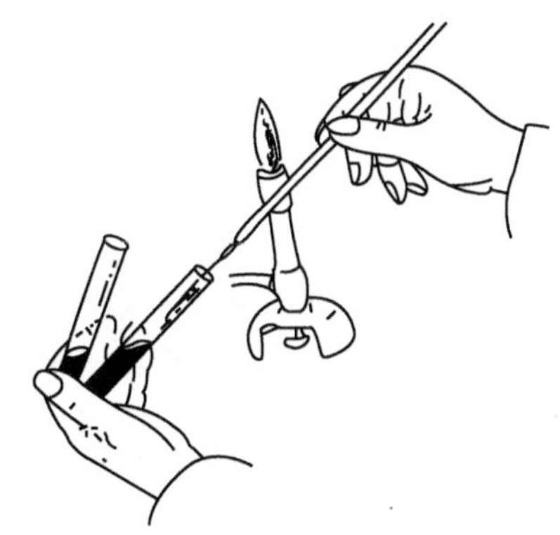

图 3-1-6　斜面接种

⑤ 将灭菌的接种环伸入菌种试管内，先将环接触试管内壁或未长菌的培养基，使接种环的温度下降达到冷却的目的，然后再挑取少许菌苔。将接种环退出菌种试管，迅速伸入待接种的斜面试管，用环在斜面上自试管底部向上端轻轻地划一直线。划线要直，切莫划几条线或蛇形，不要将培养基划破，接种环不要接触管壁或管口。

⑥ 接种环退出斜面试管，再用火焰灼烧管口并在火焰边将试管塞上。将接种环逐渐接近火焰再烧灼，如果接种环上沾的菌体较多时，应先将环在火焰边烤干，然后灼烧，以免未烧死的菌种飞溅出污染环境，接种病原菌时更要注意此点。

(2) 液体培养基接种。

向牛肉膏蛋白胨液体培养基中接种少量菌体时，其操作步骤基本与斜面接种法相同，不同之处是挑取菌苔的接种环放入液体培养基试管后，应在液体表面处的管内壁上轻轻摩擦，使菌体分散从环上脱开，进入液体培养基，塞好试管塞后摇动试管，使菌体在培养液中分布均匀，或如图3-1-7 所示用试管振荡器混匀。

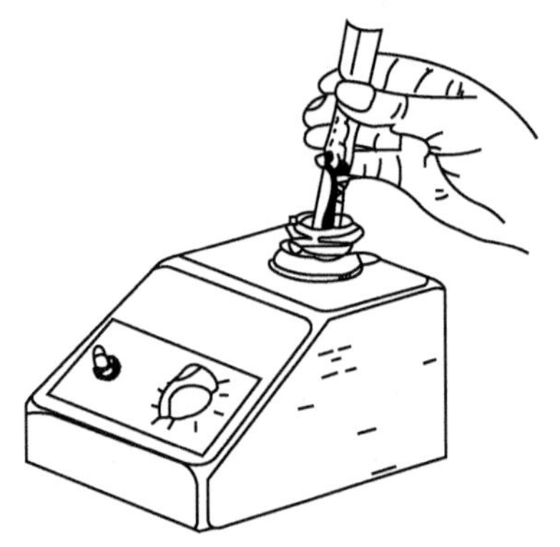

图 3-1-7　用试管振荡器混匀

如果在液体培养基中接种量大或要求定量接种时，可先将无菌水或液体培养基加入菌种试管，用接种环将菌苔刮下制成菌悬液(刮菌苔时要逐步从上向下将菌苔洗下，用手或振荡器振匀)。再将菌悬液用塞有过滤棉花的无菌吸管定量吸出后加入，或直接倒入液体培养基。如果菌种为液体培养物，则可用无菌吸管定量吸取后加入或直接倒入液体培养基。整个接种过程都要求无菌操作。

(3) 穿刺接种。

用接种针下端挑取菌种(针必须挺直)，自半固体培养基的中心垂直刺入半固体培养基，直至接近试管底部(勿穿透)，然后顺原穿刺线将针退出，塞上试管塞，灼烧接种针(图 3-1-8)。

上述几种接种方法的无菌操作，凡未叙述的均按实验一操作。实验者应反复练习无菌接种技术，直至较熟练地掌握。

(4) 将已接种的斜面、半固体和液体培养基放置 28～30℃ 温室培养 2～3 天后取出观察结果。

(5) 将生长好的菌用牛皮纸包好，置 4℃ 冰箱中保存，以便以后实验备用。

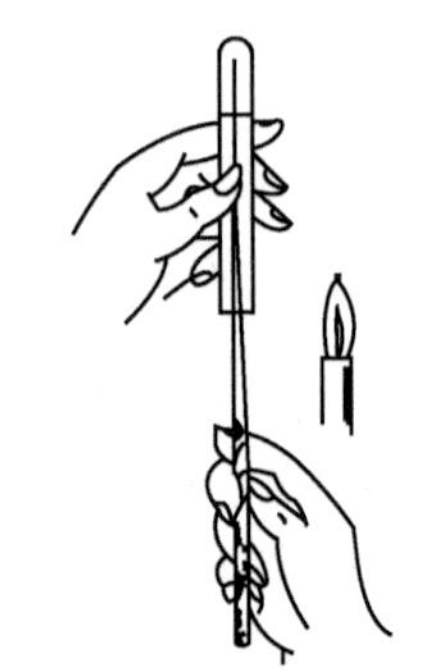

图 3-1-8　垂直式穿刺接种法

2. 微生物的分离与纯化

从混杂的微生物群体中获得只含有某一种或某一株微生物的过程称为微生物的分离与纯化。

(1) 平板分离法。该方法操作简便，广泛用于微生物的分离与纯化。其基本原理包括两个方面：

① 选择适合于待分离微生物的生长条件，如营养、酸碱度、温度和氧等要求或加入某种抑制剂造成只利于该微生物生长，而抑制其他微生物生长的环境，从而淘汰一些不需要的微生物。

② 微生物在固体培养基上生长形成的单个菌落可以是由一个细胞繁殖而成的集合体。因此可通过挑取单菌落而获得一种纯培养。获取单个菌落的方法可通过稀释涂布平板或平板划线等技术完成。

土壤所含微生物无论是数量还是种类都是极其丰富的，因此有天然培养基之称，是开发微生物资源的重要基地，可以从中分离、纯化得到许多有价值的菌株。值得指出的是从微生物群体中经分离生长在平板上的单个菌落并不一定保证是纯培养。因此，纯培养的确定除观察其菌落特征外，还要结合显微镜检测个体形态特征后才能确定，有些微生物的纯培养要经过一系列的分离与纯化过程和多种特征鉴定方能得到。

(2) 简易单细胞挑取法。

需要特制的显微操纵器或其他显微技术，使用受到限制。简易单孢子分离法是一种不需显微单孢操作器，直接在普通显微镜下利用低倍镜分离单孢子的方法。它采用很细的毛细管吸取较稀的萌发的孢子悬浮液滴在培养皿盖的内壁上，在低倍镜下逐个检查微滴。将只含有一个萌发孢子的微滴放入一小块营养琼脂片，使其发育成微菌落。再将微菌落转移到培养基中，即可获得仅由单个孢子发育而成的纯培养。

3. 微生物的培养特征

微生物的培养特征是指微生物在培养基中生长所表现出的群体形态特征。不同的微生物有其固有的培养特征，这些特征一般用固体、半固体和液体培养基来进行检测。固体培养基又分平板与斜面两种形式。在平板上主要观察菌落表面结构、形态及边缘等状况(见图 3-1-9A)；它们培养在斜面培养基上，可以呈丝线状、刺毛状、念珠状、疏展状、树枝状或假根状(图 3-1-9B)；生长在液体培养基内，可以呈混浊、絮状、黏液状、形成菌膜、上层清晰而底部显沉淀状(图 3-1-9C)；穿刺培养在半固体培养基中，可以沿接种线向四周蔓延或仅沿线生长；也可上层生长很好甚至连成一片、底部很少生长或底部长得好、上层甚至不生长(图 3-1-9D)。微生物培养特征还包括菌苔的颜色、表面光滑程度、基质是否产生可溶性色素等。培养特征可以作为微生物分类鉴定的特征之一，并能为识别纯培养是否被污染作为参考。

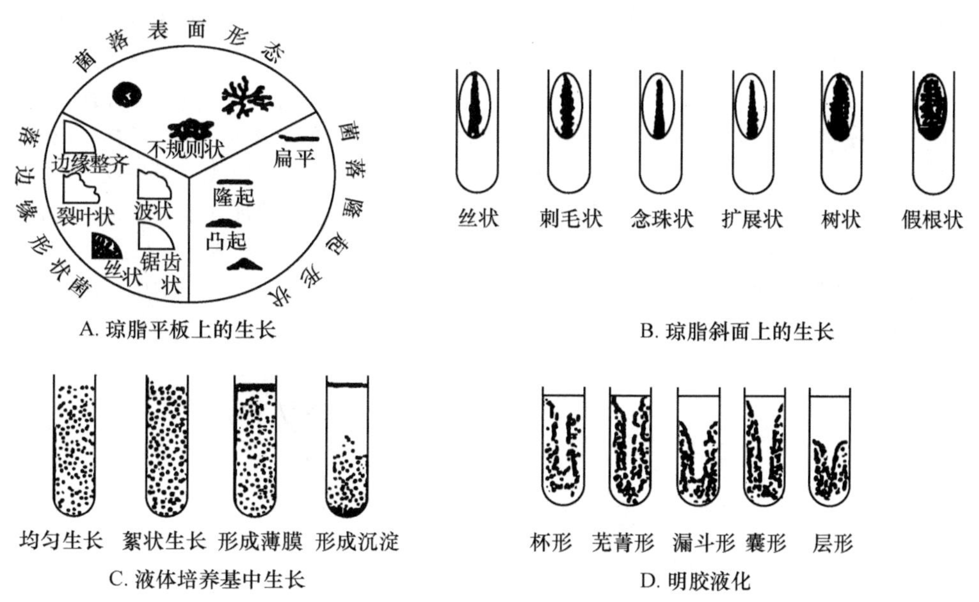

图 3-1-9　细菌的培养特征

检测微生物的培养特征时，接种和培养过程中必须保证不被其他微生物所污染，因此，除工作环境要求尽可能地避免或减少杂菌污染外，熟练地掌握各种无菌操作接种技术是很重要的。

材料与器材

1. 材料

含曲霉、青霉、根霉、酿酒酵母、放线菌、枯草芽孢杆菌、大肠杆菌的土壤样品；淀粉琼脂培养基(高氏Ⅰ号)、马丁氏琼脂培养基、查氏琼脂培养基、牛肉膏蛋白胨培养基(斜面、液体、半固体)。

2. 试剂

10%酚、4%水琼脂。

3. 器材

盛 9 mL 无菌水的试管、盛 90 mL 无菌水并带有玻璃珠的三角烧瓶、无菌玻璃涂棒、无菌吸管、接种环、酒精灯、无菌培养皿、链霉素和土样、显微镜、血细胞计数板等。

实验步骤

(1) 稀释涂布平板法。

① 倒平板:将牛肉膏蛋白胨琼脂培养基、高氏Ⅰ号琼脂培养基、马丁氏琼脂培养基和查氏培养基加热熔化,待冷至 55~60℃时,高氏Ⅰ号琼脂培养基中加入 10%酚数滴,马丁氏培养中加入链霉素溶液(终浓度为 30 μg/mL)混匀后分别倒平板,每种培养基倒三个平皿。

倒平板的方法:右手持装有培养基的试管或三角烧瓶置火焰旁边,用左手将试管塞或瓶塞轻轻地拔出,试管或瓶口保持对着火焰;然后用右手手掌边缘或小指与无名指夹住管(瓶)塞(也可将试管塞或瓶塞放在左手边缘或小指与无名指之间夹住。如果试管内或三角烧瓶内的培养基一次用完,管塞或瓶塞则不必夹在手中)。左手拿培养皿并将皿盖在火焰附近打开一缝,迅速倒入培养基约 15 mL(图 3-1-10),加盖后轻轻摇动培养皿,使培养基均匀分布,在培养皿底部,然后平置于桌面上,待凝固后即为平板。

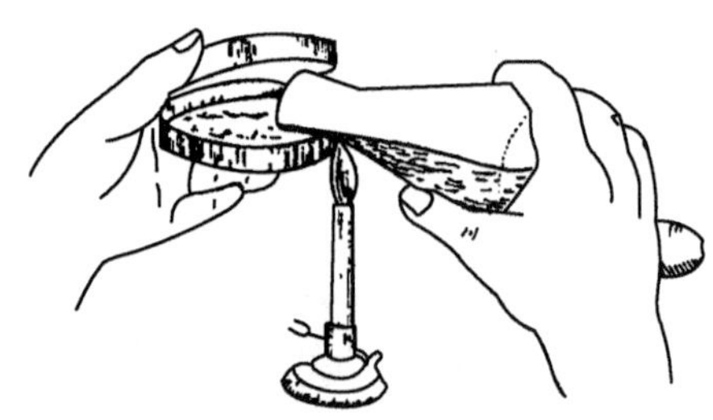

图 3-1-10　倒平板的方法图

② 制备土壤稀释液:称取土样 10 g,放入盛 90 mL 无菌水并带有玻璃珠的三角烧瓶中,振摇约 20 min,使土样与水充分混合,将细胞分散。用一支 1 mL 无菌吸管从中吸取 1 mL 土壤悬液加入盛有 9 mL 无菌水的大试管中充分混匀,然后用无菌吸管从此试管中吸取 1 mL(无菌操作见图 3-1-11)加入另一盛有 9 mL 无菌水的试管中,混合均匀,以此类推制成 10^{-1}、10^{-2}、10^{-3}、10^{-4}、10^{-5}、10^{-6}不同稀释度的土壤溶液,如图 3-1-12 所示。

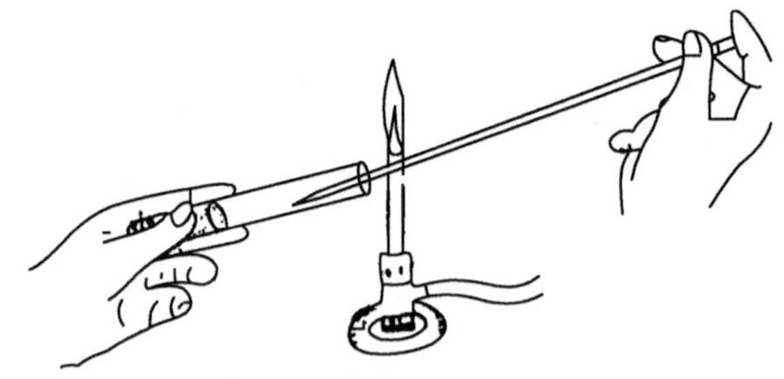

图 3-1-11　用移液管吸取菌液

③ 涂布:分别向牛肉膏蛋白胨琼脂培养基、高氏Ⅰ号琼脂培养基、马丁氏琼脂培养基和查氏琼脂培养基上加入菌液、涂布。将上述每种培养基的三个平板底面分别用记号笔写上 10^{-4}、10^{-5}和 10^{-6}三种稀释度,然后用无菌吸管分别由 10^{-4}、10^{-5}、10^{-6}三管土壤稀释液中各吸取 0.1 mL 对号放入标好稀释度的平板中,用无菌玻璃涂棒按图 3-1-10 所示,在培养基表面轻轻地涂布均匀,室温静置 5~10 min,使菌液吸附进培养基。

平板涂布方法:将 0.1 mL 菌悬液小心地滴在平板培养基表面中央位置(0.1 mL 的菌液要全

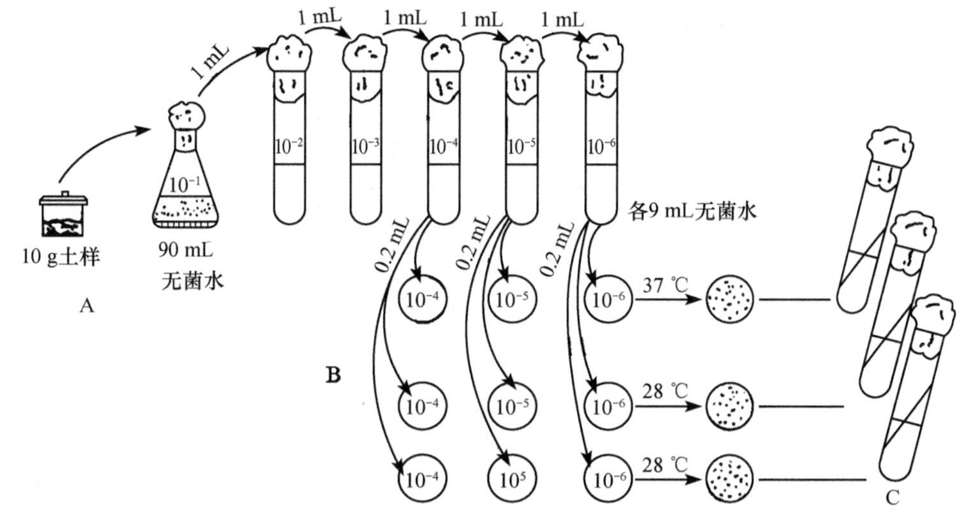

图 3-1-12　从土壤分离微生物操作过程

部滴在培养基上，若吸管尖端有剩余的，需将吸管在培养基表面上轻轻地按一下便可）。右手拿无菌涂棒平放在平板培养基表面上，将菌悬液先沿一条直线轻轻地来回推动，使之分布均匀(图 3-1-13)，然后改变方向沿另一垂直线来回推动，平板内边缘处可改变方向用涂棒再涂布几次。

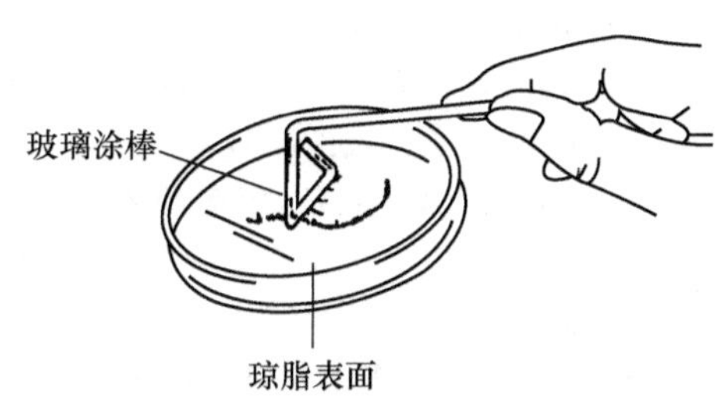

图 3-1-13　平板涂布操作图

④ 培养：将高氏Ⅰ号培养平板马丁氏培养基和查氏培养基平板倒置于 28℃温箱中培养 3～5 天，牛肉膏蛋白胨平板倒置于 37℃温箱中培养 2～3 天。

⑤ 挑单菌落：将培养后长出的单个菌落分别挑取少许细胞接种到上述几种培养基的斜面上，分别置 28℃和 37℃温箱培养，待菌苔长出后，检查其特征是否一致，同时将细胞涂片染色后用显微镜检查是否为单一的微生物，若发现有杂菌，需再一次进行分离、纯化，直到获得纯培养。

(2) 平板划线分离法。

① 倒平板：按稀释涂布平板法倒平板，并用记号笔标明培养基名称。

② 划线：在近火焰处，左手拿皿底，右手拿接种环，挑取上述 10^{-1} 的土壤悬液一环在平板上划线，见图 3-1-14。划线的方法很多，无论哪种方法，其目的都是通过划线将样品在平板上进行稀释，使之形成单个菌落。常用的划线方法有下列两种：

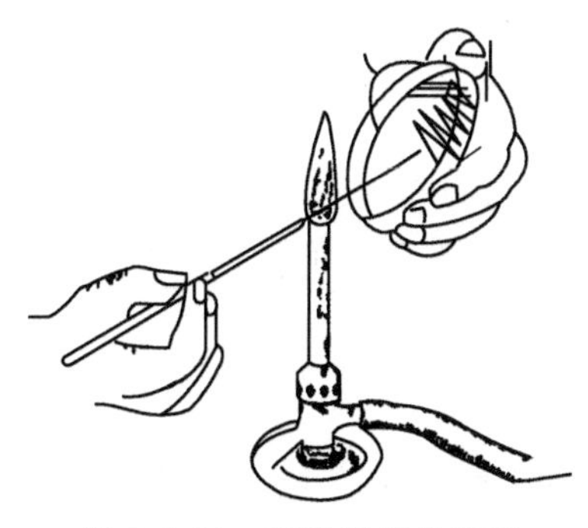

图 3-1-14　平板划线操作图

A. 用接种环以无菌操作挑取土壤悬液一环，先在平板培养基的一边作第一平行划线 3～4 条，再转动培养皿 70°，并将接种环上剩余物烧掉，待冷却后通过第一次划线部分作第二次平行划线，再用同样的方法通过第二次划线部分作第三次划线和通过第三次平行线部分作第四次平行划线(图 3-1-15A)。划线完毕后，盖上培养皿盖，倒置于温箱培养。

B. 在无菌条件下将挑取有样品的接种环在平板培养基上作连续划线(图 3-1-15B)。划线完毕后，盖上培养皿，倒置于温箱培养。

C. 挑菌落：同稀释涂布平板法，一直到分离的微生物认

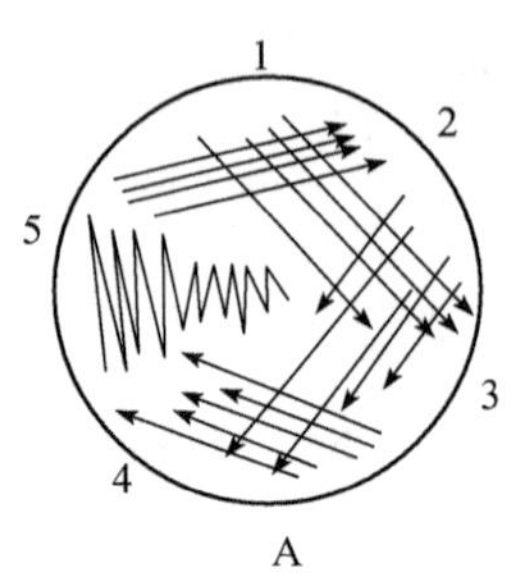

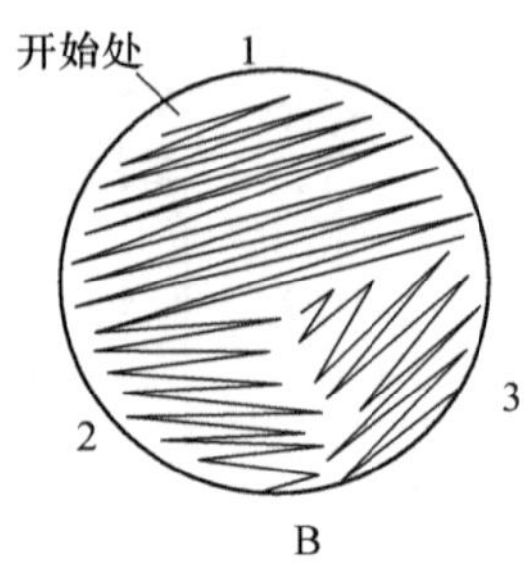

图 3-1-15　划线分离图

为纯化为止。

(3) 简易单孢子分离法。

① 厚壁磨口毛细滴管的制备：截取一段玻璃管，在火焰上烧红所要拉细的区域，然后用镊子夹住其尖端，在火焰上拉成很细的毛细管。从尖端适当的部位割断，用砂轮或砂纸仔细湿磨，使管口平整、光滑（毛细滴管要求达到点样时出液均匀、快速，每微升孢子悬液约点 50 微滴，每滴的大小略小于低倍镜的视野）。

② 分离小室的准备：取无菌培养皿（Φ9 cm）倒入约 10 mL 4%水琼脂作保湿剂。在皿盖上用记号笔（最好用红色）画方格。待凝后倒置于 37℃恒温箱烘数小时，使皿盖干燥。

③ 萌发孢子悬液的制备：

A. 孢子悬液的制备：用接种环挑取米曲霉孢子数环，接入盛有 10 mL 查氏培养液及玻璃珠的无菌三角烧瓶中，振荡 5～10 min，使孢子充分散开。

B. 过滤：用无菌漏斗（塞棉花）或自制的过滤装置将上述分散开的孢子液过滤，收集滤液。

C. 孢子萌发：将孢子过滤液用血球计数板测定孢子的浓度（此处可由教师准备），再用查氏培养液调整孢子液至 0.5×10^6～1.5×10^6 个/mL 后置 28℃培养 8 h。

D. 点样：用无菌自制的厚壁磨口毛细滴管吸取萌发孢子液少许，快速轻轻地点在培养皿的内壁的方格中，每微滴面积略小于显微镜低倍镜视野，依次将每方格点上萌发孢子液，成为分离小室。最后将皿盖小心快速翻过来，盖在原来的平板上。

E. 镜检：如图 3-1-16 所示，将点样的分离小室平板放在显微镜镜台上，用低倍镜逐个检查皿盖内壁上的微滴。如果观察到某微滴内只有一个萌发孢子时用记号笔在皿盖上作上记号。

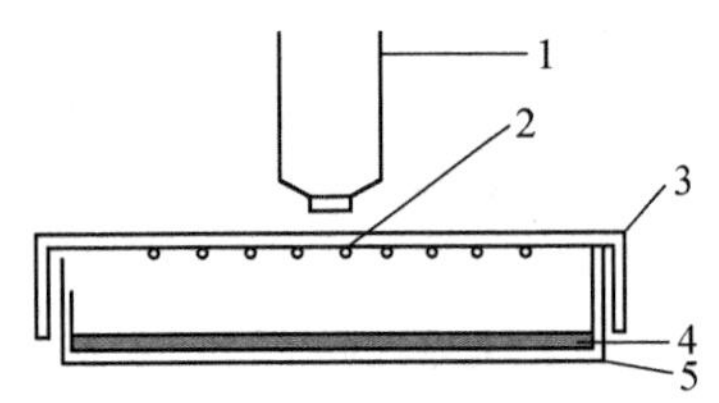

图 3-1-16　单孢子分离室

1. 接物镜；2. 单孢子悬液滴；3. 皿盖；4. 水琼脂；5. 皿底

F. 加薄片培养基：取少量查氏琼脂培养基倒入无菌培养皿（培养皿先置 45℃预热）中制成薄层平板，待其凝固后用无菌小刀片将平板琼脂切成若干小片（其面积应小于培养皿盖上所画小方格的面积）。然后挑一小片放在作有记号的单孢子微滴上，其他依次进行，最后盖好皿盖。

G. 培养：将分离小室平板置 28℃温箱培养 24 h，直至单孢子形成微菌落。

H. 转种：用无菌微型小刀小心地挑取长有微菌落的琼脂薄片移至新鲜的查氏培养基斜面或液体培养中，置 28℃培养 4～7 天，即可获得由单孢子发育而成的纯培养。

思　考　题

1. 如何确定平板上某单个菌落是否为纯培养？请写出实验的主要步骤。
2. 分离单孢子前为什么先使孢子萌发？

3. 如果要分离得到极端嗜盐细菌，在什么地方取样品为宜？并说明理由。

4. 如果一项科学研究内容需从自然界中筛选到能产高温蛋白酶的菌株，你将如何完成？请写出简明的实验方案（提示：产蛋白酶菌株在酪素平板上形成降解酪素的透明圈）。

5. 如果在自然界中分离筛选高产 α-淀粉酶的菌株，请你设计一个简明的实验方案。

6. 为什么高氏Ⅰ号培养基和马丁氏培养基中要分别加入酚和链霉素？如果用牛肉膏蛋白胨培养基分离一种对青霉素具有抗性的细菌，你认为应如何做？

7. 一个好氧的具周生鞭毛的菌株分别在半固体和液体培养基中的培养特征是怎样的？

8. 用斜面检测微生物的培养特征接种时，为什么不要划多条线或蛇形，而只要划一条直线？

9. 接种环（针）接种前后灼烧的目的是什么？为什么在接种前一定要将其冷却？如何判断灼烧过的接种环已冷却？

三　细菌的形态观察

（一）细菌的简单染色及革兰氏染色法

目的要求

(1) 了解简单染色法和革兰氏染色法的原理，并掌握其操作方法；

(2) 了解革兰氏染色法在细菌分类鉴定中的重要性；

(3) 学习并掌握微生物涂片、染色的基本技术和无菌操作技术；

(4) 巩固显微镜（油镜）的使用方法；

(5) 初步认识细菌的形态特征。

实验原理

细菌个体微小，且较透明，必须借助染色法使菌体着色，与背景形成鲜明的对比，以便在显微镜下进行观察。根据实验目的不同，可分为简单染色法、鉴别染色法和特殊染色法等，本实验主要做前面两种。

1. 简单染色法

简单染色法是最基本的染色方法，是利用单一染料对细菌进行染色。此法操作简便，适用于菌体一般形状和细菌排列的观察。

常用碱性染料进行简单染色，这是因为：在中性、碱性或弱酸性溶液中，细菌细胞通常带负电荷，而碱性染料在电离时，其分子的染色部分带正电荷，因此碱性染料的染色部分很容易与细菌结合使细菌着色。经染色后的细菌细胞与背景形成鲜明的对比，在显微镜下更易于识别。常用作简单染色的染料有：美蓝、结晶紫、碱性复红等。

当细菌分解糖类产酸使培养基 pH 下降时，细菌所带正电荷增加，此时可用伊红、酸性复红或刚果红等酸性染料染色。

2. 革兰氏染色法

革兰氏染色法是 1884 年由丹麦病理学家 Christain Gram 创立的，而后一些学者在此基础上作了某些改进。革兰氏染色法是细菌学中最重要的鉴别染色法。

革兰氏染色法的基本步骤是：先用初染剂结晶紫进行染色，再用碘液媒染，然后用乙醇（或丙酮）脱色，最后用复染剂（如番红）复染。经此方法染色后，细胞保留初染剂蓝紫色的细菌为革兰氏阳性菌；如果细胞中初染剂被脱色剂洗脱而使细菌染上复染剂的颜色（红色），该菌属于革兰氏阴性菌。

革兰氏染色法将细菌分为革兰氏阳性和革兰氏阴性，是由这两类细菌细胞壁的结构和组成不同决定的。实际上，当用结晶紫初染后，像简单染色法一样，所有细菌都被染成初染剂的蓝紫色。碘作为媒染剂，它能与结晶紫结合成结晶紫-碘的复合物，从而增强了染料与细菌的结合力。当用脱色剂处理时，两类细菌的脱色效果是不同的。革兰氏阳性细菌的细胞壁主要由肽聚糖形成的网状结构组成、壁厚、类脂质含量低，用乙醇（或丙酮）脱色时细胞壁脱水、使肽聚糖层的网状结构孔径缩小、透性降低，从而使结晶紫-碘的复合物不易被洗脱而保留在细胞内，经脱色和复染后仍保留初染剂的蓝紫色。革兰氏阴性菌则不同，由于其细胞壁肽聚糖层较薄、类脂含量高，所以当脱色处理时，类脂质被乙醇（或丙酮）溶解，细胞壁透性增大，使结晶紫-碘的复合物比较容易被洗脱出来，用复染剂复染后，细胞被染上复染剂的红色。

革兰氏染色反应是细菌重要的鉴别特征，为保证染色结果的正确性，采用规范的染色方法是十分必要的。本实验将介绍被普遍采用的 Hucker 改良的革兰氏染色法和再改良的革兰氏染色法。

材料与器材

1. 材料

枯草芽孢杆菌 12～18 h 营养琼脂斜面培养物、藤黄微球菌（*Micrococcus luteus*）约 24 h 营养琼脂斜面培养物、大肠杆菌约 24 h 营养琼脂斜面培养物、金黄色葡萄球菌约 24 h 营养琼脂斜面培养物、蜡样芽孢杆菌（*B. cereus*）12～20 h 营养琼脂斜面培养物。

2. 试剂

吕氏碱性美蓝染液（或草酸铵结晶紫染液）、齐氏石炭酸复红染液、革兰氏染色液（结晶紫液、碘液、95％乙醇、番红液）。

3. 器材

显微镜、酒精灯、载玻片、接种环、双层瓶（内装香柏油和二甲苯）、擦镜纸、生理盐水等。

实验步骤

1. 简单染色法

(1) 涂片。取两块载玻片，各滴一小滴（或用接种环挑取 1～2 环）生理盐水（或蒸馏水）于玻片中央，用接种环以无菌操作（图 3-1-17）分别从枯草芽孢杆菌和藤黄微球菌斜面上挑取少许菌苔于水滴中，混匀并涂成薄膜。若用菌悬液（或液体培养物）涂片，可用接种环挑取 2～3 环直接涂于载玻片上（图 3-1-18）。

载玻片要洁净无油迹；滴生理盐水和取菌不宜过多；涂片要涂抹均匀，不宜过厚。

(2) 干燥。室温自然干燥。

(3) 固定。涂面朝上，通过火焰 2～3 次。

此操作过程称热固定，其目的是使细胞质凝固，以固定细胞形态，并使之牢固附着在载玻片上。

热固定温度不宜过高（以玻片背面不烫手为宜），否则会改变甚至破坏细胞形态。

(4) 染色。将玻片平放于玻片搁架上，滴加染液于涂片上（染液刚好覆盖涂片薄膜为宜）。吕氏碱性美蓝染色 1～2 min；石炭酸复红（或草酸铵结晶紫）染色约 1 min。

(5) 水洗。倒去染液，用自来水冲洗，直至涂片上流下的水无色为止。

水洗时，不要直接冲洗涂面，而应使水从载玻片的一端流下。水流不宜过急、过大，以免涂片薄膜脱落。

(6) 干燥。自然干燥或用电吹风吹干，也可用吸水纸吸干。

(7) 镜检。涂片干后镜检。

涂片必须完全干燥后才能用油镜观察。

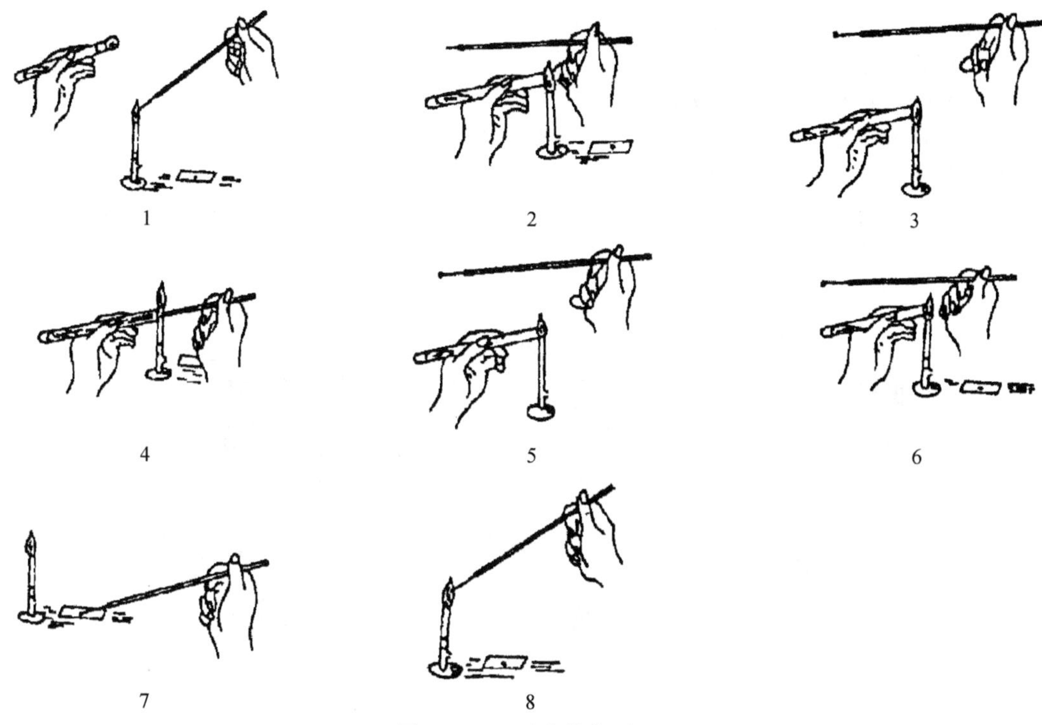

图 3-1-17 无菌操作过程

1. 接种环灭菌;2. 取下棉塞;3. 试管口灭菌;4. 挑菌;5. 试管口灭菌;
6. 塞上棉塞;7. 载波片涂菌;8. 接种环灭菌

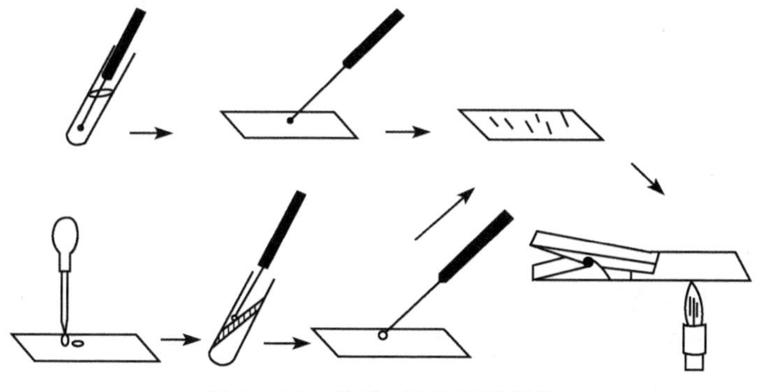

图 3-1-18 涂片、干燥和热固定

2. Hucker 改良的革兰氏染色法

(1) 制片。取菌种培养物按常规涂片、干燥、固定。

要用活跃生长期的幼培养物作革兰氏染色;涂片不宜过厚,以免脱色不完全造成假阳性;火焰固定不宜过热(以玻片不烫手为宜)。

(2) 初染。滴加结晶紫(以刚好将菌膜覆盖为宜)染色 1～2 min,水洗。

(3) 媒染。用碘液冲去残水,并用碘液覆盖约 1 min,水洗。

(4) 脱色。用滤纸吸去玻片上的残水,将玻片倾斜,在白色背景下,用滴管流加 95%的乙醇脱色,直至流出的乙醇无紫色时,立即水洗。

革兰氏染色结果是否正确,乙醇脱色是革兰氏染色操作的关键环节。脱色不足,阴性菌被误染成阳性菌,脱色过度,阳性菌被误染成阴性菌。脱色时间一般 20～30 s。

(5) 复染。用番红液复染约 2 min,水洗。

(6) 镜检。干燥后,用油镜观察。

菌体被染成深紫色的是革兰氏阳性菌,被染成红色的是革兰氏阴性菌。

(7) 混合涂片染色。按上述方法,在同一载玻片上,以大肠杆菌和蜡样芽孢杆菌或大肠杆菌和金黄色葡萄球菌作混合涂片、染色、镜检进行比较。

图 3-1-19 示革兰氏染色操作过程。

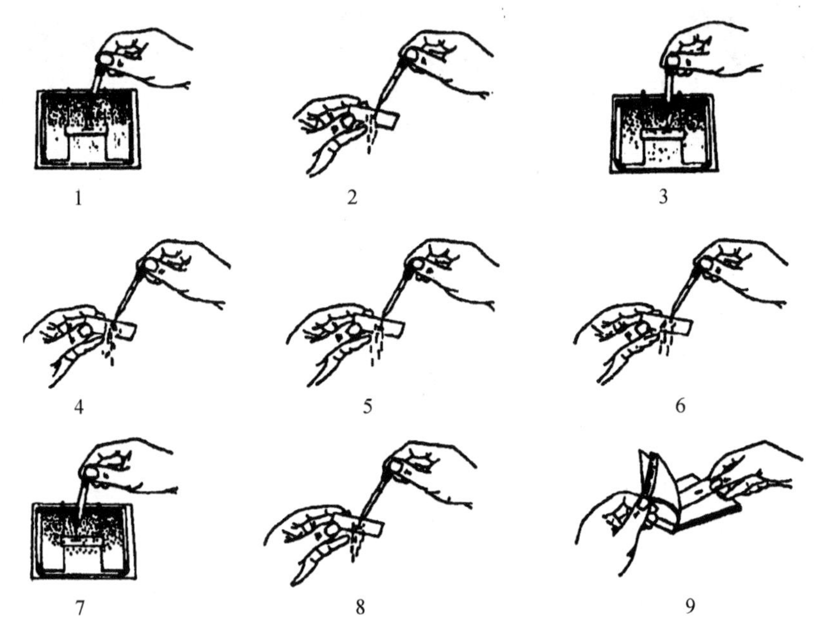

图 3-1-19　革兰氏染色程序

1. 加草酸铵结晶紫染 1 min;2. 水洗;3. 加碘液媒染 1 min;4. 水洗;5. 乙醇脱色 20～30 s;6. 水洗;7. 番红复染约 2 min;8. 水洗;9. 用吸水纸吸干

3. 再改良的革兰氏染色法

(1) 制片。取菌种培养物按常规涂片、干燥、固定。

(2) 初染。滴加结晶紫染液染色 1 min,水洗。

(3) 媒染。用卢戈氏碘液染色 1 min,水洗。

(4) 复染。用 0.4%复红乙醇液复染 30 s,水洗。

(5) 镜检。干燥后,用油镜观察。

菌体被染成深紫色的是革兰氏阳性菌,被染成红色的是革兰氏阴性菌。

思　考　题

1. 你认为制备细菌染色标本时,尤其应该注意哪些环节?

2. 为什么要求制片完全干燥后才能用油镜观察?

3. 如果你的涂片未经热固定,将会出现什么问题? 如果加热温度过高、时间太长,又会怎样呢?

4. 你认为要得到正确的改良的革兰氏染色结果必须注意哪些操作? 关键在哪一步? 为什么?

5. 现有一株细菌宽度明显大于大肠杆菌的粗壮杆菌,请你鉴定其革兰氏染色反应。你怎样运用大肠杆菌和金黄色葡萄球菌为对照菌株进行涂片染色，以证明你的染色结果正确性。

6. 你的染色结果是否正确？如果不正确，请说明原因。

7. 进行革兰氏染色时，为什么特别强调菌龄不能太老，用老龄细菌染色会出现什么问题？

8. 革兰氏染色时初染前能加碘液吗？乙醇脱色后复染之前，革兰氏阳性菌和革兰氏阴性菌应分别是什么颜色？

9. 你认为改良的革兰氏染色中，哪一个步骤可以省去而不影响最终结果？在什么情况下可以采用？

10. 再改良的革兰氏染色法有哪些优点？

（二）芽孢染色、荚膜染色、鞭毛染色

目的要求

（1）了解细菌芽孢、荚膜、鞭毛染色法的原理；

（2）学习并掌握芽孢、荚膜、鞭毛染色法的操作方法；

（3）初步了解细菌芽孢、荚膜、鞭毛的形态特征。

实验原理

1. 芽孢染色法

芽孢又叫内生孢子(endospore)，是某些细菌生长一定阶段在菌体内形成的休眠体，通常呈圆形或椭圆形。细菌能否形成芽孢以及芽孢的形状、芽孢在芽孢囊内的位置、芽孢囊是否膨大等特征是鉴定细菌的依据之一。

由于芽孢壁厚、透性低、不易着色，当用石炭酸复红、结晶紫等进行单染色时，菌体和芽孢囊着色，而芽孢囊内的芽孢不着色或者显很淡的颜色，游离的芽孢呈淡红或淡蓝紫色的圆或椭圆形的圈。为了使芽孢着色便于观察，可用芽孢染色法。

芽孢染色法的基本原理，用着色力强的染色剂孔雀绿或石炭酸复红，在加热条件下染色，使染料不仅进入菌体也可进入芽孢内，进入菌体的染料经水洗后被脱色，而芽孢一经着色难以被水洗脱，当用对比度大的复染剂染色后，芽孢仍保留着染剂的颜色，而菌体和芽孢囊被染成复染剂的颜色，使芽孢和菌体更易于区分。

2. 荚膜染色法

荚膜是包围在细菌细胞外的一层黏液或胶质状物质，其成分为多糖、糖蛋白或多肽。由于荚膜与染料的亲和力弱、不易着色，而且可溶于水，易在用水冲洗时被除去。所以通常用衬托染色法染色，使菌体和背景着色，而荚膜不着色，在菌体周围形成一透明圈。由于荚膜含水量高，制片时通常不用热固定，以免变形影响观察。

下面介绍 4 种荚膜染色法(湿墨水法、干墨水法、Anthony 法、改良法)，其中，湿墨水法较简便、并适用于各种有荚膜的细菌。

3. 鞭毛染色法

鞭毛是细菌的运动“器官”，细菌是否具有鞭毛，以及鞭毛着生的位置和数目是细菌的一项重要形态特征。细菌的鞭毛很纤细，其直径通常为 0.01～0.02 μm，所以，除了很少数能形成鞭毛束(由许多根鞭毛构成)的细菌可以用相差显微镜直接观察到鞭毛束的存在外，一般细菌的鞭毛均不能用光学显微镜直接观察到，而只能用电子显微镜观察。要用普通光学显微镜观察细菌的鞭毛，必须用鞭毛染色法。

鞭毛染色的基本原理，是在染色前先用媒染剂处理，使它沉积在鞭毛上，使鞭毛直径加粗，然后再进行染色。鞭毛染色方法很多，本实验介绍硝酸银染色法、改良的 Leifson 染色法和改良的

鞭毛染色法，前一种方法更容易掌握，但染色剂配制后保存期较短。

材料与器材

1. 材料

蜡样芽孢杆菌约2天营养琼脂斜面培养物、球形芽孢杆菌（*B. sphaericus*）1～2天营养琼脂斜面培养物、褐球固氮菌（*Azotobacter chroococcus*）或胶质芽孢杆菌（*B. mucilagi nosus*）约2天无氮培养基琼脂斜面培养物、苏云金芽孢杆菌（*B. thuringiensis*）、假单胞菌（*Pseudomonas* sp.）、金黄色葡萄球菌。

2. 试剂

5%孔雀绿水溶液、0.5%番红水溶液、碱性美蓝溶液、绘图墨水（上海墨水厂“沪光绘图墨水”效果较好；必要时用滤纸过滤后使用）、1%甲基紫水溶液、1%结晶紫水溶液、6%葡萄糖水溶液、20%硫酸铜水溶液、甲醇、石炭酸复红溶液、95%乙醇、0.8%孔雀绿溶液、硝酸银鞭毛染色液、Leifson 鞭毛染色液。0.01%美蓝水溶液、白氏鞭毛染色液。

3. 器材

小试管、滴管、烧杯、试管架、滤纸、木夹子、载玻片、盖玻片、凹载玻片、无菌水、凡士林、显微镜等。

实验步骤

1. 芽孢染色法

(1) 改良的 Schaeffer-Fulton 染色法。

① 制备菌悬液：加1～2滴水于小试管中，用接种环挑取2～3环菌苔于试管中，搅拌均匀，制成浓的菌悬液。所用菌种应掌握菌龄，以大部分细菌已形成芽孢囊为宜；取菌不宜太少。

② 染色：加孔雀绿染液2～3滴于小试管中，并使其与菌液混合均匀，然后将试管置于沸水浴的烧杯中，加热染色15～20 min。

③ 涂片固定：用接种环挑取试管底部菌液数环于洁净载玻片上，涂成薄膜，然后将涂片通过火焰3次温热固定。

④ 脱色：水洗，直至流出的水无绿色为止。

⑤ 复染：用番红染液染色2～3 min，倾去染液并用滤纸吸干残液（不水洗）。

⑥ 镜检：干燥后用油镜观察。

芽孢呈绿色，芽孢囊及营养体为红色。

(2) Schaeffer-Fulton 染色法。

① 制片：按常规涂片、干燥、固定。

② 染色：加数滴孔雀绿染液于涂片上，用木夹夹住载玻片一端，在微火上加热至染料冒蒸汽并开始计时，维持5 min。

加热过程中，要及时补充染液，切勿让涂片干涸。

③ 水洗：待玻片冷却后，用缓流自来水冲洗，直至流出的水无色为止。勿用瀑水对着菌膜冲洗，以免细菌被水冲掉。

④ 复染：用番红染液复染2 min。

⑤ 水洗：用缓流水洗后，吸干。

⑥ 镜检：干后油镜观察。

芽孢呈绿色，芽孢囊及营养体为红色。

(3) 改良的芽孢染色法。

① 制备菌悬液：加1～2滴水于小试管中，用接种环挑取2～3环菌苔于试管中，搅拌均匀，

制成浓的菌悬液。

② 初染:加与菌悬液等量的石炭酸复红染液混合均匀,然后将试管置于沸水浴的烧杯中,加热染色 15 min。

③ 涂片固定:用接种环挑取试管底部菌液数环于洁净载玻片上,涂成薄膜,然后将涂片通过火焰 3 次,温热固定。

④ 复染:用碱性美蓝染液复染 1 min,水洗。

⑤ 镜检:干燥后用油镜观察。

芽孢染成红色,菌体染成蓝色。

2. 荚膜染色法

(1) 湿墨水法。

① 制备菌和墨水混合液:加一滴墨水于洁净的载玻片上,然后挑取少量菌体与其混合均匀。

② 加盖玻片:将一洁净盖玻片盖在混合液上,然后在盖玻片上放一张滤纸,轻轻按压以吸去多余的混合液。

加盖玻片时勿留气泡,以免影响观察。

③ 镜检:用低倍镜和高倍镜观察,若用相差显微镜观察,效果更好。

背景灰色,菌体较暗,在菌体周围呈现明亮的透明圈即为荚膜。

(2) 干墨水法。

① 制混合液:加 1 滴 6% 葡萄糖液于洁净载玻片的一端,然后挑取少量菌体与其混合,再加一环墨水,充分混匀。

玻片必须洁净无油迹,否则,涂片时混合液不能均匀散开。

② 涂片:另取一端边缘光滑的载玻片作推片,将推片一端的边缘置于混合液前方,然后稍向后拉,当推片与混合液接触后,轻轻左右移动,使之沿推片接触的后缘散开,然后以大约 30°迅速将混合液推向玻片另一端,使混合液铺成薄层(图 3-1-20)。

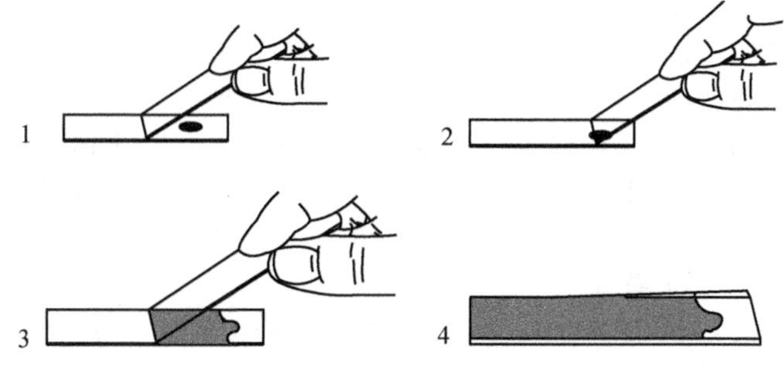

图 3-1-20 荚膜干墨水染色的涂片方法

③ 干燥:空气中自然干燥。

④ 固定:用甲醇浸没涂片固定 1 min,倾去甲醇。

⑤ 干燥:在酒精灯上方用文火干燥。

⑥ 染色:用甲基紫染 1～2 min。

⑦ 水洗:用自来水轻轻冲洗,自然干燥。

⑧ 镜检:用低倍和高倍镜观察。

背景灰色,菌体紫色,菌体周围的清晰透明圈为荚膜。

(3) Anthony 法。

① 涂片:按常规取菌涂片。

② 固定：空气中自然干燥。不可加热干燥固定。

③ 染色：用 1%的结晶紫水溶液染色 2 min。

④ 脱色：以 20%的硫酸铜水溶液冲洗，用吸水纸吸干残液。

⑤ 镜检：干后用油镜观察。

菌体染成深紫色，菌体周围的荚膜呈淡紫色。

(4) 改良的荚膜染色法。

① 涂片：按常规取菌涂片。

② 固定：空气中自然干燥，不可加热干燥固定。

③ 初染：用石炭酸复红染液染 1 min，水洗。

④ 脱色：用 95%乙醇脱色 2 s，水洗。

⑤ 媒染：用 20%鞣酸水溶液媒染 10 min，水洗。

⑥ 复染：用 0.8%孔雀绿染液复染 1 min，水洗。

⑦ 镜检：干燥后，用油镜观察。

菌体染成红色，荚膜染成绿色。

3. 鞭毛染色法

(1) 硝酸银染色法。

① 菌种的准备：要求用活跃生长期菌种作鞭毛染色。对于冰箱保存的菌种，通常要连续移种 1～2 次，然后可选用下列方法接种培养作染色用菌种：a. 取新配制的营养琼脂斜面(表面较湿润、基部有冷凝水)接种，28～32℃培养 10～14 h，取斜面和冷凝水交接处培养物作染色观察材料；b. 取新制备的营养琼脂(含 0.8%～1.0%的琼脂)平板，用接种环将新鲜菌种点种于平板中央，28～32℃培养 18～30 h，让菌种扩散生长，取菌落边缘的菌苔(不要取菌落中央的菌苔)作染色观察的菌种材料。

良好的培养物，是鞭毛染色成功的基本条件，不宜用已形成芽孢或衰亡期培养物作鞭毛染色的菌种材料，因为老龄细菌鞭毛容易脱落。

② 载玻片的准备：将载玻片在含适量洗衣粉的水中煮沸约 20 min，取出用清水充分洗净，沥干水后置 95%乙醇中，用时取出在火焰上烧去酒精及可能残留的油迹。

玻片要求光滑、洁净，尤其忌用带油迹的玻片(将水滴在玻片上，无油迹玻片水能均匀散开)。

③ 菌液的制备：取斜面或平板菌种培养物数环于盛有 1～2 mL 无菌水的试管中，制成轻度混浊的菌悬液用于制片。也可用培养物直接制片，但效果往往不如先制备菌液。

挑菌时，尽可能不带培养基。

④ 制片：取一滴菌液于载玻片的一端，然后将玻片倾斜，使菌液缓缓流向另一端，用吸水纸吸去玻片下端多余菌液，室温(或 37℃温室)自然干燥。

干后应尽快染色，不宜放置时间过长。

⑤ 染色：涂片干燥后，滴加硝酸银染色 A 液覆盖 3～5 min，用蒸馏水充分洗去 A 液。用 B 液冲去残水后，再加 B 液覆盖涂片染色约数秒至 1 min，当涂面出现明显褐色时，立即用蒸馏水冲洗。若加 B 液后显色较慢，可用微火加热，直至显褐色时立即水洗。自然干燥。

配制合格的染色剂(尤其是 B 液)、充分洗去 A 液再加 B 液、掌握好 B 液的染色时间均是鞭毛染色成败的重要环节。

⑥ 镜检：干后用油镜观察。观察时，可从玻片的一端逐渐移至另一端，有时只有涂片的一定部位观察到鞭毛。

菌体呈深褐色，鞭毛显褐色；通常呈波浪形。

(2) 改良的 Leifson 染色法。

① 载玻片的准备、菌种材料的准备同硝酸银染色法。

② 制片：用记号笔在载玻片反面将玻片分成3～4个等分区，在每一小区的一端放一小滴菌液。将玻片倾斜，让菌液流到小区的另一端，用滤纸吸去多余的菌液。室温或37℃温室自然干燥。

③ 染色：加Leifson染色液覆盖第一区的涂面，隔数分钟后，加染液于第二区涂面，如此继续染第三、四区。间隔时间自行议定，其目的是为了确定最佳染色时间。在染色过程中仔细观察，当整个玻片都出现铁锈色沉淀、染料表面出金色膜时，即直接用水轻轻冲洗（不要先倾去染料再冲洗，否则背景不清）。染色时间大约10 min。自然干燥。

④ 镜检：干后用油镜观察。

菌体和鞭毛均呈红色。

（3）改良的鞭毛染色法。

① 菌种的准备：要求用活跃生长期菌种作鞭毛染色。

② 载玻片的准备：玻片要求光滑、洁净。

③ 菌液的制备：取斜面或平板菌种培养物数环于盛有1～2 mL无菌水的试管中，制成轻度混浊的菌悬液用于制片。

④ 制片：取一滴菌液于载玻片的一端，然后将玻片倾斜，使菌液缓缓流向另一端，用吸水纸吸去玻片下端多余菌液，室温自然干燥。

⑤ 染色：涂片干燥后，滴加白氏染液Ⅰ液覆盖3 min，用蒸馏水充分洗去Ⅰ液。用白氏染液Ⅱ液覆盖涂片染色1 min，水洗。

⑥ 镜检：干燥后用油镜观察。

菌体染成蓝色，鞭毛染成红色。

思　考　题

1. 说明芽孢染色法的原理。用简单染色法能否观察到细菌的芽孢？

2. 用Schaeffer-Fulton染色法加热染色时，若因一时疏忽玻片上的染液被烘干，此时能否立即补加染液？为什么？

3. 若涂片中观察到的只是大量游离芽孢，很少看到芽孢囊及营养细胞，你认为这是什么原因？

4. 试比较三种芽孢染色法的优缺点。

5. 试比较四种荚膜染色法的优缺点。

6. 通过荚膜染色法染色后，为什么被包在荚膜里面的菌体着色而荚膜不着色？

7. 试比较三种鞭毛染色法的优缺点。

8. 用鞭毛染色法准确鉴定一株细菌是否具有鞭毛，要注意哪些环节？

四　细菌细胞的生理生化反应

目 的 要 求

了解并掌握细菌鉴定中常用生理生化反应的实验原理和方法。

实 验 原 理

各种细菌由于具有不同的酶系统，致使它们能利用不同的底物，或虽然可以利用相同的底物，却产生不同的代谢产物，因此可以利用各种生理生化反应来鉴别细菌。

糖发酵是最常用的生化反应，存在于大多数细菌中。不同的细菌在糖的分解能力上存在很大的差异。有些细菌能分解某种糖并产生酸性物质（如乳酸、丙酸、乙酸等）和气体（如二氧化碳、氢、甲烷等），而有些细菌只产生酸不产生气体。例如，大肠杆菌分解乳糖和葡萄糖产酸并产气，普通变形杆菌分解葡萄糖产酸产气，但不能分解乳糖。酸的产生可利用指示剂来判断。在培养基中加入溴甲酚紫(pH 5.2 为黄色，pH 6.8 为紫色)，当发酵产酸时，可使培养基由紫色变为黄色。气体的产生可由发酵试管中倒置的德汉氏小管中有无气泡的出现来验证，如图 3-1-21。

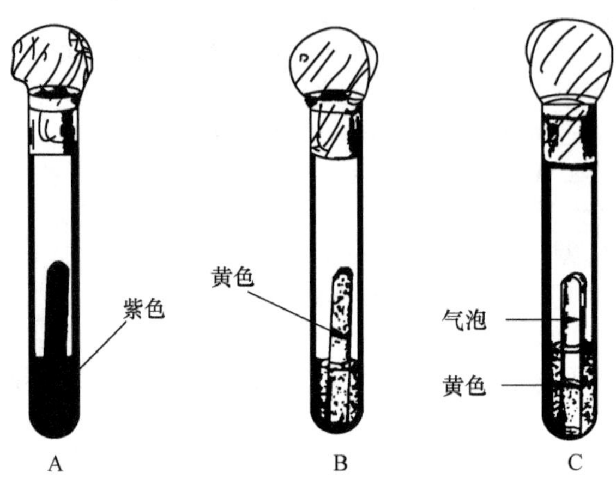

图 3-1-21 糖发酵试验

A. 培养前的情况；B. 培养后产酸不产气；C. 培养后产酸产气

柠檬酸盐利用试验用于检验细菌是否能利用柠檬酸盐作为唯一碳源，以供细菌代谢需要。它主要取决于细菌胞内是否具有柠檬酸盐渗透酶(citrate permease)，这种酶有利于将柠檬酸盐运进细胞。柠檬酸盐一旦进入胞内后，即转变成丙酮酸和 CO_2。培养基中多余的游离钠离子和水结合形成碳酸钠，这是一种碱性产物，使培养基的碱性增加。

$$\text{柠檬酸钠} \xrightarrow{\text{柠檬酸盐渗透酶}} \text{丙酮酸} + \text{草酰乙酸} + CO_2$$

$$2Na^+ (\text{多余}) + CO_2 + H_2O \longrightarrow Na_2CO_3 (\text{碱性})$$

在培养基中加入溴麝香草酚蓝指示剂，通过其变色情况而判定。其变色范围为：pH<6，呈黄色；pH 6～7.6，呈绿色；pH>7.6，呈蓝色。细菌利用柠檬酸盐，培养基由原来的绿色变为深蓝色，此为柠檬酸盐利用试验阳性反应。也可用酚红作为指示剂(pH 6.3 呈黄色，pH 8.0 呈红色)。

有些细菌能分解含硫氨基酸(如胱氨酸、半胱氨酸、甲硫氨酸等)产生 H_2S。例如，某些细菌含有半胱氨酸脱硫酶(cysteine desulfurase)，可将半胱氨酸分解为丙酮酸、氨和 H_2S。

半胱氨酸分解反应：

$$CH_2SHCHNH_2COOH + H_2O \xrightarrow{\text{半胱氨酸脱硫酶}} CH_3COCOOH + NH_3\uparrow + \underset{(\text{无色})}{H_2S}\uparrow$$

H_2S 本身无色，若遇培养基中的铅盐或铁盐，可产生黑色硫化铅或硫化铁沉淀，从而可确定 H_2S 的产生。硫化氢与铅盐或铁盐的反应式：

$$H_2S + Pb(CH_3COO)_2 \longrightarrow 2CH_3COOH + \underset{(\text{黑色})}{PbS}\downarrow$$

$$H_2S + FeSO_4 \longrightarrow H_2SO_4 + \underset{(\text{黑色})}{FeS}\downarrow$$

吲哚试验是由于某些细菌含有色氨酸酶，能分解蛋白胨中的色氨酸产生吲哚，吲哚可以与对二甲基氨基苯甲醛反应形成红色的物质——玫瑰吲哚。大肠杆菌吲哚反应阳性，产气肠杆菌为阴性。

甲基红试验是指某些细菌在糖代谢过程中，可分解葡萄糖产生丙酮酸，后者进一步分解产生甲酸、乙酸、乳酸等酸性物质，使培养基的 pH 降低至 4.2 以下，培养基中的甲基红指示剂由原来的桔黄色变为红色。大肠杆菌为阳性反应，产气肠杆菌为阴性。

伏-普试验，某些细菌利用葡萄糖产生丙酮酸，丙酮酸缩合、脱羧变成乙酸甲基甲醇，后者在碱性条件下被空气中的氧气氧化成二乙酰。二乙酰与蛋白胨中精氨酸的胍基作用，生成红色化合物，即为伏-普反应阳性。产气肠杆菌为阳性反应，大肠杆菌为阴性反应。

材料与器材

1. 材料

大肠杆菌、普通变性杆菌、产气肠杆菌、糖发酵培养基、蛋白胨水培养基、葡萄糖蛋白胨水培养基。

2. 试剂

甲基红试剂、40%KOH、5% α-萘酚、乙醚、吲哚试剂。

3. 器材

德汉氏小管、试管、接种环、恒温培养箱。

实验步骤

1. 糖发酵试验

(1) 编号。取含葡萄糖、乳糖培养液的试管各3支(已放入德汉氏小管)，分别标明①大肠杆菌；②普通变形杆菌；③空白对照。

(2) 接种。用接种环分别挑取少量培养16～18 h的大肠杆菌和普通变形杆菌，接种至上述已编好号的试管中。

(3) 将上述试管置37℃恒温培养箱中培养24 h。

(4) 观察结果。并将实验结果填入下表，“田”表示产酸产气；“＋”表示产酸不产气；“—”表示不产酸不产气。

糖类发酵	大肠杆菌	普通变形杆菌	对　照
葡萄糖发酵			
乳糖发酵			

2. 柠檬酸盐试验

(1) 将大肠杆菌和产气肠杆菌分别接种在两支柠檬酸钠斜面上。置于37℃恒温箱中，培养24～48 h。

(2) 观察并记录实验结果，观察柠檬酸盐培养基上有无细菌生长和是否变色？含有溴麝香草酚蓝的斜面呈蓝色者为阳性反应，呈绿色者为阴性反应；含酚红的斜面如呈红色为阳性反应，呈黄色为阴性反应。

3. 吲哚试验，甲基红试验，伏-普试验，硫化氢产生试验

(1) 用接种环分别接种大肠杆菌和产气肠杆菌入含有蛋白胨水培养基的2支试管中(吲哚试验)。

(2) 将上述两种细菌分别接种于另外2支葡萄糖蛋白胨水培养基中(甲基红试验和伏-普试验)。

(3) 将上述试管置37℃恒温箱中培养48 h。

(4) 观察结果。

① 吲哚试验：在培养48 h的蛋白胨水培养物中加入3～4滴乙醚试剂，摇动数次，静止1～3 min，待乙醚上升后，沿管壁徐徐加入2滴吲哚试剂，在乙醚和培养物之间产生红色环状物者为阳性。

② 甲基红试验：培养 48 h 后，将葡萄糖蛋白胨水培养物分为 2 管(其中一管用于伏-普试验)，在一管内加入甲基红试剂 2 滴，培养液变红色者为阳性，变黄色为阴性。

③ 伏-普试验：在上述留用的小试管内加入 40% KOH 5～10 滴，然后再加入等量 5% α-萘酚溶液，用力振荡混匀后，放置 37℃温箱中保温 30 min，培养物呈现红色者，为伏-普反应阳性。

④ 硫化氢产生试验：取 2 支已灭菌柠檬酸铁铵半固体培养基，分别穿刺接种大肠杆菌及普通变形杆菌。置于 37℃恒温箱中培养 24 h。

将实验结果填入下表，"＋"表示阳性反应，"－"表示阴性反应。

菌　种	吲哚试验	甲基红试验	伏-普试验
大肠杆菌			
产气肠杆菌			

思　考　题

1. 哪些生理生化试验可用于区别大肠杆菌和产气肠杆菌？结果如何？
2. 做糖发酵试验时应注意哪些问题？
3. 甲基红试验和伏-普试验的最终产物如何？为什么会出现不同的最终产物？

五　大肠杆菌生长曲线的测定

目 的 要 求

(1) 了解大肠杆菌的生长曲线特征和繁殖规律，并学会绘制生长曲线；

(2) 复习光电比浊法测量细菌数量的方法。

实 验 原 理

将一定量的细菌转入新鲜液体培养基中，在适宜的条件下培养细胞要经历延迟期、对数期、稳定期和衰亡期四个阶段。以培养时间为横坐标，以细菌数目的对数或生长速率为纵坐标作图所绘制的曲线称为该细菌的生长曲线。不同的细菌在相同的培养条件下其生长曲线不同，同样的细菌在不同的培养条件下所绘制的生长曲线也不相同。测定微生物生长曲线的方法很多，本实验用分光光度计(spectrophotometer)进行光电比浊测定不同培养时间细菌悬浮液的 OD 值，绘制生长曲线。也可以直接用试管或带有测定管的三角烧瓶(图 3-1-22)测定"klett units"值的光度计。如图 3-1-23 所示，要接种 1 支试管或 1 个带测定管的三角烧瓶，在不同的培养时间

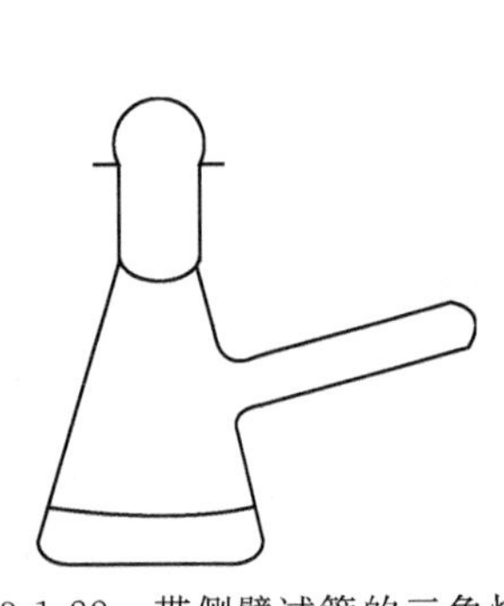

图 3-1-22　带侧臂试管的三角烧瓶

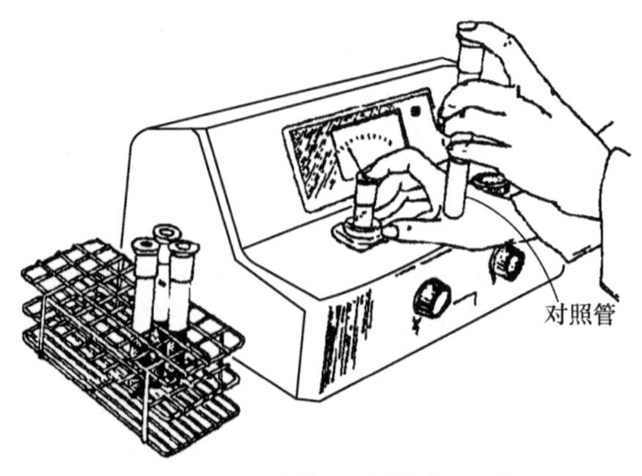

图 3-1-23　直接用试管测 OD 值

(横坐标)取样测定,以测得的 klett units 为纵坐标,便可很方便地绘制出细菌的生长曲线。如果需要,可根据式 1klett units=OD/0.002 换算出所测菌悬液的 OD 值。

材料与器材

1. 材料

大肠杆菌、LB 液体培养基 70 mL、分装 2 支大试管(5 mL/支)、剩余 60 mL 装入 250 mL 的三角烧瓶。

2. 器材

722 型分光光度计、恒温振荡摇床、无菌试管、无菌吸管等。

实验步骤

1. 编号

取 11 支无菌大试管,用记号笔分别标明培养时间,即 0、1.5 h、3 h、4 h、6 h、8 h、10 h、12 h、14 h、16 h 和 20 h。

2. 接种

分别用 5 mL 无菌吸管吸取 2.5 mL 大肠杆菌过夜培养液(培养 10～12 h)转入盛有 50 mL LB 液的三角烧瓶内,混合均匀后分别取 5 mL 混合液放入上述标记的 11 支无菌大试管中。

3. 培养

将已接种的试管置摇床 37℃振荡培养(振荡频率 150 r/min),分别培养 0、1.5 h、3 h、4 h、6 h、8 h、10 h、12 h、14 h、16 h 和 20 h,将标有相应时间的试管取出,立即放冰箱中储存,最后一同比浊测定其光密度值。

4. 比浊测定

用未接种的 LB 液体培养基作空白对照,选用 600 nm 波长进行光密度测定。从先取出的培养液开始依次测定,对细胞密度大的培养液用 LB 液体培养基适当稀释后测定,使其光密度值在 0.1～0.65 之内(测定 OD 值前,将待测定的培养液振荡,使细胞均匀分布)。记录 OD 值。

思考题

1. 根据实验数据画出生长曲线,并说明大肠杆菌生长特征。

2. 如果用活菌计数法制作生长曲线,你认为会有什么不同?两者各有什么缺点?

3. 细菌生长繁殖所经历的四个时期中,哪个时期其代时最短?若细胞密度为 10^3/mL,培养 4.5 h 后,其密度高达 2×10^8/mL,请计算出其代时。

4. 次生代谢产物的大量积累在哪个时期?根据细菌生长繁殖的规律,采用哪些措施可使次生代谢产物积累更多?

六　放线菌、霉菌和酵母菌的形态观察

(一) 放线菌的形态观察

目的要求

(1) 了解放线菌形态观察的原理;

(2) 学习并掌握观察放线菌形态的操作方法;

(3) 初步了解放线菌的形态特征。

实验原理

放线菌是指能形成分枝丝状体或菌丝体的一类革兰氏阳性细菌。常见放线菌大多能形成菌丝体，紧贴培养基表面或深入培养基内生长的叫基内菌丝（简称“基丝”），基丝生长到一定阶段还能向空气中生长出气生菌丝（简称“气丝”），并进一步分化产生孢子丝及孢子。有的放线菌只产生基丝而无气丝。在显微镜下直接观察时，气丝在上层、基丝在下层，气丝色暗，基丝较透明。孢子丝依种类的不同，有直、波曲、各种螺旋形或轮生。在油镜下观察，放线菌的孢子有球形、椭圆、杆状或柱状。能否产生菌丝体及由菌丝体分化产生的各种形态特征是放线菌分类鉴定的重要依据。为了观察放线菌的形态特征，人们设计了各种培养和观察方法，这些方法的主要目的是为了尽可能保持放线菌自然生长状态下的形态特征。本实验介绍其中几种常用方法。

扦片法：将放线菌接种在琼脂平板上，扦上灭菌盖玻片后培养，使放线菌菌丝沿着培养基表面与盖玻片的交接处生长而附着在盖玻上。观察时，轻轻取出盖玻片，置于载玻片上直接镜检。这种方法可观察到放线菌自然生长状态下的特征，而且便于观察不同生长期的形态。

玻璃纸法：玻璃纸是一种透明的半透膜，将灭菌的玻璃纸覆盖在琼脂平板表面，然后将放线菌接种于玻璃纸上，经培养，放线菌在玻璃纸上生长形成菌苔。观察时，揭下玻璃纸，固定在载玻片上直接镜检。这种方法既能保持放线菌的自然生长状态，也便于观察不同生长期的形态特征。

印片法：将要观察的放线菌的菌落或菌苔，先印在载玻片上，经染色后观察。这种方法主要用于观察孢子丝的形态、孢子的排列及其形状等。方法简便、但形态特征可能有所改变。

材料与器材

1. 材料

细黄链霉菌（*Streptomyces microflavus*）或青色链霉菌（*S. glaucus*）、弗氏链霉菌（*S. fradiae*）、灭菌的高氏Ⅰ号琼脂。

2. 器材

经灭菌的：平皿、玻璃纸、盖玻片、玻璃涂棒以及载玻片、接种环、接种铲、镊子、石炭酸复红染液、显微镜等。

实验步骤

1. 扦片法

（1）倒平板。取熔化并冷至大约50℃的高氏Ⅰ号琼脂约20 mL倒平板，凝固待用。

（2）接种。用接种环挑取菌种斜面培养物（孢子）在琼脂平板上划线接种。划线要密些，以利扦片。

（3）扦片。以无菌操作用镊子将灭菌的盖玻片以大约45°扦入琼脂内（扦在接种线上）（图3-1-24），扦片数量可根据需要而定。

图3-1-24　扦片法

（4）培养。将扦片平板倒置，28℃培养，培养时间根据观察的目的而定，通常3～5天。

（5）镜检。用镊子小心拔出盖玻片，擦去背面培养物，然后将有菌的一面朝上放在载玻片上，直接镜检。

观察时，宜用略暗光线；先用低倍镜找到适当视野，更换高倍镜观察。如果用0.1%美蓝对培养后的盖玻片进行染色后观察，效果会更好。

2. 玻璃纸法

(1) 倒平板。同扦片法。

(2) 铺玻璃纸。以无菌操作用镊子将已灭菌(155～160℃干热灭菌 2 h)的玻璃纸片(似盖玻片大小)铺在培养基琼脂表面,用无菌玻璃涂棒(或接种环)将玻璃纸压平,使其紧贴在琼脂表面,玻璃纸和琼脂之间不留气泡。每个平板可铺 5～10 块玻璃纸。

也可用略小于平皿的大张玻璃纸代替小纸片,但观察时需要再剪成小块。

(3) 接种。用接种环挑取菌种斜面培养物(孢子)在玻璃纸上划线接种。

(4) 培养。将平板倒置,28℃培养 3～5 天。

(5) 镜检。在洁净载玻片上加一小滴水,用镊子小心取下玻璃纸片,菌面朝上放在玻片的水滴上,使玻璃纸平贴在玻片上(中间勿留气泡),先用低倍镜观察,找到适当视野后换高倍镜观察。

操作过程,勿碰动玻璃纸菌面上的培养物。

3. 印片法

(1) 接种培养。用高氏Ⅰ号琼脂平板,常规划线接种或点种,28℃培养 4～7 天。也可用上述两种方法所使用的琼脂平板上的培养物,作为制片观察的材料。

(2) 印片。用接钟铲或解剖刀将平板上的菌苔连同培养基切下一小块,菌面朝上放在一载玻片上。另取一洁净载玻片置火焰上微热后,盖在菌苔上,轻轻按压,使培养物(气丝、孢子丝或孢子)黏附("印")在后一块载玻片的中央,有印迹的一面朝上,通过火焰 2～3 次固定。

印片时不要用力过大压碎琼脂,也不要错动,以免改变放线菌的自然形态。

(3) 染色。用石炭酸复红覆盖印迹,染色约 1 min 后水洗。

(4) 镜检。干后用油镜观察。

思　考　题

1. 试比较三种培养和观察放线菌方法的优缺点。
2. 玻璃纸培养和观察法是否还可用于其他类群微生物的培养和观察？为什么？
3. 镜检时,你如何区分放线菌的基内菌丝和气生菌丝？

(二) 霉菌的形态观察

目 的 要 求

(1) 了解霉菌形态观察的原理；

(2) 学习并掌握观察霉菌形态的基本方法；

(3) 了解四类常见霉菌的基本形态特征。

实 验 原 理

霉菌可产生复合分枝的菌丝体,分基内菌丝和气生菌丝,气生菌丝生长到一定阶段分化产生繁殖菌丝,由繁殖菌丝产生孢子。霉菌菌丝体(尤其是繁殖菌丝)及孢子的形态特征是识别不同种类霉菌的重要依据。霉菌菌丝和孢子的宽度通常比细菌和放线菌粗得多(为 3～10 μm),常是细菌菌体宽度的几倍至几十倍,因此,用低倍显微镜即可观察。观察霉菌的形态有多种方法,常用的有下列三种。

1. 直接制片观察法

直接制片观察法是将培养物置于乳酸石炭酸棉蓝染色液中,制成霉菌制片镜检。用此染液制成的霉菌制片的特点是:细胞不变形;具有防腐作用,不易干燥,能保持较长时间;能防止孢子飞散,染液的蓝色能增强反差。必要时,还可用树胶封固,制成永久标本长期保存。

2. 载玻片培养观察法

用无菌操作将培养基琼脂薄层置于载玻片上，接种后盖上盖玻片培养，霉菌即在载玻片和盖玻片之间的有限空间内沿盖玻片横向生长。培养一定时间后，将载玻片上的培养物置显微镜下观察。这种方法既可以保持霉菌自然生长状态，还便于观察不同发育期的培养物。

3. 玻璃纸培养观察法

霉菌的玻璃纸培养观察方法与放线菌的玻璃纸培养观察方法相似。这种方法用于观察不同生长阶段霉菌的形态，也可获得良好的效果。

材料与器材

1. 材料

曲霉(*Aspergillus* sp.)、青霉、根霉(*Rhizopus* sp.)和毛霉(*Mucor* sp.)培养 2～5 天的马铃薯琼脂平板培养物、土豆琼脂或查氏琼脂。

2. 试剂

乳酸石炭酸棉蓝染色液。

3. 器材

无菌吸管、平皿、载玻片、盖玻片、"U"形玻棒、解剖针、解剖刀、镊子、50%乙醇、20%的甘油以及显微镜等。

实验步骤

1. 直接制片观察法

在载玻片上加一滴乳酸石炭酸棉蓝染色液，用解剖针从霉菌菌落边缘处挑取少量已产孢子的霉菌菌丝，先置于 50%乙醇中浸一下以洗去脱落的孢子，再放在载玻片上的染液中，用解剖针小心地将菌丝分散开。盖上盖玻片，置低倍镜下观察，必要时换高倍镜观察。

挑菌和制片时要细心，尽可能保持霉菌自然生长状态；加盖玻片时勿压入气泡，以免影响观察。

2. 载玻片培养观察法

(1) 培养小室的灭菌。在平皿皿底铺一张略小于皿底的圆滤纸片，再放一"U"形玻棒，其上放一洁净载玻片和两块盖玻片，盖上皿盖、包扎后于 121℃ 灭菌 30 min，烘干备用。

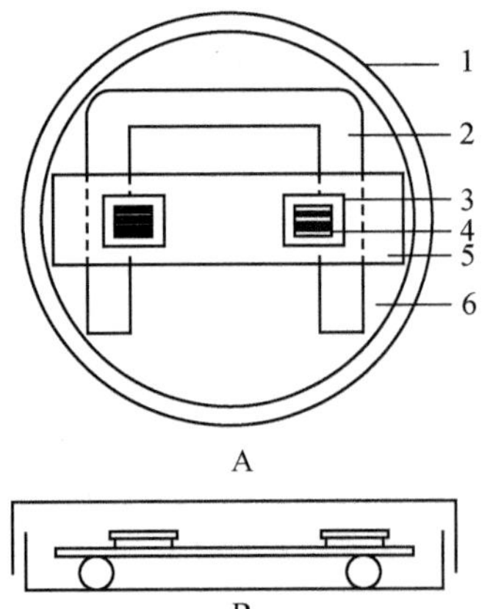

图 3-1-25　载玻片培养法示意图

A:正面观;B:侧面观

1. 平皿;2. "U"形玻棒;3. 盖玻片;4. 培养物;5. 载玻片;6. 保湿用滤纸

(2) 琼脂块的制作。取已灭菌的马铃薯琼脂(或查氏琼脂)培养基 6～7 mL 注入另一灭菌平皿中，使之凝固成薄层。用解剖刀切成 0.5～1 cm^2 的琼脂块，并将其移至上述培养室中的载玻片上(每片放两块)(图 3-1-25)，制片过程中注意无菌操作。

(3) 接种。用尖细的接种针挑取很少量的孢子接种于琼脂块的边缘上，用无菌镊子将盖玻片覆盖在琼脂块上。

接种量要少，尽可能将分散的孢子接种在琼脂块边缘上，否则培养后菌丝过于稠密影响观察。

(4) 培养。先在平皿的滤纸上加 3～5 mL 灭菌的 20% 甘油(用于保持平皿内的湿度)，盖上皿盖，28℃ 培养。

(5) 镜检。根据需要可以在不同的培养时间内取出载玻片置低倍镜下观察，必要时换高倍镜。

思　考　题

1. 你主要根据哪些形态特征来区分上述四种霉菌？

2. 根据载玻片培养观察方法的基本原理，你认为上述操作过程中的哪些步骤可以根据具体情况做一些改进或可用其他的替代方法？

3. 你认为在显微镜下，细菌、放线菌、酵母菌和霉菌的主要区别是什么？

（三）酵母菌形态观察、死活细胞的鉴定及细胞计数

目 的 要 求

（1）观察酵母菌的形态特征、出芽生殖方式，并掌握酵母菌与细菌形态特征的区别；

（2）学习鉴别死活细胞的实验方法。

实 验 原 理

酵母菌是单细胞的真核微生物，菌体比细菌大而且不运动。酵母菌的繁殖方式分为无性繁殖和有性繁殖两种，以无性繁殖为主。芽殖是酵母菌普遍的无性繁殖方式，少数为裂殖；有性繁殖是产生子囊和子囊孢子。本实验是通过美蓝染液水浸片和水-碘液水浸片来观察酵母的形态和芽殖方式。

美蓝是一种无毒性的染料，它的氧化型呈蓝色，还原型无色。用美蓝对酵母活细胞染色时，由于细胞的新陈代谢作用，细胞内具有较强的还原能力，能使美蓝由蓝色的氧化型变为无色的还原型，而对代谢作用微弱或死细胞，无此还原能力或还原能力极弱，而被美蓝染成蓝色或淡蓝色。因此，不仅用此法可观察酵母细胞形态，也可用来鉴别酵母菌的死细胞和活细胞。

材料与器材

1. 材料

酿酒酵母（*Saccharomyces cerevisiae*）或卡尔酵母（*Saccharomyces calsbergensis*）培养 2 天左右的麦芽汁（或豆芽汁）斜面培养物。

2. 试剂

0.05%和 0.1%吕氏碱性美蓝染色液、革兰氏染色的碘液。

3. 器材

显微镜、载玻片、盖玻片、接种环、酒精灯等。

实 验 步 骤

1. 美蓝浸片观察

（1）载玻片中央加 1 滴 0.1%吕氏碱性美蓝染色液，染液不宜过多或过少，否则盖上盖玻片时，菌液溢出或出现大量气泡。然后按无菌操作用接种环挑取少量菌苔放染液中，混合均匀。

（2）用镊子取一块盖玻片，先将一侧与菌液接触，然后慢慢将盖玻片放下，使其盖在菌液上，盖玻片不宜平着放下，避免气泡产生。

（3）将制片放置约 3 min 后镜检，先用低倍镜后用高倍镜观察酵母菌的形态和出芽情况，同时根据颜色来区别死活细胞。

（4）染色 0.5 h 后再次进行观察，注意死活细胞数量是否增加。

（5）用 0.05%吕氏碱性美蓝染液重复上述操作。

2. 水-碘浸片观察

在载玻片的中央滴一小滴革兰氏染色用碘液，然后在其上加 3 滴水，取少许酵母菌苔放在水-碘液中混匀，盖上盖玻片镜检。

3. 计数

具体操作步骤见本篇实验二。

思 考 题

1. 吕氏碱性美蓝染液浓度和作用时间不同，对酵母菌死细胞数量有何影响？分析其原因。
2. 在显微镜下，酵母菌有哪些突出的特征区别于一般细菌？

七 微生物的测微技术

目 的 要 求

掌握用测微尺测定微生物大小的方法。

实 验 原 理

微生物细胞的大小是微生物基本的形态特征，也是分类鉴定的依据之一。微生物大小的测定，需要在显微镜下，借助于特殊的测量工具——测微尺，包括目镜测微尺和镜台测微尺。

镜台测微尺（图 3-1-26A）是中央部分刻有精确等分线的载玻片，一般是将 1 mm 等分为 100 格，每格长 0.01 mm（即 10 μm）。镜台测微尺并不直接用来测量细胞的大小，而是用于校正目镜测微尺每格的相对长度。

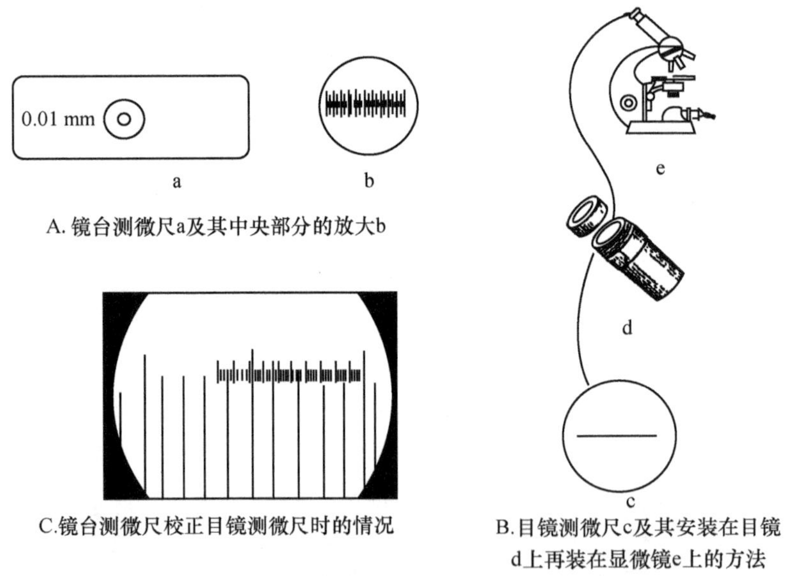

图 3-1-26 测微尺及其安装和校正

目镜测微尺（图 3-1-26B）是一块可放入接目镜内的圆形小玻片，其中央有精确的等分刻度，有等分为 50 小格和 100 小格两种。测量时，需将其放在接目镜中的隔板上，用以测量经显微镜放大后的细胞物象。由于不同显微镜或不同的目镜和物镜组合放大倍数不同，目镜测微尺每小格所代表的实际长度也不一样。因此，用目镜测微尺测量微生物大小时，必须先用镜台测微尺进行校正，以求出该显微镜在一定放大倍数的目镜和物镜下，目镜测微尺每小格所代表的相对长度。然后根据微生物细胞相当于目镜测微尺的格数，即可计算出细胞的实际大小。

球菌用直径来表示其大小，杆菌则用宽和长的范围来表示。如金黄色葡萄球菌直径约为0.8 μm，枯草芽孢杆菌大小为(0.7～0.8)μm×(2～3)μm。

材料与器材

1. 材料

酿酒酵母、藤黄微球菌和大肠杆菌的染色标本片、酿酒酵母 24 h 马铃薯斜面培养物。

2. 器材

显微镜、盖玻片、无菌毛细滴管、目镜测微尺、镜台测微尺、载玻片、盖玻片、显微镜等。

实 验 步 骤

1. 装目镜测微尺

取出接目镜，把目镜上的透镜旋下，将目镜测微尺刻度朝下放在目镜镜筒内的隔板上，然后旋上目镜透镜，再将目镜插入镜筒内。

2. 校正目镜测微尺

用同样的方法换成高倍镜和油镜进行校正，分别测出在高倍镜和油镜下，两重合线之间两尺分别所占的格数。

观察时光线不宜过强，否则难以找到镜台测微尺的刻度。换高倍镜和油镜校正时，务必十分细心，防止接物镜压坏镜台测微尺和损坏镜头。

由于已知镜台测微尺每格长 10 μm，根据下式即可分别计算出不同放大倍数下，目镜测微尺每格所代表的长度。

$$\text{目镜测微尺每格长度}(\mu\text{m})=\frac{\text{两重合线间镜台测微尺格数}\times 10}{\text{两重合线间目镜测微尺格数}}$$

3. 菌体大小测定

目镜测微尺校正完毕后，取下镜台测微尺，换上细菌染色制片。先用低倍镜和高倍镜找到标本后，换油镜测定藤黄微球菌的直径和大肠杆菌的宽度和长度。测定时，通过转动目镜测微尺和移动载玻片，测出细菌直径或宽或长所占目镜测微尺的格数。最后将所测得的格数乘以目镜测微尺(用油镜时)每格所代表长度，即为该菌的实际大小。

测定酵母菌时，先将酵母培养物制成水浸片，然后用高倍镜测出宽和长各占目镜微尺的格数，最后，将测得的格数乘上目镜测微尺(用高倍镜时)每格所代表的长度，即为酵母菌的实际大小。

通常测定对数生长期菌体大小来代表该菌的大小；可选择有代表性的 3～5 个细胞进行测定；细菌的大小需用油镜测定，以减少误差。

4. 测定完毕

取出目镜测微尺后，将接目镜放回镜筒，再将目镜测微尺和镜台测微尺分别用擦镜纸擦拭干净，放回盒内保存。

思　考　题

1. 更换不同放大倍数的目镜或物镜时，为何用镜台测微尺重新对目镜测微尺进行校正？

2. 在不改变目镜和目镜测微尺，而改用不同放大倍数的物镜来测定同一细菌的大小时，其测定结果是否相同？为什么？

八　微生物菌种的保藏

目 的 要 求

（1）学习并掌握菌种保藏的基本原理；

（2）掌握常用的几种不同的菌种保藏方法。

实 验 原 理

微生物个体微小、代谢旺盛、生长繁殖快，如果保存不妥容易发生变异和杂菌污染，甚至导致细胞死亡等现象。因此，保存好菌种是非常必要和重要的。

自 19 世纪末 F. Kral 开始尝试微生物菌种保藏以来已建立了许多长期保藏菌种的方法。虽不同的保藏方法其原理各异，但基本原则是使微生物的新陈代谢处于最低或几乎停止的状态。保藏方法通常考虑温度、水分、通气、营养成分和渗透压等方面。

随着分子生物学发展的需要，基因工程菌株的保藏已成为菌种保藏的重要内容之一。其保藏原理和方法与其他菌种相同。但考虑到重组质粒在宿主中的不稳定性，所以基因工程菌株的长期保藏目前趋向于将宿主和重组质粒分开保存，这里也将简要介绍 DNA 和重组质粒的保藏方法。常用的菌种保藏方法有以下几种。

1. 传代培养法

此法是将要保藏的菌种通过斜面、穿刺或疱肉培养基（用于厌氧细菌）培养好后，置 4℃冰箱中存放，定期进行传代培养、再存放。逐渐发展为在斜面培养物上面覆盖一层无菌的液体石蜡，一方面防止因培养基水分蒸发而引起菌种死亡，另一方面石蜡层可将微生物与空气隔离，减弱细胞的代谢作用。这种方法保藏菌种的时间短，且传代次数多，往往使菌种的主要特性减退，甚至丢失。因此它只能作为短期存放菌种用。

2. 载体法

该法是使生长合适的微生物吸附在一定的载体上进行干燥。常用载体有土壤、砂土、硅胶、明胶、麸皮、磁珠和滤纸片等。该法操作通常比较简单，普通实验室均可进行。特别是以滤纸片（条）作载体，细胞干燥后，可将含细菌的滤纸片（或条）装入无菌的小袋封闭后放在信封中邮寄很方便。

3. 悬液法

这是一种将细菌细胞悬浮在一定的溶液中，包括蒸馏水、蔗糖、葡萄糖等溶液、磷酸缓冲液、食盐水等，有的还使用稀琼脂。悬液法操作简便、效果较好。有的细菌、酵母菌用这种方法保藏几年甚至近十年。

4. 冷冻法

这是一种使样品始终存放在低温环境下的保藏方法。它包括低温法（－80～－70℃）和液氮法（－196℃）。此种方法关键是要克服细胞的冷冻损伤。降温过慢会造成溶液损伤；降温过快，会造成细胞内冰损伤。因此，控制降温速率是冷冻微生物细胞十分重要的步骤。现在可以通过以下两个途径来克服细胞的冷冻损伤。

（1）保护剂。也称分散剂。在需冷冻保藏的微生物样品中加入适当的保护剂可以使细胞经低温冷冻时减少冰晶的形成，如甘油、二甲基亚砜、谷氨酸钠、糖类、可溶性淀粉、聚乙烯吡咯烷酮（PVP）、血清、脱脂奶等均是保护剂。二甲基亚砜对微生物细胞有一定的毒害，一般不采用。甘油适宜低温保藏，脱脂奶和海藻糖是较好的保护剂，尤其是在冷冻真空干燥中普遍使用。

（2）玻璃化。固体在自然界中有两种形式，即晶体和玻璃化。物质的质点（分子、原子和离子等)呈有序排列或具有格子构造排列的称为晶态,即晶体。反之,质点作不规则排列的则为玻璃态,即玻璃化。玻璃化不会使生物细胞内外的水在低温下形成晶体。细胞不受损伤。

实现玻璃化可以通过降温速率和提高溶液浓度两种形式达到。

5. 真空干燥法

这类方法包括冷冻真空干燥法和 L-干燥法。冷冻真空干燥法是将要保藏的微生物样品先经低温预冻,然后在低温状态下进行减压干燥;L-干燥法则不需要低温预冻样品,只是使样品维持在 10～20℃内进行真空干燥。

材料与器材

1. 材料

大肠杆菌、假单胞菌、灰色链霉菌(*Streptomyces griseus*)、酿酒酵母、产黄霉菌(*Penicillium chrysogenum*)、肉汤培养基、马铃薯培养基、麦芽汁酵母膏培养基、河砂、瘦黄土或红土。

2. 试剂

EDTA、NaAc、10 mmol/L Tris、液体石蜡、甘油、五氧化二磷、95%乙醇、10%盐酸、无水氯化钙、食盐、干冰。

3. 器材

无菌吸管、无菌滴管、无菌培养皿、安瓿管、冻干管、40 目与 100 目筛子、油纸、滤纸条(0.5×1.2 cm)、干燥器、真空泵、真空压力表、喷灯、“L”形五通管、冰箱、低温冰箱(－30℃)、超低温冰箱和液氮罐。

实 验 步 骤

1. 斜面保藏法

将菌种转接在适宜固体斜面培养基上,待其充分生长后,用油纸将棉塞部分包扎好(斜面试管用带帽的螺旋试管为宜。这样培养基不易干,且螺旋帽不易长霉,如用棉塞,塞子要求比较干燥),置 4℃冰箱中保藏。

保藏时间依微生物的种类各异。霉菌、放线菌及有芽孢的细菌保存 2～4 个月移种一次,普通细菌最好每月移种一次,假单胞菌两周传代一次,酵母菌间隔两个月。

此法操作简单、使用方便、不需特殊设备,能随时检查所保藏的菌株是否死亡、变异与污染杂菌等。缺点是保藏时间短、需定期传代且易被污染,菌种的主要特性容易改变。

2. 液体石蜡保藏法

(1) 将液体石蜡分装于试管或三角烧瓶中,塞上棉塞并用牛皮纸包扎,121℃灭菌 30 min,然后放在 40℃温箱中使水汽蒸发后备用。

(2) 将需要保藏的菌种在最适宜的斜面培养基中培养,直到菌体健壮或孢子成熟。

(3) 用无菌吸管吸取无菌的液体石蜡,加入已长好菌的斜面上,其用量以高出斜面顶端 1 cm 为准(图 3-1-27),使菌种与空气隔绝。

(4) 将试管直立,置低温或室温下保存(有的微生物在室温下比在冰箱中保存的时间还要长)。

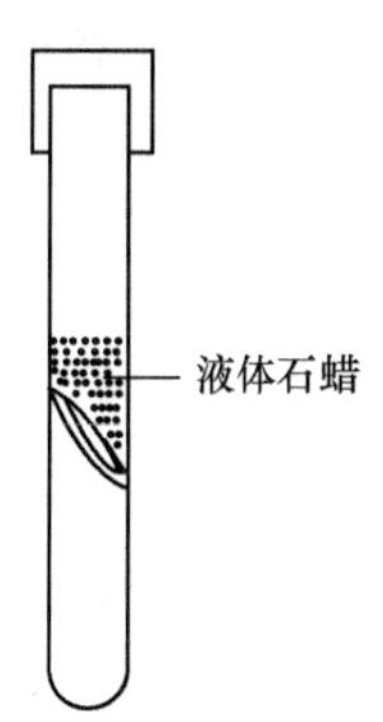

图 3-1-27　液体石蜡覆盖保藏

此法实用而且效果较好。产孢子的霉菌、放线菌、芽孢菌可保藏 2 年以上,有些酵母菌可保藏 1～2 年,一般无芽孢细菌也可保藏 1 年左右,甚至用一般方法很难保藏的脑膜炎球菌,在 37℃温箱内,亦可保藏 3 个月之久。此法的优点是制作简单，不需特殊设备，且不需经常移种。缺点是保存时必须直立放置，所占位置较大；同时也不便携带。从液体石蜡下面取培养物移种后接种环在火焰上烧灼时，培养物容易与残留的液体石蜡一起飞溅，应特别注意。

3. 穿刺保藏法

该方法操作简便，是短期保藏菌种的一种有效方法。

（1）穿刺接种培养（培养试管选用带螺旋帽的短试管或用安瓿管、Eppendorf 管等）。

（2）将培养好的穿刺管盖紧，外面用石蜡膜（parafilm）封严，置 4℃冰箱存放。

（3）取用时将接种环（环的直径尽可小些）伸入菌种生长处挑取少许细胞，接入适当的培养基中。穿刺管封严后可保留以后再用。

4. 滤纸保藏法

（1）滤纸条的准备。将滤纸剪成 0.5 cm×1.2 cm 的小条装入 0.6 cm×8 cm 的安瓿管中，每管装 1～2 片，用棉花塞上后经 121℃灭菌 30 min。

（2）保护剂的配制。配制 20%脱脂奶，装在三角烧瓶或试管中，112℃灭菌 25 min。待冷却后，随机取出几份分别置 28℃、37℃培养过夜，然后各取 0.2 mL 涂布在肉汤平板上或斜面上进行无菌检查，确认无菌后方可使用，其余的保护剂置 4℃存放待用。

（3）菌种培养。将需保存的菌种在适宜的斜面培养基上培养，直到生长半满。

（4）菌悬液的制备。取无菌脱脂奶 2～3 mL 加入待保存的菌种斜面试管内。用接种环轻轻地将菌苔刮下，制成菌悬液。

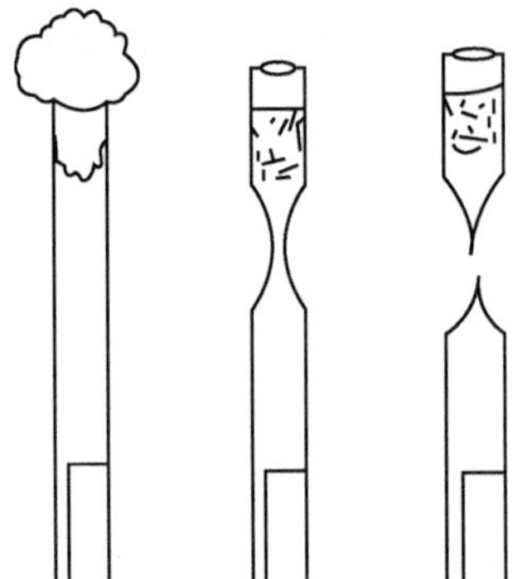

图 3-1-28　滤纸保藏法的安瓿管熔封

（5）分装样品。用无菌滴管（或吸管）吸取菌悬液滴在安瓿管中的滤纸条上，每片滤纸条约 0.5 mL，塞上棉花。

（6）干燥。将安瓿管放入有五氧化二磷（或无水氯化钙）作吸水剂的干燥器中，用真空泵抽气至干。

（7）熔封与保存。用火焰按图 3-1-28 所示将安瓿管封口，置 4℃或室温存放。

（8）取用安瓿管。使用菌种时取存放的安瓿管按图 3-1-29A 所示用锉刀或砂轮从上端打开安瓿管，或按图 3-1-29B 所示将安瓿管口在火焰上烧热，加一滴冷水在烧热的部位使玻璃裂开，敲掉口端的玻璃，用无菌镊子取出滤纸，放入液体培养基中培养或加入少许无菌水用无菌吸管或毛细滴管吹打几次，使干燥物很快溶解后吸出，转入适当的培养基中培养。

5. 砂土管保藏法

（1）河砂处理。取河砂若干加入 10%盐酸，加热煮沸 30 min 除去有机质。倒去盐酸溶液，用自来水冲洗至中性，最后一次用蒸馏水冲洗，烘干后用 40 目筛子过筛，弃去粗颗粒，备用。

（2）土壤处理。取非耕作层不含腐殖质的瘦黄土或红土，加自来水浸泡洗涤数次，直至中性。烘干后碾碎，用 100 目筛子过筛，粗颗粒部分丢掉。

（3）砂土混合。处理妥当的河砂与土壤按 3∶1 的比例掺和（或根据需要而用其他比例，甚至可全部作砂或土）均匀后，装入 10 mm×100 mm 的小试管或安瓿管中，每管分装 1 g 左右，塞上棉塞，进行灭菌（通常采用间歇灭菌 2～3 次），最后烘干。

（4）无菌检查。每 10 支砂土管随机抽 1 支，将砂土倒入肉汤培养基中，30℃培养 40 h，若发现有微生物生长，所有砂土管则需重新灭菌，再作无菌试验，直至证明无菌后方可使用。

（5）菌悬液的制备。取生长健壮的新鲜斜面菌种，加入 2～3 mL 无菌水（每 18 mm×180 mm 的试管斜面菌种），用接种环轻轻将菌苔洗下，制成菌悬液。

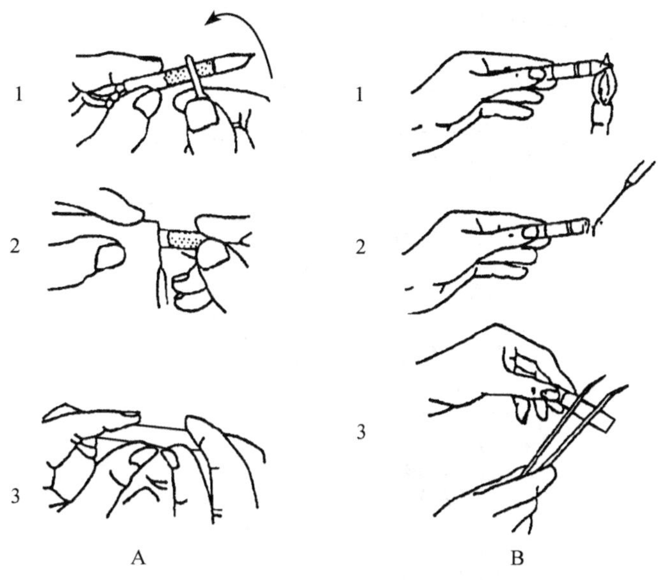

图 3-1-29　取用安瓿管

(6) 分装样品。每支砂土管(注明标记后)加入 0.5 mL 菌悬液(刚刚使砂土润湿为宜),用接种针拌匀。

(7) 干燥。将装有菌悬液的砂土管放入干燥器内,干燥器底部盛有干燥剂。用真空泵抽干水分后火焰封口(也可用橡皮塞或棉塞塞住试管口)。

(8) 保存。置 4℃冰箱或室温干燥处,每隔一定的时间进行检测。

此法多用于产芽孢的细菌、产生孢子的霉菌和放线菌。在抗生素工业生产中应用广泛、效果较好,可保存几年时间,但对营养细胞效果不佳。

6. 冷冻真空干燥保藏法

(1) 冻干管的准备。选用中性硬质玻璃,95# 材料为宜,内径约 50 mm,长约 15 cm,冻干管的洗涤按新购玻璃品洗净,烘干后塞上棉花。可将保藏编号、日期等打印在纸上,剪成小条,装入冻干管。121℃灭菌 30 min。

(2) 菌种培养。将要保藏的菌种接入斜面培养,产芽孢的细菌培养至芽孢从菌体脱落或产孢子的放线菌、霉菌至孢子丰满。

(3) 保护剂的配制。选用适宜的保护剂按使用浓度配制后灭菌,随机抽样培养后进行无菌检查(同滤纸法保护剂的无菌检查),确认无菌后才能使用。

糖类物质需用过滤器除菌,脱脂牛奶 112℃,灭菌 25 min。

(4) 菌悬液的制备。吸 2～3 mL 保护剂加入新鲜斜面菌种试管,用接种环将菌苔或孢子洗下振荡,制成菌悬液,真菌菌悬液则需置 4℃平衡 20～30 min。

(5) 分装样品。用无菌毛细滴管吸取菌悬液加入冻干管,每管装约 0.2 mL。最后在几支冻干管中分别装入 0.2 mL、0.4 mL 蒸馏水作对照。

(6) 预冻。用程序控制温度仪进行分级降温。不同的微生物其最佳降温度率有所差异,一般由室温快速降温至 4℃,4→－40℃每分钟降低 1℃,－40→－60℃以下每分钟降低 5℃。条件不具备者,可用冰箱逐步降温。从室温→4～－12℃(三星级冰箱－18℃)→－30～－70℃,也可用盐冰、干冰替代。

(7) 冷冻真空干燥。启动冷冻真空干燥机制冷系统。当温度下降到－50℃以下时,将冻结好的样品迅速放入冻干机钟罩内，启动真空泵抽气直至样品干燥，也可按图 3-1-30 所示用简单的装置代替冻干机。

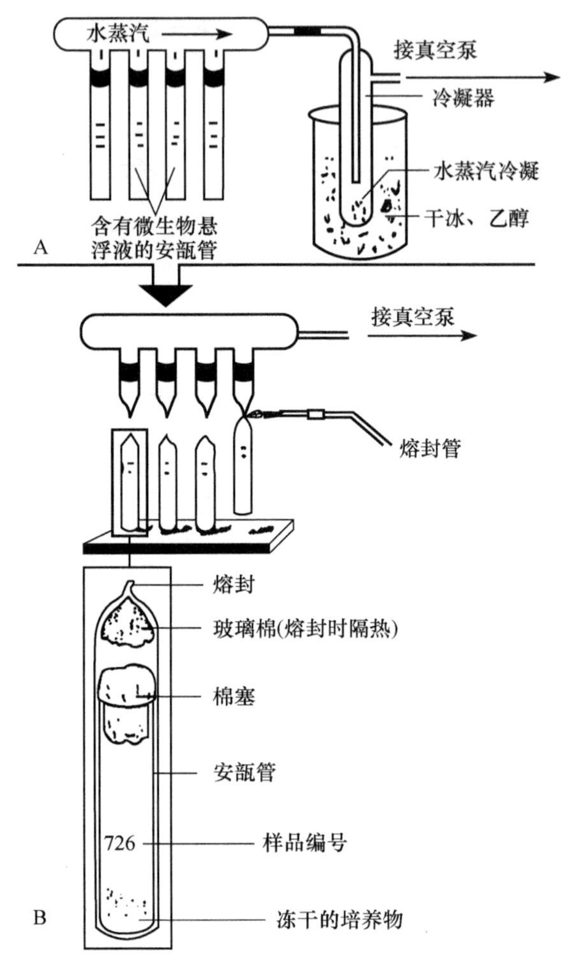

图 3-1-30 冷冻真空干燥法简易装置

A. 真空干燥；B. 熔封

样品干燥的程度对菌种保藏的时间影响很大。一般要求样品的含水量为 1%～3%。判断方法：①外观，样品表面出现裂痕，与冻干管内壁有脱落现象，对照管完全干燥；②指示剂，用 3% 的氯化钴水溶液分装冻干管，当溶液的颜色由红变浅蓝后，再抽同样长的时间便可。

(8) 取出样品。先关真空泵、再关制冷机，打开进气阀使钟罩内真空度逐渐下降，直至与室内气压相等后打开钟罩，取出样品。先取几只冻干管在桌面上轻敲几下，样品很快疏散，说明干燥程度达到要求。若用力敲，样品不与内壁脱开，也不松散，则需继续冷冻真空干燥，此时样品不需事先预冻。

(9) 第二次干燥。将已干燥的样品管分别安在歧形管上，启动真空泵，进行第二次干燥。

(10) 熔封。用高频电火花真空检测仪检测冻干管内的真空程度。当检测仪将要触及冻干管时，发出蓝色电光说明管内的真空度很好，便在火焰下(氧气和煤气混合调节，或用酒精喷灯)熔封冻干管。

(11) 存活性检测。每个菌株取 1 支冻干管及时进行存活检测。打开冻干管，加入 0.2 mL 无菌水，用毛细滴管吹打几次，沉淀物溶解后（丝状真菌、酵母菌则需要置室温平衡 30～60 min），转入适宜的培养基培养，根据生长状况确定其存活性，或用平板计数法或死活染色方法确定存活率。如需要可测定其特性。

(12) 保存。置 4℃或室温保藏（前者为宜）。隔时进行检测。

该方法是菌种保藏的主要方法，对大多数微生物较为适合、效果较好，保藏时间依不同的菌种而定，有的为几年甚至 30 多年。取用冻干管时，先用 75%乙醇将冻干管外壁擦干净，再用砂轮或锉刀按图 3-1-29 在冻干管上端画一小痕迹，然后将所画之处向外，两手握住冻干管的上下两端稍向外用力便可打开冻干管或将冻干管近口烧热，在热处滴几滴水，使之破裂，再用镊子敲开。

7. 液氮保藏法

(1) 安瓿管的准备。用于液氮保藏的安瓿管要求既能经 121℃高温灭菌又能在－196℃低温长期存放。现已普遍使用聚丙烯塑料制成带有螺旋帽和垫圈的安瓿管，容量为 2 mL。用自来水洗净后。经蒸馏水冲洗多次，烘干，121℃灭菌 30 min。

(2) 保护剂的准备。配制 10%～20%的甘油，121℃灭菌 30 min。使用前随机抽样进行无菌检查（见滤纸法保护剂的配制）。

(3) 菌悬液的制备。取新鲜的培养健壮的斜面菌种加入 2～3 mL 保护剂，用接种环将菌苔洗下振荡、制成菌悬液。

(4) 分装样品。用记号笔在安瓿管上注明标号，用无菌吸管吸取菌悬液，加入安瓿管中，每支管加 0.5 mL 菌悬液。拧紧螺旋帽。如果安瓿管的垫圈和螺旋帽封闭不严，液氮罐中液氮进入管内，取出安瓿管时，会发生爆炸，因此密封安瓿管十分重要，需特别细致。

(5) 预冻。先将分装好的安瓿管置 4℃冰箱中放 30 min 后转入冰箱上格－18℃处放置 20～30 min，再置－30℃低温冰箱或冷柜 20 min 后，快速转入－70℃超低温冰箱（可根据实验室的条件采用不同的预冻方式，如用程序控制降温仪、干冰、盐冰等）。

(6) 保存。经－70℃ 1 h 冻结，将安瓿管快速转入液氮罐（图 3-1-31）液相中，并记录菌种在液氮罐中存放的位置与安瓿管数。

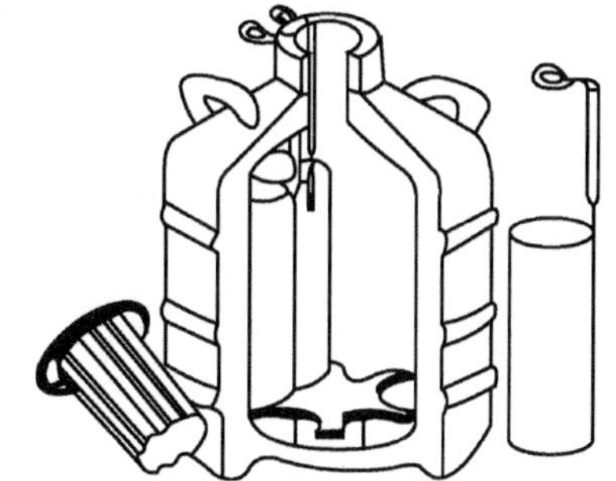

图 3-1-31　液氮冷冻保藏器

(7) 解冻。需使用样品时，带上棉手套，从液氮罐中取出安瓿管，用镊子夹住安瓿管上端迅速放入 37℃水浴锅中摇动 1～2 min，样品很快溶化。然后用无菌吸管取出菌悬液加入适宜的培养基中保温培养便可。

(8) 存活性测定。可采用以下方法进行存活检测：

① 染色法：取解冻融化的菌悬液按细菌、真菌死活染色法，通过显微镜观察细胞存活和死亡的比例，计算出存活率。

② 活菌计数法：分别将预冻前和解冻融化的菌悬液按 10 倍稀释法涂布平板培养后，根据二者每毫升活菌数计算出存活率（如有必要，可测定菌种特征的稳定性）。

按以下公式计算其存活率：

$$存活率\% = \frac{保藏后每毫升活菌数}{保藏前每毫升活菌数} \times 100\%$$

8. 核酸的保存

DNA 和 RNA 常采用以下方法保存：

(1) 以溶液形式置低温保存。DNA 溶于无菌 TE 缓冲液(10 mmol/L Tris-HCl，1 mmol/L EDTA，pH 8.0)中，其中，EDTA 的作用是螯合溶液中二价金属离子，从而抑制 DNA 酶的活性(Mg^{2+} 是 DNA 酶的激活剂)。TE 的 pH 为 8.0 是为了减少 DNA 的脱氨反应。哺乳动物细胞 DNA 的长期保存，可在 DNA 样品中加入 1 滴氯仿，避免细菌和核酸酶的污染。

RNA 一般溶于无菌 0.3 mol/L 醋酸钠(pH 5.2)或无菌双蒸馏水中。也可在 RNA 溶液中加 1 滴 0.3 mol/L VRC(氯钒核糖核苷复合物)，其作用是抑制 RNase 的降解。核酸分子溶于合适的溶液后可置 4℃、－20℃或－70℃条件下存放。4℃条件下样品可保存 6 个月左右，－70℃条件下则可存放 5 年以上。

(2) 以沉淀的形式置低温保存。乙醇是核酸分子有效的沉淀剂。将提纯的 DNA 和 RNA 样品加入乙醇使之沉淀，离心后去上清液，再加入乙醇，置 4℃、－20℃可存放数年，而且还可以在常温状态下邮寄。

(3) 以干燥的形式保存。将核酸溶液按一定的量分装于 Eppendorf 管中，置低温(盐冰、干冰、低温冰箱均可)预冻，然后在低温状态下真空干燥，置 4℃可存放数年以上。取用时只需加入适量的无菌双蒸馏水，待 DNA 或 RNA 溶解后便可使用。

思　考　题

1. 根据你自己的实验，谈谈 1～2 种菌种保藏方法的利弊？

2. 有人设想，如果将人类目前还无法治愈的病者进行冷冻保藏，几十年或几百年后使其复活，那时医学水平很高，其病便可治愈。你认为这种设想可否实现？说明其技术难点或者克服这些难点的可能性。

3. 在核酸的保存方法中，你认为哪种方法较好？为什么？

实验二　厌氧菌的培养技术

相关理论知识

根据微生物呼吸对氧的需求不同，可将微生物分为专性需氧菌(obligate or strick aerobe)、兼性厌氧菌(facultative anaerobe)、微需氧菌(microaerobe)、耐氧菌(aerotolerant anaerobe)和厌氧菌(anaerobe)。前三者属于需氧菌(aerobe)，后两者属于厌氧菌(anaeroe)。厌氧菌是自然界中分布广泛、性能独特的一类微生物，根据它们对氧气的关系，可把厌氧菌分成专性厌氧菌和兼性厌氧菌。耐氧菌(兼性厌氧菌如乳酸菌)，生长不需要氧，但氧对它无毒害作用；专性厌氧菌(如梭状芽孢杆菌、产甲烷杆菌等)，生长不需要氧，而氧对它有毒害作用。

氧对厌氧菌毒害作用在于：在生物的细胞内普遍存在超氧阴离子自由基，它是一种强的氧化剂，能破坏生物大分子。由于厌氧菌细胞中含有很少或完全不含氧化物歧化酶和过氧化氢酶等，故无法将超氧阴离子自由基歧化成 H_2O_2，也无法将 H_2O_2 进一步分解成无毒的 H_2O。因此，当厌氧菌处于有氧的环境中，细胞中的超氧阴离子自由基将使其受毒害甚至死亡。

要分离、培养厌氧菌，必须创造一个良好的无氧环境，包括配制氧化还原势低和无溶解氧的培养基，并在无氧条件下进行接种、培养和观察等一系列特殊操作。

培养厌氧菌的方法很多，其中最有成效的有以下数种：

厌氧菌的培养
- 一般厌氧技术：厌氧罐法或厌氧袋法
- 严格厌氧技术
  - 亨盖特氏滚管法
  - 厌氧手套箱法

由于严格厌氧技术所需实验装备复杂、手续极其麻烦，因此本实验只介绍一般厌氧技术中的厌氧罐法、厌氧袋法和简便的严格厌氧技术——针筒法。

一　用厌氧袋法培养丙酮丁醇梭菌

目 的 要 求

(1) 学习用厌氧袋法分离培养专性厌氧菌；

(2) 了解丙酮丁醇梭菌的生长情况及形态特征。

实 验 原 理

丙酮、丁醇是重要的有机溶剂，常用于微生物发酵法生产。丙酮丁醇梭菌(*Clostridium acetobutylicum*)是一种能产生丙酮、丁醇的专性厌氧菌，创造良好的厌氧环境，才能保证该菌的正常生长。以前实验室常用在真空干燥器内加焦性没食子酸与碱液并使之发生反应的吸氧方法，加以培养，但结果不易稳定。根据氢"燃烧"除氧的原理所设计的一种简易厌氧袋适用于分离和培养各种临床标本中的厌氧菌，也适合分离和培养丙酮丁醇专性厌氧菌和不少其他厌氧菌。厌氧袋除氧的主要原理是：

(1) 利用氢硼化钠($NaBH_4$)或氢硼化钾(KBH_4)与水反应产生氢，氢与密封袋中的氧气在钯(Pd)催化下结合成水，从而建立无氧环境。

$$NaBH_4 + 2H_2O \xrightarrow{Co^{2+}\text{ 或 }Ni^{2+}} NaBO_2 + 4H_2\uparrow$$

$$2H_2 + O_2 \xrightarrow{\text{钯}} 2H_2O$$

(2) 在无氧环境中加入5%～10%的二氧化碳,更有利于厌氧菌的生长。厌氧袋中二氧化碳由下列反应提供:

$$\begin{array}{c}CH_2COOH\\|\\HO-C-COOH\\|\\CH_2COOH\\\text{柠檬酸}\end{array}+3NaHCO_3\longrightarrow\begin{array}{c}CH_2COONa\\|\\HO-C-COONa\\|\\CH_2COONa\\\text{柠檬酸三钠}\end{array}+3H_2O+3CO_2\uparrow$$

(3) 指示厌氧罐内无氧程度的方法有物理法、化学法和生物法。目前常用的是化学法,通常利用美蓝指示剂,其氧化态为蓝色,还原态为粉红色或无色。

材料与器材

1. 菌种

丙酮丁醇梭菌(*Clostridium acetobutylicum*)

2. 培养基

(1) 中性红培养基:葡萄糖40 g,胰酶解蛋白胨6 g,酵母膏2 g,牛肉膏2 g,醋酸氨3 g,KH_2PO_4 0.5 g,中性红0.2 g,$MgSO_4\cdot7H_2O$ 0.2 g,$FeSO_4\cdot7H_2O$ 0.01 g,琼脂20 g,蒸馏水1000 mL,pH 6.2,121℃条件下灭菌20 min。

(2) 6.5%玉米醪培养基:6.5 g筛过的玉米粉加100 mL自来水,混匀,煮沸10 min使成糊状,分装于试管,每管10 mL,自然pH 121℃条件下灭菌0.5 h。

(3) $CaCO_3$明胶麦芽汁培养基:麦芽汁(6波美)1000 mL,蒸馏水1000 mL,$CaCO_3$ 10 g,明胶10 g,琼脂20 g,pH 6.8,121℃条件下灭菌20 min。

3. 厌氧袋

厌氧袋是由不透气的无毒特种复合塑料薄膜制成,袋内装有一套形成厌氧环境的系统、即产气系统、催化系统、指示系统和吸湿系统。其构造如下:

(1) 塑料袋:用电热法烫制的无毒复合透明薄膜塑料袋(14 cm×32 cm)。

(2) 产气管:取直径1.0 cm,长16 cm左右的无毒塑料软管1根,用电热法封其一端。将$NaBH_4$ 0.2 g(或KBH_4 0.3 g)和$NaHCO_3$ 0.2 g(按袋体积500 mL计算)用擦镜纸包成小包,塞入软管底部,其上塞少量脱脂棉花。再将内含5%的柠檬酸溶液1.5 mL的安瓿管装入塑料管,然后加上一个有缺口的泡沫塑料小塞即成。

(3) 厌氧度指示管:取直径1 cm、长8 cm无毒透明塑料软管1根。取出含1 mL美蓝指示剂的安瓿装入软管,在其上下口都先塞入少量脱脂棉,再加泡沫塑料软塞即成。指示剂成分如下:

A液:3 mL 0.5%美蓝水溶液,用蒸馏水稀释至100 mL。B液:6 mL 0.1 mol/L NaOH,用蒸馏水稀释至100 mL。C液:6 g葡萄糖加蒸馏水至100 mL。

使用前A、B、C液等量混合,用针筒注入安瓿(约1 mL),沸水浴加热至无色,立即封口。

(4) 催化剂:取市售钯粒(A型)5～10粒经加热活化后装入带有孔的小塑料硬管内即可。

(5) 吸湿剂包:取变色硅胶少许,用滤纸包成小包即可。

4. 器皿

直径为6 cm的培养皿8只,2 mL针筒2副,5 mL移液管2支,1 mL移液管数支,涂布棒3根,250 mL三角烧瓶数个,试管数支,量筒等。

5. 其他

宽透明胶带,4号票夹,脱脂棉花等。

实验步骤

(1) 准备菌种:实验前 2 天,将上述丙酮丁醇梭菌试样(或现成菌种)接入 6.5%玉米醪试管,沸水浴保温 45 s,立即流水冷却。37℃温箱培养 2 天。

(2) 倒平板:将中性红培养基、$CaCO_3$ 明胶培养基分别融化,冷却至 45℃左右倒平板,冷凝备用。

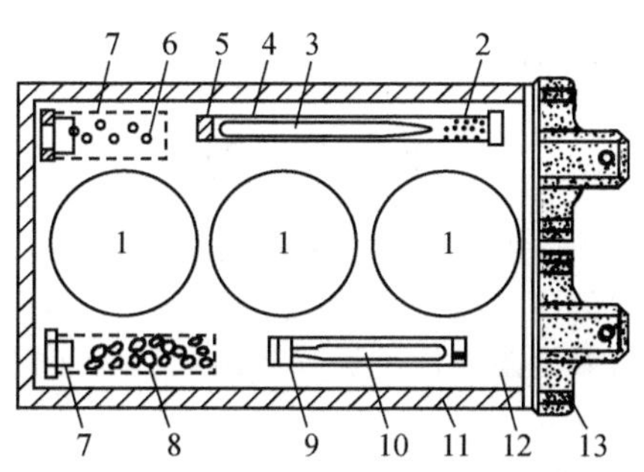

图 3-2-1　厌氧袋及其附件示意图

1. 培养皿(直径 6 cm);2. $NaHCO_3$;3. 5%柠檬酸;4. 塑料软管;5. 泡沫塑料塞(有一缺口);6. 钯催化剂;7. 硬质塑料管(上有小孔);8. 变色硅胶;9. 脱脂棉垫;10. 次甲基蓝指示剂;11. 热封边;12. 复合塑料塞;13. 票夹

(3) 装袋:将产气管、厌氧指示剂管、钯粒催化管和吸湿剂管如图 3-2-1 所示放入厌氧袋中。

(4) 稀释:取 2 天前活化的丙酮丁醇梭菌的试管,打散"醪盖",吸取培养液,稀释至 10^{-1}~10^{-2}。

(5) 涂布:吸取上述稀释液各 0.1 mL 在不同培养基平板上,分别用涂布棒涂开,随即将此平板放入厌氧袋(每袋可平放 3 皿)。

(6) 封袋:将厌氧袋中的空气尽量赶出,然后用宽透明胶带将袋口封住,并在袋口两端多留 1 cm 对折起来,以防漏气。然后将袋口处向里折叠几层,并用 2 只 4 号票夹夹紧,严防漏气。

(7) 除氧:将已封口的厌氧袋的袋口向上倾斜放置,折断产气管中的安瓿颈,使液体试剂与固体药物相接触产气(H_2 和 CO_2)。产生的 H_2 在钯粒催化下与袋内 O_2 化合生成水。经 5~10 min,钯粒催化管处手感发烫,并有少量水蒸气生成。

(8) 指示:折断产气管 0.5 h 后,才可折断厌氧度指示管中的安瓿颈。观察指示剂的颜色变化。若指示剂不变蓝,说明厌氧环境业已建立,即可进行温箱培养。

(9) 培养:将上述厌氧袋放入 37℃温箱培养 1 周左右后观察结果,并作记录。

(10) 镜检:从厌氧袋中取出平板,挑取典型黄色单菌落作涂片,经染色后,观察菌体及芽孢的形态(注意,形成芽孢的细胞比例很低)。请将形态观察结果记录于表 3-2-1。

表 3-2-1　形态观察结果

菌落形态特征*						个体形态特征			备　注
菌落大小	形状	颜色	光滑度	透明度	气味	菌体形态	有无芽孢及形状	碘液染色	

* 丙酮丁醇梭菌在中性红平板上显示黄色菌落

生理生化结果记录于表 3-2-2。

表 3-2-2　生理生化结果

项　目	明胶液化	$CaCO_3$ 分解	淀粉试验	中性红平板上颜色	备　注

思　考　题

1. 厌氧菌在空气中不能生长或被杀死的主要原因是什么？
2. 本实验中厌氧环境是如何建立的？有何优点？
3. 在实验中丙酮丁醇梭菌活化菌液作平板分离纯化时为何仅稀释至 $10^{-2}\sim10^{-1}$ 就作涂布分离？

二　厌氧罐培养法

目 的 要 求

(1) 了解厌氧罐的构造及其作用原理；

(2) 学习使用厌氧罐培养丙酮丁醇梭菌和产气荚膜梭菌的操作技术。

实 验 原 理

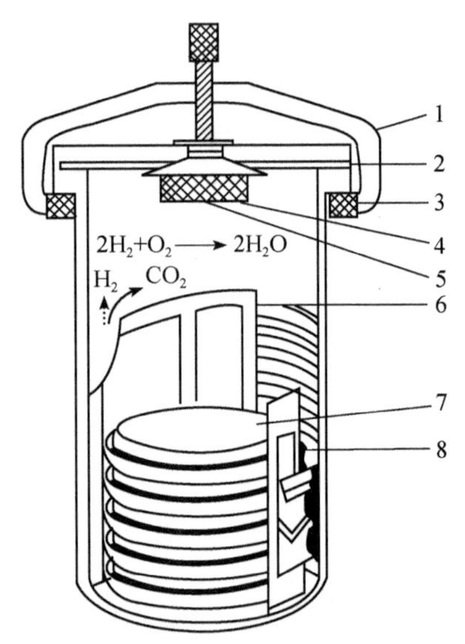

图 3-2-2　厌氧培养罐

1. 螺旋夹；2. 密封垫圈；3. 橡皮套；4. 球状钯催化剂；5. 催化剂放置处；6. H_2-CO_2 气体发生袋；7. 培养皿；8. 厌氧指示袋；

厌氧罐是一种小型的培养厌氧菌的密封容器。

要使用厌氧罐，先得熟悉其基本构造及附件。

(1) 罐体：目前最广泛使用的厌氧罐如图 3-2-2，其罐体都是采用透明的聚碳酸酯硬质塑料制成。常见的规格是内径为 15 cm、高 25 cm 的圆筒形罐体，其内可放直径9 cm 培养皿 10 只，另一种大型的厌氧罐，其内径为 22 cm，高25 cm，可放 9 cm 培养皿 30 只。罐体的上口有一圆盖，盖的周缘开有凹槽，内嵌一橡皮阀，起着罐体和盖之间的密封作用。在盖的下方中夹，旋连着一个金属丝网盒，用于存放活化的钯粒。盖的上面备有一根用于抽气换气的硬质塑料管，管上套上一段厚壁橡胶管，并用医用止血钳夹住橡胶管来做气体进出的阀门。此外，在罐体与圆盖之上还有一个大型的金属螺旋夹，使罐体与盖间紧靠密封。

(2) H_2 和 CO_2 的供应：供氢是造成罐内缺氧环境的必要条件。在供氢的同时，输入适量的 CO_2 不但对厌氧菌无不利影响，而且对某些革兰氏阴性厌氧菌还有促进生长的作用。故供氢时充入 5%～10%(*V/V*)的 CO_2 已成为厌氧罐技术中的一个常规操作项目。

供氢和 CO_2 有内源法和外源法两种。内源法是利用氢硼化钠（$NaBH_4$）或氢硼化钾（KBH_4）与水发生反应产生 H_2（以 CO_2 为催化剂），并利用碳酸氢钠和柠檬酸产 CO_2 的方法，例如，GasPak 等商品形式的产气袋只要在使用前剪去一角，并灌入适量水后即可产 H_2 和 CO_2。外源法是通过抽气换气把罐内空气抽尽和将钢瓶中的 H_2 和 CO_2 充入罐中。本实验将采用外源法。

（3）催化剂：目前一般均用常温下即可起催化的“冷式”催化剂，如“钯粒”、“钯条”等，它是由含钯的石棉等填充料加工而成的。每次使用前，铅催化剂都应在 140℃烘箱内烘 2 h 活化。

（4）厌氧指示剂：指示厌氧罐中无氧程度的方法有物理法、化学法和生物法三大类。目前常用的是化学法，尤其是利用氧化态为蓝色还原态为无色的美蓝指示剂。

材料与器材

1. 菌种

丙酮丁醇梭菌（*Clostridium acetobutylicum*），产气荚膜梭菌（*Clostridium perfringens* HS-10）。

2. 培养基

（1）TYA 培养基（即胰蛋白胨酵母膏醋酸盐琼脂培养基）。葡萄糖 40 g，胰酶解蛋白胨 6 g，酵母膏 2 g，牛肉膏 2 g，NH_4Ac 3 g，KH_2PO_4 0.5 g，$MgSO_4\cdot 7H_2O$ 0.2 g，$FeSO_4\cdot 7H_2O$ 0.01 g，琼脂 20 g，H_2O 1000 mL，pH 6.2。

（2）RCM 培养基（即强化梭菌培养基）。酵母膏（Oxoid）3 g，牛肉膏 10 g，蛋白胨（Oxoid）10 g，可溶性淀粉 1 g，葡萄糖 5 g，半胱氨酸盐酸盐 0.5 g，NaCl 5 g，NaAc 3 g，H_2O1000 mL，pH 8.5，刃天青 3 mg/L。

上述成分中，加入 2%琼脂即成固体培养基。

3. 其他

厌氧罐，气体钢瓶（N_2、H_2、CO_2），真空泵等抽气装置，培养皿，试管等。

实验步骤

1. 分离纯化

将待分离与纯化的丙酮丁醇梭菌和产气荚膜梭菌分别在各自平板上作划线分离，并迅速放入已准备妥当的厌氧罐中。

2. 装罐密封

将培养皿平板倒置在厌氧罐中，再在罐内加 1 支美蓝指示剂管后，盖上罐盖，旋紧罐盖金属螺旋夹，使罐体与盖之间完全密封。

3. 抽气换气

（1）抽气。将厌氧罐的抽气橡皮管插在真空泵的抽气接口上，打开真空泵电源开关，抽至真空表指针至 0.09～0.098 MPa（680～700 mmHg）时，用止血钳夹住真空表相连的橡皮管。

（2）换气。打开氮气钢瓶气阀，向接近真空的厌氧罐中充入氮气，使真空表指针返回到零位。关闭氮气钢瓶的阀门，终止充氮，同时用止血钳夹住与气压表相连的橡皮管，维持 2～3 min，使罐中各培养皿都充满氮气后再进行第二次抽气换气。

（3）再抽气。打开止血钳，再次抽气，当真空表指针达 0.09～0.098 MPa（680～700 mmHg）处对，停止抽气。然后再按“（2）”步骤充氮气。如此重复 2～3 次，使厌氧罐中氧的含量达最低度。

（4）充 N_2。打开止血钳，同时打开氮气钢瓶的阀门，让氮气缓缓进入罐中，当真空泵指针达

0.021 MPa(160 mmHg)处时,关闭氮气钢瓶的阀门,停止充氮气。

(5) 充 CO_2。开启 CO_2 钢瓶阀门,向罐内充 CO_2,当真空表指针达 0.011 MPa(80 mmHg)处时,关闭钢瓶阀门停止充 CO_2。

(6) 充 H_2。为除尽厌氧罐内残留氧,可打开氧气袋(即用医用"氧气袋"灌满氢气,切忌直接用氢气钢瓶的氢气充入罐内),直至真空表指针回到零位为至。然后用止血钳夹住氢气袋的出口橡皮管,停止充氢。

(7) 夹住罐体的排气管。用止血钳夹住抽气橡皮管以封闭厌氧罐,并将厌氧罐取下,同时关闭真空泵的电源开关。

4. 恒温培养

将厌氧罐放入 37℃温箱培养 1 周左右后观察结果,并作记录。

5. 镜检

从厌氧罐内取出平板,挑取典型菌落作涂片染色镜检。试比较两菌的菌体和芽孢的形态特征及芽孢的比例。

6. 记录厌氧指示剂在厌氧罐中的颜色变化,并以此来说明厌氧罐内的无氧程度

将菌落形态观察结果记录于表 3-2-3。

表 3-2-3　形态观察结果

菌　种	菌落特征					菌体形态特征			备　注
	大小	形状	颜色	透明度	边缘	形状	大小	有无芽孢及形状	
丙酮丁醇梭菌									
产气荚膜梭菌									

思　考　题

1. 厌氧罐内除氧的基本方法有哪几种?各自的除氧原理是什么?
2. 使用厌氧罐的过程中应注意哪些操作?
3. 用厌氧罐培养厌氧菌有何优缺点?

三　针筒厌氧培养法

目 的 要 求

(1) 了解针筒厌氧培养法的原理;

(2) 学习利用针筒法分离和培养厌氧菌的操作技术。

实 验 原 理

针筒法分离和培养厌氧菌技术是根据亨盖特滚管技术的原理,简化而形成的一种厌氧菌培养法,在厌氧菌的富集培养,分离纯化等培养和研究中有广泛的应用价值。利用针筒法还可培养严格的专性厌氧菌,如产甲烷菌等,而且它还具有可观察它们的产气量等优点,故可比较各产甲烷菌株的优劣。同时,针筒的来源方便、规格齐全、价格便宜,作为厌氧培养器使用时其操作又比较简便,是一般微生物学实验室均能建立的一种厌氧菌培养技术。

本实验介绍针筒法厌氧培养技术,并以丙酮丁醇梭菌的培养为例介绍针筒培养法中的一系列操作方法。

材料与器材

1. 菌种

土壤中自筛厌氧菌株、丙酮丁醇梭菌(*Clostridium acetobutylicum*)或产气荚膜梭菌(*Clostridium perfringens* HS-10)。

2. 培养基

RCM(梭菌强化培养基)。

3. 器皿

针筒(各种规格),橡皮塞,血浆瓶(100、250 mL),针头(各种规格)等。

4. 其他

高纯度气体钢瓶(N_2、H_2,CO_2),铁架台及各式夹子等。

实验步骤

1. 准备材料

(1) 选择针筒:选取密封性能良好的注射用针筒(用手指堵住注射器头部,手拉推杆后能形成负压,放开后推杆能完全复原者方为合格)。

(2) 针筒胶塞:若能用丁基橡胶塞最好,一般橡胶塞也可代用。在胶塞的一端用 3 mm 直径的钢管打深约 5～7 mm 小孔,用于封闭针筒的注射口。

(3) 培养基:装灌针筒用的培养基一般要装在血浆瓶中灭菌后备用。因为在血浆瓶中的培养液便于驱尽其中的溶解氧和维持无氧状态。

上述材料,使用前都须灭菌后使用。

2. 装灌培养基

(1) 驱尽氧气:将待装灌的 RCM 培养液在沸水浴中煮沸 15～20 min 以驱尽其中的溶解氧。为使溶解氧和瓶内的残留空气顺利排出,可在血浆瓶的胶塞上插上 2 枚 7 号针头导气。若在培养液中含有刃天青指示剂,则加温至培养液完全不呈红色时为止。

(2) 维持降温:利用高纯氢或 CO_2 维持血浆瓶内无氧状态,即利用高压纯氮瓶内氮气由导管经 1 枚针头充入瓶内,使血浆瓶胶塞上的另 1 枚针头维持排气状态,让培养液慢慢降温。

(3) 灌培养液:为针筒分装培养液的装置,如图 3-2-3 所示。

分装过程可分为以下几步:

① 如图示将已降温并有氮气维持无氧的血浆瓶安装在铁架台上。使瓶口能上下变换角度,便于装灌时操作。

② 在血浆瓶原排气的针头上接上针筒,血浆瓶口的位置可见图 3-2-3。

③ 利用血浆瓶内氮气的压力推动针筒推杆,使针筒内灌足氮后将其从针头上取下,排尽针筒内的氮,再接上针头充氮后取下,并推尽其内的氮,如此连续抽气换气 3 次后可驱尽针筒内的残留空气和微量氧气。

④ 将针筒接在血浆瓶的针头上,使血浆瓶瓶口转至如图 3-2-3B 所示,利用瓶内压力将培养液缓缓灌入无氧无菌的针筒内装至所需量,再将血浆瓶瓶口转至如图 3-2-3A 所示,即可使装灌的针头脱离培养液的液面。

⑤ 用无菌的针筒胶塞堵住针筒的头部。塞胶塞时务必将胶塞孔内的残留空气去除(如用手捏扁胶塞孔)后再紧套住针筒的头部。

3. 接种

针筒接种方式有两种。若接种的量很少,可用接种针蘸取少量的玉米醪中的丙酮丁醇梭菌

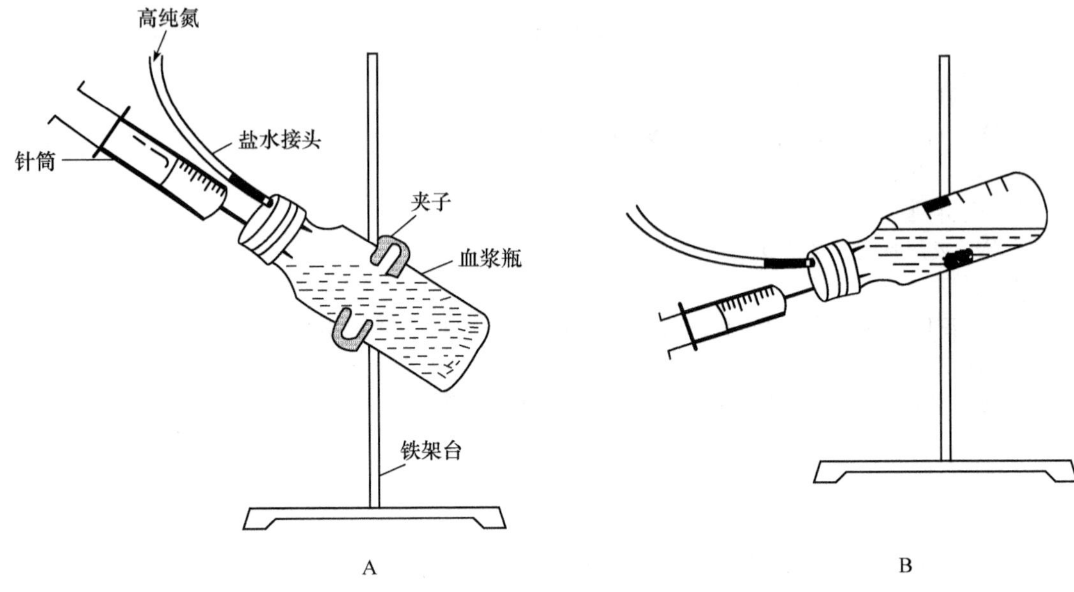

图 3-2-3 针筒内培养液分装装置示意图

穿刺接进针筒内;若须接入较多的菌体,则可采用针筒对接法接种。可用 1 只无菌无氧的针筒吸取一定量的菌液,并在针筒的针头上套上 1 只无菌橡皮管后将针头插入待接针筒培养液,使 2 只针筒对接,再推出针筒内的接种菌液至待接的针筒培养液中。

4. 培养

接种后并塞上胶塞的针筒应竖放在铜丝框内,放入 37℃恒温箱内培养,随时观察针筒培养液的浊度变化和产气情况。若产气强烈,在培养过程中还应适时排气。

5. 测定与记录

在针筒法培养丙酮丁醇梭菌中,若接种量在 10%左右,则 4～5 h 起针筒内培养液的浊度起变化,并伴随有少量气泡产生,8～9 h 时生长进入高峰期,气体在针筒内逐渐累积。若定时取样测定菌浓度,则可根据培养时间与菌浓度及产气量绘出菌体生长曲线和产气曲线。请将测定结果记录在后面的表格 3-2-4 中。

6. 灭菌与清洗

将针筒培养物放在灭菌锅内灭菌后清洗晾干。

7. 观察和记录各针筒内培养液的颜色

若刃天青指示剂出现红色则表明有残留氧气,应弃去不用。

8. 记录

将丙酮丁醇梭菌的针筒法培养和测定结果记录在表 3-2-4 中

表 3-2-4 针筒法厌养培养测定结果

	培养时间/h									
	1	2	3	4	5	6	7	8	9	10
生物量/OD										
产气量/mL										

9. 绘图

绘制丙酮丁醇梭菌的生长曲线与产气情况的曲线图，并以培养时间为横坐标，生物量（OD）和产气量（mL）为纵坐标作图。

思　考　题

1. 针筒法厌氧培养的原理是什么？有何优点？
2. 本实验中关键的操作有哪几步？为什么？

实验三　细菌细胞数量的测定

相关理论知识

微生物生长量的测定方法很多，可以根据菌体细胞数量、菌体体积或重量作直接测定，也可用某种细胞物质的含量或某个代谢活性的强度作间接测定。

从表 3-3-1 中可以看出，每种方法都各有优点和局限性。只有在考虑了这些因素同需要着手解决的问题之间的关系以后，才能对具体的方法进行选择。平皿菌落计数法是微生物学中应用最多的常规方法，掌握这一方法的原理和实际操作，很有必要。此法在理论上能反映活菌数。另外当用两种不同的方法测量细菌的生长量时，其结果不一致是完全可能的。测定微生物的数量，在理论和实践上都十分重要。当我们要对细菌在不同培养基中或不同条件下的生长情况进行评价或解释时，就必须用数量来表示它的生长状况。例如可以通过细菌生长的快慢来判断某一条件是否适合。生长快的细胞，最终的总收获量可能没有另一些条件下的收获量大。在另一些条件下，生长速率虽然较低，但它却可在一段时间内不断增加。因此，只有具备了有关生长的定量知识，才能在实际应用中作出正确的选择，以利于科研和生产活动的进一步开展。

表 3-3-1　细菌细胞数量测定方法

方　　法		应　　用
直接法	涂片染色法	可同时计数不同类型的微生物数量，常用于牛奶、土壤中的细菌计数
	血球计数板法	可用于不同类型微生物的计数
	比浊法	微生物学分析，肉汤培养物或水悬浮液中的细菌数估计
间接法	平皿菌落计数法	食品、水、土壤、医学、卫生以及培养物中的细菌计数
	液体稀释法	因某种原因而不能用琼脂平皿活菌计数时被采用，如牛奶等
	薄膜过滤计数法	适用于量大而且含菌数很低的材料，如空气、水等
测定细胞物质量	定氮法测	主要用于代谢研究，适于细胞浓度高的样品
	DNA 法	同上
	测定细胞干重法	用于调查研究，适用于细胞浓度高的材料
	生理指标测定法	微生物学分析研究

一　直接计数法

目 的 要 求

了解血球计数板计数原理，并掌握计数方法。

实 验 原 理

显微镜直接计数法是将一定稀释的菌体或孢子悬液注入血球计数板的计数室中，于显微镜下直接计数的一种简便、快速、直观的方法。因为计数板是一块特别的载玻片，其上由四条凹槽构成三个平台；中间较宽的平台又被一短横槽隔成两半，每一边的平台上各刻有一个方格网，每个方格网共分为九个大方格，一种是一个大方格分成 25 个中方格，而每个中方格又分成 16 个小方格；另一种是一个大方格分成 16 个中方格，每个中方格又分成 25 个小方格（图 3-3-1，图 3-3-2），无论哪种每个大方格中的小方格都是 400 个。每一个大方格边长为 1 mm，所以计数室的容积为

0.1 mm^3。

计数时,通常只用5个中格内的菌体(孢子)数即可。然后求出每个中方格的平均值,再乘上25或16,得出一个大方格中的总菌数,再换算成1 mL菌液中的总菌数。若设5个中方格中总菌数为N,菌液稀释倍数为M,如果是25个中方格计数板,则

$$1\ \text{mL 菌液中的总菌数}=\frac{N}{5}\times 25\times 10^4\times M=50\,000\ N\cdot M(\text{个})$$

同理,如果16个中方格的计数板,则

$$1\ \text{mL 菌液中总菌数}=\frac{N}{5}\times 16\times 10^4\times M=32\,000N\cdot M(\text{个})$$

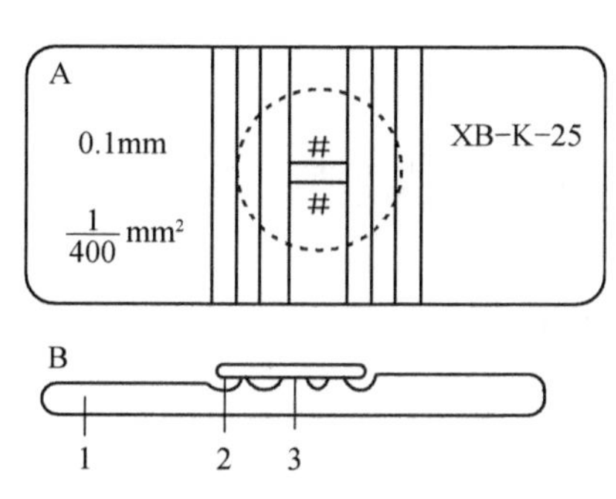

图 3-3-1　血球计数板构造(一)
A. 正面图;B. 纵切面图
1. 血球计数板;2. 盖玻片;3. 计数室

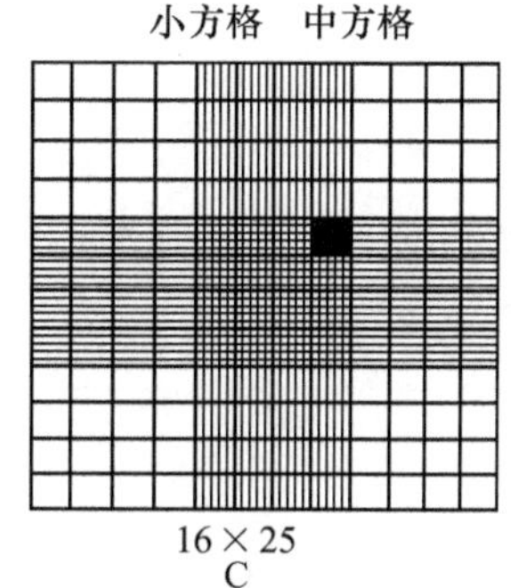

图 3-3-2　血球计数板构造(二)
放大后的方格网(方格网的中央为计数室)

材料与器材

1. 材料

枯草芽孢杆菌。

2. 器材

血球计数板、显微镜、盖玻片、无菌毛细滴管、显微镜等。

实 验 步 骤

1. 菌悬液制备

以无菌生理盐水将枯草芽孢杆菌制成浓度适当的菌悬液。

2. 镜检计数室

在加样前,先对计数板的计数室进行镜检。若有污物,则需清洗,吹干后才能进行计数。

3. 加样品

将清洁干燥的血球计数板盖上盖玻片,再用无菌的毛细滴管将摇匀的枯草芽孢杆菌悬液由盖玻片边缘滴一小滴,让菌液沿缝隙靠毛细渗透作用自动进入计数室,一般计数室均能充满菌液。

取样时先要摇匀菌液,加样的计数室不可有气泡产生。

4. 显微镜计数

加样后静止5 min,然后将血球计数板置于显微镜载物台上,先用低倍镜找到计数室所在位置,然后换成高倍镜进行计数。

调节显微镜光线的强弱适当,对反光镜采光的显微镜还要注意光线不要偏向一边,否则视野

中不易看清楚计数室方格线,或只见竖线或只见横线。

在计数前若发现菌液太浓或太稀,需重新调节稀释度后再计数。一般样品稀释度要求每小格内约有5～10个菌体为宜。每个计数室选5个中格(可选4个角和中央的一个中格)中的菌体进行计数。位于格线上的菌体一般只数上方和右边线上的。如遇酵母出芽,芽体大小达到母细胞的一半时,即作为两个菌体计数。计数一个样品要从两个计数室中计得的平均数值来计算样品的含菌量。

5. 清洗血球计数板

使用完毕后,将血球计数板在水龙头上用水冲洗干净,切勿用硬物洗刷,洗完后自行晾干或用吹风机吹干。镜检,观察每小格内是否有残留菌体或其他沉淀物。若不干净,则必须重复洗涤至干净为止。

思 考 题

1. 根据你的体会,说明用血球计数板计数的误差主要来自哪些方面?
2. 应如何尽量减少误差、力求准确?

二 光电比浊计数法

目 的 要 求

(1) 了解光电比浊计数法的原理;
(2) 掌握光电比浊计数法的操作方法。

实 验 原 理

当光线通过微生物菌悬液时,由于菌体的散射及吸收作用使光线的透过量降低。在一定的范围内,微生物细胞浓度与透光度成反比,与光密度成正比,而光密度或透光度可以由光电池精确测出(图3-3-3)。因此,可用一系列已知菌数的菌悬液测定光密度,作出光密度-菌数标准曲线。然后,以样品液所测得的光密度,从标准曲线中查出对应的菌数。制作标准曲线时,菌体计数可采用血球计数板计数、平板菌数计数或细胞干重测定等方法。本实验采用血球计数板计数。

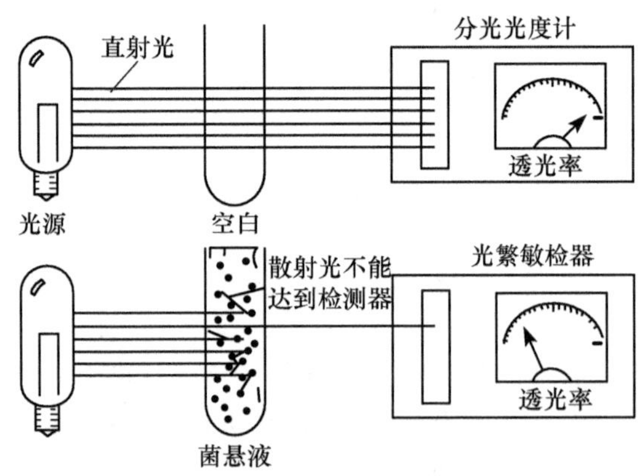

图3-3-3 比浊法测定细胞浓度的原理

光电比浊计数法的优点是简便、迅速,可以连续测定,适合于自动控制。但是,由于光密度或透光度除了受菌体浓度影响之外,还受细胞大小、形态、培养液成分以及所采用的光波长等因素的影响。因此,对于不同微生物的菌悬液进行光电比浊计数应采用相同的菌株和培养条件制作标准曲线。光波的选择通常在 400～700 nm，具体到某种微生物采用多少还需要经过最大吸收波长以及稳定性试验来确定。另外，对于颜色太深的样品或在样品中还含有其他干扰物质的悬液不适合用此法进行测定。

材料与器材

1. 材料

酿酒酵母培养液。

2. 器材

752 型分光光度计、血球计数板、显微镜、试管、吸水纸、无菌吸管、无菌生理盐水等。

实 验 步 骤

1. 标准曲线制作

(1) 编号。取无菌试管 7 支，分别用记号笔将试管编号为 1、2、3、4、5、6、7。

(2) 调整菌液浓度。用血球计数板计数培养 24 h 的酿酒酵母菌悬液，并用无菌生理盐水分别稀释调整为每毫升 1×10^6、2×10^6、4×10^6、6×10^6、8×10^6、10×10^6、12×10^6 含菌数的细胞悬液。再分别装入已编好号的 1 至 7 号无菌试管中。

(3) 测 OD 值。将 1～7 号不同浓度的菌悬液摇均匀后于 560 nm 波长、1 cm 比色皿中测定 OD 值。比色测定时，用无菌生理盐水作空白对照，并将 OD 值填入表 3-3-2。

表 3-3-2　菌液 OD 值结果

管　号	1	2	3	4	5	6	7	对　照
细胞数 10^6/mL								
光密度/OD								

每管菌悬液在测定 OD 值时均必须先摇匀后再倒入比色皿中测定。

(4) 以光密度(OD)值为纵坐标，以每毫升细胞数为横坐标，绘制标准曲线。

2. 样品测定

将待测样品用无菌生理盐水适当稀释，摇均匀后，用 560 nm 波长、1 cm 比色皿测定光密度。测定时用无菌生理盐水作空白对照。

各种操作条件必须与制作标准曲线时的相同，否则，测得值所换算的含菌数就不准确。

3. 根据所测得的光密度值，从标准曲线查得每毫升的含菌数

思　考　题

1. 光电比浊计数的原理是什么？这种计数法有何优缺点？

2. 光电比浊计数在生产实践中有何应用价值？

3. 本实验为什么采用 560 nm 波长测定酵母菌悬液的光密度？如果在实验中需要测定大肠杆菌生长的 OD 值，将如何选择波长？

三　平板菌落计数法

目 的 要 求

(1) 了解活菌计数的方法；

(2) 学习平板菌落计数的基本原理和方法。

实 验 原 理

平板菌落计数法是将待测样品精确地(按一定比例)稀释,其中的微生物充分分散成单个细胞,取一定量的稀释样液接种到冷却至45℃左右的灭菌的固体培养基中,振摇后制成平板。经过培养,由每个单细胞生长繁殖而形成肉眼可见的菌落,即一个单菌落应代表原样品中的一个单细胞。从平板上的菌落数,根据稀释倍数和取样接种量即可换算出样品中的含菌数。此方法的关键是要制成单个细胞。常用于食品、饮料、生物制品的检验和环境污染程度的检测。

材料与器材

1. 材料

大肠杆菌菌悬液、牛肉膏蛋白胨固体培养基。

2. 器材

1 mL无菌吸管、无菌平皿、盛有4.5 mL无菌水的试管、试管架、恒温培养箱等。

实 验 步 骤

1. 熔化培养基

先将牛肉膏蛋白胨培养基熔化,保温于50℃的恒温水浴中。

2. 编号

取6支无菌空试管,依次编号10^{-1}、10^{-2}、10^{-3}、10^{-4}、10^{-5}、10^{-6};取无菌平皿套,分别用记号笔标明10^{-4}、10^{-5}、10^{-6}(稀释度)各3套。

3. 分装无菌水

用5 mL移液管分别精确吸取4.5 mL无菌水于已编号的空试管中。

4. 稀释

用1 mL无菌吸管吸取0.5 mL已充分混匀的大肠杆菌菌悬液(待测样品),加到10^{-1}的试管中,用此吸管将菌悬液来回吹吸三次,进一步将菌体分散、混匀。吹吸菌液时不要太猛太快,吸时吸管伸入管底,吹时离开液面,以免将吸管中的过滤棉花浸湿或使试管内液体外溢。另取一吸管吸取10^{-1}菌液0.5 mL,精确地放0.5 mL于10^{-2}试管中,此即为100倍稀释……其余以此类推,整个稀释过程如图3-3-4所示。放菌液时吸管尖不要碰到液面,即每一支吸管只能接触一个稀释的菌悬液,否则稀释不精确,结果误差较大。

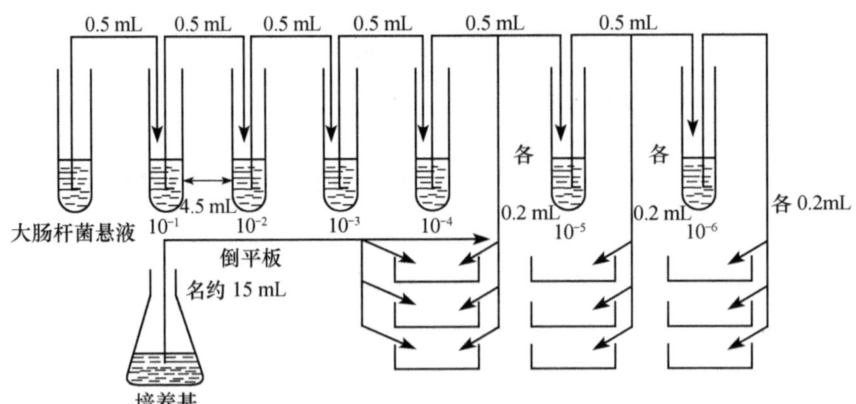

图3-3-4　平板菌落计数操作步骤

5. 取样

用三支 1 mL 无菌吸管分别吸取 10^{-4}、10^{-5}和 10^{-6}的稀释菌悬液各 1 mL，对号放入编好号的无菌平皿中，每个平皿放入 0.2 mL。

不要用 1 mL 吸管每次只靠吸管尖部吸 0.2 mL 稀释菌液放入平皿中，这样容易加大同一稀释度几个重复平板间的操作误差。

6. 倒平板

尽快向上述盛有不同稀释度菌液的平皿中倒入融化后冷却至 45℃左右的牛肉膏蛋白胨培养基约 15 mL/平皿，置水平位置迅速旋动平皿，使培养基与菌液混合均匀，而又不使培养基荡出平皿或溅到平皿盖上。由于细菌易吸附到玻璃器皿表面，所以菌液加入到培养皿后，应尽快倒入融化并已冷却至 45℃左右的培养基，立即摇匀，否则细菌将不易分散或长成的菌落连在一起，影响计数。

7. 培养

待培养基凝固后，将平板倒置于 37℃恒温培养箱中培养。

8. 计数

培养 24 h 后，取出培养平板，算出同一稀释度三个平板上的菌落平均数，并按下列公式进行计算：

每毫升中菌落形成单位(cfu)＝同一稀释度三次重复的平均菌落数×稀释倍数×5。

一般选择每个平板上长有 30～300 个菌落的稀释度计算每毫升的含菌量较为合适。同一稀释度的三个重复对照的菌落数不应相差很大，否则表示试验不精确。实际工作中同一稀释度重复对照平板不能少于三个，这样便于数据统计，减少误差。由 10^{-4}、10^{-5}、10^{-6}三个稀释度计算出的每毫升菌液中菌落形成单位数也不应相差太大。

平板菌落计数法，所选择倒平板的稀释度是很重要的。一般以三个连续稀释度中的第二个稀释度倒平板培养后所出现的平均菌落数在 50 个左右为好，否则要适当增加或减少稀释度加以调整。

平板菌落计数法的操作除上述倾注倒平板的方式以外，还可以用涂布平板的方式进行。二者操作基本相同，所不同的是后者先将牛肉膏蛋白胨培养基融化后倒平板，待凝固后编号，并于 37℃左右的温箱中烘烤 30 min，或在超净工作台上适当吹干，然后用无菌吸管吸取稀释好的菌液对号接种于不同稀释度编号的平板上，并尽快用无菌玻璃涂棒将菌液在平板上涂布均匀，平放于实验台上 20～30 min，使菌液渗入培养基表层内，然后倒置 37℃的恒温箱中培养 24～48 h。

涂布平板用的菌悬液量一般以 0.1 mL 较为适宜，如果过少，菌液不易涂布开；过多则在涂布完成后或在培养时菌液仍会在平板表面流动，不易形成单菌落。

思　考　题

1. 为什么熔化后的培养基要冷却至 45℃左右才能倒平板？
2. 要使平板菌落计数准确，需要注意哪几个步骤？为什么？
3. 试比较平板菌落计数法和显微镜下直接计数法的优缺点并说明其应用价值。
4. 当你的平板上长出的菌落不是均匀分散的而是集中在一起时，你认为问题出在哪里？
5. 用倒平板法和涂布法计数，其平板上长出的菌落有何不同？为什么要培养较长时间(48 h)后观察结果？

四　多管发酵测定法

目的要求

学习测定水中大肠菌群数量的多管发酵法。

实验原理

水中的病原菌主要来源于病人和病畜的粪便。由于病原菌的数量少，检测过程较复杂，因此直接测定它们的存在比较困难。所以，一般采用测定大肠菌群或大肠杆菌的数量来作为水是否被粪便污染的标志。

多管发酵法包括初步发酵试验、平板分离实验和复发酵试验三部分。

1. 初步发酵试验

在试管内装入乳糖蛋白胨培养基，并倒置一支德汉氏小管。为便于观察细菌的产酸情况，培养基内加有 pH 指示剂溴甲酚紫，细菌产酸后，培养基由原来的紫色变为黄色，溴甲酚紫还有抑制其他细菌如芽孢杆菌生长的作用。

将水样接种于发酵管内，在 37℃条件下，培养 24 h，产酸产气者为大肠菌群阳性结果。但是在有些情况下，产酸不产气也不一定是阴性结果，因为在大肠杆菌含量较少的情况下，也可能延迟到培养 48 h 才产气。因此，需要继续进行下面两部分的实验。培养 48 h 后仍不产气者为阴性结果。

2. 平板分离

平板培养基可以采用伊红美蓝琼脂(eosin methylene blue agar，EMB 琼脂)，它含有伊红和美蓝两种染料指示剂，大肠菌群发酵乳糖产酸时，这两种染料就结合成复合物，使大肠菌群产生带核心的、有金属光泽的深紫色(龙胆紫颜色)的菌落。初发酵管在 24 h 内产酸产气和 48 h 产酸产气的均需要在伊红美蓝平板上划线分离菌落，进行平板试验。

3. 复发酵试验

取上述大肠菌群阳性菌落，经涂片染色为革兰氏阴性无芽孢杆菌者，需要进行复发酵试验，原理与初发酸实验相同，经 24 h 培养产酸又产气的，最后确定为大肠菌群阳性结果。

材料与器材

1. 材料

乳糖蛋白胨液体培养基、三倍浓缩乳糖蛋白胨液体培养基、伊红美蓝琼脂培养基。

2. 器材

载玻片、灭菌带玻璃塞的空瓶、灭菌吸管、灭菌试管、恒温培养箱等。

实验步骤

1. 水样的采取

先将自来水龙头用火焰灼烧 3 min，再打开水龙头使水流 5 min 后，用无菌三角瓶接取自来水，盖上瓶塞。

2. 初发酵试验

取 2 个含有 50 mL 三倍浓缩乳糖蛋白胨液体培养基和德汉氏小管的三角瓶，各加入100 mL

水样；取 10 支含有 5 mL 三倍浓缩乳糖蛋白胨液体培养基和德汉氏小管的发酵管，各加入 10 mL 水样（图 3-3-5），混合均匀后，置 37℃温箱培养 24 h，24 h 后未产酸者继续培养至 48 h。

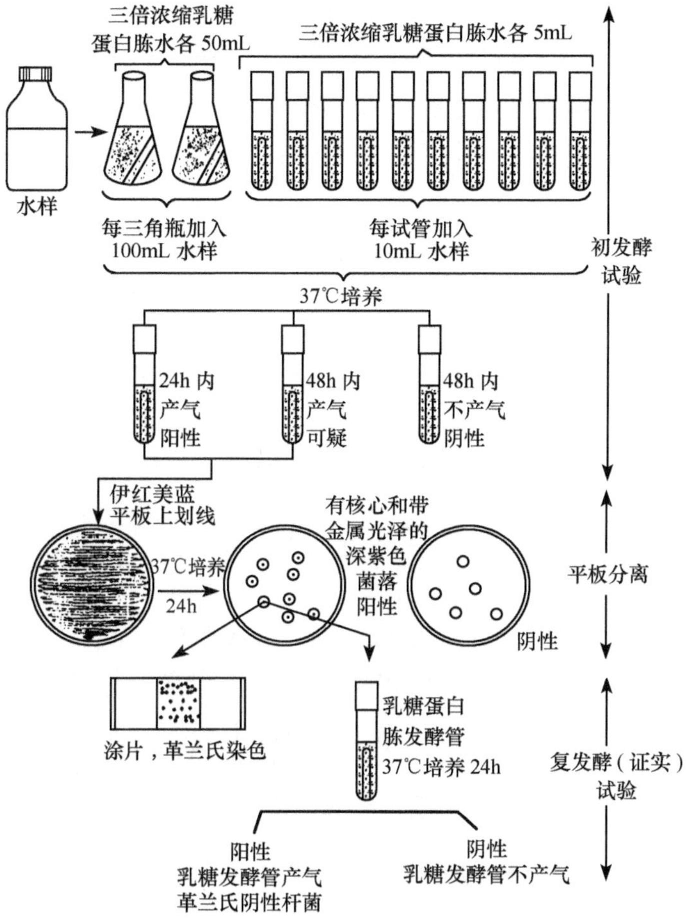

图 3-3-5　多管发酵法测定水中大肠菌群的操作步骤和结果解释

3. 平板分离

将培养 24 h 后产酸产气和培养 48 h 产酸产气的发酵管，分别取样划线接种于伊红美蓝琼脂平板上，倒置于 37℃温箱培养 18～24 h，取符合以下特征的菌落的一部分，进行革兰氏染色：

① 深紫黑色有金属光泽的菌落；

② 紫黑色不带或略带金属光泽的菌落；

③ 淡紫红色中心颜色较深的菌落。

4. 复发酵试验

取革兰氏阴性无芽孢杆菌落的另一部分，重新接种于含有普通浓度的乳糖蛋白胨培养基的发酵管中，置 37℃温箱培养 24 h，结果若产酸又产气，则证实有大肠菌群存在。根据发酵管试验的阳性管数查表 3-3-3，即可得到大肠菌群数。

表 3-3-3　多管发酵大肠菌群数查询表

10 mL 水样的阳性管数 \ 100 mL 水样的阳性管数	0	1	2
	每升水样中大肠菌群数	每升水样中大肠菌群数	每升水样中大肠菌群数
0	<3	4	11
1	3	8	18
2	7	13	27
3	11	18	38
4	14	24	52
5	18	30	70
6	22	36	92
7	27	43	120
8	31	51	161
9	36	60	230
10	40	69	>230

思考题

1. 大肠菌群和大肠杆菌的区别是什么?
2. 为什么要选择大肠菌群作为水源被肠道病原菌污染的指标?
3. EMB 培养基含有哪几种主要成分?在检查大肠菌群时各起什么作用?

五　干重比色测定法

目的要求

了解干重比色法测微生物生长量的原理及其实验法。

实验原理

测定微生物生长量的方法很多,如测干重、湿重或细胞各组分的含量(总氮量或 DNA 量等)。根据工作的需要可选择不同的测定方法。

干重比色法是测微生物生长量的方法之一,它是将测干重和比色两者相结合的方法,尤其是测定微量菌体时,该法具有快速简便、灵敏和不需要特殊设备等优点。

干重比色法是在 H_2SO_4 介质中用 $K_2Cr_2O_7$ 作为氧化剂,把菌体的有机碳氧化成 CO_2 和水,而 $K_2Cr_2O_7$ 本身被还原,其反应式如下:

$$C_6H_{12}O_6+4K_2Cr_2O_7+16H_2SO_4 \longrightarrow 4Cr_2(SO_4)_3+4K_2SO_4+22H_2O+6CO_2\uparrow$$

在反应过程中,Cr(Ⅵ)(呈橙色)被还原为 Cr(Ⅲ)(呈绿色),有机碳含量越高,Cr(Ⅵ)被还原为 Cr(Ⅲ)越多。通过比色测定氧化后 Cr 的变化,便可测出样品中有机碳的置(即菌体量)。

其方法是称取不同干重的菌体,加入一定量的重铬酸钾溶液,经加热氧化后,用分光光度计分别测出它们的 OD 值。然后以菌体重量为横坐标,以 OD 值为纵坐标作一标准曲线。将未知样品经适当稀释,加入重铬酸钾溶液使其氧化后,根据所测得的 OD 值可直接从标准曲线上查出所含菌体重量,再乘以稀释倍数,就可知原样品中的菌体重量。

材料与器材

1. 菌种

大肠杆菌(*Escherichia coli*)。

2. 培养基

牛肉膏蛋白胨琼脂培养基。

3. 仪器

752 型分光光度计。

4. 其他

无菌培养皿,离心管,0.2 mol/L pH 7 磷酸盐缓冲液,2%重铬酸钾硫酸液(重铬酸钾 2 g 溶于 100 mL 硫酸中,文火加热溶解)。

实 验 步 骤

1. 培养菌

熔化牛肉膏蛋白胨培养基,倒平板,冷凝后,从斜面上挑取少量大肠杆菌,随即在平板上划致密的平行线,再将平板倒置 37℃恒温培养 24 h 以得到大量菌体。

2. 制备菌液

加 5 mL 磷酸盐缓冲液于平板上,用无菌涂布棒将菌体从平板表面刮下,制成浓的菌液,再用无菌滴管将菌液平均地分装于两支离心管中。另用 5 mL 磷酸盐缓冲液把平板上残留的菌洗下,合并至上述两支离心管中。

3. 离心

以 3500 r/min 转速离心 10 min,弃去上清液,再用磷酸盐缓冲液洗两次,弃去上清液,以除去残留在培养液中的有机物。

4. 烘干并称重量

将离心管放在 105℃烘箱中,烘至恒重。然后分别称 0.4 mg,0.8 mg,1.2 mg,1.6 mg,2.0 mg菌体,分装于洁净的试管中。

5. 加试剂

先加 1 mL 蒸馏水于含不同干重菌体的试管中,将菌块打散,制成均匀的菌液后再按表 3-3-4 顺序加入其他试剂。

表 3-3-4　干重比色测定法加样顺序

	干菌体重量/mg					
	0	0.4	0.8	1.2	1.6	2.0
加蒸馏水/mL	1	1	1	1	1	1
加入重铬酸钾硫酸液/mL	2	2	2	2	2	2
加热	将各试管放水浴中煮沸 30 min					
加蒸馏水稀释/mL	2	2	2	2	2	2

6. 测 OD 值(待试管冷却后进行)

(1) 接通电源,打开比色皿暗盒盖,调节“0”电位旋钮使电表指针处于“0”位,选用 620 nm 波长,预热 20 min,然后合上比色皿暗盒盖,使光电管受光,旋转“100%”的电位器旋钮,使电表指针处于透光率 100%处。连续调整电表指针于“0”和“100%”处数次,待稳定后再开始测定。

(2) 将空白对照溶液放在比色架第一格,其余三格放待测溶液,合上暗盒盖,旋转调节100%电位器,使指针正确地指在100%处(即吸光度为0)。

(3) 轻轻拉出拉杆,使被测溶液依次置于光路中,这时指针所指的读数即为该溶液的光密度值。

7. 记录干重比色法的测定结果(表3-3-5)

表3-3-5 干重比色法测定结果

		干菌体重量/mg					
		0	0.4	0.8	1.2	1.6	2.0
OD值	1						
	2						
	3						
平均值							

8. 根据OD值绘制标准曲线图

思 考 题

1. 用重铬酸钾测菌体生长量的原理是什么?
2. 影响干重比色的因素有哪些?

实验四　微生物诱变及突变株的筛选

相关理论知识

突变是微生物中普遍存在的现象，突变可自发地发生，也可诱导发生。诱变指用各种物理、化学诱变剂来处理微生物细胞以提高其突变率的方法。在遗传学的研究或利用微生物的生产上，常采用诱变的手段来获得各种实验突变株或高产突变株。

基因突变泛指细胞内(或病毒粒内)遗传物质的分子结构或数量突然发生的可遗传的变化，可自发或诱导产生。自发突变的概率一般很低(10^{-9}～10^{-6})，利用某些物理、化学或生物因素可显著提高基因自发突变的频率。具有诱变效应的因素被称为诱变剂。

经诱变处理后，在整个微生物群体中，突变体的数目仍居少数，应采用合理的方法准确而快速地检出突变株。通过本实验可初步了解并掌握诱变、检测和鉴定突变株的一般过程和方法。

一　紫外线与亚硝基胍的诱变效应

目 的 要 求

(1) 观察紫外线和亚硝基胍等理化因素对枯草芽孢杆菌的诱变效应；

(2) 掌握理化诱变的基本方法。

实 验 原 理

紫外线(UV)是一种最常用的物理诱变因素。紫外线辐射能引起 DNA 链的断裂、DNA 分子内和分子间的交联等，但最主要的是使双链之间或同一条链上两个相邻的胸腺嘧啶形成二聚体，阻碍正常配对，从而引起突变。可见光照射能进行光修复，紫外线照射处理时以及处理后操作应在红光下进行，并且将照射处理后的微生物放在暗处培养。

亚硝基胍(*N*-甲基-*N*′-硝基-*N*-亚硝基胍，NTG)属烷化剂，主要作用是引起 DNA 链中 GC→AT的转换。其作用部位又往往在 DNA 复制叉处，易造成双突变，故有超诱变剂之称。亚硝基胍也是一种致癌因子，在操作中要特别小心，切勿与皮肤直接接触。凡有亚硝基胍的器皿都要用 1 mol/L NaOH 溶液浸泡，使残余亚硝基胍分解破坏。

本实验用产生淀粉酶的枯草芽孢杆菌 BF7658 作为试验菌，根据试验菌诱变后在淀粉培养基上透明圈直径的大小来指示诱变效应。一般来说，透明圈越大，淀粉酶活性越强。

材料与器材

1. 材料

枯草芽孢杆菌 BF7658、淀粉培养基、LB 液体培养基。

2. 试剂

亚硝基胍溶液、碘液、无菌生理盐水、盛 4.5 mL 无菌水的试管。

3. 器材

1 mL 无菌吸管、玻璃涂棒、血球计数板、显微镜、紫外线灯(15W)、磁力搅拌器、台式离心机、振荡混合器等。

实验步骤

Ⅰ 紫外线的诱变效应

1. 菌悬液的制备

(1) 取培养 48 h 生长丰满的枯草芽孢杆菌 BF7658 斜面 4～5 支,用 10 mL 左右的无菌生理盐水将菌苔洗下,倒入一支无菌大试管中。将试管在振荡混合器上振荡 30 s,以打散菌块。

(2) 将上述菌液离心(3000 r/min,10 min),弃去上清液。用无菌生理盐水将菌体洗涤 2～3 次,制成菌悬液。用显微镜直接计数法计数,调整细胞浓度为 10^8 个/mL。

2. 平板制作

将淀粉琼脂培养基融化,倒平板 27 套,凝固后待用。

3. 紫外线照射

(1) 预热紫外灯 将紫外线开关打开预热约 20 min,使紫外线照射强度稳定。紫外灯功率为 15 W,照射距离为 30 cm。

(2) 加菌液 取直径 6 cm 无菌平皿 3 套,分别加入上述调整好细胞浓度的菌悬液 3 mL,并放入一根无菌搅拌棒或大头针。

(3) 照射 将上述 3 套平皿先后置于磁力搅拌器上,打开磁力搅拌器开关,先照射 1 min,打开皿盖,分别搅拌照射 30 s、1 min 和 3 min,盖上皿盖,关闭紫外灯,照射计时由掀盖起至加盖止。操作者应戴上玻璃眼镜,以防紫外线伤眼睛。

4. 稀释菌液、涂布平板

用 10 倍稀释法把经过照射的菌悬液在无菌操作稀释成 10^{-4}、10^{-5} 和 10^{-6} 三个稀释度涂平板,每个稀释度涂 3 套平板,每套平板加稀释菌液 0.1 mL,用无菌玻璃涂棒均匀地涂满整个平板表面。以同样的操作,取未经紫外线处理的菌液稀释涂平板作为对照。

注意,从紫外线照射材料开始,直到涂布完平板的几个操作步骤需在红灯下进行。

5. 培养

将上述涂匀的平板,用黑色的布或纸包好,置 37℃ 培养 48 h,注意,每个平板背面要事先标明处理时间和稀释度。

6. 计数

将培养好的平板取出进行细菌计数,根据对照平板上活菌数(cfu),计算出每毫升菌液中的 cfu 数。同样计算出紫外线处理 30 s、1 min 和 3 min 后的 cfu 数及致死率。

$$\text{存活率}(\%)=\frac{\text{处理后每毫升 cfu 数}}{\text{对照每毫升 cfu 数}}\times 100\%$$

$$\text{致死率}(\%)=\frac{\text{对照每毫升 cfu 数}-\text{处理后每毫克 cfu 数}}{\text{对照每毫升 cfu 数}}\times 100\%$$

7. 观察诱变效应

选取 cfu 数在 5 或 6 个的处理后涂布的平板观察诱变效应。分别向平板内加碘液数滴,在菌落周围将出现透明圈,分别测量透明圈直径并计算其比值(HC 比值),与对照平板相比较,说明诱变效应,并选取 HC 比值大的菌落接种到试管斜面上培养,保存备用。

Ⅱ 亚硝基胍的诱变效应

1. 菌悬液制备

将试验菌斜面菌种挑取一环接种到含 5 mL 培养液的试管中,置 37℃振荡培养过夜,然后取 0.25 mL 过夜培养液至另一支 5 mL 培养液的试管中,置 37℃ 振荡培养 6～7 h。

2. 平板制作

将淀粉琼脂培养基融化，倒平板 10 套，凝固后待用。

3. 涂平板

取 0.2 mL 上述菌液倒入一套淀粉培养基平板上，用无菌玻璃涂棒将菌液均匀地涂满整个平板表面。

4. 诱变

在上述平板稍靠边的一个位点上放少许亚硝基胍结晶，然后将平板倒置于 37℃恒温箱中培养 24 h。放在亚硝基胍的位置周围将出现抑菌圈（图 3-4-1）。

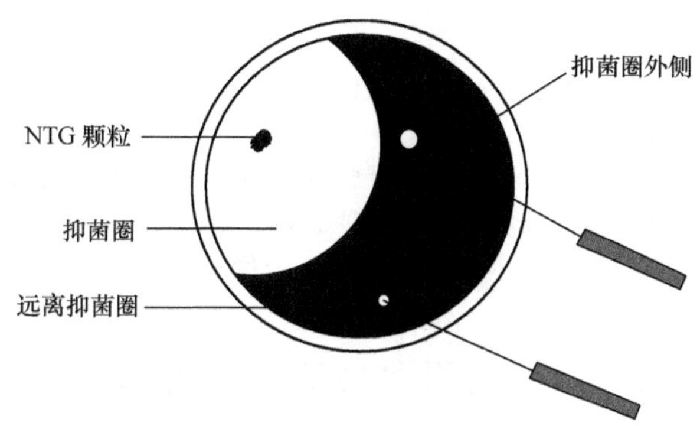

图 3-4-1　亚硝基胍抑菌效果示意图

5. 增殖培养

挑取紧靠抑菌圈外侧的少许菌苔到盛有 20 mL LB 液体培养基的三角烧瓶中，摇匀，制成处理后菌悬液。同时，挑取远离抑菌圈的少许菌苔到另一盛有 20 mL LB 液体培养基的三角烧瓶中，摇匀，制成对照菌悬液。将上述 2 只三角瓶置于 37℃振荡培养过夜。

6. 涂布平板

分别取上述两种培养过夜的菌悬液 0.1 mL 涂布淀粉培养基平板。处理后菌悬液涂布 6 套平板，对照菌悬液涂布 3 套平板。涂布后的平板，置 37℃恒温箱中培养 48 h。实际操作中可根据两种菌液的浓度适当地用无菌生理盐水稀释。注意，每套平板背面做好标记，以区别处理和对照组。

7. 观察诱变效应

分别向 cfu 数在 5 或 6 个的处理后涂布的平板内加碘液数滴，在菌落周围将出现透明圈。分别测量透明圈直径与菌落直径并计算其比值（HC 比值）。与对照平板相比较，说明诱变效应，并选取 HC 比值大的菌落移接到试管斜面上培养，此斜面可作复筛用。

实 验 结 果

1. 将紫外线诱变结果填入表 3-4-1

表 3-4-1　紫外线诱变结果

处理时间	平均稀释倍数			存活率/%	致死率/%
	10^{-4}	10^{-5}	10^{-6}		
0（对照）					
30 s					
1 min					
3 min					

2. 观察诱变效应并填表 3-4-2

表 3-4-2 诱变效应结果

菌落 HC 比值 / 诱变剂	1	2	3	4	5	6	…
UV							
NTG							
对照							

思 考 题

1. 紫外线引起诱变作用的机理是什么？为保证诱变效果，在照射中及照射后的操作应注意哪些问题？

2. 在制备供紫外线照射用的菌液时，应控制哪些影响诱变效果的因素？

3. 本实验中用亚硝基胍处理细胞应用了一种简易有效的方法，并减少了操作者与亚硝基胍的接触，能否用本实验结果计算亚硝基胍的致死率？为什么？如果不能，请设计其他方法并计算致死率？

二 抗药性突变株的筛选

目 的 要 求

学习用梯度平板分离抗药性突变株。

实 验 原 理

抗药性突变株是指野生型菌株因发生基因突变而产生的对某化学药物的抗性变异产生的新类型，可在加有相应药物的培养基平板上选出。抗药性突变是由于 DNA 分子的某一特定位置的结构改变所致，与药物的存在无关，药物的存在只是作为筛选某种抗药性菌株的一种手段。抗药性突变在科学研究和育种实践上是一种十分重要的选择性遗传标记，有些抗药性菌株是重要的生产菌种。因此，掌握分离抗药性突变株的方法是十分必要的。

为了便于选择适当的药物浓度，分离抗药性突变株常用梯度平板法。通过制备不同药物浓度梯度的平板，在其上涂布诱变处理后的细胞悬液，个别抗药突变的细胞会在平板上药物浓度高的部位长出菌落。将这些菌落挑取纯化，进一步进行抗药性试验，就可以得到所需要的抗药性菌株。

材料与器材

1. 材料

E. coli Str^s，牛肉膏蛋白胨琼脂培养基、牛肉膏蛋白胨培养液(分装于离心管中，每管 5 mL)。

2. 试剂

链霉素、生理盐水。

3. 器材

培养皿、无菌吸管、玻璃涂棒、离心机等。

实 验 步 骤

1. 制备菌悬液

从已活化的斜面菌种上挑一环 *E. coli* Str^s 于装有 5 mL 牛肉膏蛋白胨培养液的无菌离心管

中(接 2 支离心管),置 37℃条件下 16 h 左右,离心(3500 r/min,10 min),弃去上清液后再用生理盐水洗涤 2 次,弃上清液,重新悬浮于 5 mL 生理盐水中。将 2 支离心管的菌液一并倒入装有玻璃珠的锥形瓶中,充分振荡以分散细胞,制成 10^8 个/mL 的菌液。然后吸 3 mL 菌液于装有磁力搅拌棒的培养皿(直径 6 cm)中。

2. 紫外线诱变处理

参见实验四-1。

3. 抗药性变型的检测

(1) 梯度平板法。

① 制备梯度平板:将融化好的 10 mL 牛肉膏蛋白胨琼脂培养基倒入培养皿,立即将培养皿斜放,使高处的培养基正好位于皿边与皿底的交接处。待凝固后,将培养皿平放,再加入含有链霉素(100 μg/mL)的牛肉膏蛋白胨琼脂培养基 10 mL。凝固后,便得到链霉素浓度从 100 μg/mL 到 0 μg/mL 逐渐递减的梯度(图 3-4-2)。然后在皿底作一个"↑"符号标记,以示药物浓度由低到高的方向。

② 筛选抗药性菌株:用无菌吸管吸取 0.2 mL 诱变的 *E. coli* 培养液加到梯度平板上,用无菌玻璃涂棒将菌液均匀涂布到整个平板表面。然后把平板倒置于 37℃培养 48 h。选择生长在梯度平板中部的单个菌落分别接种到斜面上,培养后再做抗药浓度的测定。

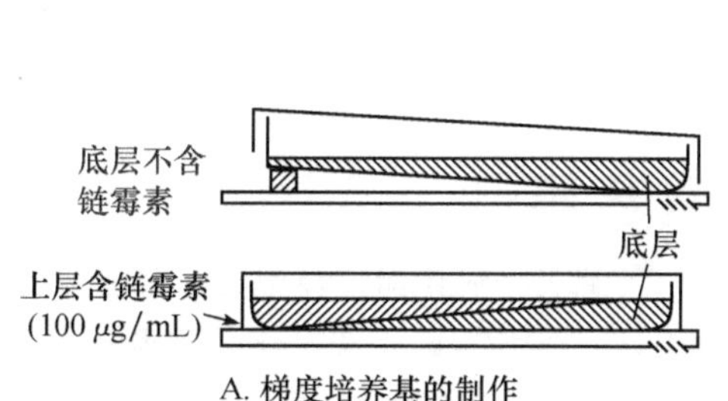

A. 梯度培养基的制作

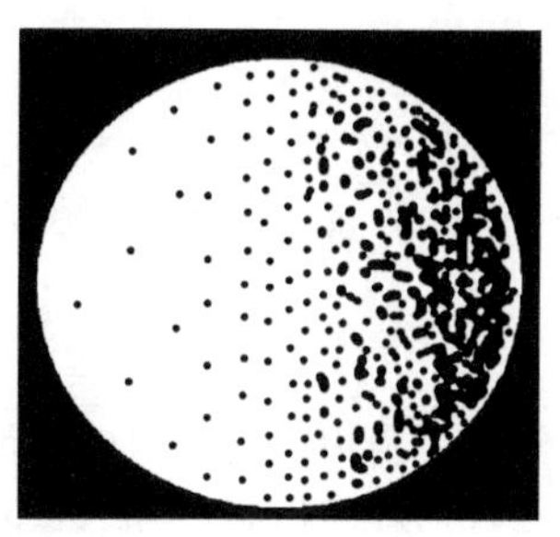

B. 细菌生长情况

图 3-4-2　梯度平板法筛选抗药性突变株

(2) 抗药浓度的测定。

① 制备含药平板:取链霉素溶液(750 μg/mL)0.2 mL、0.4 mL、0.6 mL 和 0.8 mL 分别加到无菌培养皿中,再加入融化并冷却到 50℃左右的牛肉膏蛋白胨琼脂培养基 15 mL,立即混匀,冷凝后即为含有 10 μg/mL、20μg/mL、30 μg/mL 和 40 μg/mL 链霉素的含药平板。另做一个不含药的平板作对照用。

② 抗药性的测定:将上述培养皿用记号笔分区,将分离到的抗性株分别划线接入上述 4 种药物浓度的平板上和对照平板上。每一皿必须留一格接种出发菌株。然后将所有培养皿倒置放入 37℃温箱中培养过夜。第二天观察各菌株的生长情况,并记录结果。

实验结果

(1) 记录并填表 3-4-3,记录经紫外线诱变后各抗性菌株的抗链霉素的程度(在 40 μg/mL 上能生长的菌,可继续提高药物浓度,做进一步测定)。

(2) 这次诱变处理后得到的抗性菌株有几个,它们的抗性程度有差异吗?

表 3-4-3 菌株抗链霉素程度记录表

菌株编号	含药平板/(μg/mL)				对照平板
	10	20	30	40	
1					
2					
3					
出发菌株					

思考题

1. 培养基中的链霉素引起了抗性突变吗？请设计一个实验加以说明。

2. 梯度平板法除用于分离抗药性突变株以外，还有什么其他用途？将未经诱变的菌株涂在含药平板上是否有菌出现？为什么？

3. 你选出的抗药性菌株中，如有一株抗链霉素突变菌株在含药平板上能生长，在不含药平板上反而不生长，这说明什么？

三 酵母菌营养缺陷型的筛选

目的要求

(1) 了解营养缺陷型突变株选育的原理；

(2) 学习并掌握酵母菌营养缺陷型的诱变、筛选与鉴定方法。

实验原理

营养缺陷型是指野生型菌株由于诱变处理，使编码合成代谢途径中某些酶的基因突变，丧失了合成某些代谢产物(如氨基酸、核酸碱基、维生素)的能力，必须在基本培养基中补充该种营养成分，才能正常生长的一类突变株。这类菌株可用于遗传学分析、微生物代谢途径的研究及细胞和分子水平基因重组研究中，作为供体和受体细胞的遗传标记。在生产实践中它们既可直接用作发酵生产氨基酸、核酸等有益代谢产物的菌种，也可作为对生产菌进行育种筛选不可缺少的亲本遗传标记和杂交种的选择性标记。

营养缺陷型的筛选一般要经过诱变、浓缩、检出和鉴定缺陷型四个环节。通常突变频率较低，只有通过淘汰野生型，才能浓缩营养缺陷型而选出少数突变株。浓缩营养缺陷型对于细菌常采用青霉素淘汰野生型，酵母菌和霉菌可采用链霉菌素，丝状微生物还可采用菌丝过滤法。检出营养缺陷型有点种法、影印培养法、夹层培养法等。鉴定营养缺陷型一般采用生长谱法。

本实验选用亚硝基胍(NTG)为诱变剂。由于 NTG 杀菌力较弱，诱变作用较强，其作用部位又往往在 DNA 的复制叉处，易造成双突变。选用 NTG 处理时，诱变频率较高，可使百分之几十的细胞变为营养缺陷型，筛选营养缺陷型时，可省去浓缩缺陷型这一环节。

材料与器材

1. 材料

(1) 解脂假丝酵母。

(2) 培养基。

① 麦芽汁斜面培养基：在麦芽汁(6 波美度)中加入 2%琼脂即成，自然 pH。

② 基本培养基(MM):乙酸钠 10 g、$(NH_4)_2SO_4$ 5 g、KH_2PO_4 0.5 g、Na_2HPO_4 0.5 g、$MgSO_4 \cdot 7H_2O$ 1.0 g、蒸馏水 1000 mL,pH6.0。固体培养基需加 20 g 琼脂。

③ 完全培养基(CM):与基本培养基的配方相同,另加入 1%蛋白胨,pH 至 6.0。固体培养基加 20 g 琼脂。

2. 试剂

(1) 亚硝基胍(NTG)。

(2) pH6.0 的磷酸缓冲液。

(3) 混合氨基酸:将 15 种氨基酸按表 3-4-4 组合,各取 100 mg 左右,烘干研细,制成 5 组混合氨基酸粉剂,分装入小玻管中避光保存在干燥器中备用。另外取全部(15 种)氨基酸混合在一起(约 20 mg 左右),烘干研细后分装小玻管保存,作为初步鉴定用。

表 3-4-4 五组混合氨基酸

组 别	所含氨基酸				
A	组氨酸	苏氨酸	谷氨酸	天冬氨酸	亮氨酸
B	精氨酸	苏氨酸	赖氨酸	甲硫氨酸	苯丙氨酸
C	酪氨酸	谷氨酸	赖氨酸	色氨酸	丙氨酸
D	甘氨酸	天冬氨酸	甲硫氨酸	色氨酸	丝氨酸
E	胱氨酸	亮氨酸	苯丙氨酸	丙氨酸	丝氯酸

(4) 混合碱基:称取腺嘌呤、鸟嘌呤、次黄嘌呤、胸腺嘧啶和胞嘧啶各 50 mg,混合烘干磨细后分装入小玻管,避光保存备用。

(5) 混合维生素:将硫胺素、核黄素、吡哆醇、维生素 C、泛酸,对氨基苯甲酸、叶酸和肌醇 9 种维生素各取 50 mg 混合,烘干磨细后分装入小管,避光保存备用。

3. 器材

离心机、试管、培养皿、锥形瓶、涂布棒、插有大头针的软木塞、盖有丝绒布的木头印章等。

实 验 步 骤

1. NTG 诱变处理

(1) 菌悬液的制备。将解脂假丝酵母菌接种斜面,28℃培养 2 天后,挑两环于装有 5 mL pH6 磷酸缓冲溶液的离心管中 3500 r/min 离心 10 min。倒上清液,打匀后加入缓冲液,倒入装有玻璃珠的锥形瓶中,充分振荡数分钟,用装有 4 层擦镜纸的小漏斗过滤到试管中,得到分散均匀的以单个细胞为主的菌悬液。

(2) NTG 处理。先取 0.5 mL 200 mg/mL 的 NTG 加入试管中,再取 4×10^6 个/mL 的菌液 0.5 mL 加入上述试管中,混匀后立即置 28℃水浴保温,30 min 后取 9 mL 生理盐水加入试管中摇匀,终止反应。

2. 营养缺陷型的检出

吸取经诱变处理的菌液 0.5 mL,按 10 倍稀释法稀释后,可使用下面的两种方法检出缺陷型。

(1) 影印法。在培养皿内倒入 15 mL 完全培养基,凝固后取 NTG 处理后的菌液 0.2 mL 加入培养皿,用玻璃棒涂布均匀,置 28℃培养 1~2 天,取出进行影印。

将 15 cm^2 灭过菌的丝绒布绒面向上用橡皮筋固定在直径略小于培养皿底的圆柱形木头上,将长有菌落的完全培养基平板(每皿约 36×60 个菌落)倒扣在绒布上,轻压培养皿,使菌落印在绒布上作为印模,然后再分别转印至基本培养基和完全培养基平板上(图 3-4-3)。经 28℃培养后，比较两皿上生长的菌落，如在完全培养平板上长出的菌落而基本培养基平板的相应位置上却无菌落出现，就可初步判断它是营养缺陷型菌株。

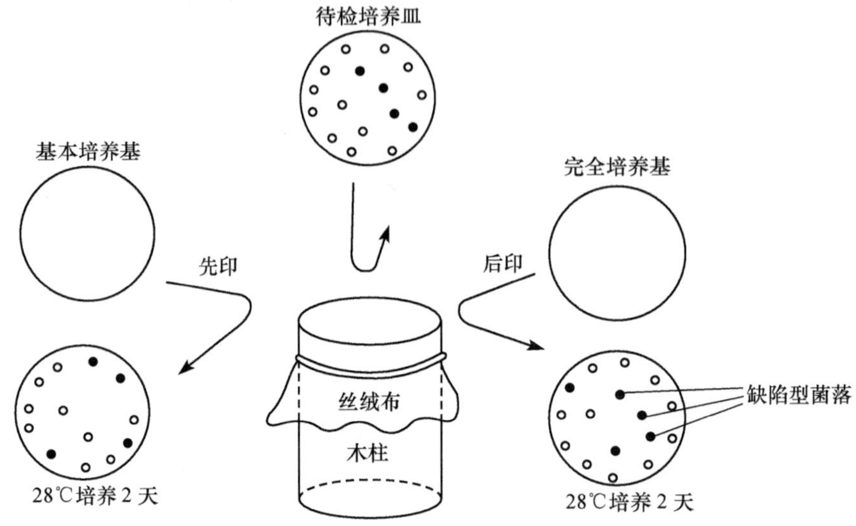

图 3-4-3　用影印法检出营养缺陷型

(2) 点种法。用大头针(插在软木塞上灭过菌)从完全培养基平板上挑选菌落分别逐个点在基本培养基平板和完全培养基平板的相应位置上。点种时应先点基本培养基，后点完全培养基。在点种时点种量应适宜，点种量过多或过少都不利于菌的观察。同样置 28℃ 恒温培养后，在完全培养基上生长而基本培养基上不能生长的菌落就可初步确定它是营养缺陷型(图 3-4-4)。

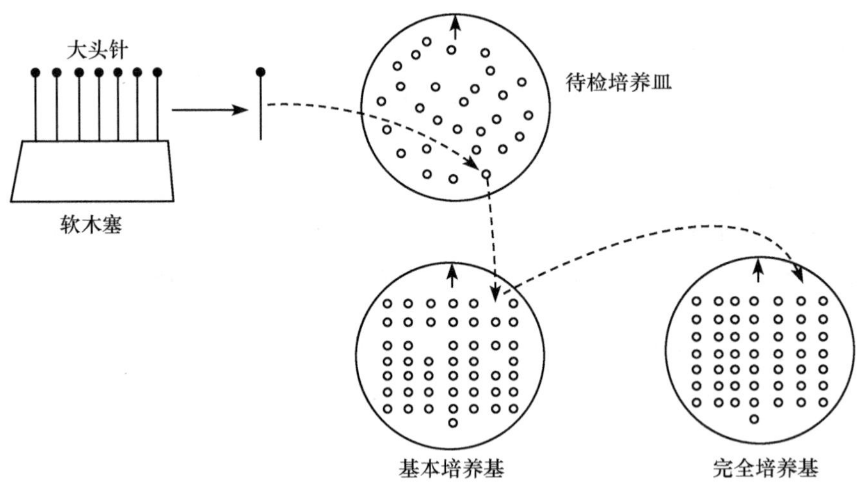

图 3-4-4　生长谱的测定

(3) 缺陷型菌落的复证。由于酵母菌常常不是单个细胞存在，不易获得单纯的突变型菌落，需将菌落进行 2～3 次平板划线处理。必要时需用液体培养进一步复证，即将缺陷型菌落用接种环挑取少量接种到含基本培养液的小试管中，28℃培养 3～4 天，不生长的试管加入完全培养液，28℃培养 2 天，能生长的即可判断它是营养缺陷型菌株。

将认为是缺陷型的菌落接至麦芽汁斜面培养基上，并编上号码，在 28℃下培养 4 天后取出保存，供鉴定用。

3. 营养缺陷型菌株鉴定

(1) 缺陷类型的初测。将可能是营养缺陷型的突变株接种于盛有 5 mL 完全培养液的离心管中，28℃振荡培养 1～2 天后，将菌悬液 3500 r/min 离心 10 min，弃去上清液，打匀管底菌团，用无菌生理盐水洗涤菌体 3 次，最后加 5 mL 生理盐水制备菌悬液。

吸取 1 mL 菌悬液加入无菌培养皿中，倾注约 15 mL 融化并冷却至 45～50℃的基本琼脂培养基，冷凝后在培养皿底部划分三个区域，做好标记。在平板的每个区表面分别放上微量的混合氨基酸、混合核酸碱基及混合维生素粉末，28℃培养 24 h，经培养后若某一类营养物质周围有生长圈，即表明为该类营养物质的营养缺陷型菌株。有的菌株是双重营养缺陷型，可在两类营养物质扩散圈交叉处看到生长区。

(2) 生长谱测定。初测所选出的营养缺陷型中，氨基酸缺陷型较为常见。对于氨基酸缺陷型菌株来说，将待测菌株细胞洗涤后，吸取 1 mL 菌悬液加入无菌培养皿中，倾注约 15 mL 融化并冷却至 45～50℃的基本琼脂培养基，冷凝后将平板均匀划分 5 个区，在标定的位置上放入少量分组的氨基酸结晶或粉末(共 5 组，表 3-4-5)。经培养后，可以看到某些区域的混合氨基酸四周出现混浊的生长圈，按表 3-4-5 所示就可确定属于哪一种氨基酸缺陷型。若是碱基或维生素缺陷型，则分别挑取单种碱基或维生素加入各小区，培养后就可确定属于哪一种碱基或维生素缺陷型。

表 3-4-5　生长谱测定

菌落生长区	缺陷型所需氨基酸	菌落生长区	缺陷型所需氨基酸	菌落生长区	缺陷型所需氨基酸
A	组氨酸	A,B	苏氨酸	B,D	甲硫氨酸
B	精氯酸	A,C	谷氨酸	B,E	苯丙氨酸
C	酪氨酸	A,D	天冬氨酸	C,D	色氨酸
D	甘氨酸	A,E	亮氨酸	C,E	丙氨酸
E	胱氨酸	B,C	赖氨酸	D,E	丝氨酸

异亮氨酸、羟脯氨酸、缬氨酸、脯氨酸和天冬酰胺等 5 种氨基酸不包含在 15 种测试的氨基酸中，有些缺陷型用上述 15 种氨基酸测不出来时，可单独用这 5 种氨基酸测试。

如果在上述鉴定实验中，发现在两组氨基酸扩散圈的交叉处出现双凸透镜状的生长区时，说明这一缺陷型是同时要求两种氨基酸的双重缺陷型。

注 意 事 项

(1) 配制基本培养基的药品均用分析纯，使用的器皿应洁净，需用蒸馏水冲洗 2～3 次，必要时用重蒸水冲洗。

(2) 琼脂是从一种海藻中提取的聚半乳糖的硫酸酯，除含少量的钙、镁、钠、钾等矿物质外，还含有少量蛋白质、维生素等营养成分，需用洗涤处理过的琼脂，否则会影响营养缺陷型的筛选结果，洗涤琼脂的方法有两种。

① 将 500 g 琼脂放于大玻璃缸内，加 5 L 蒸馏水和 5 mL 氮苯浸泡 24 h，然后滤去氮苯液和水，再用蒸馏水洗涤琼脂 3 次，用 95%乙醇洗涤琼脂 1 次，用 95%乙醇浸泡琼脂过夜，滤去乙醇，再用水洗，最后把洗过的琼脂在纱布上展成薄层晾干，处理过程约需 10 天。

② 把琼脂放在玻璃缸内，用流水洗涤并浸泡 6～7 天，用奈氏试剂检查无铵离子存在时，再用纱布包起来，将水滤干，最后展成薄层晾干备用。

(3) 琼脂表面潮湿，会使菌落扩散，即便倒置平皿培养，也会影响分离结果。注意：用倾注法制平板时，琼脂温度控制在45℃左右，最好提前1天制作平板，让水分蒸发或30℃烘干过夜，或培养用无菌粗陶瓷培养皿盖替代正常玻璃皿盖，也可在玻璃皿盖内层放浸有甘油的滤纸，吸取皿蒸发的水分，以达防止菌落扩散的目的。

实验结果

（1）记录营养缺陷型突变株鉴定结果，并计算氨基酸营养缺陷型突变率。

突变株号	缺陷型类型	生长区	营养缺陷型的遗传标记
1			
2			
3			
4			

$$缺陷型突变率=\frac{缺陷型菌株数}{被检测的菌落总数(点种总数)}\times 100\%$$

（2）总结实验全过程，绘制营养缺陷型突变株筛选的工作程序图。

思考题

1. 进行化学诱变处理前，洗涤菌体和制备细胞悬浮液时为什么用一定pH的缓冲液？

2. 诱变处理后洗涤菌体和制备细胞悬浮液为什么要用生理盐水？无菌蒸馏水行吗？

3. 如需淘汰野生型、浓缩缺陷型时，在筛选酵母菌营养缺陷型时，可用哪些抗生素及试剂？对G^+菌和G^-菌，可选用哪些抗生素及试剂？

实验五 昆虫病毒多角体的染色与观察

相关理论知识

昆虫病毒是以昆虫作为宿主，并在宿主种群中流行传播的一类病毒。昆虫病毒的种类繁多，至今发现的昆虫病毒已超过1000多株，涉及11个目的900多种昆虫，据统计我国已经发现的昆虫病毒有200余株。

昆虫病毒在形态、结构上比较特殊，其突出的特点是它们大都在宿主细胞内形成蛋白结晶性质的包涵体(inclusion body)。包涵体内的病毒粒子只有当它们从包涵体中释放出来以后，才有侵染宿主细胞的能力。包涵体具有保护病毒免受不良环境影响的作用。除了形成包涵体的病毒外，还有许多不形成包涵体的昆虫病毒。根据*Virus Taxanomy* 1999，昆虫病毒可分为7个科。

研究昆虫病毒，对于防治蚕、蜂病害，促进发展农林生产，控制虫害，加强公共卫生以及人类环境保护方面，都有重要意义。此外，昆虫病毒的种类很多，在发展比较病毒学和分子生物学的基础理论研究，加深对病毒乃至生命本质的认识方面，也是很好的实验模型。

目 的 要 求

学习昆虫病毒多角体的染色方法。

实 验 原 理

包裹有大量病毒粒子的晶形或非晶形结构称为包涵体。前者由病毒粒子堆叠而成，后者则易含寄主细胞成分。因为包涵体的形状多样，在相差显微镜下观察，包涵体的平面图呈三角形、四边、五边、六边以至圆形等多种形状，故称为多角体。

昆虫病毒多角体有核型多角体和质型多角体。核型多角体主要存在于昆虫组织的脂肪体、真皮和气管基质的细胞核中。质型多角体则存在于昆虫的中肠上皮组织的细胞质内。在昆虫细胞组织中形成的多角体，通过特殊染色后可在光学显微镜下观察到。

材料与器材

1. 材料

感染核多角体病毒致死的斜纹夜蛾虫尸。

染色液和试剂：1%NaOH溶液、香柏油、二甲苯、甲醇。

5%伊红染色液：伊红5 g，蒸馏水100 mL。

质型多角体染色液Ⅰ：天青Ⅱ曙红(Azur Ⅱ eosin)3.0 g，天青Ⅱ(Azur Ⅱ)0.8 g，甘油(C. P.)250 mL，甲醇(无丙酮的)250 mL。

质型多角体染色液Ⅱ：萘酚蓝黑(又名氨基黑)(Buffalo NBR)0.1 g，蒸馏水20 mL，100%甲醇50 mL，冰乙酸30 mL。

姬姆萨染色液(用于核型多角体和质型多角体的区别染色)：姬姆萨1 g，中性甘油30 mL，甲醇100 mL，将姬姆萨粉放入研钵内研碎，再加入少量甲醇充分研磨，使其全部溶解，加入中性甘油30 mL，再加入全部甲醇，混合后于60℃水中溶解1 h，待冷后过滤即为原液。染色时取姬姆萨原液1份加甲醇4份混匀后使用。

乙醇-福尔马林固定液：70%乙醇90 mL，40%福尔马林10 mL。

2. 器材

研钵、离心机、离心管、纱布、蒸馏水、指形管、载玻片、接种环、擦镜纸、显微镜。

实 验 步 骤

1. 核型多角体的染色与观察

(1) 制片。

方法①:将感染多角体病毒死亡的虫尸放入研钵内加少量的无菌水碾碎,取悬液于载玻片上涂片,让其自然干燥。

方法②:将虫尸加少量无菌水碾磨,然后用两层纱布过滤,用离心机 3000 r/min,离心 30 min,离心管中的混合液出现三层,最下一层是杂质,中间一层乳白色浑浊液含有大量多角体,上层是清液,小心地用吸管吸出乳白色浑浊部分,再反复用无菌水洗涤离心几次,这样就可以获得多角体的粗提纯液。将粗提纯液稀释到一定浓度(以镜检时不密不稀为好),于载玻片上涂片,让其自然干燥。

(2) 固定。

用乙醇-福尔马林固定液固定 10～20 min,尔后用滤纸吸干固定液。

(3) 碱处理。

加 1%NaOH 溶液于涂片上,处理 1 min。

(4) 镜检。

于染色涂面上加香柏油一滴,用油镜观察,记录结果,多角体呈粉红色。

2. 质型多角体病毒的染色与观察

(1) 制片方法一。

制片:除选用感染质型多角体病毒的虫尸外,其他方法同上述。

固定:加甲醇 1～2 滴,固定 2～3 min,晾干。

染色:固定液干后加质型多角体染色液Ⅰ染色 2～3 min,水洗,晾干。

镜检:多角体青色,背景为淡红色。

(2) 制片方法二(Sikorowski 染色法)。

如前所述制作涂片,室温干燥 1～2 h 或 50℃干燥 10 min。

电热板加热到 40℃并滴质型多角体染色液Ⅱ染色 5 min(或室温下 20 min),注意不要让染色液蒸干。

从加热板取下载玻片,倾去染色液,晾干。

用自来水轻轻冲洗 5 s。

待涂片干后,用油镜观察,质型多角体被染成海军蓝,而背景物染成淡蓝色。

3. 核型多角体与质型多角体的区别染色

(1) 按常法制备涂片。

(2) 将涂片在火焰上文火加热干燥。

(3) 将姬姆萨染液滴在涂片上,染 1 min 后加入等量蒸馏水冲淡均匀,再继续染色 30 min。

(4) 水洗,待干后用油镜镜检。结果,质型多角体呈紫色,而核型多角体不着色。

4. 绘出所观察到的昆虫病毒多角体的形态

5. 比较核型多角体与质型多角体的异同

实验六　大肠杆菌噬菌体的分离、纯化及效价测定

相关理论知识

噬菌体是由英国细菌学家 Frederick Twort(1915)和法国科学家 Felix d'Herelle(1917)各自独立发现的。噬菌体(bacteriophage,phage)是感染细菌、真菌、放线菌或螺旋体等微生物的细菌病毒的总称。噬菌体颗粒在结构上有很大差别,一般可分成三种类型,即无尾部结构的二十面体、有尾部结构的 20 面体和线状体。

噬菌体是细菌的专性寄生物,自然界中凡是有细菌存在的地方,均可以发现其特异性的噬菌体,噬菌体侵入细菌细胞后,利用宿主细胞的酶系统进行复制和增殖,最终导致细菌细胞裂解,噬菌体从细胞中释放出来,可以进一步侵染细菌细胞。

据噬菌体与宿主细胞的关系可分为烈性噬菌体(virulent phage)和温和噬菌体(temperate phage)两类。前者改变宿主的性质,大量产生新的噬菌体,最后导致菌体裂解死亡;后者可因生长条件的不同,既可引起宿主细胞的裂解死亡,又可将其核酸整合到细菌的染色体上,使细菌细胞继续生长繁殖,并被溶源化。

目的要求

(1) 学习分离、纯化噬菌体的原理和方法;

(2) 观察噬菌斑的形态和大小;

(3) 掌握双层平板法噬菌体效价测定的基本方法。

实验原理

在液体培养基中,噬菌体可以使浑浊的菌悬液变为澄清。在长有宿主细菌的固体培养基平板上,噬菌体可以裂解细菌形成透明的空斑,即噬菌斑,一个噬菌体产生一个噬菌斑,因此可以利用这个性质对噬菌体进行分离和效价的测定。

噬菌体的效价是指噬菌体的浓度,即一毫升培养液中所含有的噬菌体数量。噬菌体效价的测定方法多采用双层琼脂平板法。先在培养皿中倒入底层固体培养基,凝固后再倒入含有宿主细菌和一定稀释度噬菌体的半固体培养基。培养一段时间后,计算噬菌斑的数量。

材料与器材

1. 材料

大肠杆菌、牛肉膏蛋白胨固体培养基、牛肉膏蛋白胨半固体培养基(含有琼脂 0.5%,试管分装每管 3~5 mL)、三倍浓缩的牛肉膏蛋白胨液体培养基。

2. 器材

培养皿、无菌吸管、三角瓶、抽滤瓶、蔡氏细菌滤器、真空泵、阴沟污水。

实验步骤

1. 噬菌体的分离

(1) 取大肠杆菌斜面一支,加入 4 mL 无菌水,用接种环刮下菌苔,制成菌悬液。

(2) 在装有 100 mL 3 倍浓缩液体培养基的三角瓶中,加入 200 mL 污水样品和 2 mL 大肠杆

菌菌悬液，37℃培养 12～24 h。

(3) 将上述培养物倒入离心管中，于 2500 r/min 离心 15 min，上清用蔡氏细菌滤器过滤，滤液倒入无菌的三角瓶中，37℃培养过夜。

(4) 若无细菌生长，则可以进行有无噬菌体存在的试验。首先在牛肉膏蛋白胨固体平板上滴加数滴大肠杆菌菌悬液，用无菌的玻璃涂棒将菌悬液涂布均匀，待平板表面菌液干后，滴加上述滤液数滴于平板的不同位置，倒置于 37℃温箱培养过夜。如果在滴加滤液处出现透明的噬菌斑，则表明滤液中含有大肠杆菌噬菌体。

(5) 将含有噬菌体的滤液和一定量的大肠杆菌菌悬液，接种到牛肉膏蛋白胨液体培养基中，37℃培养过夜，可以使噬菌体得到富集。

2. 噬菌体的纯化

(1) 将含有大肠杆菌噬菌体的滤液，用牛肉膏蛋白胨液体培养基按 10 倍稀释法稀释，使其分别达到 10^{-1}、10^{-2}、10^{-3}、10^{-4}、10^{-5}等 5 个稀释度。

(2) 取直径 9 cm 的无菌培养皿 5 套，分别倒入 15 mL 左右的底层固体培养基。

(3) 取 5 支装有上层半固体培养基的试管，融化后放入 50℃左右的水浴中保温，分别加入 0.1 mL 大肠杆菌菌液和 0.1 mL 各稀释度的滤液，摇匀，分别倒入已经凝固的底层固体培养基平板上，标明各培养皿滤液的不同浓度，待上层凝固后，倒置于 37℃温箱中培养过夜。

(4) 在出现单个噬菌斑的平板上，用接种针在噬菌斑上刺一下，接种于含有大肠杆菌的牛肉膏蛋白胨液体培养基中，37℃培养过夜。再重复上述稀释、纯化过程，直到平板上出现形态、大小一致的噬菌斑为止。

3. 效价的测定

(1) 取直径 9 cm 的无菌培养皿 3 套，分别倒入 15 mL 左右的底层固体培养基。

(2) 将大肠杆菌噬菌体原液，用牛肉膏蛋白胨液体培养基按 10 倍稀释法稀释，使其分别达到 10^{-1}、10^{-2}、10^{-3}、10^{-4}、10^{-5}等 5 个稀释度。

(3) 分别取 10^{-3}、10^{-4}、10^{-5}三个稀释度稀释液 0.1 mL 和大肠杆菌菌悬液 0.1 mL，加入到已经熔化并保温于 50℃左右水浴中的半固体培养基中，混合均匀后倒入已经凝固的底层固体培养基平板上，以只加入大肠杆菌而不加入噬菌体稀释液的平板作对照，标明各培养皿的不同浓度，待上层凝固后，倒置于 37℃温箱中培养过夜。

(4) 统计各稀释度平板中的噬菌斑数目，并计算出噬菌体的浓度。

思 考 题

1. 在固体培养基平板上为什么能形成噬菌斑？
2. 从固体培养基平板上得到的噬菌斑数目，如何计算噬菌体的效价？
3. 为什么采用双层平板法测定噬菌体效价？

实验七　动物病毒的鸡胚培养

相关理论知识

鸡胚培养法是用来培养某些对鸡胚敏感的动物病毒的一种培养方法，此方法可用以进行多种病毒的分离、培养，毒力的测定、中和试验以及抗原和疫苗的制备等。

鸡胚培养的技术比组织培养容易成功，也比接种动物的方法来源容易，无饲养管理及隔离等的特殊要求，且鸡胚一般无病毒隐性感染，同时它的敏感范围很广，多种病毒均能适应，因此，是常用的一种培养动物病毒的方法。

目的要求

（1）了解动物病毒的培养方法和鸡胚培养的意义及用途；

（2）初步掌握病毒鸡胚培养的基本方法。

实验原理

不同病毒接种鸡胚均有其最适应的途径及位置，故应注意选择。本实验用痘苗病毒和鸡新城疫苗病毒接种鸡胚。痘苗病毒适宜于在绒毛尿囊膜上生长，经培养后，产生肉眼可见的白色痘疱样病变，似小结节或白色小片云翳状。鸡新城疫病毒适宜接种在尿囊腔和羊膜腔内，生长后，鸡胚全身皮肤出现出血点，以脑后最显著。

材料与器材

1. 材料

病毒：痘苗病毒（Vaccinia virus），鸡新城疫病毒（Newcastle disease virus）。

2. 器材

仪器或其他用具：孵卵器，检卵灯，齿钻，磨壳器，钢针，蛋座木架，注射器，2.5％碘酒，70％乙醇，镊子，剪刀，封蜡（固体石蜡加 1/4 凡士林，熔化），灭菌培养板，灭菌盖玻片等。

3. 白壳受精卵（自产出后不超过 10 天，以 5 天以内的卵为最好）

实验步骤

1. 准备蛋胚

孵育前的鸡胚先用清水以布洗净，再用干布擦干，放入孵卵器内进行孵育（37℃，相对湿度 45％～60％），孵育 3 天后，鸡胚每日翻动 1～2 次。孵至第四天，用检卵灯观察鸡胚发育情况，未受精卵，只见模糊的卵黄黑影，不见鸡胚的行迹，这种鸡胚应淘汰。活胚壳看到清晰的血管和鸡胚的暗影，比较大一些的可以看见胚动，随后每日观察一次，将胚动呆滞或没有运动的、血管昏暗模糊者，即可能是已死或将死的鸡胚，要随时加以淘汰。生长良好的蛋胚一直孵育到接种前，具体胚龄视所拟培养的病毒种类和接种途径而定。

鸡卵孵化期间，箱内应保持新鲜空气流通，特别是孵化 5～6 天后，鸡胚发育加快，氧气需要量增大，空气供应不足，会导致鸡胚大量死亡。

2. 接种

（1）绒毛尿囊膜接种。

① 将孵育 10～12 天的蛋胚放在检卵灯上，用铅笔勾出气室与胚胎略近气室端的绒毛尿囊膜发育得好的地方。

② 用碘酒消毒气室顶端与绒毛尿囊膜记号处，并用磨壳器或齿钻在记号处的卵壳上磨开一三角形或正方形（每边 5～6 mm）的小窗，不可弄破下面的壳膜，在气室顶端钻一小孔。

③ 用小镊子轻轻揭去所开小窗处的卵壳，露出壳下的壳膜，在壳膜上滴 1 滴生理盐水，用针尖小心地划破壳膜，但注意切勿伤及紧贴在下面的绒毛尿囊膜，此时生理盐水自破口处流至绒毛尿囊膜，以利两膜分离。

④ 用针尖刺破气室小孔处的壳膜，再用橡皮乳头吸出气室内的空气，使绒毛尿囊膜下陷而形成人工气室。

⑤ 用注射器通过窗口的壳膜窗孔滴 0.05～0.1 mL 痘苗病毒液于绒毛尿囊膜上。

⑥ 在卵壳的窗口周围涂上半凝固的石蜡，作成堤状，立即盖上消毒盖玻片。也可用揭下的卵壳封口，则将卵壳盖上，接缝处涂以石蜡，但石蜡不能过热，以免流入卵内。将鸡卵始终保持人工气室在上方的位置进行 37℃ 培养，48～96 h 观察结果。

温度对痘苗病毒灶的形成影响显著，应严格控制培养温度在 37℃，高于 40℃ 的培养温度，鸡胚不能产生典型病灶。

（2）尿囊腔接种。孵育 10～12 天的蛋胚，因这时尿囊液积存得最多。

① 将蛋胚在检卵灯上照视，用铅笔画出气室与胚胎位置，并在绒毛尿囊膜血管较少的地方作记号。

② 将蛋胚竖放在蛋座架上，钝端向上，用碘酒消毒气室蛋壳，并用钢针在记号处钻一小孔。

③ 用带 18 mm 长针头的 1 mL 注射器吸取鸡新城疫病毒液，针头刺入孔内，经绒毛尿囊膜入尿囊器，注入 0.1 mL 病毒液。

④ 用石蜡封孔后于 37℃ 孵卵器孵育 72 h。

（3）羊膜腔接种。

① 将孵育 10～11 天的蛋胚照视，画出气室范围，并在胚胎最靠近卵壳的一侧做记号。

② 用碘酒消毒气室部位的蛋壳。用齿钻在气室顶端磨一三角形，每边约 1 cm 的裂痕，注意勿划破壳膜。

③ 用灭菌镊子揭去蛋壳和壳膜，并滴加灭菌液体石蜡一滴于下层壳膜上，使其透明，以便观察，若将蛋胚放在检卵灯上，则看得更清楚。

④ 用灭菌尖头镊子，两页并拢，刺穿下层壳膜和绒毛尿囊膜没有血管的地方，并夹住羊膜从刚才穿孔处拉出来。

⑤ 左手用另一把无齿镊子夹住拉出的羊膜，右手持带有 26 号针头的注射器，刺入羊膜腔内，注入鸡新城疫病毒液 0.1 mL。针头最好用无斜削尖端的钝头，以免刺伤胚胎。

⑥ 用绒毛尿囊膜接种法的封闭方法将卵壳的小窗封住，于 37℃ 孵卵器内孵育48～72 h，保持蛋胚的钝端朝上。

鸡胚接种病毒的操作过程及使用器械应严格无菌，尽可能在无菌工作台上进行。

3. 收获

（1）绒毛尿囊膜。

① 用碘酒消毒人工气室上卵壳，去除窗孔上的盖子。

② 将灭菌剪子插入窗内，沿人工气室的界限剪去壳膜，露出绒毛尿囊膜，再用灭菌眼科镊子将膜正中夹起，用剪刀沿人工气室边缘将膜剪下，加入有灭菌生理盐水的培养板内，观察病灶形状。然后或用于传代，或用 50% 甘油保存。

（2）尿囊腔接种法收获尿囊液。

① 将蛋胚放在冰箱内冷冻半日或一夜后，使血管收缩，以便得到无胎血的纯尿囊液。

② 用碘酒消毒气室处的卵壳，并用灭菌剪刀除去气室的卵壳。切开壳膜及其下面的绒毛尿囊膜，翻开到卵壳边上。

③ 将鸡卵倾向一侧，用灭菌吸管吸出尿囊液。一个蛋胚约可收获 6 mL 左右尿囊液，收获的尿囊液暂存 4℃冰箱，经无菌试验合格后于－30℃长期储存。

收获尿囊液时均勿损伤血管，否则病毒会吸附在红细胞上，使病毒滴度显著下降。

④ 观察鸡胚，看有无典型的症状。

(3) 羊膜腔接种法收获羊水。

① 按收获尿囊液的方法消毒、去壳，翻开壳膜和尿囊膜。

② 先吸出尿囊液。

③ 再用镊子夹出羊膜，以尖头毛细吸管插入羊膜腔，吸出羊水，放入灭菌试管内，每蛋胚可吸 0.1～1 mL。经无菌试验合格后，保存于低温中。

④ 观察鸡胚的症状。

思　考　题

1. 用鸡胚培养病毒，在选用鸡胚时应注意什么问题？

2. 以鸡胚尿囊腔接种培养病毒的操作过程中应注意什么问题？

实验八 抗菌肽效价的生物测定

相关理论知识

抗菌肽是生物体内经诱导产生的一种具有生物活性的小分子多肽，相对分子质量在2000～7000，由20～60个氨基酸残基组成。这类活性多肽多数具有强碱性、热稳定性以及广谱抗菌等特点。世界上第一个被发现的抗菌肽是1980年由瑞典科学家G. Boman等人经注射阴沟通杆菌及大肠杆菌诱导惜古比天蚕蛹产生的具有抗菌活性的多肽，定名为Cecropins。此后数年间，人们相继从细菌、真菌、两栖类、昆虫、高等植物、哺乳动物乃至人类中发现并分离获得具有抗菌活性的多肽。由于最初人们发现这类活性多肽对细菌具有广谱高效杀菌活性，因而将其命名为antibactetial peptide(ABP)，中文译为抗菌肽，其原意为抗细菌肽。随着人们研究工作的深入开展，发现某些抗细菌肽对部分真菌、原虫、病毒及癌细胞等均具有强有力的杀伤作用，因而对这类活性多肽的命名许多学者倾向于称之为“peptide antibiotics”——多肽抗生素。

目 的 要 求

掌握抗菌肽效价的生物测定方法。

实 验 原 理

抗菌物质的微生物测定方法有稀释法、比浊法以及琼脂扩散法等。本实验采用国际上最普遍应用的琼脂平板扩散法来测定抗菌肽效价。它是将规格一定的不锈钢小管置于带菌琼脂平板上，管中加入被测液，在室温中扩散一定时间后放入温箱培养。在菌体生长的同时，被测液扩散到琼脂平板内，抑制或杀死周围菌体的生长，从而产生不长菌的透明的抑菌圈。在一定的范围内，抗菌物质的浓度(对数值)与抑菌圈直径(数学值)呈直线函数关系。因此，根据抑菌圈的大小，可以求出相应的抗菌物质的效价。

材料与器材

1. 材料

(1) 金黄色葡萄球菌、硫酸粘杆菌肽。

(2) 培养基。

① 传代用培养基：

蛋白胨	5 g	K_2HPO_4	3.5 g
酵母膏	3 g	KH_2PO_4	1.32 g
牛肉膏	1.5 g	琼脂	18～20 g
葡萄糖	1 g	蒸馏水	1000 mL
NaCl	3.5 g	pH 7.0(灭菌后)	

金黄色葡萄球菌在上述培养基上传代保存，每三周传代一次，菌种在37℃培养18～20 h后，置室温下2～4 h，可使其产生良好的色素。菌种斜面保存于0～4℃冰箱，应注意蛋白质质量。

② 生物测定用培养基：

蛋白胨	6 g	琼脂	18～20 g
酵母膏	3 g	水	1000 mL
牛肉膏	1.5 g	pH 6.5(灭菌后)	

生物测定时，培养皿内培养基分上下两层，上层培养基须另加 0.5％葡萄糖，即每 100 mL 上层培养基中加入 50％葡萄糖溶液 1 mL。

2. 试剂

5 mmol/L pH4.0 乙酸缓冲液、0.9％NaCl 溶液。

3. 器材

不锈钢小管(牛津小杯)(内径 6±1 mm，外径 8±0.1 mm，高 10±0.1 mm)、培养皿(直径 90 mm，深 20 mm，要求大小一致、皿底平坦)、离心机、光电比色计、移液管、滴管、空试管、大口吸管等。

实验步骤

1. 金黄色葡萄球菌悬液的制备

在传代琼脂培养基上连续培养 3～4 代(37℃，16～18 h/代)的金黄色葡萄球菌，用0.85％生理盐水洗下，离心沉淀，倾去上层清液，菌体沉淀再用生理盐水洗 1～2 次，最后将菌液稀释至 18 亿个/mL～21 亿个/mL。或者用光电比色计测定，透光率为 20％(波长650 nm)。

2. 抗菌肽标准溶液的配制

准确称取硫酸粘杆菌肽 15～20 mg，溶解在一定量的 pH4.0 乙酸缓冲液(5 m mol/L)内，使成 2000 U/mL 的硫酸粘杆菌肽溶液。然后依次稀释，配制成 10 U/mL 硫酸粘杆菌肽标准工作液。按表 3-8-1 加入硫酸粘杆菌肽标准溶液，以配制标准曲线中不同浓度的硫酸粘杆菌肽溶液。

表 3-8-1　绘制标准曲线用的不同浓度硫酸粘杆菌肽溶液配法

试管号	抗菌肽溶液浓度/(U/mL)	10U/mL 抗菌肽溶液/mL	pH 硫酸缓冲液/mL
1	0.4	0.4	9.6
2	0.6	0.6	9.4
3	0.8	0.8	9.2
4	1.0	1.0	9.0
5	1.2	1.2	8.8
6	1.4	1.4	8.6

注：稀释时所用试管、移液管均需灭菌，缓冲溶液也需灭菌。

3. 硫酸粘杆菌肽

取灭菌培养皿 15 套(应选择大小一致，皿底平坦)，每皿用大口吸管吸取已冷至 45℃左右的下层培养基 21 mL。水平放置，待凝固之后，再加入含菌上层培养基 4 mL，将培养皿来回倾，使含菌的上层培养基均匀分布。

上层培养基在使用前先冷却至 50℃左右，每 10 mL 培养基内加入 50％葡萄糖溶液 1 mL 及金黄色葡萄球菌悬液 3～5 mL，充分摇匀，在 50℃水浴内放置 10 min 后使用。硫酸粘杆菌肽溶液的抑菌圈大小与上层培养基内菌体的浓度密切相关。增加细菌浓度，抑菌圈就缩小。实验中加入的菌体最好控制在使 1 U/mL 硫酸粘杆菌肽溶液的抑菌圈直径在 20～24 mm。

待上层培养基完全凝固之后，在每个琼脂平板上轻轻地放置不锈钢小管 4 支，小管之间的距离应相等。然后用带有橡皮头的滴管将硫酸粘杆菌肽标准溶液加于小管内(图 3-8-2)。培养皿内不同浓度的硫酸粘杆菌肽标准工作液的详细排列如图 3-8-1 所示。每一浓度作三皿重复。

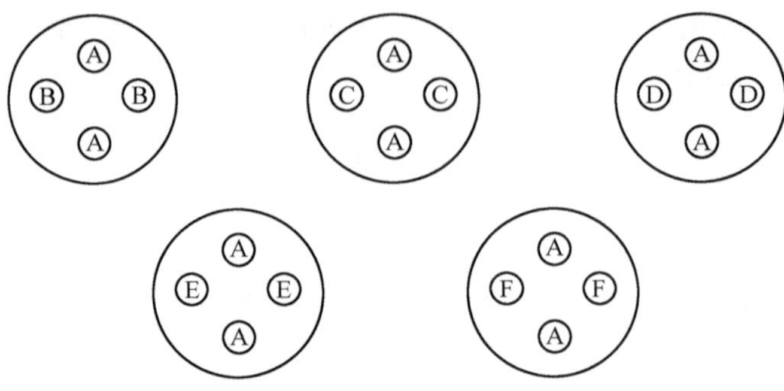

图 3-8-1　用管碟法测定抗生素效价时，各剂量点位置的排列

A. 标准曲线中参考点的硫酸粘杆菌肽剂量(1 U/mL)；B～F. 标准曲线中的其他剂量点，即 0.4 U/mL、0.6 U/mL、0.8 U/mL、1.2 U/mL 和 1.4 U/mL

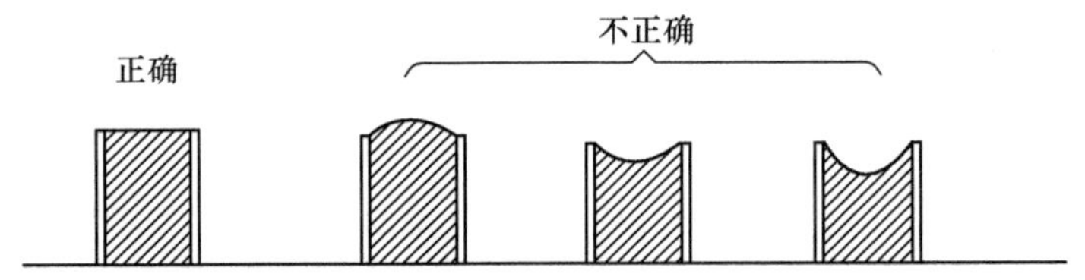

图 3-8-2　小管内加抗生素液的标准

表 3-8-2　硫酸粘杆菌肽生物测定标准曲线记录

皿号	硫酸粘杆菌肽浓度/(U/mL)	抑菌圈直径/mm	平均值/mm	校正值/mm	1U/mL 硫酸粘杆菌肽抑菌圈直径/mm	平均值/mm	校正值/mm
1							
2	0.4						
3							
4							
5	0.6						
6							
7							
8							
9							
10							
11	1.2						
12							
13							
14	1.4						
15							
					1 U/mL 硫酸粘杆菌肽抑菌圈总平均值＝		mm

计算(表 3-8-2)：①算出各组(即各剂量点)抑菌圈平均值；②算出各组 1 U/mL 的抑菌圈平均值；③算出 15 套培养皿中 1 U/mL 的抑菌圈总平均值；④以 1 U/mL 抑菌圈的总平均值来校正各组的1 U/mL抑菌圈的平均值，求得各组的校正数。

硫酸粘杆菌肽溶液加毕后，换上陶盖，将培养皿移至37℃恒温箱内培养18～24 h后，移去小管，精确地测量抑菌直径。

4. 林蛙抗菌肽效价的生物测定

用1% pH4.0乙酸缓冲液将抗菌肽作适当稀释。每个被检样品用3套培养皿进行测定。硫酸粘杆菌肽标准工作液(1 U/mL)与检品的稀释液间隔地加于小管内。37℃培养18～24 h后，量取抑菌圈直径。

5. 林蛙抗菌肽效价的计算

(1) 将标准工作液(1 U/mL)抑菌圈的平均值(3套培养皿)与标准曲线上1 U/mL抑菌圈直径进行校正，以求取校正数。

(2) 用此校正数校正检品的抑菌圈直径，求得检品抑菌圈直径的校正值。

(3) 用此校正值在标准曲线上查得检品稀释液的硫酸粘杆菌肽效价。

(4) 将检品的稀释液的效价乘以检品的稀释倍数，就得检品(林蛙抗菌肽原液)的效价。

实验结果

1. 记录硫酸粘杆菌肽生物测定标准曲线。
2. 记录林蛙抗菌肽效价的生物测定结果(表3-8-3)。

表3-8-3　林蛙抗菌肽效价的生物测定记录表

皿号	发酵时间	稀释倍数	样品稀释液抑菌圈直径/mm	平均值/mm	校正值/mm	效价/(U/mL)	林蛙抗菌肽效价/(U/mL)	1 U/mL标准硫酸粘杆菌抑圈直径/mm	平均值	校正数
1										
2										
3										
4										
5										
6										
7										
8										
9										
10										
11										
12										
13										
14										
15										
16										
17										
18										

实验九　乳酸发酵与乳酸菌饮料的制备

相关理论知识

乳酸菌是发酵糖类主要产物为乳酸的一类无芽孢、革兰氏阳性细菌的总称。这是一群相当庞杂的细菌，目前至少可分为18个属，共有200多种。除极少数外，绝大部分都是人体内必不可少的且具有重要生理功能的菌群，广泛存在于人体的肠道中。目前已被国内外生物学家所证实，肠内乳酸菌与健康长寿有着非常密切的直接关系。

而人体肠道内乳酸菌拥有的数量，随着人的年龄增长会逐渐减少，当人到老年或生病时，乳酸菌数量可能减少到1/1000～1/100，直到老年人临终时已完全消失。所以，有意增加人体肠道内乳酸菌的数量就显得非常重要。

发酵型乳酸菌奶饮料是利用优质的牛奶经过乳酸菌发酵，产生大量对人体有益的乳酸菌和乳酸有益代谢产物，具有乳酸菌及发酵产物的生物功能饮料，是有益健康的理想奶饮品。

目的要求

(1) 学习乳酸发酵和制作乳酸菌饮料的方法，了解乳酸菌的生长特性；

(2) 了解常用食品微生物种类。

实验原理

乳酸菌饮料是一种以脱脂乳为原料，接种乳酸菌进行发酵，使其大量产酸，再加入适量糖制成的浓饮料。饮用时可进一步稀释。该类饮料名称繁多，营养丰富，是一种值得开发的饮料。

材料与器材

1. 材料

嗜热乳酸链球菌(*Streptococcus therunophilus*)、保加利亚乳酸杆菌(*Lactobacillus casei*)，乳酸菌种也可以从市场销售的各种新鲜酸乳或酸乳饮料中分离，BCG牛乳培养基、乳酸菌培养基。

2. 试剂

脱脂乳试管(直接选用脱脂乳液或按脱脂乳粉与5%蔗糖水以1∶10的比例配制，装量以试管的1/3为宜，115℃灭菌15 min)。

3. 器材

恒温水浴锅、酸度计、高压蒸汽灭菌锅、均质机、超净工作台、培养箱、酸乳瓶(20～80 mL)、培养皿、试管、500 mL三角瓶。

实验步骤

1. 乳酸菌的分离纯化

(1) 分离。取市售新鲜酸乳或泡制酸菜的酸液稀释至10^{-5}，取其中的10^{-4}、10^{-5}2个稀释度的稀释液各0.1～0.2 mL，分别接入BCG牛乳培养基琼脂平板上，用无菌涂布器依次涂布。或者直接用接种环蘸取原液平板划线分离，置40℃培养48 h，如出现圆形稍扁平的黄色菌落及其周围培养基变为黄色者初步定为乳酸菌。采用BCG牛乳培养基琼脂平板筛选乳酸菌时，注意挑取典型特征的黄色菌落,结合镜检观察,有利于高效分离筛选乳酸菌。

(2) 鉴别。选取乳酸菌典型菌落转至脱脂乳试管中,40℃培养 8～24 h。若牛乳出现凝固、无气泡、呈酸性,涂片镜检细胞杆状或链球状(两种形状的菌种均分别选入),革兰氏染色呈阳性,则可将其连续传代 4～6 次。最终选择出在 3～6 h 能凝固的牛乳管,作菌种待用。

2. 乳酸发酵及检测

(1) 发酵。在无菌操作下将分离的 1 株乳酸菌接种于装有 300 mL 乳酸菌培养液的 500 mL 三角瓶中,40～42℃静置培养。

(2) 检测。为了便于测定乳酸发酵情况,分 2 组实验。一组在接种培养后,每 6～8 h 取样分析,测定 pH。另一组在接种培养 24 h 后每瓶加入 $CaCO_3$ 10 g(以防止微生物发酵液过酸使菌种死亡),每 6～8 h 取样,测定乳酸含量。乳酸的检测方法有:

① 定性测定:取酸乳上清液约 10 mL 于试管中,加入 10% H_2SO_4 1 mL,再加 2% $KMnO_4$ 1 mL,此时乳酸转化为乙醛,把事先在含氨的硝酸银溶液中浸泡的滤纸条搭在试管口上,微火加热试管至沸,若滤纸变黑,则说明有乳酸存在,这是因为加热使乙醛挥发的结果。

② 定量测定:a. 测定方法:取稀释 10 倍的酸乳上清液 0.2 mL,加至 3 mL pH 9.0 的缓冲液中,再加入 0.2 mL NAD 溶液,混匀后测定其 OD_{340} 值为 A_1,然后加入 0.02 mL/L(+)LDH、0.02 mL/L(－)LDH,25℃保温 1h,测定 OD_{340} 值为 A_2。同时用蒸馏水代替酸乳上清液作对照,测定步骤及条件完全相同,测出的相应值为 B_1 和 B_2。b. 计算公式:

$$\text{乳酸}/(\text{g}/100\ \text{mL})=\frac{VM\Delta\varepsilon D}{1000\varepsilon\times 1Vs}$$

式中,V 为比色液最终体积(3.44 mL),M 为乳酸的摩尔质量(90 g/mol),$\Delta\varepsilon$ 为$[(A_2-A_1)-(B_2-B_1)]$,D 为稀释倍数(10),ε 为 NADH 在 340 nm 吸光系数($6.3\times10^3\times1\times\text{mol}^{-1}\times\text{cm}^{-1}$),为比色皿的厚度(0.1 cm),$Vs$ 为取样体积(0.2 mL)。

③ 酸乳的检查指标:a. 感观指标酸乳凝块均匀细腻,色泽均匀无气泡,有乳酸特有的香味。b. 合格的理化指标如脂肪＞3%、乳总干物质＞11.5%、蔗糖＞5.00%、酸度 70～110T,Hg＜0.01×10^{-6} mg/(mL)等。c. 无致病菌,大肠菌群≤40 个/100 mL。记录测定结果。

3. 乳酸菌饮料的制作

(1) 将脱脂牛乳和水以 1∶(7～10)(m/V)的比例,同时加入 5%～6%蔗糖,充分混合、均质,于 80～85℃灭菌 10～15 min,然后冷却至 35～40℃,作为制作饮料的培养基质。牛乳的消毒掌握适宜温度和时间,防止长时间采用过高温度消毒而破坏酸乳风味。

(2) 将纯种嗜热乳酸链球菌、保加利亚乳酸杆菌及两种菌的等量混合菌液作为发酵剂,均以 2%～5%的接种量分别接入以上培养基质中即为饮料发酵液,亦可以市售鲜酸乳为发酵剂。接种后摇匀,分装到已灭菌的酸乳瓶中,每一种菌的饮料发酵液重复分装 3～5 瓶,随后将瓶盖拧紧密封。制作乳酸菌饮料应选用优良的乳酸菌,采用乳酸球菌与乳酸杆菌等量混合发酵,使其具有独特风味和良好口感。

(3) 把接种后的酸乳瓶置于 40～42℃恒温箱中培养 3～4 h。培养时注意观察,在出现凝乳后停止培养。然后转入 4～5℃的低温下冷藏 24 h 以上。经此后熟阶段,达到酸乳酸度适中(pH4～4.5),凝块均匀致密,无乳清析出,无气泡,获得较好的口感和特有风味。

(4) 以品尝为标准评定酸乳质量。采用乳酸球菌和乳酸杆菌等量混合发酵的酸乳与单菌株发酵的酸乳相比较,前者的香味和口感更佳。品尝时若出现异味,表明酸乳污染了杂菌。作为卫生合格标准还应按卫生部规定进行检测,如 *E. coli* 群检测等。经品尝和检验,合格的酸乳应在 4℃条件下冷藏,可保持 6～7 天。

4. 将发酵的酸乳品评结果记录于下表

乳酸菌类	品评项目					结　　论
	凝乳情况	口感	香味	异味	pH	
球菌						
杆菌						
球菌杆菌混合(1∶1)						

思　考　题

1. 发酵酸乳为什么能引起凝乳？
2. 为什么采用乳酸菌混合发酵的酸乳比单菌发酵的酸乳口感和风味更佳？

实验十　响应面法优化大肠杆菌的发酵条件

相关理论知识

生物过程是一个复杂的相互作用的过程，有很多因素会影响到生物过程的结果。例如，在发酵过程中，影响发酵结果的因素包括培养基组成、pH、培养温度、摇床转速、装液量、接种量、种龄、搅拌与通气等，这些条件往往不是独立影响发酵过程的，而是存在交互作用。生物过程优化的目的是将相互作用的因素最佳化，使产物的产率最大化。生物过程的优化通常包括以下几个步骤：所有影响因子的确认；影响因子的筛选，以确定各个因子的影响程度；根据影响因子和优化的要求，选择优化策略；实验结果的数学或统计分析，以确定其最佳条件；最佳条件的验证。

为了弥补传统的单次单因子法的缺陷，近年来许多生物过程优化采用统计优化法。通常，统计优化法包括下面几个步骤：实验设计；实验结果的数据分析，以得到合适的数学模型；数学模型的检验，即方差分析；求解最优化值及其校验。常见的优化技术包括响应面法(response surface methodology)、最陡爬坡法(steepest ascent methodology)、进化操作法(evolutionary operation)等等，其中响应面法是近年来应用最多的一种优化技术，它是 1951 年 Box-Wilson 开发的用于化学过程因子优化的一种综合性方法，目的是用数学模型来描述实验的影响因子与目标响应值间的关系，并以此为根据，确定其最佳条件。该法能在设计合理的有限次数实验下，评价各因子对生物过程的影响，查明交互作用的程度，最后求得其最优化条件。因为响应面法的众多优越性，所以它是生物过程优化中最常被使用的统计方法。

目 的 要 求

了解并掌握利用响应面法优化大肠杆菌发酵条件的原理和方法。

实 验 原 理

大肠杆菌的发酵培养过程中，很多因素可以影响到菌体的收率。为了使菌体收率最大，我们要使用 Plackett-Burman 设计法，从众多的影响因素中找到关键因素，找到关键因素后，要使用中心组合设计(central composite design)，对各因素进行优化。

Plackett-Burman 设计法是一种两水平的实验设计方法，它用最少的实验次数使因子的主效果得到尽可能精确的估计，适用于从众多的考察因子中快速有效地筛选出最为重要的几个因子，供进一步优化，但该法不能考察各因子的相互作用，因此，它通常作为过程优化的初步实验，用于确定影响过程的重要因子。Plackett-Burman 设计法采用 Hadamard 矩阵。设计的准则为：对 k 个因子，需要进行 $N=k+1$ 个实验，为便于进行方差分析，往往要求 k 至少包括 1～3 个虚构变量即空项，且 k 为奇数；每个因子取两个水平，即用“+”“-”分别代表其高、低水平，低水平为原始培养条件，高水平约取低水平的 1.25 倍，为了避免掩盖其他因子的重要性，对某个因子的高低水平的差值不能过大，应依实验条件而定；矩阵每行含“+”的数目为 $(k+1)/2$，含“-”的数目为 $(k-1)/2$，而每列含“+”“-”的数目相等；矩阵第一行任意排列，但必须符合上述要求，最后一行全部为“-”；其余行以上一行的最后一列为该行的第一列，上一行的第一列为该行的第二列，其余类推(表 3-10-1)。根据设计的实验方案进行实验，对实验结果进行分析，用下面的一次方程描述各因子对目标 y 的影响：

表 3-10-1 Plackett-Burman 设计方案

序号	X_1	X_2	X_3	X_4	X_5	X_6	X_7	菌体干重/(g/L)
1	+	+	+	−	+	−	−	
2	−	+	+	+	−	+	−	
3	−	−	+	+	+	−	+	
4	+	−	−	+	+	+	−	
5	−	+	−	−	+	+	+	
6	+	−	+	−	−	+	+	
7	+	+	−	+	−	−	+	
8	−	−	−	−	−	−	−	

$$y = a + E_{x_1} x_1 + E_{x_2} x_2 + \cdots + E_{x_i} x_i \tag{1}$$

每个因子对目标的影响 E_{x_i} 由下式计算：

$$E_{x_i} = \left(\sum M_{i+} - \sum M_{i-}\right)/N \tag{2}$$

式中，M_{i+} 为因子 X_i 在“+”水平上的目标实验值；M_{i-} 为因子 X_i 在“−”水平上的目标实验值。一般当 $E_{x_i}>0$ 时，表示该因子在高水平时对目标的影响大；当 $E_{x_i}<0$ 时，表示该因子在低水平时对目标的影响大。根据实验结果，计算出各因子的 t 值和显著水平。一般选择显著水平大于 90%或 80%以上的因素作为重要因素。t 值由下列方程计算：

$$V_{\text{eff}} = \sum (E_{\text{d}})^2/n \tag{3}$$

$$\text{SE} = (V_{\text{eff}})^{1/2} \tag{4}$$

$$t_{x_i} = E_{x_i}/\text{SE} \tag{5}$$

式中，E_{d} 为虚构因子对目标的影响，其值按式(2)计算；n 为虚构因子的数量；V_{eff}为实验误差；SE 为标准偏差。

中心组合设计(central composite design)是一种国际上较为常用的响应面法，是一种 5 水平的实验设计法。采用该法能够在有限的实验次数下，对影响生物过程的因子及其交互作用进行评价，而且还能对各因子进行优化，以获得影响过程的最佳条件。

对 k 个因子的 2^k 中心组合设计需要进行的实验总数

$$N = 2^k + 2k + n_0 \tag{6}$$

式中，$2k$ 为轴点的实验次数，n_0 为中心点重复的实验次数。

实验编码值按如下原则进行编码：因子 X_i 的编码值

$$x_i = (X_i - X_0)/\Delta X_i \tag{7}$$

式中，X_i 为第 i 个因子的真实值，X_0 为其在中心点的真实值，ΔX_i 为因子 X_i 的变化间隔值，也称为步长；轴点的编码值为 2(表 3-10-2)。

由实验方案所得实验结果按下面的多元二次方程进行拟合，以描述各因子对过程的影响：

$$y = \beta_0 + \sum \beta_i x_i + \sum \beta_{ii} x_i^2 + \sum \beta_{ij} x_i x_j \tag{8}$$

表 3-10-2　中心组合实验设计表

序　号	X_1	X_2	X_3	菌体干重/(g/L)
1	−1	−1	−1	
2	−1	−1	1	
3	−1	1	−1	
4	−1	1	1	
5	1	−1		
6	1	−1	1	
7	1	1	−1	
8	1	1	1	
9	−2	0	0	
10	2	0	0	
11	0	−2	0	
12	0	2	0	
13	0	0	−2	
14	0	0	2	
15	0	0	0	
16	0	0	0	

这样便能根据拟合的数学模型及方差分析的结果，评价每个因子及其交互作用对过程的影响程度，并用响应面等高图直观地描绘其结果，最后从数学模型和响应面等高图可求出目标最大时的最优化条件。随着统计软件的不断开发，上述统计优化技术涉及的内容都可用一些商业软件来完成，这些常用软件有 Design Expert 及著名的统计软件 SAS。

大肠杆菌是重要的基因工程宿主细胞，很多基因工程产品都是通过发酵重组大肠杆菌获得的。大肠杆菌的发酵过程是一个多因素交互作用的生物过程，培养基的各种组成成分会对大肠杆菌的产量产生影响，本实验利用响应面法优化发酵大肠杆菌的培养基组成。

材料与器材

1. 试剂

大肠杆菌、酵母粉、蛋白胨、牛肉膏、葡萄糖、NaCl、$MgSO_4$、$FeCl_2 \cdot 6H_2O$、$CoCl_2 \cdot 6H_2O$ 等。

2. 器材

三角瓶、烧杯、量筒、天平、pH 计、灭菌锅、摇床、烘箱。

实验步骤

1. Plackett-Burman 试验

选取酵母粉、蛋白胨、牛肉膏、葡萄糖、NaCl、$MgSO_4$、$FeCl_2 \cdot 6H_2O$、$CoCl_2 \cdot 6H_2O$ 作为培养基的备选成分，利用 Plackett-Burman 实验在这几种成分中，找到对大肠杆菌发酵影响最大的成分。首先，按表 3-10-3 设置各因素的高低水平，再按表 3-10-1 设计方案配制不同的培养基，每种培养基配 100 mL，灭菌后，分别向培养基中按 2% 接种量接入大肠杆菌种子培养液，放到摇床中 37℃，120 r/min 振荡培养 12 h。培养结束后，将发酵液分别以 6000 r/min 离心 20 min，倒掉上清液，得到湿菌体。将湿菌体放入烘箱中烘干后，称量菌体干重，并作记录。按照公式 2、3、4、5 计

算 t 值,将显著性水平大于 90%的因素作为关键因素,进行下一步的中心组合实验。

表 3-10-3 Plackett-Burman 实验各因素高低水平表

	高水平/(g/L)	低水平/(g/L)
酵母粉	2.5	2
蛋白胨	5	4
牛肉膏	2.5	2
葡萄糖	2.5	2
NaCl	5	4
$MgSO_4$	0.12	0.1

2. 中心组合试验

将 Plackett-Burman 实验优化得到的几个关键因素分别设置成不同浓度的 5 个水平,相邻水平的浓度差相等,例如,蛋白胨可以设为 2,3,4,5,6 g/L 等 5 个真实值,这 5 个真实值分别对应 −2,−1,0,+1,+2 等 5 个编码值。将各因素所设的真实值及编码值填入表 3-10-4。

表 3-10-4 中心组合实验步骤设计表

−2	−1	0	+1	+2
X_1(g/L)P				
X_2(g/L)P				
X_3(g/L)P				

根据表 3-10-2 所示,每个实验序号对应一个不同用编码值表示的培养基配比,依实验序号配置培养基,各配置 100 mL。灭菌后,分别向培养基中按 2%接种量接入大肠杆菌种子培养液,放到摇床中 37℃,120 r/min 振荡培养 12 h。培养结束后,将发酵液分别以 6000 r/min 离心 20 min,倒掉上清液,得到湿菌体。将湿菌体放入烘箱中烘干后,称量菌体干重,并作记录。

用 SAS 软件计算、画图并做分析。SAS 软件会给出拟合的二次多项式、各项的 P 值和等高线图,并且还会给出最佳的培养基配比和理论产率。

3. 验证试验

用中心组合实验得到的最佳培养基发酵大肠杆菌,实验步骤同上,测量菌体干重,并与理论计算值相比较,以验证理论计算结果的正确性。

思 考 题

1. Plackett-Burman 实验的设计有哪些步骤?
2. Plackett-Burman 实验的作用是什么?
3. 中心组合设计有哪些步骤?

实验十一　利用微生物快速测定仪对微生物进行分类

相关理论知识

微生物分类是把各种微生物按照它们的亲缘关系分群归类，排成系统，以便于人们对微生物进行鉴定和交流。微生物的主要分类单位：界、门、纲、目、科、属、种、变种、亚种、型、菌株(品系)，种是最基本的分类单位。

微生物分类的依据主要包括：①形态特征：个体形态(形状、大小、染色反应等)、群体形态(菌落特征、液体培养特点等)；②生理生化特征：代谢产物、营养要求、细胞壁成分等的测定；③生态特征：微生物间各种相互关系的利用；④遗传特征：DNA 同源性分析 G+C 的含量；⑤其他：全细胞蛋白的分析、多位点酶的分析等。

细菌分类鉴定的传统方法，其实验结果用《伯杰氏鉴定细菌学手册》(第八版、第九版)检索，以确定待测菌的分类地位，这种传统的方法费时费力。

20 世纪 90 年代美国 Biolog 公司研制开发出 Biolog 系统，用于微生物(细菌、放线菌、霉菌、酵母菌)的快速鉴定。结合 16S rRNA 序列分析和(G+C)摩尔百分比，可以在很短的时间内得到未知菌分类鉴定的结果。

目的要求

(1) 学习利用计算机微生物分类鉴定系统进行分类鉴定的基本原理和一般操作方法；

(2) 了解一般细菌、霉菌和酵母在分类鉴定时，菌种培养和菌悬液制备方法；

(3) 学习并掌握读数仪读取微孔培养板的结果；

(4) 学习使用 Biolog MicroLog 软件，掌握数据库使用方法。

实验原理

Biolog 分类鉴定系统由微孔板、菌体稀释液和计算机记录分析系统组成，其中，微孔板有 96 孔，横排为：1，2，3，4，5，6，7，8，9，10，11，12；纵排为：A，B，C，D，E，F，G，H。96 孔中都含有四氮唑类氧化还原染色剂，其中 A1 孔内是作为对照的水。其余 95 孔是 95 种不同的碳源物质。对不同种类的微生物采用不同碳源组成的微孔板。

待测微生物利用碳源进行代谢时会将四氮唑类氧化还原染色剂从无色还原成紫色，从而在微孔板上形成该微生物特征性的反应模式或“指纹”，通过读数仪来读取颜色变化，并将该反应模式或“指纹”与数据库进行比对，就可以在瞬间得到鉴定结果，对于真核微生物酵母菌和霉菌，还需要通过读数仪读取碳源物质被同化后的变化(即浊度的变化)，以进行最终的分类鉴定。

材料与器材

1. 材料

(1) 菌种：革兰氏阳性细菌、革兰氏阴性细菌、酵母菌、霉菌各一株。

(2) Biolog 专用培养基：BUG 琼脂培养基，BUG+B 培养基，BUG+M 培养基，BUY 培养基。可由 Biolog 公司购买。

(3) 2%麦芽汁琼脂培养基。

(4) 试剂：Biolog 专用菌悬液稀释液，脱纤维羊血，麦芽糖，麦芽汁提取物，琼脂粉，蒸馏水等。

2. 器材

Biolog 微生物分类鉴定系统及数据库，浊度仪，读数仪，恒温培养箱，光学显微镜，pH 计，八道移液器，试管等。

实验步骤

1. 斜面培养物的准备

使用 Biolog 推荐的培养基和培养条件，对待测微生物进行斜面培养。

(1) 培养基。好氧细菌使用 BUG＋B 培养基；厌氧细菌使用 BUA＋B 培养基；酵母菌使用 BUY 培养基；丝状真菌使用 2%麦芽汁琼脂培养基。

(2) 培养温度。选择不同微生物生长最适宜的培养温度。

(3) 培养时间。细菌 24 h，酵母 72 h，丝状真菌 10 天。

2. 制备特定浓度的菌悬液

将对数生长期的斜面培养物转入 Biolog 专用菌悬液稀释液中，同时对于革兰氏阳性球菌和杆菌，必须在菌悬液中加入 3 滴巯基乙酸钠和 1 mL 100 mmol/L 的水杨酸钠，使菌悬液浓度与标准悬液浓度具有同样的浊度。

3. 微孔板接种

不同种类的微生物选择不同的微孔板，即革兰氏染色阳性细菌采用 GP 板、革兰氏染色阴性细菌采用 GN 板、酵母菌采用 YT 板、霉菌采用 FF 板。使用八道移液器将菌悬液接种于微孔板的 96 孔中，接种量分别是：细菌 150 μL、酵母菌 100 μL、霉菌 100 μL。接种过程不能超过 20 min。

4. 微生物培养

按照 Biolog 系统推荐的培养条件进行培养，并根据经验确定培养时间。

5. 读取结果

仔细阅读读数仪的使用说明，按照操作说明读取培养实验结果。如果认为自动读取的结果与实际明显不符，可以人工调整阈值以得到认为是正确的结果。对霉菌阈值的调整会导致颜色和浊度的阴阳性都发生变化，实验时应加以注意。

GN、GP 数据库是动态数据库，微生物总是最先利用最适碳源并产生颜色变化，颜色变化也最明显；而对于不适碳源菌体利用较慢，相应产生颜色变化也较慢，颜色变化也没有最适碳源明显。这种数据库充分考虑了细菌利用不同碳源产生颜色变化速度不同的特点，在数据处理软件中采用统计学的方法使结果尽量准确。

酵母菌和霉菌是终点数据库，软件可以同时检测颜色和浊度的变化。

6. 结果解释

软件将对 96 孔板显示出的实验结果按照与数据库的匹配程度列出鉴定结果，并在 ID 框中进行显示，如果实验结果与数据库已鉴定的菌种都不能很好匹配，则在 ID 框中就会显示“No ID”。

思考题

如何评估鉴定结果的准确性，若鉴定结果不理想，分析其可能原因。

实验十二　细菌的药敏试验——纸片扩散法

相关理论知识

某些微生物在代谢过程中产生的一类能抑制或杀死另一种微生物的物质称为抗生素。它们主要来源于放线菌，少数来源于某些霉菌和细菌，有些亦能用化学方法合成或半合成。到目前为止，已发现的抗生素达25 000多种，但其大多数对人和动物有毒性，临床上最常用的抗生素只有几十种。不同的抗生素其抗菌作用亦不相同，临床治疗时，应根据抗生素的抗菌作用选择使用。

目的要求

（1）掌握纸片扩散法药敏试验的原理；

（2）熟练掌握操作方法；

（3）正确判读结果及解释临床意义；

（4）熟悉纸片扩散法的质量控制方法。

实验原理

敏感性试验的目的是测定细菌对药物的敏感度，有助于选择合适的药物，提供对药物使用的依据，对新的抗生素药物的鉴定，明确抗菌谱和抗菌作用的规律。细菌对药物的敏感度，是指药物抑制该菌生长所需的最低药物浓度。据试验证实，细菌在体外的敏感度和临床的疗效虽然大体是符合的，但也有不一致之处。

纸片扩散法：含有定量抗菌药物的纸片贴在已接种待测菌的固体培养基上，纸片中所含的药物吸收琼脂中的水分溶解后向纸片周围扩散，形成递减的梯度浓度。在纸片周围抑菌浓度范围内的细菌生长被抑制，形成透明的抑菌圈。由于药物扩散的距离越远，达到该距离的药物浓度越低，由此可根据抑菌环的大小，判定细菌对药物的敏感度，即抑菌圈愈大，最小抑菌浓度（minimal inhibitory concentration，MIC）愈小。此法操作简便，易掌握，仅用于定性。但是由于受纸片含量的不均匀及接种量等多种因素影响，其结果往往不很理想，因此在做试验时应同时放已知敏感度的标准菌株作为对照。

材料与器材

1. 材料

（1）抗菌素纸片可购买或按下列方法制备。

① 将滤纸用打孔机打成直径6 mm的圆片，每100片放入一小瓶中，高压灭菌后在60℃条件下烘干。

② 用无菌操作法将待测的抗菌药物溶液1 mL（含药量按表3-12-1所列计算，例如，庆大霉素10 μg/片×100片=1000 μg/mL），加入100片纸片中，置冰箱内浸泡1～2 h，如立即试验可不烘干，若保存备用则需烘干（干燥的抗菌素纸片可保存6个月）。

③ 烘干：培养皿烘干法：将浸有抗菌药液的纸片摊平在培养皿中，于37℃温箱内保持2～3 h即可干燥，或放在无菌室内过夜干燥。真空抽干法：将放有抗菌药物纸片的试管，置干燥器内，用真空抽气机抽干。

表 3-12-1　纸片法药敏试验纸片含药量和结果解释

抗菌药物	纸片含药量	抑菌圈直径/mm		
		耐药(R)	中介度(I)	敏感(S)
阿米卡星(AMK)	30 μg	≤14	15～16	≥17
庆大霉素(GEN)	10 μg	≤12	13～14	≥15
青霉素(PEN)	10 units	≤28	—	≥29
苯唑西林(OXA)	1 μg	≤10	11～12	≥13
氨苄西林(AMP)	10 μg	≤13	14～16	≥17
哌拉西林(PIP)	100 μg	≤17	—	≥18
头孢唑林(FZN)	30 μg	≤14	15～17	≥18
头孢呋辛(PRX)	30 μg	≤14	15～17	≥18
头孢他啶(CAZ)	30 μg	≤14	15～17	≥18
氨曲南(ATM)	30 μg	≤15	16～21	≥22
亚胺配南(IMP)	10 μg	≤13	14～15	≥16
环丙沙星(CIP)	5 μg	≤15	16～20	≥21
万古霉素(VAN)	30 μg	—	—	≥15
克林霉素(CLI)	2 μg	≤14	15～20	≥21
复方新诺明(SXT)	1.25/23.75 μg	≤10	11～15	≥16

注：敏感(S)表示被测菌株感染，可用该抗菌药的常用剂量治愈；
耐药(R)表示被测菌株感染，用该抗菌药的常用剂量治疗，预期无效；
中介(I)出现此结果，有可能因试验技术因素引起的误差，不应报告，必要时用稀释法重做。
资料来源：倪语星

④ 保存：将制好的各种药物纸片装入无菌小瓶，置冰箱内备用。用标准敏感菌株作敏感性试验，记录抑菌圈的直径，若抑菌圈比标准敏感菌株的缩小，则表明该抗菌药物已失效，弃用。

(2) 培养基 Mueller-Hinton(M-H)琼脂。

(3) 试剂及菌种。

无菌生理盐水、0.5 麦氏标准比浊管(相当于 1.5×10^{8} cfu/mL)。

菌种：金黄色葡萄球菌 ATCC 25923、大肠埃希氏菌 ATCC 25922、铜绿假单胞菌 ATCC 27853。

2. 器材

涂布棒、酒精灯、镊子、游标卡尺、移液器。

实 验 步 骤

(1) 用培养 16～24 h 血平板上的菌落接种于生理盐水管中，校正浓度至 0.5 麦氏标准(相当于 1.5×10^{8} cfu/mL)。

(2) 取 100 μL 的菌液，用无菌涂布棒均匀涂抹接种在 M-H 琼脂表面。

(3) 将接种的平板置室温下干燥 3～5 min 后，用无菌镊子取含药纸片紧贴于琼脂表面，各纸片中心相距应大于 24 mm，纸片中心距平板内缘应大于 15 mm，置 35℃ 培养 16～18 h 后观察结果。药物的选择参照下表(表 3-12-2)。

表 3-12-2　药敏纸片的选择

待测菌	药　物
金黄色葡萄球菌 ATCC 25923	PEN、OXA、CLI、VAN、CIP、GEN、SXT
大肠埃希菌 ATCC 25922	AMP、FZN、GEN、AMS、FRX、CIP、IMP
铜绿假单胞菌 ATCC 247853	CAZ、GEN、PIP、AMK、ATM、CIP、IMIP

资料来源：倪语星

(4) 结果判定:根据纸片周围抑菌区的大小,测定其对药物的敏感性。用游标卡尺测量抑菌圈直径,参照表3-12-1的标准判断结果。按敏感(S)或耐药(R)报告。

(5) 质量控制:标准菌株的抑菌圈应在表 3-12-3 所示的预期范围内。如果超出该范围,应视为失控而不发报告,及时查找原因,予以纠正。

表 3-12-3　质控标准菌株的抑菌圈预期值范围

抗菌药物	纸片含药量	抑菌圈直径/mm		
		大肠埃希菌 ATCC 25922	金黄色葡萄球菌 ATCC 25923	铜绿假单胞菌 ATCC 27853
阿米卡星(AMK)	30 μg	19～26	20～26	18～26
庆大霉素(GEN)	10 μg	19～26	19～27	16～21
青霉素(PEN)	10 units	—	26～37	—
苯唑西林(OXA)	1 μg	—	18～24	—
氨苄西林(AMP)	10 μg	16～22	27～35	—
哌拉西林(PIP)	100 μg	24～30	—	25～33
头孢唑林(FZN)	30 μg	29～35	23～29	—
头孢呋辛(FRX)	30 μg	20～26	27～35	—
头孢他啶(CAZ)	30 μg	16～20	25～32	22～29
氨曲南(ATM)	30 μg	—	28～36	23～29
亚胺配南(IMP)	10 μg	26～32	—	20～28
环丙沙星(CIP)	5 μg	30～40	22～30	25～33
万古霉素(VAN)	30 μg	—	17～21	—
克林霉素(CLI)	2 μg	—	24～30	—
复方新诺明(SXT)	1.25/23.75 μg	24～32	24～32	—

资料来源:倪语星

思　考　题

1. 依据实验结果,完成下列表格。

序　号	抗生素	平皿编号	大肠埃希菌 ATCC 25922		金黄色葡萄球菌 ATCC 25923		铜绿假单胞菌 ATCC 27853	
			抑菌圈直径/mm	S/I/R	抑菌圈直径/mm	S/I/R	抑菌圈直径/mm	S/I/R
1.								
2.								
3.								
4.								
5.								
6.								
7.								
8.								

2. 根据以上结果,判定你将使用哪种抗生素治疗。

大肠埃希菌 ________________________________

金黄色葡萄球菌 ________________________________

铜绿假单胞菌 ________________________________

实验十三　柯赫法则——病原接种与致病性证实实验

相关理论知识

致病性(pathogenicity)又称病原性，是指一定种类的病原微生物在一定的条件下，能在特定宿主体内引起感染过程的性能。病原的致病性是针对宿主而言，各种病原微生物，各具有其独特的病原性，有的仅能对人致病，如霍乱弧菌，有的则仅对某些动物致病，如多杀性巴氏杆菌，而有的则兼而有之，如炭疽杆菌等。不同的病原菌对宿主可引起不同的疾病，表现为不同的临床症状和病理变化，因此，致病性是病原微生物种的特征之一。

目的要求

(1) 掌握病原微生物分离、培养和纯化的一般方法；

(2) 加强对病原微生物传染、感染等概念的理解；

(3) 掌握几种常用的动物实验接种方法；

(4) 了解应用柯赫法则的全过程。

(5) 通过本实验使学生掌握如何利用理论知识分离确定引起某种疾病的病原微生物，学会确诊病原微生物的实验方法，领会合理的实验设计在实验结果分析中的重要地位。

实验原理

著名的柯赫法则(Koch's postulates)是确定某种微生物是否具有致病性的主要依据，其要点是：

第一，特殊的病原微生物应在同一疾病中查见，在健康者中不存在；

第二，此病原微生物能被分离培养而得到纯种；

第三，此纯培养物接种易感动物，能导致同样病症；

第四，实验感染的动物体内能重新获得该病原菌的纯培养。

柯赫法则在确定病原微生物致病性方面具有重要意义，特别是鉴定一种新的病原体时非常重要。

材料与器材

1. 材料

沙门氏菌、普通肉汤、血琼脂平板、美蓝染色液、革兰氏染色液、灭菌生理盐水、实验小鼠、乙酸铅琼脂。

2. 器材

无菌培养皿、无菌注射器、接种环、剪子、镊子、研钵。

实验步骤

本实验以沙门氏菌感染小鼠为例，进行病原的分离、培养、接种及确诊。分三部分内容进行：

1. 初步诊断

无菌操作取沙门氏菌感染小鼠的心、血、脾、肝脏分别做切片，经甲醇固定后，用革兰氏染色及美蓝染色镜检，置显微镜下观察，应从病料发现大量的革兰氏阴性小杆菌。

2. 分离培养鉴定

病理样品同时接种血液琼脂平板、乙酸铅琼脂，于 37℃ 培养。培养 24 h 后，取菌落染色，镜检呈革兰氏阴性。

挑取菌落接种普通肉汤。

3. 动物接种试验

① 采集病理样品在灭菌乳钵中加灭菌生理盐水制成 1∶10 乳剂，皮下或腹腔接种实验小鼠 2～4 只，每只 0.2 mL。接种小鼠一般于 24～72 h 死亡，死后及时剖检，并作镜检和培养，以期确诊。

② 动物回归试验：将分离培养物菌液皮下或腹腔接种实验小鼠 2～4 只。两天后，观察临诊症状和病理变化是否与病死小鼠相吻合，染色镜检。

思考题

1. 如何确定所分离到的纯培养为病原菌，而不是其他正常菌群？
2. 如果你不能得到某类病毒的纯培养，如何说明它是某种疾病的病原？

实验十四 葡萄球菌的分离与鉴定

相关理论知识

葡萄球菌属是最具代表性的革兰氏阳性菌。葡萄球菌为圆形或卵圆形，常堆积成葡萄串状，无鞭毛，无荚膜，不形成芽孢，革兰氏染色阳性。葡萄球菌包括金黄色葡萄球菌等共20多种。多数致病性葡萄球菌可产生多种毒素酶，如溶血素、肠毒素、红疹毒素、杀细胞素、透明质酸酶、耐热核酸酶、链激酶等。

目的要求

(1) 认识葡萄球菌的医学意义；

(2) 掌握鉴别致病性葡萄球菌与非致病性葡萄球菌的方法。

实验原理

葡萄球菌广泛分布于空气、饮水、地面及物体表面、人及畜禽的皮肤、黏膜、肠道、呼吸道及乳腺中也有寄生。致病性葡萄球菌常引起各种化脓性疾患、败血症或脓毒败血症，当污染食品时，可引起食物中毒。

典型葡萄球菌为圆形，革兰染色阳性，排列成葡萄串状。可在普通培养基、血琼脂等生长，不在麦康凯培养基生长。最适温度35～40℃，最适pH7.0～7.5。致病菌株多能产生脂溶性的黄色或柠檬色素，不着染培养基。凝固酶试验、耐热核酸酶试验、分解甘露醇试验，阳性者多为致病菌。

在血液琼脂平板形成的菌落较大，产溶血素的菌株多为病原菌，在菌落周围呈现明显的β-溶血。

凝固酶：多数致病株能同时产生，一种分泌于菌体外，称游离凝固酶，类似凝血酶原作用；另一种结合在菌体表面，它们能使含有抗凝剂的家兔或人的血浆凝固，称结合凝固酶。凝固酶耐热，致病株多为凝固酶阳性。

耐热核酸酶：100℃作用15 min不失去活性，由致病菌株产生。感染部位的组织细胞和白细胞崩解时释放出核酸，使渗出液黏性增加，此酶能迅速分解核酸，利于病原扩散。

材料与器材

1. 材料

0.85%无菌生理盐水、Vogel-Johnson平板(葡萄球菌选择培养基、凝固酶阳性菌落筛选)、Mueller-Hinton平板、甘露醇盐琼脂平板、胰蛋白酶的液体培养基2 mL、血琼脂平板、枸橼酸盐的兔血浆管、核糖核酸酶检测琼脂平板、革兰氏染色液、甲氧西林纸片、新生霉素纸片、盘尼西林纸片。

2. 器材

无菌的棉拭子、接种环、培养箱、涂布棒、酒精灯。

实验步骤

• 第一阶段 分离增菌

(1) 通过在两个鼻孔旋转湿润(0.85%无菌生理盐水)无菌的棉拭子一周，得到鼻培养物。

(2) 通过在手臂上上下滚动湿润(0.85%无菌生理盐水)无菌的棉拭子,得到皮肤培养物。

(3) 在 35℃下培养 24～48 h。

(4) 有时葡萄球菌的分离不是经常成功,因此,可以使用营养丰富或选择性的琼脂培养基,如甘露醇盐琼脂。

• 第二阶段　致病性鉴定

(1) 在 Vogel-Johnson 平板上,金黄色葡萄球菌将形成小的黑色的菌落,周围被黄色区域包围,这是由于甘露醇的发酵。

(2) 选择一个可能的金黄色葡萄球菌的菌落和可能的表皮葡萄球菌的菌落,用于下一步的鉴定。

(3) 选择菌落革兰氏染色。

(4) 血琼脂平板。观察色素沉着和血细胞溶解。

(5) 脱氧核糖核酸酶检测平板。观察菌落周围培养基颜色变化。

(6) 使用三种抗生素,甲氧西林(类青霉素)、新生霉素、盘尼西林(青霉素)做药物敏感实验。衡量和记录抑制区域的直径。

• 第三阶段　观察记录

观察记录所试验的样品,是致病株还是非致病株,是葡萄球菌药物敏感株还是耐药株。

思　考　题

如果成功地在身体上分离了甲氧西林或青霉素抗性的细菌,是否需要还考虑以下几个问题:

(1) 个体的性别。

(2) 个体的年龄。

(3) 是否与病人接触过。

(4) 在 6 个月内使用过甲氧西林或青霉素吗?

(5) 有因为金黄色葡萄球菌引起的疾病吗? 如果有,是何种病症?

(6) 你的直系亲属中有人感染过金黄色葡萄球菌吗?

实验十五　设计创新实验

实验目的

目的是培养学生的创新意识、创新精神、创新能力和科学思维，引导学生的科研兴趣、训练学生的综合科研技能和协作能力，推进学生自主学习、合作学习、研究性学习。

选题范围

(1) 噬菌体肽库筛选活性肽。

(2) 微生物菌种选育。

(3) 药用真菌发酵条件优化。

(4) 功能性食品发酵研究。

实验步骤

在完成基础和综合实验的基础上，学生们根据自己的兴趣在以上范围内，选择一个研究题目进行自主设计，通过自行查阅资料、设计实验方案、填写设计实验申请书、根据自己时间来实验室进行实验研究、自行处理实验数据、撰写实验研究论文等。

设计创新实验申请书、实施程序、工作流程和设计创新实验要求等详细内容见附录8。

第四篇　细胞生物学实验

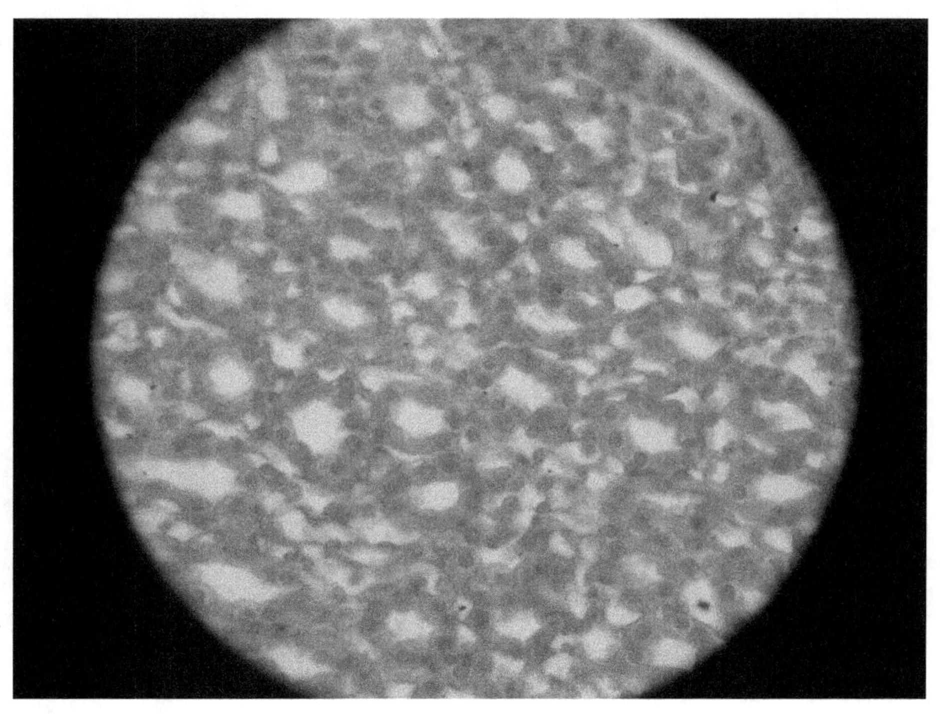

实验备忘记录

实验一　徒手切片、装片、涂片的制作及细胞结构的观察

相关理论知识

细胞内许多结构必须通过染色来观察，活体染色较为直观。

早在1887年，荷兰植物生理学家Pfeffer首先用次甲基蓝的稀溶液活染水绵、蓝藻及浮萍叶细胞的液泡，当时他的实验没有引起重视。

20世纪20年代前后，法国著名的植物学家季尔蒙（A. Guillermond）和唐萨尔（P. A. Dangeard)系统地、全面地进行活体染色剂的使用，利用活体染色技术，研究活的植物细胞内细胞质基本形态构造的组成物。他们先后提出了“液泡系统”和“线粒体系统和质体系统”的学说。

1924～1934年，法国的M. Parat又系统地、深入地利用活体染色技术，并与其他新技术结合，研究动物细胞的细胞质的基本形态结构、演进规律及其生理功能，第一次在动物活细胞内发现了一个液泡系，提出了“液泡系和高尔基区学说”。

原苏联的拿索诺夫学派，应用中性红活体染色技术，研究细胞的“类坏死”现象和医学上的一些问题。

自20世纪30年代以后，这种新技术越来越显示它的重要性，成为实验细胞学的一种研究方法。

一　徒手切片的制作及植物细胞观察

目的要求

(1) 通过本实验初步掌握临时玻片标本的制作方法；

(2) 了解植物细胞的基本结构，观察胞质运动，掌握细胞后含物的主要特性和鉴别方法；

(3) 观察胞间连丝和纹孔，掌握鉴别细胞壁主要成分——纤维素的方法。

实验原理

细胞是生命活动的基本单位。植物细胞包括细胞壁、原生质体两部分，原生质体又包括细胞膜、细胞质和细胞核三部分。

根据细胞的结构和生命活动的方式，可以把构成生物有机体的细胞分为原核细胞和真核细胞两大类。高等植物和绝大多数低等植物均由真核细胞构成。

材料与器材

1. 材料

洋葱鳞茎、黑藻、柿种子、梨果实、马铃薯块茎、菜豆种子、花生种子、紫露草茎、印度橡胶树叶片。

2. 试剂

碘-碘化钾溶液、70%硫酸、1 mol/L 盐酸溶液、间苯三酚溶液。

3. 器材

显微镜、载玻片、盖玻片、培养皿、吸水纸、单面刀片、双面刀片、镊子、剪刀、解剖针、解剖刀。

实验步骤

1. 观察植物细胞的基本结构

最理想的材料是洋葱鳞叶的内表皮细胞，不仅因为洋葱一年四季都能得到，取材容易，而且制片方法简单，易于成功。

(1) 制片方法。

取一个新鲜的洋葱鳞茎，用解剖刀纵切为两半。取一片肉质鳞叶，从其内面用镊子迅速撕取一条透明的、薄膜状的表皮，然后用剪刀剪取 3～5 mm^2 大小的小块，将其快速置于滴有水滴的载玻片上。如果表皮发生卷曲，应细心地用解剖针将其展平，然后盖上盖玻片，这样一张洋葱表皮的临时玻片标本就制成了。在此操作过程中要注意以下事项：①置于载玻片上的表皮约为 0.5 cm；②撕取表皮时要迅速，不宜使表皮在空气中暴露过久，以免使细胞失水受损；③表皮撕开的一面最好朝上放在载玻片上，以利于染色观察；④在盖盖玻片时不应使盖玻片受污损，两玻片的角度 30°～40°为宜，先将盖玻片一侧完全接触到水，然后轻轻放下，避免气泡的产生，以免影响观察效果。

(2) 实验现象观察及实验结果。

① 细胞壁：植物细胞所特有，包围在细胞的原生质体外面，比较透明，因此只能看到细胞的侧壁。初看时，好像两个细胞只有一层细胞壁，但调节细调焦螺旋和可变光栅时，就会发现这层细胞壁实际上是三层，即两侧为相邻两个细胞的细胞壁而中间是胞间层，通过胞间层使相邻的细胞粘连在一起。

② 细胞质：为无色透明的胶状物，紧贴在细胞壁以内，被中央大液泡挤压成一薄层，仅在细胞的两端较明显。

③ 细胞核：为扁圆状的小球体，在成熟细胞中，由于中央大液泡的形成，细胞核总是位于细胞的边缘，紧贴着细胞壁。在细胞核中可以看到一两个发亮的小颗粒是核仁，偶尔也能见到更多的核仁。如果在撕取表皮时扯破了细胞，细胞核与细胞质均外流，就看不到细胞核了。如果选用的材料不新鲜，原生质体已解体，也观察不到细胞核。

④ 液泡：细胞壁以内是原生质体，在已经发育成熟的表皮细胞中，可以观察到一个或几个大的液泡位于细胞的中央，里面充满了细胞液，所以看起来比细胞质透明。

为了更好地观察植物细胞的基本结构，用上述方法观察了活的洋葱表皮细胞之后，可以从显微镜上取下载玻片，用碘-碘化钾溶液进行染色观察，使细胞核、液泡和细胞质等的形态更清晰。具体方法如下：取下盖玻片，用吸水纸把材料周围的水分吸去，然后在材料上滴加一滴碘-碘化钾溶液，经过几分钟后，加上盖玻片即可观察。也可不移去盖玻片，而在盖玻片的一侧滴加一滴碘-碘化钾溶液，在盖玻片相对的另一侧用吸水纸吸去盖玻片下的水分，将碘-碘化钾溶液引入，经几分钟染色后便可观察。在染液的作用下，细胞质呈浅黄色，细胞核被染成较深的黄色。

2. 观察细胞的原生质体流动(胞质运动)

原生质流动是细胞的一种生命活动现象，普遍存在于生活的植物细胞中。由于此现象，细胞必须处于生活状态下才能观察到，所以在观察时有一定困难。首先要求观察的材料必须是活体状态，其次细胞质在光学显微镜下是无色透明的，使原生质流动现象不易观察。因此常用的材料为水生被子植物的沉水叶，其细胞层数较少，含有大量叶绿体，是观察原生质流动的理想材料。

(1) 实验方法。观察原生质流动最方便易得的材料是黑藻，在各地的淡水水体中均有分布。易于采集，也可以在室内培养。黑藻的整个植物体生活于水中，叶轮生，叶长椭圆形，长 6～10 mm，宽 2～3 mm。观察时可自植株上取一片完整的叶子，然后将其置于滴有水滴的载玻片上，加盖玻片。在此操作过程中，应注意：①截取叶片时尽可能地不损伤叶片；②操作要迅速。

(2) 实验现象观察及实验结果方法。把装片置于显微镜的工作台上，先在低倍镜下仔细观察叶片各部的结构，选择靠近叶脉或近基部的一个有细胞质流动的细胞移入视野中央，转换高倍镜观察，可见叶绿体成串地一个接一个地随着细胞质流动，在细胞壁的内侧沿一定方向移动。

此实验的观察材料也可用紫竹梅、紫露草的花丝表皮毛来代替，效果同样显著。若此实验在秋冬季进行，由于室温较低，会影响观察效果。可利用阳光或台灯照射材料，使局部温度提高到20～25℃为宜。

3. 观察胞间连丝和纹孔

(1) 胞间连丝的观察及实验结果。胞间连丝普遍存在于生活的植物细胞中，但由于胞间连丝非常细小(直径 0.02～0.2 μm)，在光学显微镜下难以看到，需要经过特殊的染色方法，才能观察。

取柿胚乳横切面永久制片在低倍镜下进行观察，可以看到柿胚乳组织由许多层“厚”细胞组成。这些细胞壁非常厚，约占细胞直径的一半。细胞中央是原生质体，它已被染成蓝黑色。有些细胞的原生质体在制片过程中脱落，只剩下细胞壁和中央的空腔。选择细胞切面整齐的部分移到视野的中央，转换高倍镜观察，在厚厚的细胞壁上的平行细丝即为胞间连丝。

(2) 石细胞、纹孔及细胞壁中木质素的观察及实验结果。纹孔是细胞的初生壁不为次生壁所覆盖的区域。在具有次生壁的细胞壁上普遍存在。

用解剖刀取一部分梨果实的果肉(选用的梨最好是野生种或果肉较硬的品种)，放在载玻片上的水滴中，加盖玻片用低倍镜观察，可以看到梨果肉中有成群的等直径厚壁细胞——石细胞团。为了便于观察可用解剖刀压碎这些细胞团，使其分散，选取分散的 1～2 个石细胞，用高倍镜进行观察。

石细胞的次生壁非常厚，占据细胞的大部分，使细胞腔变得非常狭小。在厚厚的次生壁上有局部未加厚处，即为纹孔。在高倍镜下可见相邻的细胞壁上，在相应的位置也没有次生壁加厚，因而形成纹孔对，细胞的不加厚管道好像相互通连，但实际上在它们之间由胞间层和初生壁所隔开。

观察后，移去盖玻片，在材料上滴加 1 滴 1 mol/L 盐酸，过 1～2 min 后再加一滴间苯三酚，盖上盖玻片，用吸水纸吸去多余液体，置于显微镜下观察，可见石细胞的细胞壁呈紫红色，证明细胞壁中含有木质素。

4. 植物细胞后含物的观察及鉴定方法

细胞在生长分化过程中以及成熟后，由代谢活动产生的储藏物质或废物统称为后含物。后含物有的存在于液泡中，有的存在于细胞器中。在后含物中主要是储藏物质，其中以淀粉、糖、脂类和蛋白质为主。

(1) 淀粉粒的观察及实验结果。

淀粉是一种最普通的后含物，在质体中发育成淀粉粒。

观察淀粉粒的理想材料是马铃薯块茎。在块茎中有大量的薄壁组织细胞，细胞中含有丰富的淀粉粒。观察时只要用解剖刀或单面刀在切开的块茎的切面上轻轻刮一下，将附着在刀口附近的混浊液放在载玻片上，加一滴水，放上盖玻片即可观察。也可用切开的马铃薯块茎在载玻片上涂抹，然后加水，盖上盖玻片。

用低倍镜观察时，在视野中可以看到不同大小的颗粒团，选择颗粒不稠密而且互不重叠处，换高倍镜观察。当焦距对准光圈大小合适时，可以看出椭圆形的淀粉粒有明暗相间的轮纹，而且围绕着一个中心，这个中心就是脐点。马铃薯的淀粉粒的脐点偏向一侧。

在视野中除了具有一个偏心脐点的大淀粉粒外，还可见到具有两个或两个以上脐点的淀粉粒。仔细观察会发现这类淀粉粒有两种类型:一类是具两个或两个以上脐点的淀粉粒,在中央部分每个脐点由各自的同心轮纹所包围,而在外围则由共同的轮纹包围,这类淀粉粒为半复粒淀粉粒;另一类是每个脐点只有各自的轮纹,而无共同的轮纹包围,这种淀粉粒为复粒淀粉粒。只有一个脐点的称为单粒淀粉粒。

观察后用碘-碘化钾溶液染色。所用染料不宜浓度过高,过浓时将淀粉粒染为蓝黑色,不宜观察。染色时不必移去盖玻片,可在盖玻片的一侧滴加1滴染液,在其相对的一侧用吸水纸把盖玻片下的水分吸去,这样便可把染液引入。

适当浓度的碘-碘化钾溶液可使淀粉粒变成浅蓝色。

(2) 蛋白质的观察及实验结果。

许多植物的果实和种子中常含有储藏的蛋白质,多为固体状态,这种储藏的固体蛋白质称为糊粉粒。

取一粒菜豆种子,剥去种皮,用双面刀片或单面刀片对肥厚的子叶做徒手切片,放入盛有水的培养皿中,用镊子选取较薄的切片置于载玻片上,先不加盖玻片放在低倍镜下检查是否可用。当看到切片中有透明的部分就是可用的,此时,自显微镜上取下载玻片,在材料上滴加水,盖上盖玻片可进行观察。

观察时,先用低倍镜选择切片较薄的地方,移至视野的中央,可见菜豆的子叶由许多薄壁细胞组成,细胞中充满储藏物质。在其中有一些大小不等的颗粒。较大的颗粒是淀粉粒,它们的脐点位于中央,与马铃薯的淀粉粒不同。较小的颗粒就是糊粉粒。用碘-碘化钾染色后,糊粉粒呈金黄色。

(3) 油滴的观察及实验结果。

取已制好的落花生子叶切片,切片是用Schiff试剂和橘红G染色,而且用锇酸固定,因此切片中糖被染成紫红色,黑色颗粒为油滴,糊粉粒为橘黄色。观察时先在低倍镜下选择完整的细胞移至视野中央,然后在高倍镜下观察油滴在细胞中的分布情况。

(4) 晶体的观察及实验结果。

草酸钙是植物体中存在的最普遍的晶体,它们常成针形、菱形或聚集成簇晶,而碳酸钙结晶则不普遍,这种化合物常与细胞壁结合形成钟乳体。

① 针晶:取紫露草茎,用刀片进行徒手切片,切好的切片放入盛水的培养皿中。用镊子选一薄切片放在玻璃片上,加水及盖上盖玻片,在低倍镜下观察,可以看到在较大的细胞中以及在切片附近的水中有针形的结晶,这就是针晶。

② 钟乳体:取印度橡胶树叶片,用刀片做徒手切片。印度橡胶树叶片大而厚,是比较容易用徒手进行切片的。切时可先切除主脉,然后切成宽约0.5 cm的长条,把长条叶片折成1～1.5 cm长的一棵,每棵4～6片,用拇指及食指拿好即可进行切片。切片时要在刀口及材料上滴些水,整个操作过程要迅速,切好的切片放入盛水的培养皿中,以免叶片枯萎。用镊子选择合适的切片置于载玻片上,加水及盖玻片即可观察。在显微镜下观察印度橡胶树叶片切片时会发现它的叶肉细胞排列整齐,在其中有较大而发亮的空腔,在空腔中可以看到椭圆形不透明的结构,即为钟乳体。

思　考　题

1. 植物细胞的基本结构如何?
2. 细胞后含物的主要种类有哪些?

二　肠系膜装片的制备及脂肪细胞的染色观察

目 的 要 求

熟悉脂肪显示技术，了解脂肪在细胞中的分布。

实 验 原 理

苏丹染料是偶氮染料，它对脂类的显示是一种简单的物理变化。苏丹染料也是一种脂溶性染料，易溶于乙醇但更易溶于脂肪，所以当含有脂肪的标本与苏丹染料接触时，苏丹染料即脱离乙醇而溶于含脂肪的结构中而使其显色，苏丹染料有 60 多种，常用以下几种：

苏丹Ⅲ是可溶于脂肪的染料，其 70％乙醇饱和溶液或丙酮和 70％乙醇等量饱和溶液，可将脂肪染为橙红色。苏丹Ⅲ分子结构如下：

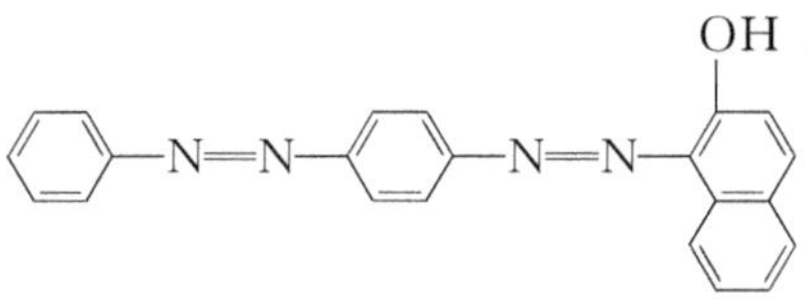

苏丹Ⅳ也是脂溶性脂肪染料，由于比苏丹Ⅲ分子多了两个甲基，所以着色较快。苏丹Ⅳ的 70％乙醇饱和溶液将脂肪染成红色。苏丹Ⅳ的结构如下：

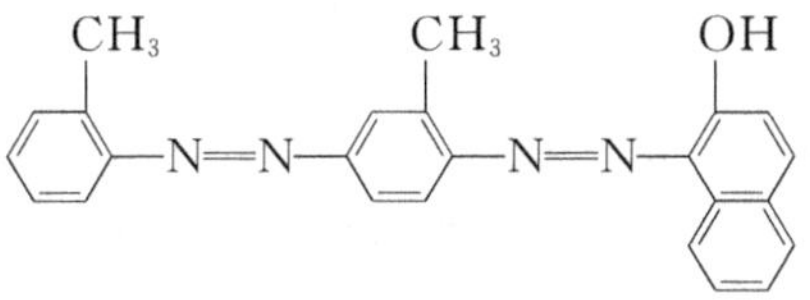

油红 O 比苏丹Ⅲ和苏丹Ⅳ疏水性更强，染色更红，所以现在苏丹Ⅲ和苏丹Ⅳ正在被油红取代。油红 O 分子结构如图：

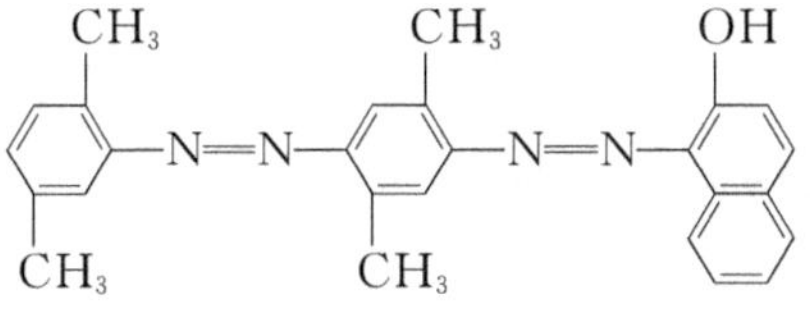

苏丹黑 B 是所有脂类染料中最敏感的，染色效果极佳，它将脂肪染成黑色。苏丹黑 B 分子结构如下：

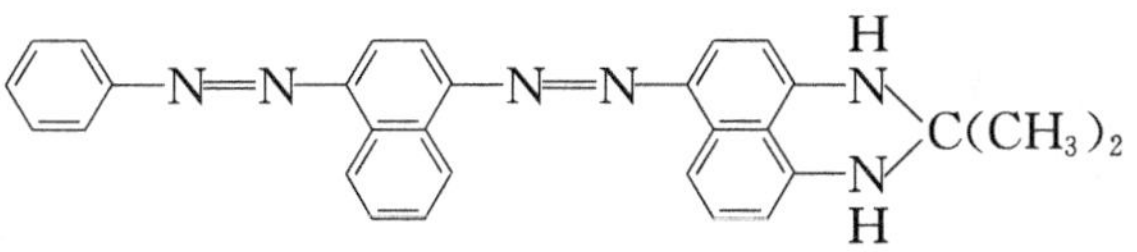

苏丹Ⅲ、苏丹Ⅳ和油红 O 都要用有机溶剂做溶剂。丙酮和乙醇对染料和脂肪都是很好的溶剂，在溶剂中大的染色脂肪块会积累，但小的脂肪滴会溶解。用 60％异丙醇(isopropanol)当溶剂，可减轻脂类溶解。丙二醇(propylene glycol)或磷酸三乙酯(triethyl phosphate)不会溶解脂类物质，但能溶解染料，也是比较理想的溶剂。利用这些溶剂配制的染料溶液需要过滤以去掉杂质沉淀，同时要防止蒸发，因蒸发会引起染料在材料中积累。实验时，常用相同溶剂洗掉多余的染料，然后再用水洗，可以防止多余的染料在材料中沉淀。

材料与器材

1. 材料

猪(大鼠)肝、花生、向日葵种子和小鼠肠系膜。

2. 试剂

(1) 苏丹黑B染液:苏丹黑B 0.5 g,70%乙醇100 mL。

(2) 油红O染液:油红O 0.5 g,70%乙醇100 mL。

(3) 苏丹Ⅳ染液:苏丹Ⅳ 0.2 g,70%乙醇100 mL。

(4) 苏丹Ⅲ染液:苏丹Ⅲ 0.2 g,70%乙醇100 mL。

(5) 10%中性福尔马林(pH 7.2):0.2 mol/L Na_2HPO_4 72 mL、0.2 mol/L NaH_2PO_4 28 mL、福尔马林20 mL、加双蒸水至200 mL。

3. 器材

水浴锅、冰冻切片机、载玻片等。

实 验 步 骤

1. 小鼠肠系膜装片的制备

(1) 颈椎脱臼法处死小鼠,打开腹腔,取出消化道,将小鼠肠系膜平铺于载玻片上。

(2) 稍干后,固定于10%中性福尔马林中30 min。

(3) 水洗2～5 min。

(4) 经50%乙醇至70%乙醇溶液片刻。

(5) 放入苏丹Ⅲ染液中,56℃水浴(或温箱)染色30 min。注意容器必须盖好,以免乙醇挥发,染料沉淀。

(6) 放入70%乙醇溶液中洗涤5～10 s。

(7) 蒸馏水洗1 min。

(8) 苏木精染液复染5～10 min。

(9) 自来水冲洗,镜检。

实验结果:细胞核呈蓝色,脂肪为橙红色。

2. 大鼠肝组织

(1) 颈椎脱臼法处死动物,打开腹腔,取出肝脏,取3 mm^3的一小块组织,固定于10%的中性福尔马林溶液中24 h。

(2) 用恒冷箱式冷冻切片机切片,厚度10～15 μm,将切片直接置于干净的载玻片上,在室温下自然晾干。切片用蒸馏水浸洗2～3次后进行染色。

(3) 希氏铝苏木精染色2～5 min。

(4) 用自来水冲洗浮色2～5 min,如果染色很深,用1%盐酸乙醇分色,再经自来水蓝化5 min,色度合适后浸入蒸馏水。

(5) 将切片浸入70%乙醇2～3 min,再放入苏丹Ⅲ饱和乙醇液内30 min或更长时间(50℃烘箱内),将染色缸盖盖紧,防止乙醇挥发。

(6) 切片用70%乙醇浸洗2～5 min,再用蒸馏水浸洗2～5 min。

(7) 镜检。

实验结果:脂肪细胞呈橙红色,胆脂素呈淡红色,脂肪酸无色,细胞核呈蓝色。

若用苏丹黑 B 则在常温下 10～15 min 即可。

3. 植物脂肪细胞的染色观察

(1) 取花生(或葵花子),使用徒手切片技术切一薄片花生置于载玻片上。

(2) 在花生片上滴一滴苏丹Ⅲ,染色 3～5 min。

(3) 染色结束,蒸馏水洗去染料(注意不要冲掉小花生片),盖上盖玻片,显微镜下观察。

实验结果:在显微镜下观察到花生细胞中的脂肪油滴颗粒被染成橙黄色。

思　考　题

1. 比较分析几种苏丹染料染色的特点,利用其他染料复染细胞核时,如何选择苏丹染料?
2. 分析影响脂肪染色的关键因素。

三　血细胞涂片的制备及细胞形态观察

目 的 要 求

(1) 掌握血涂片的制备方法;

(2) 认识红细胞及各种白细胞的典型形态;

(3) 掌握显微测微尺的使用方法。

实 验 原 理

血涂片是临床化验中最常规的技术,也是血液学研究中的最基本技术。将血液样品制成单层细胞的涂片标本,经瑞氏(Wright)染液染色后,不同白细胞中的颗粒可以呈现不同的颜色。碱性粒细胞的颗粒呈蓝紫色,酸性粒细胞的颗粒呈橘红色,中性粒细胞的颗粒呈粉红色。根据细胞中颗粒的颜色、大小及多少,再结合细胞的大小及细胞核的形态,就可以将白细胞进行分类计数。

材料与器材

1. 材料

人血。

2. 试剂

瑞氏(Wright)染液(广州伟伯化工有限公司)。

3. 器材

医用一次性采血针、酒精棉球、镊子、经脱脂洗净的载玻片、目镜测微尺和镜台测微尺。

实 验 步 骤

1. 采血

采血前用 70%乙醇棉球消毒采血部位,再用采血针刺破皮肤,挤去第一滴血不要(因含单核白细胞较多),挤出第二滴血置于载玻片的一端。

2. 涂片

取另一张边缘光滑的载玻片,斜置于血滴前缘,先向后稍移动轻轻触及血滴,使血液沿玻片

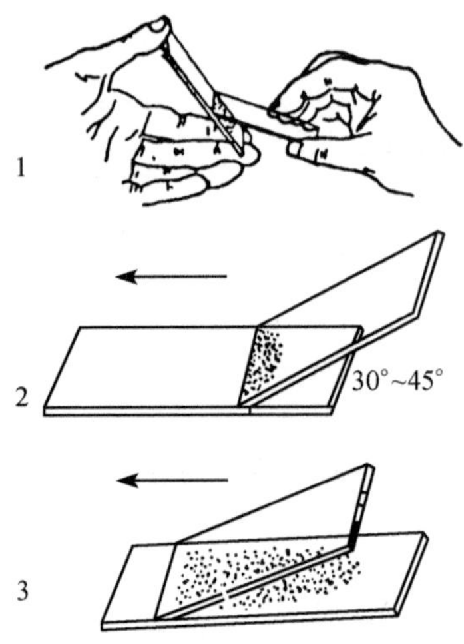

图 4-1-1　血涂片的制备方法

端展开成线状，两玻片的角度以 30°～45°为宜（角度过大血膜较厚，角度小则血膜薄，用力均匀厚度一致），轻轻将载玻片向前推进，即涂成血液薄膜（图 4-1-1）。推进时速度要一致，否则血膜成波浪形，厚薄不匀。

3. 染色

待涂片在空气中完全干燥后，滴加数滴瑞氏染液盖满血膜为止，染色 1～3 min。然后滴加等量的缓冲液（pH 6.4）或蒸馏水，使其与染液均匀混合，静置 2～5 min。用蒸馏水冲去染液，吸水纸吸干，镜检。

4. 封片

经染色的涂片完全干燥后，用中性树胶封片保存。

5. 观察

分别用低倍镜、高倍镜和油镜观察血涂片，利用显微测微尺分辨不同的血细胞类型。

思　考　题

血细胞涂片的制备过程中，应注意哪些方面？

四　活体染色及线粒体、液泡系的观察

目 的 要 求

（1）观察动、植物活细胞内线粒体、液泡系的形态、数量与分布；
（2）掌握线粒体、液泡系的活体染色技术。

实 验 原 理

活体染色是指能使生活有机体的细胞或组织着色，但又无毒害的一种染色方法。它的目的是显示生活细胞内的某些结构，而不影响细胞的生命活动或由于产生物理、化学变化引起细胞的死亡。

根据所用染色剂的性质和染色方法的不同，通常把活体染色分为体内活染与体外活染两类。体内活染是以胶体状的染料溶液注入动、植物体内，染料的胶粒固定、堆积在细胞内某些特殊结构里，达到易于识别的目的。体外活染又称超活染色，它是由活的动、植物分离出部分细胞或组织小块，以染料溶液浸染，染料被选择固定在活细胞的某种结构上而显色。

活体染料之所以能固定、堆积在细胞内某些特殊的部分，主要是染料的“电化学”特性起重要作用。碱性染料的胶粒表面带阳离子，酸性染料的胶粒表面带有阴离子，而被染的部分本身也是具有阴离子或阳离子，这样，它们彼此之间就发生了吸引作用。活体染色剂，应对细胞无毒性或毒性极小，一般是以碱性染料最为适用，可能因为它具有溶解在类脂质（如卵磷脂、胆固醇等）的特性，易于被细胞吸收。詹纳斯绿 B(Janus green B)和中性红(neutral red)两种碱性染料是活体染色剂中最重要的染料。

詹纳斯绿 B 是毒性较小的碱性染料，可专一性地对线粒体进行超活染色，这是由于线粒体内的细胞色素氧化酶系的作用，使染料始终保持氧化状态（即有色状态），呈蓝绿色；而线粒体周围的细胞质中，这些染料被还原为无色的色基（即无色状态）。

中性红为弱碱性染料，对液泡系（细胞内单层膜围成的，能被中性红染色的小泡）的染色有专一性，只将活细胞中的液泡系染成红色，细胞核与细胞质完全不着色，这可能是与液泡系中某些蛋白质有关。当细胞死亡之后，对细胞核及细胞质均作扩散性染色，并且液泡的染色消失。

材料与器材

1. 材料

(1) 小白鼠肝细胞；

(2) 人口腔上皮细胞；

(3) 洋葱鳞茎内表皮细胞；

(4) 蟾蜍胸骨剑突软骨细胞；

(5) 小麦或黄豆幼根根尖。

2. 试剂

(1) Ringer 溶液：

氯化钠	0.85 g(变温动物用 0.65 g)
氯化钾	0.25 g
氯化钙	0.03 g
蒸馏水	100 mL

(2) 10%和 1/3000 中性红溶液

称取 0.5 g 中性红溶于 5 mL Ringer 液，稍加热（30～40℃）使之很快溶解，用滤纸过滤，装入棕色瓶于暗处保存，否则易氧化沉淀，失去染色能力。

临用前，取已配制的 10%中性红溶液 1 mL，加入 29 mL Ringer 溶液混匀，装入棕色瓶备用。

(3) 1%和 1/5000 詹纳斯绿 B 溶液

称取 50 mg 詹纳斯绿 B 溶于 5 mL Ringer 溶液中，稍加微热（30～40℃），使之溶解，用滤纸过滤后，即为 1%原液。取 1%原液 1 mL 加入 49 mL Ringer 溶液，即成 1/5000 工作液装入瓶中备用。最好现用现配，以保持它的充分氧化能力。

3. 器材

显微镜、恒温水浴锅、解剖盘、剪刀、镊子、双面刀片、载玻片、凹面载玻片、盖玻片、表面皿、吸管、牙签、吸水纸。

实验步骤

1. 线粒体的超活染色与观察

(1) 人口腔黏膜上皮细胞线粒体的超活染色观察。

① 取清洁载玻片放在 37℃恒温水浴锅的金属板上，滴 2 滴 1/5000 詹纳斯绿 B 染液。

② 实验者用牙签宽头在自己口腔颊黏膜处稍用力刮取上皮细胞，将刮下的黏液状物放入载玻片的染液滴中，染色 10～15 min（注意不可使染液干燥，必要时可再加滴染液），盖上盖玻片，用吸水纸吸去四周溢出的染液，置显微镜下观察。

③ 在低倍镜下，选择平展的口腔上皮细胞，换高倍镜或油镜进行观察。可见扁平状上皮细胞的核周围胞质中，分布着一些被染成蓝绿色的颗粒状或短棒状的结构，即是线粒体。

(2) 小白鼠肝细胞线粒体的超活染色观察。

① 用颈椎脱臼法处死小白鼠，置于解剖盘中，剪开腹腔，取小白鼠肝边缘较薄的肝组织一小

块，放入表面皿内。用吸管吸取 Ringer 液，反复浸泡冲洗肝脏，洗去血液。

② 在干净的凹面载玻片的凹穴中，滴加 1/5000 詹纳绿 B 溶液，再将肝组织块移入染液，注意不可将组织块完全淹没，要使组织块上面部分半露在染液外，这样细胞内的线粒体酶系可充分得到氧化，易被染色。当组织块边缘被染成蓝绿色即成(一般需染 20～30 min)。

③ 吸去染液，滴加 Ringer 溶液，用眼科剪将组织块着色部分剪碎，使细胞或细胞群散出。然后，用吸管吸取分离出的细胞悬液，滴一滴于载玻片上，盖上盖玻片进行观察。

④ 在低倍镜下选择不重叠的肝细胞，在高倍镜或油镜下观察，可见具有 1～2 个核的肝细胞中，有许多被染成蓝绿色的线粒体，注意其形态和分布状况。

(3) 洋葱鳞茎表皮细胞线粒体的超活染色观察。

① 用吸管吸取 1/5000 詹纳斯绿 B 染液，滴一滴于干净的载玻片上，然后，撕取一小片洋葱鳞茎内表皮，置于染液中，染色 10～15 min。

② 用吸管吸去染液，加一滴 Ringer 液，注意使内表皮组织展平，盖上盖玻片进行观察。

③ 在高倍镜下，可见洋葱表皮细胞中央被一大液泡所占据，细胞核被挤至一侧贴细胞壁处。仔细观察细胞质中线粒体的形态与分布。

2. 液泡系的超活染色与观察

(1) 蟾蜍胸骨剑突软骨细胞的液泡系中性红染色观察。

软骨细胞能分泌软骨黏蛋白和胶原纤维等，因而粗面内质网和高尔基体都发达，用中性红超活染色后，可明显地显示出液泡系。

① 将蟾蜍处死，剪取胸骨剑突最薄的部分一小块，放入载玻片上的 1/3000 中性红染液滴中，染色 5～10 min。

② 用吸管吸去染液，滴加 Ringer 液，盖上盖玻片进行观察。

③ 在高倍镜下，可见软骨细胞为椭圆形，细胞核及核仁清楚易见，在细胞核的一侧胞质中，有许多被染成玫瑰色大小不一的泡状体，这一特定区域叫“高尔基区”，即液泡系。

(2) 小麦根尖细胞液泡系的中性红染色观察。

① 实验前，把小麦种子或黄豆培养在培养皿内潮湿的滤纸上，使其发芽，胚根伸长到 1 cm 以上。

② 用双面刀片把初生的小麦或黄豆幼苗根尖(1～2 cm 长)小心切一纵切面，放入载玻片上的 1/3000 中性红染液滴中，染色 5～10 min。

③ 吸去染液，滴一滴 Ringer 液，盖上盖玻片，并用镊子轻轻地下压盖玻片，使根尖压扁，利于观察。

④ 在高倍镜下，先观察根尖部分的生长点的细胞，可见细胞质中散在很多大小不等的染成玫瑰红色的圆形小泡，这是初生的幼小液泡。然后，由生长点向伸长区观察，在一些已恰好分化长大的细胞内，液泡的染色较浅，体积增大，数目变少。在成熟区细胞中，一般只有一个淡红色的巨大液泡，占据细胞的绝大部分，将细胞核挤到细胞一侧贴近细胞壁处。

从以上的观察结果，想想植物细胞液泡系的形态演进情况。

思　考　题

1. 用一种活体染色剂对细胞进行超活染色，为什么不能同时观察到线粒体、液泡系等多种细胞器？

2. 小麦或黄豆根尖经中性红超活染色，为什么看到生长点的细胞中液泡多，而且染色深，伸长区细胞中液泡数量变少，染色浅？

五　细胞内酸性蛋白质和碱性蛋白质的观察

目 的 要 求

(1) 观察动物细胞内酸性蛋白质和碱性蛋白质的分布；

(2) 了解固绿染液对细胞中的蛋白质染色原理；

(3) 掌握血涂片的制作过程。

实 验 原 理

蛋白质的基本组成单位是氨基酸，是两性电解质。随着溶液 pH 的不同，蛋白质可离解为正离子、负离子或两性离子，如果在某一 pH 时，蛋白质颗粒上所带的正、负电荷总数相等，在电场中既不向正极移动也不向负极移动，这时溶液的 pH 即为该蛋白质的等电点。由于蛋白质的游离基团除了末端氨基和末端羧基外，还有许多侧链，其上许多基团在溶液中也可以电离，因此，一个蛋白质分子表面四周都有电荷。不同蛋白质分子所带有的碱性氨基酸和酸性氨基酸的数目不等，它们的等电点也不一样。因此蛋白质分子所带的静电荷既受所在溶液的 pH 的影响，也取决于蛋白质分子组成中碱性氨基酸和酸性氨基酸的含量。在生理条件下，整个蛋白质带负电荷多，为酸性蛋白质(等电点偏向酸性)；带正电荷多，为碱性蛋白质(等电点偏向碱性)。所以，利用不同 pH 的固绿染液(一种弱酸性染料，本身带负电荷)对细胞中的蛋白质染色，可使细胞内的酸性蛋白和碱性蛋白分别显示。

材料与器材

1. 材料

蟾蜍或小白鼠。

2. 试剂

(1) 5%三氯乙酸液：称取 2.5 g 三氯乙酸溶于 50 mL 蒸馏水中。

(2) 染色液。

① 三种母液(实验前配制)：

a：0.2%固绿染液：取 0.2 g 固绿溶于 100 mL 蒸馏水中。

b：1/75 moL/L 盐酸(稀释一倍后 pH 2.0～2.5)：取 12 moL/L 的浓盐酸 0.1 mL 加入到 98.89 mL 蒸馏水中混匀。

c：0.05%碳酸钠溶液(稀释一倍后 pH 8.0～8.5)：称取 50 mg 碳酸钠(Na_2CO_3)溶于 100 mL 蒸馏水中，混匀。

② 两种蛋白质染液(实验时混合)：

甲液：0.1%酸性蛋白固绿染液：母液 a+b(1：1)即为 0.1%酸性固绿染液(1/150 mol/L HCL，pH 2.0～2.5)。

乙液：0.1%碱性蛋白固绿染液：母液 a+c(1：1)即为 0.1%碱性固绿染液(0.025% Na_2CO_3，pH 8.0～8.5)。

实 验 步 骤

1. 取材与涂片

将蟾蜍用乙醚麻醉后，剪开胸腔，打开心包，小心地在心脏上剪一小口，取心脏血一小滴，滴在干净载玻片右端，另取一边缘光滑平齐的玻片作为推片，制作厚薄适中的血涂片。制成的涂片室温晾干。每个同学制血涂片二张，并做好标记。

注意：①取血滴不宜太大，以免涂片过厚，影响观察；②要使涂片厚薄适中，注意拿片姿势，推片角度和速度要适中，要用力均匀；③涂片一般在后半部观察效果较好。

2. 固定

将晾干的涂片浸于70%乙醇中固定5 min，取出后，室温下晾干。

3. 氯乙酸处理

将已固定的血涂片浸于5%三氯乙酸中60℃处理30 min。取出后用清水冲洗3 min以上(注意一定要反复洗净，不可在涂片上留下三氯乙酸痕迹，否则酸性蛋白质和碱性蛋白的染色不能分明)。然后用滤纸吸干玻片上的水分。

4. 染色和镜检

将显示酸性蛋白的涂片放入0.1%的酸性固绿溶液中染5～10 min，清水冲净，晾干。将显示碱性蛋白的涂片在0.1%的碱性固绿溶液中染0.5～1 h(视染色深浅而定)，清水冲净，晾干。分别镜检。

实验结果：用0.1%的酸性固绿染液染色处理过的蟾蜍红细胞，细胞质和核仁中蛋白质均被染成绿色，此即酸性蛋白在细胞内的分布：而细胞核内染色质部分并不染上色(但时间太长可能染上色)。经0.1%的碱性固绿染液染色处理的标本中，只有细胞核内染色质部分被染成绿色，此即碱性蛋白在细胞内的分布，而细胞质及核仁不着色。

思　考　题

为什么使用不同pH的固绿染液，能够使细胞内不同的部位染色？

实验二　石蜡切片的制备及细胞的染色观察

相关理论知识

石蜡切片(paraffin section)是组织学常规制片技术中最为广泛应用的方法。石蜡切片不仅用于观察正常细胞组织的形态结构，也是病理学和法医学等学科用以研究、观察及判断细胞组织的形态变化的主要方法，而且已经广泛地用于其他许多学科领域的研究中。石蜡切片与其他新的技术方法相结合，扩大了传统技术的应用范围，增加了许多新的研究。它与免疫学技术结合构成免疫组织(细胞)化学技术，利用抗原与抗体的特异性结合原理，检测组织切片中细胞组织的多肽及定性和定位观察研究蛋白质等大分子物质；石蜡包埋组织流式细胞仪 DNA 含量分析是石蜡包埋组织切片与流式细胞术(flow cytometry，FCM)结合用来测量 DNA 含量及倍体分析，为流式细胞仪在临床应用，特别是在肿瘤研究方面开拓了新的研究途径；石蜡切片标本还是形态计量技术的基础，而形态计量技术是近年发展起来的一种新的定量检测技术，利用全自动图像分析仪对组织和细胞内各种有形成分的数量、体积、长度及表面积等的图像数据进行数学处理，以便对生物组织细胞及其结构成分的形态进行定量分析，如线粒体个数、内质网、细胞核及胞质面积、胰岛的数量及各类细胞的数值、肾小体的数量和体积比以及 Feulgen 染色测定细胞核 DNA 原位定量等，使组织学及细胞学的研究由形态定性观察转向形态定量化。石蜡包埋组织切片还可用于细胞原位核酸分子杂交技术中，对材料中被杂交的 DNA 分子进行定位、含量分析或观察基因表达(mRNA)水平；聚合酶链式反应(PCR)技术可用于固定、石蜡包埋组织的 DNA 分析，使研究进入了分子水平，但在短期内这些技术尚不能做常规使用。

一　石蜡切片的制备

(一) 动物石蜡切片的制备

目 的 要 求

(1) 熟悉动物石蜡切片的制作过程；

(2) 掌握 HE 染色的基本原理和染色方法。

实 验 原 理

石蜡切片是最基本的切片技术，冰冻切片和超薄切片等都是在石蜡切片基础上发展起来的。苏木精与伊红对比染色法(称 HE 对染法)是组织切片最常用的染色方法。这种方法适用范围广泛，对组织细胞的各种成分都可着色，便于全面观察组织构造，而且适用于各种固定的材料，染色后不易褪色可长期保存。经过 HE 染色，细胞核被苏木精染成蓝紫色，细胞质被伊红染成粉红色。

材料与器材

1. 材料

鼠肝或肾脏。

2. 试剂

卡诺(Carnoy)固定液、埃利希苏木精染液、1%盐酸乙醇溶液、各级乙醇(30%、50%、70%、80%、90%、95%、100%)、二甲苯、甘油蛋白粘片剂、中性树胶。

3. 器材

切片机、切片刀、温台、恒温箱、解剖刀、镊子、剪刀、解剖针、单面刀片、小台木、酒精灯、包埋纸盒、染色缸、烧杯、水盆、熔蜡炉、蜡杯。

实验步骤

1. 取材

颈椎脱臼法处死小鼠，打开腹腔，剪取肝组织（或小肠）。切取的组织块不宜太大，以便固定剂穿透，通常以 5 mm×5 mm×2 mm 或 10 mm×10 mm×2 mm 为宜。取下所需要的肝组织，切成每小块 2～3 mm 厚。

2. 固定

将切好的肝组织用生理盐水洗一下，立即投入卡诺固定液中固定，固定 30～50 min。

3. 洗涤

材料经固定后，除乙醇外，组织中的固定液必须冲洗干净，尤其是含有重金属的固定液。因为残留在组织中的固定液，有的不利于染色，有的产生沉淀或结晶影响观察。冲洗方法根据固定液的性质而定，固定液为水溶液的常用水洗涤，固定液用乙醇配制，需要用 50%～70%乙醇冲洗。

4. 脱水

50%、70%、80%、90%各级乙醇溶液脱水各 40 min，放入 95%、100%各两次，每次 20 min。各种材料固定与洗涤后，组织中含有大量水分，由于水与石蜡不互溶，需将组织中的水分除去。

5. 透明

无水乙醇、二甲苯等量混合液 15 min，二甲苯 30 min（或至透明为止），须换一次二甲苯。由于乙醇与石蜡不相溶，而二甲苯既能溶于乙醇又能溶于石蜡，所以脱水后还要经过二甲苯过渡。当组织中全部被二甲苯占有时，光线可以透过，组织呈现出不同程度的透明状态。

6. 透蜡

放入二甲苯和石蜡各半的混合液 15 min，再分别放入石蜡Ⅰ、石蜡Ⅱ透蜡各 20～30 min。透蜡的目的是除去组织中的透明剂（如二甲苯等）使石蜡渗透到组织内部达到饱和程度以便包埋。透蜡时间根据组织的情况而定，约需 0.5 h。透蜡应在恒温箱内进行，并保持箱内温度在 55～60℃，注意温度不要过高，以免组织发脆。

7. 包埋

将经过透蜡的组织连同熔化的石蜡，一起倒入容器内，立即投入冷水中，使其立刻凝固成蜡块。用于包埋的石蜡熔点在 50～60℃，包埋时应根据组织材料、切片厚度、气候条件等因素，选择不同熔点的石蜡。一般动物材料常用的石蜡熔点为 52～56℃，植物材料为 54～58℃。

包埋的操作过程：将纸盒放在已经加热的温台上，从温箱中取出盛放纯石蜡的蜡杯，倒入包埋用的纸盒中，取出存放材料的蜡杯，迅速轻轻地用镊子夹取材料放于纸盒底部（注意切面朝下放置），再用温镊子轻轻拨动材料，使之排列整齐。轻轻将纸盒两侧的把手提起，慢慢地平放于面盆，并立即使它沉入水中，使盒中包埋块迅速凝固。待石蜡完全凝固（约 30 min）后取出备用。

8. 修蜡和切片

(1) 切片之前，把包埋好的蜡块修成梯形，然后将已修好的石蜡固定在台木上，将固定好的台木装在切片机的夹物台上。

(2) 将切片刀固定在刀夹上，刀口向上。

(3) 摇动推动螺旋，使石蜡块与刀口贴近，但不可超过刀口。

(4) 调整石蜡块与刀口之间的角度与位置，刀片与石蜡块约成 15°。

(5) 调整厚度调节器到所需的切片厚度，一般为 4～10 μm。

(6) 一切调整好后即可以开始切片。此时右手摇动转轮，让蜡块切成蜡带，左手持毛笔将蜡带提起，摇转速度不可太急，通常以 40～50 r/min。

(7) 切成的蜡带到 20～30 cm 长时，右手用另一支毛笔轻轻将蜡带挑起，以免卷曲，并牵引成带，平放在蜡带盒上，靠刀面的一面较光滑，朝下，较皱的一面朝上。

(8) 用单面刀片切取蜡片一小段，放在载玻上加水 1 滴，置于放大镜或显微镜下观察切片是否良好。

(9) 切片结束后，将切片刀取下用氯仿擦去刀上沾着的石蜡，把切片机擦拭干净妥善保存。

9. 贴片

(1) 取一清洁玻片，滴 1 滴粘片剂于玻片中央，用洗净的手指加以涂抹，涂成均匀薄层。

(2) 滴 1～2 滴的蒸馏水至已涂粘片剂的载玻片上。

(3) 用小镊子夹取预先用刀片割开的蜡带，放在水面上，注意蜡片光亮平整的一面贴在玻片上，并使之处于稍偏玻片的一端，另一端便于粘贴标签。

(4) 把玻片摆好位置，在酒精灯火焰上方适度加热至蜡片舒展。或置于预先加热的展片台上(温度保持在 40～45℃)。此时蜡片因受热而伸展摊平。

(5) 展片后把载玻片放在平盘上编好记号，置于 37℃ 温箱烘干，一昼夜干燥后即可取出，存放于切片盒待染。

10. 脱蜡复水

石蜡切片经二甲苯Ⅰ、Ⅱ脱蜡各 5～10 min，然后放入 100%、95%、90%、80%、70% 等各级乙醇溶液中各 3～5 min，再放入蒸馏水中 3 min。

染色液多数为水溶液，因此，染色前必须将蜡脱去，使切片中的材料由有机相进入到水相。一般采用二甲苯脱蜡，逐级复水与脱水浸蜡过程正好相反，但是，由于蜡片较薄，所需时间比脱水浸蜡要短。

11. 染色

切片放入苏木精中染色约 10～30 min。染色时间应根据染色剂的成熟程度及室温高低，适当缩短或延长。室温高时促进染色，染色时间可短些，否则可适当延长时间，冬季室温低时可放入恒温箱中染色。

12. 水洗

用自来水流水冲洗约 15 min。冲洗过程中使切片颜色发蓝(或放入碱性水中也可，用促蓝剂对伊红可能拒染，如果时间来得及，应以流水冲洗使切片显蓝色为宜)，但要注意流水不能过大，以防切片脱落，并随时用显微镜检查，颜色变蓝为止。

13. 分化

分化(也称分色)就是将细胞质着的色褪去，使细胞核着色更加鲜明。将切片放入 1% 盐酸乙醇溶液(盐酸 1 份＋70% 乙醇 100 份)中褪色，见切片变红，颜色较浅即可，约数秒至数十秒钟。这一步骤是 HE 染色成败的关键，如分化不当会导致染色不匀，或深或浅，得到的切片染色效果差。如果染色适中，可取消此步骤。

14. 漂洗

切片再放入自来水流水中使其恢复蓝色。低倍镜检查见细胞核呈蓝色、结构清楚；细胞质或结缔组织纤维成分无色为标准。然后放入蒸馏水中漂洗一次。

15. 脱水Ⅰ

切片放入 50% 乙醇→70% 乙醇→80% 乙醇中各 3～5 min。

16. 复染

用 0.5% 伊红乙醇溶液对比染色 2～5 min。伊红主要染细胞质，着色浓淡应与苏木精染细胞核的浓淡相配合，如果细胞核染色较深，细胞质也应浓染，以获得鲜明的对比。反之，如果细胞核染色较浅，细胞质也应淡染。可在伊红乙醇液中滴加数滴冰醋酸助染，促使细胞质容易着色，并且经乙醇脱水时不易褪色。

17. 脱水Ⅱ

放入95%乙醇中洗去多余的红色，然后放入无水乙醇中3～5 min。最后用吸水纸吸干多余的乙醇。

18. 透明

切片放入二甲苯-乙醇等量混合液中约5 min，然后放入二甲苯Ⅰ、Ⅱ中各3～5 min，二甲苯应尽量保持无水，应经常更换，或有无水硫酸铜放入染色缸内吸收水分。切片如在二甲苯中出现白雾现象，说明水未脱净，应退回乙醇中重新脱水，否则切片难以镜检。

19. 封藏

中性树胶封存

切片经染色、脱水、透明后，即可用封藏剂将其封藏起来，目的是永久保存切片，便于镜检。常用的封藏剂一类为干性封藏剂如中性树胶、加拿大树胶等，另一类为湿性封藏剂如甘油明胶等。如果切片是经二甲苯透明，则用树胶作为封藏剂，树胶可以用二甲苯稀释至合适的稠度。如果切片是直接从水中或水溶液中取出，则常用甘油明胶作为封藏剂，可用于短期保存标本。

封藏的方法：封片前应根据材料的大小，选用不同规格的盖玻片。材料透明后，按照下列方法进行封藏。在桌上放一张洁净的吸水纸，将含材料的载玻片从二甲苯中取出放在纸上（切片的一面向上），迅速地在切片的中央滴一滴树胶（千万不能待二甲苯干燥后再进行），用右手持小镊子轻轻地夹住盖玻片的右侧，稍倾斜使其左侧与封藏剂接触，然后再缓缓地将盖玻片放下，这样就可以避免产生气泡。如胶液不足，可以用玻璃棒再滴一滴树胶从盖玻片边缘补足。如胶液过多，可在干燥以后用刀刮去，并用纱布蘸二甲苯拭去残留的树胶。染色结果：细胞核被苏木精染成蓝色，细胞质被伊红染成粉红色。

注 意 事 项

1. 取材的注意事项

（1）取材动作要迅速，不宜太久以免组织细胞的成分、结构等发生变化。

（2）切片材料应根据需要观察的部位进行选择，尽可能不损伤所需要的部分。

2. 固定的注意事项

（1）一般固定液，都以新配为好，配好后应储存在阴凉处，不宜放在日光下，以免引起变化，失去固定作用。

（2）有些混合固定液的成分之间会发生氧化还原作用，一定要在使用前才混合，如果混合太早，固定时就没有作用了。

（3）固定材料时，固定液必须充足，一般为材料块的20～30倍，有些水分多的材料，中间应更换1～2次新液。

（4）材料固定完毕后，保存于严密紧塞或加盖的容器里，同时在容器外贴上标签，并随同材料在溶液中投入相应的标签，以免相互混淆。标签上注明固定液、材料来源、日期等。标签上的文字，应用黑色铅笔或绘图墨水书写。

3. 脱水注意事项

（1）脱水必须在有盖的玻璃容器中进行，防止吸收空气中的水分。

（2）在更换高一级的脱水剂时，最好不要移动材料以免损坏，可用吸管吸出器皿中的脱水剂，再用吸水纸吸尽器皿内剩余液，然后于皿中加入高一级脱水剂。

(3) 在低浓度乙醇或纯蒸馏水中，每级停留不宜太长，否则易使组织变软，促进材料的解体。

(4) 在高浓度乙醇或无水乙醇中，每级停留不宜太长，否则易使组织变脆，影响切片。

(5) 如需过夜，应停留在70%乙醇中。

(6) 脱水必须彻底，否则不易透明，甚至使透明剂出现白色混浊现象。

4. 透明注意事项

(1) 使用透明剂时，要随时盖紧盖子，以免空气中的水分进入。

(2) 更换每级透明剂，动作要迅速，一方面为了不使材料块干涸，另一方面能避免吸收湿气。

(3) 在透明过程中，如果材料周围出现白色雾状，说明材料中的水未被脱净，应退回纯酒精中重新脱水，然后再透明。

5. 透蜡注意事项

(1) 尽量保持在较低温度中进行，以石蜡不凝固为度。

(2) 透蜡温度要恒定，不可忽高忽低。

(3) 操作要迅速，力求在最短的时间内完成石蜡透入过程，以免引起组织变硬、变脆、收缩等。

思　考　题

1. 简述动物石蜡切片的主要过程。
2. 分析影响HE染色的主要因素。

(二) 植物石蜡切片的制备

目 的 要 求

(1) 熟悉植物石蜡切片的制作过程；

(2) 掌握番红-固绿对染法的基本原理和具体方法。

实 验 原 理

石蜡切片法也是在研究植物细胞的形态结构等方面常用的制片方法。可以使植物材料切成连续薄片，切片经染色，观察效果甚好。番红-固绿对染法，为植物制片上最普遍的一种二重染色法，其染色程序简单并能清晰地显示出细胞的结构。番红为碱性染料，能使细胞核及木质化的细胞壁染成红色；固绿为酸性染料，能使细胞质及含纤维素的细胞壁染成绿色。

材料与器材

1. 材料

大豆、小麦、绿豆、洋葱、蚕豆等幼苗。

2. 试剂

FAA固定液、1%番红、1%固绿、乙醇、二甲苯、石蜡、郝普特氏明胶粘片剂、树胶。

3. 器材

切片刀、切片机、温箱、温台、解剖刀、镊子、单面刀片、台木、毛笔、蜡铲、酒精灯、包埋纸盒、染色缸、玻片盘、温度计、脸盆。

实 验 步 骤

1. 取材

将已培养好的大豆、小麦、蚕豆根或茎、叶等用刀片取约1.2 cm，用刀片切割其成熟区部分成5 mm长的小段(亦可切侧根的部分),将切好的材料放入管中。

2. 固定

将FAA固定液倒入盛有材料的管中,固定时间为24 h。

3. 冲洗

用70%乙醇换洗3次,每次0.5～2 h。

4. 脱水

80%、90%乙醇各1～2 h,无水乙醇(中间换一次)1～2 h。

5. 透明

等量无水乙醇及二甲苯中1～2 h,二甲苯(中间换一次)1～2 h。

6. 透蜡

方法同前。

7. 包埋

方法同前。

8. 切片

根为横切面,其厚度为8～10 mm。

9. 贴片

方法同前。

10. 番红-固绿对染法染色程序

(1) 切片在二甲苯中脱蜡,约10 min。

(2) 等量无水乙醇、二甲苯5 min。

(3) 经无水乙醇,95%、90%、80%、70%、50%乙醇各5 min。

(4) 蒸馏水2～5 min。

(5) 1%番红水溶液染色2 h左右。

(6) 用水洗去多余染液。

(7) 50%、70%、80%、90%、95%各级乙醇脱水10 min。

(8) 1%的固绿(要95%乙醇配制)染色10～40 s。

(9) 95%乙醇洗一次。

(10) 无水乙醇脱水5 min。

(11) 等量无水乙醇、二甲苯混合液中5 min。

(12) 二甲苯5 min。

(13) 中性树胶封藏。

注意事项

(1) 番红与固绿乙醇中很容易脱色,因此在乙醇中脱水时,不能放置太久。

(2) 用固绿对染之前,应检查番红染色是否合适,所染颜色应稍深一些,以防其在以后脱水步骤中脱色,如果太浅,应退回重染。

思考题

动植物石蜡切片的制备过程有哪些异同?

二　细胞内多糖的PAS反应

目 的 要 求

(1) 掌握PAS反应的原理、方法、步骤；
(2) 了解多糖在动、植物细胞中的分布。

实 验 原 理

组织内的多糖，包括糖原、糖脂、淀粉、纤维素、黏多糖及黏蛋白等，都可以使用PAS法(高碘酸-席夫反应)来显示。过碘酸是一种强氧化剂，能破坏各种结构内的C—C键，若有乙二醇基⼗CHOH—CHOH⼗存在，可变为二醛(CHO—CHO)，然后与Schiff试剂反应，生成紫红色反应物。过碘酸是比较常用的氧化C—C键的试剂。该反应灵敏，不再氧化所产生的醛基。

材料与器材

1. 材料

动物的肝、肾、心肌、骨骼肌或其他组织，植物的马铃薯、红薯等。

2. 试剂

1%过碘酸、Schiff试剂、0.5%偏重亚硫酸钠溶液、乙酸酐-吡啶混合液、1%淀粉酶溶液。

3. 器材

显微镜、染色缸、盖玻片。

实 验 步 骤

1. 动物切片多糖染色

(1) 取1～2 mm厚的肝、肾、心肌、骨骼肌等组织，Carnoy固定液固定，放冰箱2～4 h。
(2) 经乙醇脱水，二甲苯透明，石蜡包埋。
(3) 切片脱蜡到复水。
(4) 0.5%～1%过碘酸水溶液浸泡2～5 min(不能过长)。
(5) 蒸馏水洗。
(6) Schiff试剂浸泡15 min(避光)。
(7) 亚硫酸盐溶液浸泡三次，共6 min。
(8) 自来水冲洗5 min。
(9) 蒸馏水浸泡1 min。
(10) 苏木精复染核(5～10 min)。
(11) 流水洗5 min。
(12) 蒸馏水洗，吸干。
(13) 乙醇脱水(从95%乙醇浸泡1～2 min，无水乙醇浸泡两次，每次3～5 min)。
(14) 二甲苯透明(二甲苯和无水乙醇等量混合液5 min，二甲苯5 min两次)。
(15) 中性树胶封藏。

实验结果：在显微镜下观察到各种组织，细胞的核呈蓝紫色，细胞质内有粉红色颗粒为糖原。

2. 植物细胞内的PAS反应

(1) 取马铃薯(或红薯)，使用徒手切片技术切一薄片置于载玻片上。

(2) 滴一滴 0.5%～1%过碘酸水溶液浸泡 2～3 min(不能过长)。

(3) 70%乙醇或蒸馏水洗。

(4) Schiff 试剂浸泡 4～6 min(避光)。

(5) 亚硫酸盐溶液浸泡三次，共 6 min(或 0.5%偏重亚硫酸钠溶液 3 次，共 6 min)。

(6) 染色结束，蒸馏水洗去染料(注意不要冲掉马铃薯片)，盖上盖玻片，显微镜下观察。

实验结果：在显微镜下观察到马铃薯细胞中的糖颗粒被染成粉红色。

3. 对照切片

(1) 用乙酰作用阻断 PAS 反应。

① 对照片用醋酸酐 16 mL 与无水吡啶 24 mL 混合液处理 1～24 h，22℃。

② 水洗。

③ PAS 反应。

(2) 淀粉酶除去多糖。

① 切片脱蜡复水，用 1%淀粉酶溶液 pH 6.0，37℃处理 40 min 或室温处理 60 min；或用唾液处理，每 30 min 换一次，共两次，室温。

② 流水洗 5～10 min，蒸馏水洗。

③ PAS 反应。

实验结果：对照组乙酸化或酶处理后出现阳性反应，未显示粉红色糖原颗粒。

注 意 事 项

(1) 染色的深度取决于过碘酸处理的时间，切片在过碘酸水溶液中不能放太长时间。

(2) PAS 反应后，因过碘酸氧化加速苏木精的染色，染色时间可减少一半，常用苏木精稀染液复染。

思　考　题

PAS 反应能够应用到哪些领域？

三　DNA 的 Feulgen 反应

实 验 目 的

学习 DNA 的 Feulgen 染色方法，观察染色结果，了解反应原理。

实 验 原 理

DNA 经弱酸(1 mol/L HCl)水解，其上的嘌呤碱和脱氧核糖之间的键打开。使脱氧核糖的一端形成游离的醛基，这些醛基在原位与 Schiff 试剂(无色品红亚硫酸溶液)反应，形成紫红色的化合物，使细胞内含有 DNA 的部位呈紫红色阳性反应。紫红色的产生，是由于反应产物的分子内含有醌基，醌基是一个发色团，所以具有颜色。对照组预先用热三氯乙酸或 DNA 酶处理，抽提去细胞中的 DNA 而得到阴性反应，从而证明了 Feulgen 反应的专一性。

材料与器材

1. 材料

Carnoy 液固定的鼠肝石蜡切片，蟾蜍。

2. 试剂

Carnoy 固定液、1 mol/L HCl、Schiff 试剂、亚硫酸水溶液(漂白液)、5%三氯乙酸、0.5%固绿酒精乙醇溶液(95%乙醇溶液)。

3. 器材

水浴锅、染色缸、盖玻片、载玻片、显微镜。

实 验 步 骤

1. 动物石蜡切片的 DNA 的显示

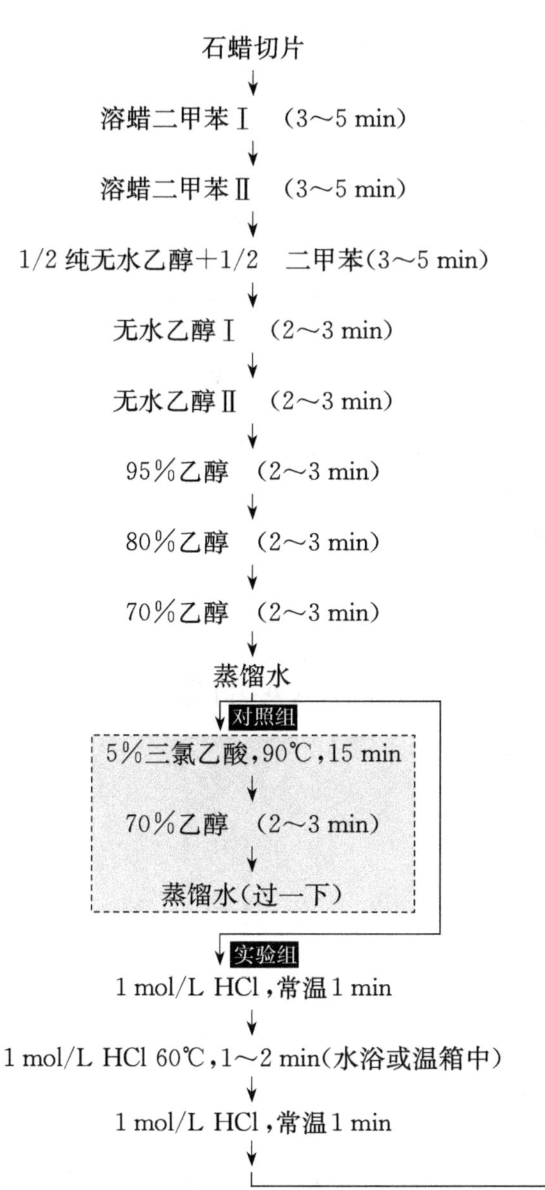

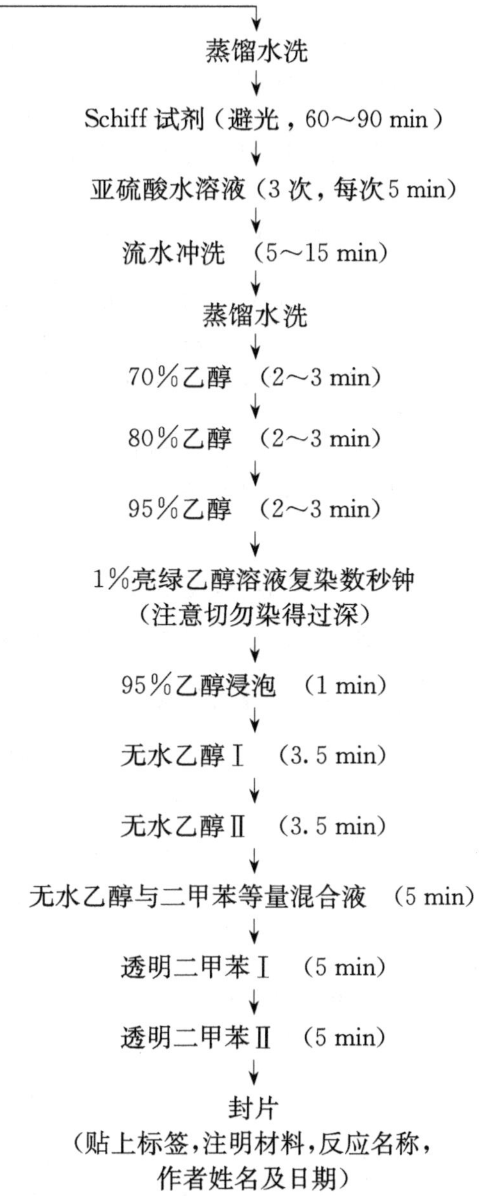

实验现象及结果：实验组：细胞核呈紫红色，核仁及细胞质呈绿色。对照组：由于 DNA 被提取破坏，所以细胞核无紫红色。

2. 蟾蜍血细胞的 DNA 显示

(1) 取蟾蜍心脏血：用解剖针捣毁蟾蜍的脑和脊髓，待四肢瘫痪，钉于蛙板上。剖开腹壁，剪断胸骨(注意不要碰破大血管)，暴露出心脏。细心剪开心包膜，露出肥厚的心室。将注射器针头刺入心脏，针头略向上抬并向前伸，抽取心脏内的血液。

(2) 制血涂片：同实验一第三部分。

(3) 水解：取 4 只培养皿(或小烧杯)编号。在 1～3 号培养皿中各注入约 20 mL 1 mol/L 盐酸溶液(如用小烧杯，则注入约 60 mL 1 mol/L 盐酸)，以能浸没载玻片为限。

先将 2 号培养皿放在酒精灯上预先加热至 60℃。

把已充分晾干的血涂片正面向上，先放入 1 号培养皿中，在室温条件下浸 2～3 min 进行水解。然后用镊子取出血涂片，放入 2 号培养皿，以 60℃温度水解 8 min。温度变化控制在±1～3℃。再用镊子取出，放入 3 号培养皿中，在室温条件下水解 2～3 min。

(4) 冲洗：取出 3 号培养皿中的血涂片，用清水轻轻冲洗(注意不要直接冲在血膜上)，洗净水解液，使水解停止。

(5) 染色：吸干血膜周围及反面的水分，将血涂片浸入盛有 Schiff 氏试剂的 4 号培养皿中，染色 15～20 min。趁染色的时间，将 1、2、3 号培养皿洗净、擦干、备用。

(6) 退色：在清洁的 1、2、3 号培养皿中，各加入约 20 mL 洗涤液(稀亚硫酸溶液)。先将已染色的血涂片取出，放入 1 号培养皿浸没洗涤退色 1.5～2 min，再移至 2 号培养皿退色 2 min，再移到 3 号培养皿中退色 2 min。目的是洗去多余的非特异性色素，以及扩散的染料。每次退色时间需严格控制，不能过长。

(7) 水洗和观察：用细水流轻轻冲洗，洗去洗涤液。用吸水纸吸去血膜以外的水分，放在显微镜下观察。可见细胞核呈紫红色，因为 DNA 主要分布在细胞核。

思　考　题

1. 绘图表示蟾蜍血细胞中 DNA 的分布。
2. 简述 Feulgen 反应的原理和关键步骤。

四　Brachet 反应——细胞内 DNA、RNA 的显示

目 的 要 求

(1) 了解 Brachet 反应原理；

(2) 掌握 Unna 试剂配制方法及蟾蜍血涂片染色方法。

实 验 原 理

Brachet 反应主要是利用核酸分子上的磷酸根($-PO_4^{3-}$)和碱性染料形成盐键而在原位沉淀显色，所以它可同时染 DNA 和 RNA，其中，甲基绿和 DNA 亲和力高，派洛宁和 RNA 亲和力高，两者显示不同颜色。

材料与器材

1. 器具

复式显微镜(香柏油、二甲苯)、擦镜纸、载玻片、烧杯、量筒、扭力天平、棕色试剂瓶、培养皿、吸水纸、纱布。

2. 材料

蟾蜍。

3. 试剂及试剂配制

Unna 试剂(甲基绿-派洛宁染色液)、1 mol/L 乙酸盐缓冲液(pH 4.8)、1 mol/L 盐酸。

(1) Unna 试剂的配制。

A 液:5%派洛宁水溶液 6 mL,2%甲基绿水溶液 6 mL。
B 液:1 mol/L 乙酸盐缓冲液(pH 4.8)16 mL。
A、B 两液分别置 4℃冰箱备用,用时将 A、B 两液按比例混匀。

(2) 1 mol/L 乙酸盐缓冲液(pH 4.8)的配方。

A 液:冰乙酸 6 mL,加蒸馏水至 100 mL。
B 液:乙酸钠 13.5 g,加蒸馏水至 100 mL。
取 A 液 40 mL 加 B 液 60 mL 混匀即为 pH 4.8 的 1 mol/L 乙酸盐缓冲液。

试剂配制时应注意的事项:

① 派洛宁可加热助溶。

② 1 mol/L 乙酸盐缓冲液一周内有效,所以最好用时现配。配好后可暂存冰箱备用。

实验步骤

1. 制片

取蟾蜍心脏血制血涂片,方法和实验一同。

2. 水解

待血涂片完全干燥后才能水解。一般晴天需 2~3 min 即可完全干燥。取一只小烧杯(或培养皿),注入 60 mL(培养皿里放 20 mL)1 mol/L 盐酸水解液。将小烧杯放于三角铁架石棉网上,以酒精灯加热,用温度计测温,待水解液温度达 30℃时,移去酒精灯。将晾干的血涂片正面向上浸入 30℃水解液中,水解 10 min(使温度保持 30℃,温度变化控制在±1℃左右)。注意,水解液的浓度和水解时间必须严格控制。

3. 冲洗

用镊子取出血涂片,用清水冲洗数次,洗净水解液,使水解停止。注意水流不能直接冲到血膜上,而应冲在载玻片一端,将载玻片微微倾斜,使水流慢慢流过血膜。如直接冲洗会使血膜脱去。

4. 染色

用吸水纸擦去血涂片周围和反面的水分(不能碰到血膜材料)。将血涂片正面向上放入盛有 Unna 试剂的小烧杯(或培养皿)中,约倒入 60 mL(或 20 mL),以浸没血涂片为限,30℃染色10 min。

5. 水洗和观察

染色完毕,用镊子将血涂片从染色液中取出,用清水冲洗,然后用吸水纸吸干反面和血涂片周围的水分,置于显微镜下观察。选择染色均匀,色彩稍浅的区域,先用低倍、再换高倍,最后用油镜观察,能观察到细胞核被染成蓝绿色,细胞质被染成红色。

思　考　题

1. 交 Brachet 反应制片 1 张。
2. 简图表示 Brachet 反应的染色结果。
3. 说明 Brachet 反应中的注意事项。

实验三　细胞器的荧光标记技术

相关理论知识

荧光标记技术是利用荧光物质与被检测物结合，在紫外光照射下发出荧光，而荧光显微镜是以紫外线为光源，用以照射被检物体，使之发出荧光，然后在显微镜下观察物体的形状及其所在位置。荧光显微镜用于研究细胞内物质的吸收、运输、化学物质的分布及定位等。

细胞中有些物质，如叶绿素等，受紫外线照射后可发荧光；另有一些物质本身虽不能发荧光，但如果用荧光染料或荧光标记抗体染色后，经紫外线照射亦可发荧光，荧光显微镜就是对这类物质进行定性和定量研究的工具之一。

荧光显微镜和普通显微镜有以下的区别：①照明方式通常为落射式，即光源通过物镜投射于样品上；②光源为紫外光，波长较短，分辨力高于普通显微镜；③有两个特殊的滤光片，光源前的用以滤除可见光，目镜和物镜之间的用于滤除紫外线，用以保护人目。

一　荧光显微镜观察口腔上皮细胞

目 的 要 求

（1）初步了解荧光显微镜的基本组件、位置和基本光路；

（2）初步掌握荧光显微镜的基本调节步骤；

（3）通过在荧光显微镜下观察口腔上皮细胞的线粒体和细胞核，了解荧光探针 Ho. 33342 和罗丹明 123(Rhodamine 123)与细胞成分的结合特性和光谱特性。

实 验 原 理

Ho. 33342 是双苯并咪唑类的一种衍生物，是一种亲脂性物质，能跨膜进入活细胞，在低浓度下毒性较弱，其结构式如图 4-3-1 所示。Ho. 33342 是能与 DNA 特异性结合的荧光探针，该荧光探针的特点是既能与死细胞又能与活细胞的 DNA 特异性结合，主要结合于 A-T 碱基区(在凋亡实验中用的荧光探针 PI 和电泳中用的 EB 不能穿过活细胞的膜，只能标记死细胞的双链核酸)，因此它被大量地应用于活细胞观察与定量的科学研究工作中。

罗丹明 123 是一种亲脂性的阳离子荧光探针，也能穿过活细胞的膜，其结构式如图 4-3-2 所示。线粒体的基质对于膜间隙具有负电位，而罗丹明 123 具有正电荷，所以可用罗丹明 123 标记线粒体。该荧光探针标记活的线粒体时，线粒体对探针摄取快并且平衡快(只几分钟时间)。该标记方法简便、特异性好、荧光强，在低浓度下无毒性，能较好地观察线粒体的形态变化。

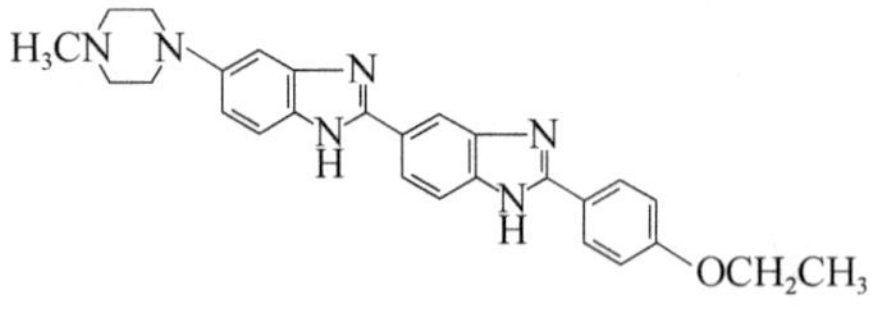

图 4-3-1　Ho. 33342 的结构式

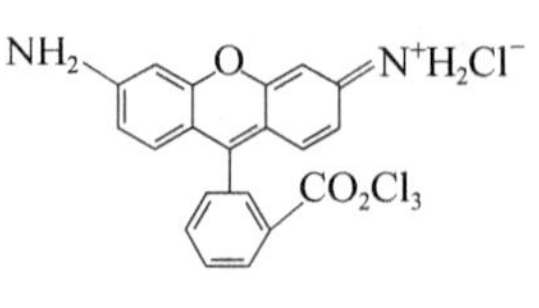

图 4-3-2　罗丹明 123 的结构式

Ho. 33342 的荧光激发和发射特性分别为 350 nm 和 461 nm，罗丹明 123 的荧光激发和发射特性分别为 507 nm 和 529 nm。本实验在荧光显微镜观察时，对于 Ho. 33342 用紫外光激发和发射蓝色荧光的滤片组合观察细胞核；对于罗丹明 123 用蓝光激发和发射绿色荧光的滤片组合观察线粒体。

材料与器材

1. 材料

口腔黏膜上皮细胞、载玻片、盖玻片、牙签、滤纸条、镊子、滴管、指甲油。

2. 试剂

含 5～10 μg/mL Ho. 33342 的 PBS(pH 7.4)、含 10 μg/mL 罗丹明 123 的 PBS(pH 7.4)。

3. 器材

荧光显微镜、37℃温箱。

实验步骤

(1) 用牙签刮取口腔黏膜上皮细胞，分别涂于 2 张载玻片上。

(2) 在 2 张载玻片的涂细胞处分别滴加 Ho. 33342(5～10 μg/mL)染液和罗丹明 123(10 μg/mL)染液各 1 滴，在 37℃暗处孵育 20～30 min(也可在室温下，染色时间长一些)。

(3) 镜检。

(4) 荧光观察细胞核：先关闭紫外激发光，将滴加 Ho. 33342 的载玻片置于透射光下，找到样品焦面，再关闭透射光，置于激发光为紫外线(UV)、发射蓝色荧光的滤片组合块下观察细胞核。先用 10×荧光物镜聚焦，再换用 40×荧光物镜(油镜或非油镜)观察细胞核。

(5) 荧光观察线粒体：先关闭蓝色激发光，将滴加罗丹明 123 的载玻片置于透射光下，找到样品焦面，再关闭透射光，置于激发光为蓝光、发射绿色荧光的滤片组合块下观察线粒体。先用 10×荧光物镜聚焦，再换用 40×荧光物镜(油镜或非油镜)观察线粒体。

注意事项

(1) 样品制备时，防止产生气泡。

(2) 罗丹明 123 的荧光比 Ho. 33342 的荧光更容易淬灭，所以荧光观察时先用透射光找到焦面，再换荧光观察；观察过程中可更换视野；观察完立刻关闭激发光挡板。

(3) 荧光探针都有一定的毒性，操作时要防止污染皮肤和环境，如弄到手上或桌面上，应及时清洗。

(4) 荧光探针都要保存在暗处。

二　细胞骨架的荧光标记

(一) 罗丹明标记的鬼笔环肽染色法观察微丝

目的要求

掌握观察动物细胞和植物细胞内微丝的罗丹明标记的鬼笔环肽染色法。

实验原理

鬼笔环肽与微丝有强烈的亲和作用，能使 F-actin 稳定，并促进聚合。用荧光染料罗丹明标记的鬼笔环肽(Rhodamine-phalloidin)可以清晰地显示细胞中的微丝。微丝呈明亮的橘红色。

Ⅰ 罗丹明-鬼笔环肽染动物细胞微丝

材料与器材

1. 材料

体外培养的贴瓶生长细胞。

2. 试剂

细胞培养基(DMEM 或 RPMI 1640)、3.7%甲醛-PEMD、PBS(pH 7.4)、丙酮、罗丹明-鬼笔环肽染液、甘油-PBS(9∶1)。

3. 器材

荧光显微镜、平皿、盖玻片小条(剪掉一角)、铝盒、直径 30 mm 小染缸。

实验步骤

(1) 细胞培养在平皿中的盖玻片小条上,当细胞生长密度达+++(70%～80%)时取出放进小染缸中,PBS 洗。

(2) 3.7%甲醛-PEMD 室温固定 10 min,用 PBS 洗去固定液后,略干燥再放入预冷的−20℃丙酮中再固定 3～5 min,取出略干燥。

(3) 用罗丹明-鬼笔环肽染色:滴加 20 μL 染液在清洁的载玻片上,将盖玻片上的细胞样品反扣其上,放入湿盒内,置暗处室温下染色 20～25 min。PBS 洗 3 次,去离子水洗,略干后用甘油-PBS 封片。

(4) 荧光镜检,绿光激发。

注意事项

(1) 各步清洗要轻,尽可能保存细胞。

(2) 染色时间勿太长,否则背景发红。

(3) 在没有固定液 3.7%甲醛-PEMD 的情况下,也可以用−20℃冷甲醇代替,但是效果较差。

Ⅱ 罗丹明-鬼笔环肽染植物细胞微丝

材料与器材

1. 材料

百合花粉。

2. 试剂

50 mmol/L Pipes 缓冲液(pH 7.2)、4%多聚甲醛固定液(50 mmol/L Pipes 缓冲液配制)、PBS(pH 7.4)、1 μmol/L 罗丹明-鬼笔环肽染液(PBS 配制)、甘油-PBS(1∶1)。

3. 器材

摇床、小塑料离心管、细玻棒、载玻片、盖玻片。

实验步骤

(1) 花粉水合:将花粉放入小塑料离心管,加少量蒸馏水没过,用细玻棒搅,使花粉中的脂附在玻棒上除去。搁置 30 min 至 1 h,使花粉水合。

(2) 加入 4%多聚甲醛固定液固定 1 h。

(3) 用 Pipes 缓冲液洗花粉粒 3 次,每次 10 min,低速离心(约 2000 r/min),弃上清。

(4) 加适量罗丹明-鬼笔环肽染液与花粉混匀,放摇床上振荡,室温染色 2 h。

(5) 吸出少量花粉放载玻片上,滴甘油-PBS(1∶1)封片。荧光镜检,绿光激发。

思 考 题

1. 说明罗丹明-鬼笔环肽染微丝的原理。
2. 绘制细胞内微丝分布图。

附:考马斯亮蓝 R250 染色法观察微丝

考马斯亮蓝 R250(Coomassie blue R250)可以染各种蛋白,并非特异染微丝,实验中用 1% Triton X-100 抽提除去胞质中,除骨架蛋白以外的其他蛋白,能清晰地显示微丝束。

Ⅰ　考马斯亮蓝 R250 染动物细胞的微丝

材料与器材

1. 材料

体外培养的贴壁生长细胞,如 CHO、HeLa 细胞等。

2. 试剂

细胞培养基(DMEM、RPMI 1640 等)、磷酸盐缓冲溶液(PBS,pH 7.4)、0.2 mol/L 磷酸盐缓冲液(pH 7.3)、M-缓冲液、1% Triton X-100(用 M-缓冲液配)、0.2%考马斯亮蓝 R250、3.0%戊二醛(用 0.2 mol/L 磷酸盐缓冲液配制)。

3. 器材

光学显微镜、温箱、细胞培养设备平皿、直径 30 mm 小染缸、载玻片、盖玻片条(为区别细胞的正反面,剪掉一角)。

实 验 步 骤

(1) 细胞培养在平皿中的盖玻片上,尚未致密时即可使用,取出盖玻片,用 PBS 洗 3 次。

(2) 用 1% Triton X-100 处理 25～30 min,室温或 37℃均可。

(3) 立即用 M-缓冲液轻轻洗细胞 3 次。

(4) 略晾干后,用 3.0%戊二醛固定细胞 5～15 min。

(5) PBS 洗数次,滤纸吸干。

(6) 用 0.2%考马斯亮蓝 R250 染 1 h。然后小心用水冲洗,蒸馏水冲洗,空气中略干燥。

(7) 普通光学显微镜下观察。应力纤维呈深蓝色,直径约 40 nm。

注 意 事 项

(1) 各步洗细胞要轻,勿使细胞脱落。

(2) 用 1% Triton X-100 抽提杂蛋白要作预实验,抽提时间长将破坏细胞结构,抽提时间短背景干扰大。

(3) 细胞充分贴壁铺展时应力纤维较多,形态挺直。反之,细胞收缩变圆,应力纤维弯曲,甚至部分解聚消失而显得稀少。

Ⅱ　考马斯亮蓝 R250 染植物细胞的微丝

材料与器材

1. 材料

洋葱。

2. 试剂

1% TritonX-100、0.2 mol/L 磷酸盐缓冲液(pH 6.8)、Triton X-100、3.0%戊二醛、0.2%考马斯亮蓝 R250。

3. 器材

载玻片、盖玻片、光学显微镜、滤纸、烧杯。

实验步骤

(1) 取洋葱鳞茎表皮,大小约 1 cm^2,放入盛有 0.2 mol/L 磷酸盐缓冲液(pH 6.8)的小烧杯中。

(2) 吸去缓冲液,用 1% TritonX-100 处理洋葱表皮 20～30 min。

(3) 除去 Triton X-100,用 M-缓冲液充分洗 3 次,每次约 10 min。

(4) 加 3.0%戊二醛(用 0.2 mol/L、pH 6.8 磷酸盐缓冲液配制)固定 0.5～1 h。

(5) 用 PBS 洗 3 遍,滤纸吸去残液。

(6) 0.2%考马斯亮蓝 R250 染色 30 min。

(7) 用蒸馏水洗数遍。将样品置于载玻片上,加盖玻片,光学显微镜下观察。

微丝束呈深蓝色。

思　考　题

1. 微丝观察实验中,1% Triton X-100 处理观察的作用是什么? 此实验是否能看到微管、中间纤维? 为什么?

2. M-缓冲液的作用是什么?

3. 说明细胞中由微丝组成的结构及其功能。

(二) 微管的荧光标记

目 的 要 求

掌握用间接免疫荧光法显示细胞内微管。

实 验 原 理

用抗管蛋白(tubulin)的免疫血清(一抗)与体外培养细胞一起温育,该抗体将与细胞内微管特异结合,然后用异硫氰酸荧光素(FITC)标记的羊抗兔(IgG)血清(二抗)与一抗温育而结合,置于荧光显微镜下,即可看到胞质内伸展的微管网络。

Ⅰ　动物细胞微管观察

材料与器材

1. 材料

体外培养的细胞。

2. 试剂

PBS(pH 7.4)、冷甲醇(－20℃)、0.3% Triton X-100/PBS、1% Triton X-100/PBS、兔抗管蛋白血清(一抗)、FITC-羊抗兔抗体(二抗)、甘油-PBS(9∶1,pH 8.5～9.0)。

3. 器材

荧光显微镜、冰箱(－20℃及4℃)、脱色摇床、吸管、直径30 mm小染缸、清洁的载玻片、铝盒。

实验步骤

(1) 细胞培养在盖玻片上,实验时,取出盖玻片用PBS小心地洗涤。

(2) 用滤纸吸去水分,待细胞在空气中稍干燥后,立即投入预冷的甲醇固定液内,冰浴中固定20 min。取出样品,略干燥。

(3) 抗管蛋白抗体用0.3% Triton X-100/PBS稀释成1∶4、1∶8、1∶16等不同浓度,分别滴加约40 μL在细胞上,将此长满细胞的盖玻片反扣在清洁的载玻片上,放在铺有湿纱布的铝盒内,密闭,37℃温育1 h。

(4) 取出样品,按下列顺序洗涤,以除去残余的抗血清:PBS→1% Triton X-100/PBS→PBS。每次洗5 min,可以放在小型脱色摇床上轻轻振荡洗涤。1% TritonX-100洗涤能减少背景非特异荧光。然后取出样品,用滤纸吸去水分,略干燥。

(5) 在细胞面上滴加40 μL左右FITC-羊抗兔抗体(用前仍以0.3% Triton X-100/PBS稀释成1∶4或1∶8)。同步骤(3)加放37℃温育1 h。

(6) 同步骤(4)洗涤细胞,最后过无离子水。

(7) 略干燥后,用甘油-PBS(9∶1)封片。置荧光显微镜下观察,蓝光激发,外加阻断滤片K530。先用低倍镜观察,后转油镜观察。

微管呈细丝状,发黄绿色荧光。

注意事项

每步洗涤要充分,并吸去水分(但也不要干透),以免稀释下一步的抗体或试剂,这样才能得到清晰的荧光图像。

思考题

实验中如何确定每个步骤洗涤充分?

Ⅱ　植物细胞微管观察

材料与器材

1. 材料

水合的花粉。

2. 试剂

50 mmol/L Pipes缓冲液(pH 7.2)、4%多聚甲醛固定液、酶解液(1%纤维素酶,1%果胶酶)、1% Triton X-100(以上各液均用50 mmol/L Pipes缓冲液配)、PBS、二甲基亚砜(DMSO)、甘油-PBS(1∶1)。

3. 器材

荧光显微镜、摇床、离心机、微量离心管、细玻棒、载玻片、盖玻片。

实验步骤

(1) 水合的花粉放入微量离心管中,加酶解液处理 5 min。

(2) 用 50 mmol/L Pipes 缓冲液洗 3 次,每次 10 min,洗时低速离心(约 2000 r/min),弃上清。

(3) 1% Triton X-100 处理 1 h。可抽提掉非骨架蛋白,减少非特异荧光。

(4) 50 mmol/L Pipes 缓冲液洗 3 次,每次 10 min。

(5) 用含 2%二甲基亚砜的 PBS,按 1∶1000 的比例稀释抗微管抗体(一抗)。将一抗与花粉混匀,37℃温育 1.5 h。

(6) 用 50 mmol/L Pipes 缓冲液洗花粉粒 3 次,每次 20 min 以上。

(7) 用含 2%二甲基亚砜的 PBS,按 1∶50 稀释二抗,与样品共育 1 min。

(8) 50 mmol/L Pipes 缓冲液洗 3 次,每次 20 min 以上。

(9) 甘油-PBS(1∶1)封片。荧光镜检,蓝光激发。

微管为细丝状,发黄绿色荧光。

思考题

1. 间接免疫荧光染色原理。
2. 微管体外聚合要求哪些条件?
3. 根据你的实际操作情况进行总结:要得到清晰的图像,须注意哪些环节?

三 纺锤体的免疫荧光标记

目的要求

利用免疫荧光技术显示细胞中的纺锤体,进一步认识其在细胞分裂中作用。

实验原理

免疫荧光标记技术是利用荧光色素如异硫氰酸荧光素(FITC)、罗丹明等标记的抗体(荧光抗体)与标本上相应的抗原反应,在荧光显微镜下根据标本产生的荧光从而判明抗原在组织细胞中的分布和定位。它是在免疫学、生物化学和显微镜技术发展的基础上建立起来的一项技术,把免疫学的特异性、敏感性和显微镜技术的精确性有机结合起来。由于这种技术能检测生物大分子如蛋白质、酶激素受体蛋白及核酸等在组织中的分布、细胞定位等,因而为细胞生物学研究提供了特异、灵敏而又直观的方法。

纺锤体是由微管蛋白构成的一种重要细胞器。利用免疫荧光标记技术,可直观地观察纺锤体和染色体的相互作用关系。

由于在自然情况下哺乳动物排放的卵母细胞数量很少,为了获得更多的卵母细胞或胚胎,人们模拟机体内卵母细胞发育成熟与排放的模式,通过注射不同的促性腺激素,刺激暂时处于休止状态的卵母细胞进入成熟发育期,成熟后排放于输卵管,由此可以获得比自然排卵多得多的卵母细胞或胚胎,这一过程称为超数排卵。哺乳动物卵母细胞成熟后都停滞在第二次减数分裂的中期(M Ⅱ期),只有受精或人为激活后才完成第二次减数分裂。在 MⅡ期卵母细胞中,纺锤体方向与细胞表面垂直,纺锤体内的赤道板很明显,染色体紧密地排列在赤道板上。

异硫氰酸荧光素(FITC)是免疫荧光标记技术中最常用的荧光色素。Hoechst 33258 是标记双链 DNA 最常用的荧光色素之一,常用于显示细胞核和染色体。Hoechst 33258 用 360 nm 波长的光激发,发射出淡蓝色荧光。

材料与器材

1. 材料

雌性小鼠(1～3 月龄)、单克隆抗 β-微管蛋白抗体、FITC 标记的羊抗鼠 Ig 抗体。

2. 试剂

孕马血清促性腺激素(PMSG)、人绒毛膜促性腺激素(HCG)、M2 液、0.3 mg/mL 透明质酸酶、pH 7.4 PBS、0.1% PVA、4% 多聚甲醛、0.01% Tween-20、0.1% Triton X-100、封闭液、0.5 μg/mL Hoechst 33258。

3. 器材

注射器、眼科剪和镊子、解剖针、实体显微镜、荧光显微镜、显微照相装置、摇床、4 孔培养板、96 孔培养板、恒温箱、冰箱、培养皿、口吸管。

实验步骤

1. 小鼠超数排卵

小鼠在光控周期(光照 14 h,黑暗 10 h)下饲养。下午 5 时左右腹腔注射 PMSG 5～10 IU/鼠;48 h 后,腹腔注射 HCG 5～10 IU/鼠。

2. M Ⅱ 期卵母细胞收集

(1) HCG 注射后 14～17 h,颈椎脱臼处死小鼠。

(2) 打开腹腔,暴露卵巢、输卵管及子宫,并将它们与其他组织分离。用镊子夹住输卵管,分别剪断输卵管与子宫和卵巢的联系,取下输卵管。

(3) 把输卵管移到含有 0.5 mL M2 液的培养皿中,在实体镜下找到输卵管膨大的壶腹部,用解剖针或针头撕开或挑破壶腹部,卵丘卵母细胞复合体自动释放出来。

(4) 除去输卵管,用新鲜 M2 液洗涤卵丘卵母细胞复合体 1～2 次。

(5) 将卵丘卵母细胞复合体移至 37℃ 预温的 0.3 mg/mL 透明质酸酶中,37℃ 孵育几分钟后,可见卵丘细胞渐渐散开。待卵丘细胞脱离后,转移卵母细胞入新鲜 M2 液中,并用 M2 液洗涤 3 次。

3. 荧光染色

以下步骤将卵细胞放在 4 孔培养板或 96 孔培养板内操作。

(1) 用 0.1PVA 洗涤卵母细胞 3 次以除去 M2 液中的 BSA,以防止卵细胞黏附在使用的器皿上。

(2) 以 4% 多聚甲醛 4℃ 固定卵母细胞 1 h 至过液。

(3) 用 0.01% Tween-20 洗涤 2 次,在 0.1% TritonX-100 于室温、40 r/min 摇动 30 min,然后用 0.01% Tween-20 洗涤 3 次。

(4) 移入用封闭液内,室温下 40 r/min 摇动封闭 1 h。

(5) 转入用封闭液稀释的单克隆抗 β-微管蛋白抗体(1∶200)中,40 r/min 摇动,室温 2 h 或者 4℃ 过夜。

(6) 用 0.01% Tween-20 洗涤 3 次,100 r/min 摇动,5 min/次。

(7) 转入用封闭液稀释的 FITC 标记的羊抗鼠 Ig 抗体(1∶50)中,40 r/min 摇动,室温 2 h 或者 4℃ 过夜。

(8) 用 0.01% Tween-20 洗涤 3 次,100 r/min 摇动,5 min/次。

(9) 0.5 μg/mL Hoechst 33258 处理 20～30 min,然后用 0.01% Tween-20 洗涤 2 次。

4. 荧光显微镜观察

将卵母细胞放入含 PBS 液的薄壁培养皿中,于荧光显微镜下观察。同一视野下,在 490 nm

激发波长时，观察纺锤体形态和结构；切换至 360 nm 激发波长时，观察染色体排列。还可分别拍照，由重合的两张照片比较染色体在纺锤体上的分布。可晃动或用针拨动改变细胞位置以观察完整的纺锤体。

注意事项

（1）转移卵母细胞用口吸管进行操作，口吸管的末端为直径 0.3 mm 左右的玻璃细管。

（2）每次实验以操作 20～30 个卵母细胞为宜。

（3）荧光染色时应在 4 孔培养板或 96 孔培养板内进行，后者优点是节约抗体，所有操作可在一块板上进行，缺点是由于孔径太小，操作不很灵活，影响移取卵母细胞。

（4）两种抗体一定要经过对比稀释预实验，一抗浓度过高反而会降低检测的灵敏度，二抗浓度过高会引起本底过强。

思考题

1. 收集卵母细胞之前，为什么要给小鼠注射 PMSG 和 HCG？
2. 卵丘细胞若不与卵母细胞分离会产生什么后果？
3. 为什么不能同时观察卵母细胞中的纺锤体和染色体？
4. 除卵母细胞本身外，还能在什么细胞结构中观察到荧光？为什么？
5. 若有的染色体并未分布在纺锤体的赤道板上，说明什么问题？

四　利用脂质体的转染技术对 HeLa 细胞中重组 GFP 进行观察

目的要求

（1）学习脂质体转染技术；

（2）领会 GFP 在细胞生物学中的应用。

实验原理

绿色荧光蛋白(GFP)能在原核和真核细胞中表达，在不加任何外源物质的情况下，经紫外光或蓝光激发后即可产生绿色荧光，且荧光性质稳定，是当前研究基因表达、调控细胞分化、胚胎发育、蛋白质在活体内的定位与运转等的有力工具之一。现已获得几种 GFP 突变蛋白，与野生型 GFP 相比，其发光效率提高，激发和发射光谱明显改变。野生型 GFP 的吸收峰值为 395 nm，发射峰值为 509 nm。GFP 基因表达后，一般有几小时的延迟期，才能观察到荧光。

在增强型重组 GFP 质粒(pEGFP-C1/2/3)中，GFP DNA 被整合在 CMV 启动子下游，可在真核细胞中稳定表达并在蓝光激发下产生绿色荧光。

将外源基因导入哺乳动物细胞的方法很多，脂质体法具有转染效率高、广谱、使用简便等特点，被许多实验室广泛采用。常用的商品化脂质体主要有 lipofectin、lipofectamine、transfectam、insectin 等阳离子型脂质体，这类脂质体可与 DNA 分子形成复合物并使之带上正电荷，该复合物与细胞表面相结合并最终被细胞摄入。

材料与器材

1. 材料

HeLa 细胞。

2. 试剂

脂质体 lipofectamine、DMEM 培养基、血清、胰蛋白酶、灭菌的 TE(pH 7.4)。

3. 器材

超净工作台、CO_2 培养箱、倒置荧光显微镜、紫外分光光度计、灭菌的移液管、微量加样器、灭菌的微量离心管、灭菌的吸头、直径 35 mm 培养皿、GFP 质粒(pEGFP-C1/2/3)。

实验步骤

(1) 细胞的培养:将 HeLa 细胞(1×10^5～3×10^5 个)接种于 35 mm 培养皿中,在含 10%血清的 DMEM 培养基中于 37℃、5% CO_2 条件下培养,至细胞密度达到 50%～80%。

(2) GFP 质粒的除菌处理和浓度测定。

① 用无水乙醇沉淀 GFP 质粒。

② 弃上清,用 70%的乙醇洗 1 次,沉淀重新溶于灭菌的 TE 中。

③ 用紫外分光光度计测定质粒的浓度。

质粒的浓度(μg/mL)$=OD_{260\ nm}\times 50$ μg/mL×稀释倍数。

(3) 在 2 个无菌的 1.5 mL 微量离心管中准备如下溶液。

溶液 A:将 1～2 μg GFP 质粒 DNA 溶解于 100 μL 无血清 DMEM 培养基中[在以下各步中如采用 GIBCO BRL 公司的 OPTI-MEM I reduced serum medium(低血清培养基)代替无血清 DMEM 培养基可明显提高转染效率]。

溶液 B:将 2～25 μL 脂质体稀释于 100 μL 无血清 DMEM 培养基中(脂质体的用量对转染效率有很大影响,其最适的浓度因细胞类型不同而有所不同,本实验脂质体的参考用量为 8～10 μL)。

(4) 将上述 A、B 两液混合,室温下放置 30 min。

(5) 将细胞用 2 mL 无血清 DMEM 培养基漂洗 1～2 遍。

(6) 在混合的 A、B 两液中加入 0.8 mL 无血清 DMEM 培养基,混匀,平铺在漂洗过的细胞上。如果细胞对无血清的耐受能力差,这一步可加入血清。

(7) 37℃、5% CO_2 条件下培养 2～24 h(转染液有一定的毒性,在一定程度上会损伤细胞,在一定时间范围内随着转染液作用时间的延长,转染效率会有所提高,但同时也加大了对细胞的损伤。本实验参考时间为 8 h)。

(8) 加入 1 mL DMEM 培养基(含 20%的血清)。如果因细胞对无血清的耐受能力较差,在步骤 6 中已加入血清,这一步则只需加入 1 mL 完全培养基。

(9) 在转染后的 18～24 h 更换新鲜的完全培养基,37℃、5% CO_2 培养。

(10) 利用倒置荧光显微镜对 GFP 进行实时观察。在本实验中利用蓝光激发可观察到部分细胞产生绿色荧光,细胞整体呈绿色。

注意事项

(1) 转染液 A 中 DNA 的含量不要太高,转染液 B 中脂质体的含量不宜过高,否则会加大细胞毒性。

(2) 溶液 A、溶液 B 混合时动作要轻。

(3) 转染过程中不要加入抗生素。

思考题

1. 如何利用 GFP 对某基因启动子的活性进行研究?
2. 如何利用 GFP 对蛋白质的定位进行研究?

实验四 电镜制片技术

相关理论知识

电子显微镜简称为电镜，是用电子束代替光来观察细微结构。1933 年德国 Ruska 和 Knoll 等人在柏林制成第一台电子显微镜后，几十年来，有许多用于表面结构分析的现代仪器先后问世。如透射电子显微镜（TEM）、扫描电子显微镜（SEM）、场电子显微镜（FEM）、场离子显微镜（FIM）、低能电子衍射（LEED）、俄歇谱仪（AES）、光电子能谱（ESCA）、电子探针等。这些技术在表面科学各领域的研究中起着重要的作用。但任何一种技术在应用中都会存在这样或那样的局限性，例如：光学显微镜和 SEM 的分辨率不足以分辨出表面原子，高分辨 TEM 主要用于薄层样品的体相和界面研究。

透射电镜是以电子束透过样品经过聚焦与放大后所产生的物像，投射到荧光屏上或照相底片上进行观察。透射电镜的分辨率为 0.1～0.2 nm，放大倍数为几万至几十万倍。由于电子易散射或被物体吸收，故穿透力低，必须制备更薄的超薄切片（通常为 50～100 nm）。其制备过程与石蜡切片相似，但要求极严格。要在机体死亡后的数分钟内取材，组织块要小（1 mm^3 以内），常用戊二醛和锇酸进行双重固定树脂包埋，用特制的超薄切片机（ultramicrotome）切成超薄切片，再经乙酸铀和柠檬酸铅等进行电子染色。

扫描电镜是用极细的电子束在样品表面扫描，将产生的二次电子用特制的探测器收集，形成电信号运送到显像管，在荧光屏上显示物体（细胞、组织）表面的立体构像，可摄制成照片。扫描电镜样品用戊二醛和锇酸等固定，经脱水和临界点干燥后，再于样品表面喷镀薄层金膜，以增加二波电子数。扫描电镜能观察较大的组织表面结构，由于它的景深长，1 mm 左右的凹凸不平面能清晰成像，故样品图像富有立体感。

一 超薄切片的制备

目 的 要 求

了解超薄切片技术是最基本的生物电镜技术，掌握超薄切片制样技术的基本方法。

实 验 原 理

生物样品的超薄切片过程是将含水的生物材料经过一系列的化学处理，使其被包埋在坚硬的树脂材料中，并且必须使其超微结构保存良好。这样在坚硬树脂材料中的生物样品就可以用超薄切片机切成厚度为 50 nm 左右的超薄切片，以满足透射电镜对观察样品的要求。超薄切片制样过程较为复杂，包括取材、固定、脱水、浸透、包埋、聚合、切片和染色等步骤。每一步骤对于制片的成败都很关键，实验操作者必须认真严格地按照要求操作每一步骤，才能得到较好的观察效果。

材料与器材

1. 材料

小白鼠 1 只。

2. 试剂

2.5%戊二醛、1%锇酸、0.2 mol/L 磷酸盐缓冲液、乙酸-巴比妥缓冲液，30%、50%、70%、

80%、90%和 95%的乙醇（或丙酮）溶液、无水乙醇（或丙酮）、环氧树脂（Epon812）包埋剂一套、乙酸双氧铀染液、柠檬酸铅染液、二甲苯、双蒸水、氢氧化钠颗粒、冰块。

3. 器材

超薄切片机、制刀机、实体显微镜、恒温箱、干燥箱、冰箱、解剖器一套、小镊子、双面刀片、单面刀片、牙签、胶布、自制眉毛针（将一根眉毛或一小段头发固定在小竹签上制成）、包埋管、包埋管架、培养皿、注射器、蜡盘、铜网、铜网盒、干燥器、玻璃棒、吸管、青霉素小瓶、玻璃刀条。

实验步骤

1. 取材

将小白鼠利用颈椎脱臼法处死，迅速解剖暴露出肝脏，先用解剖剪剪取一小块肝脏组织，放在预冷的培养皿中，在组织块上滴几滴预冷的 2.5%戊二醛预固定，再用锋利洁净的刀片将组织切成小于 1 mm^3 的小块，最后用牙签将组织块逐一挑入盛有预冷的 2.5%戊二醛固定液的青霉素小瓶中。

2. 固定

最常规的固定方法是采用戊二醛-锇酸双固定法。戊二醛是一种五碳醛，含有 2 个醛基，它是蛋白质的优良交联剂，能与 DNA 反应，并能保存糖原，还能使微管、内质网、纺锤丝等获得良好的固定。戊二醛的缺点是不能保存脂肪，无电子染色作用，对细胞膜的固定较差。锇酸又叫四氧化锇，是一种强氧化剂。除了能固定蛋白质外，锇酸还能使脂肪得以牢牢地固定，并能稳定生物膜结构。它的另外一个特点是具有强电子染色作用，所固定的样品具有较好的电子反差。其缺点是渗透能力较弱，渗透深度一般在 0.25～0.5 mm，因此样品的大小不要超过 1 mm^3。另外锇酸固定时间不宜太长（不超过 2 h），长时间的固定易使组织变脆而给切片带来困难。

操作过程：先用预冷的 2.5%戊二醛预固定 2 h，经缓冲液清洗后，再用 1%锇酸固定 30 min。组织在戊二醛中固定时呈淡黄色，经锇酸固定后则变成褐色或黑色。固定时所用的固定液体积应能淹没组织块。固定操作必须在 0～4℃下进行。

3. 清洗与脱水

由于戊二醛与锇酸相互作用生成沉淀，所以在双固定中，戊二醛预固定完成之后一定要用磷酸缓冲液清洗多余的戊二醛固定液，再将组织块移至锇酸固定液中。由于锇酸能与乙醇作用生成沉淀，因此，在脱水之前，也必须用醛酸-巴比妥缓冲液清洗多余的锇酸固定液。

清洗 3 次，每次 15 min。由于包埋剂 Epon812 是不溶于水的，所以样品必须彻底脱水，包埋剂才能渗入组织。常用的脱水剂为乙醇或丙酮，脱水过程要逐步进行，否则组织会收缩。

操作过程：用逐级上升浓度的乙醇或丙酮，即 30%、50%、70%、80%、90%、95%乙醇或丙酮，每步 15 min，最后到无水乙醇或丙酮时，需脱水 3～4 次。其中，70%乙醇溶液中可以保存样品过夜。

4. 浸透与包埋

样品经过充分脱水之后，就可以用包埋剂浸透。浸透的目的是用包埋剂逐步替代样品内部的脱水剂，以填充样品超微结构的各个空间。此过程也很关键，因为如果浸透不完全，样品内部残留一些空间，下面进行超薄切片时，切片会破碎。由于包埋剂较稠，不容易浸透，所以要用环氧丙烷与包埋剂配制成不同的比例来进行。

浸透操作过程：无水丙酮→1/2 无水丙酮＋1/2 环氧丙烷（15 min）→环氧丙烷（2 次，各 15 min）→2/3 环氧丙烷＋1/3 包埋剂（几小时）→1/2 包埋剂（几小时）→1/3 环氧丙烷＋2/3 包埋剂（几小时）→包埋剂（几小时）→包埋。

最常用的包埋剂为 Epon 812 环氧树脂，为无色或淡黄色液体，在聚合过程中，还需要有两种固化剂和催化剂参与。配方如下：

甲液(淡黄色,性质偏软):	Epon 812	10 mL
	DDSA	16 mL
乙液(无色,性质偏硬):	Epon 812	10 mL
	MNA	8.9 mL

配制时,首先分别配好甲、乙两液,再根据不同硬度要求,按比例量取甲、乙液进行混匀待用。一般冬季用 1∶4,夏季用 1∶9 的比例,乙液的比例越大,包埋块的硬度越硬。甲、乙两液要求充分混匀,最后以 1.5%～2%的体积比,逐滴加入 DMP-30,并充分搅拌。

DDSA:十二烷基琥珀酸酐,固化剂;MNA:甲基内次甲基邻苯二甲酸酐,固化剂;DMP-30:2,4,6-三苯酚,催化剂。

按下列步骤进行包埋操作:

(1) 将所有包埋用具包括包埋模板或药用胶囊、牙签、滴管等均放入 60℃烘箱中烘干,约 30 min。

(2) 将药用胶囊插在自制的包埋座上。

(3) 用滴管向包埋模板孔或胶囊内滴入配制好的包埋剂,每孔 1～2 滴。

(4) 用干燥后的牙签将组织块挑入包埋胶囊顶端。用胶囊包埋还需要用硫酸纸写标签,插入胶囊内。

(5) 用干燥后的滴管注满包埋剂。

(6) 放入 35℃烘箱内,12 h;再调到 45℃,12 h;最后调到 60℃,24 h,完成聚合硬化。

5. 超薄切片

(1) 支持膜的制备。

载网是用来捞超薄切片的。载网有铜网、金网、铂金网、不锈钢网和镍网等多种,最常用的是铜网。载网外径都是 3 mm,但其网格的数目和形状规格不同,一般组织的超薄切片选用 200～300 目的铜网。

为了加强铜网对超薄切片的支持作用和防止在电子束轰击下切片卷曲,需要在铜网上做一层支持膜。常用的支持膜有 3 种:孚尔瓦膜(Formvar film)、火棉胶膜和碳膜。制作孚尔瓦膜,具体操作步骤如下:

① 配制 0.25% Formvar 氯仿溶液:将 Formvar 粉末溶于氯仿中。

② 将洁净的载玻片浸入 0.25% Formvar 氯仿溶液中片刻后,取出,自然干燥,此时载玻片上已形成一层薄膜。

③ 用刀片在膜上划一个矩形框。

④ 将此载玻片慢慢插入装有蒸馏水的烧杯中,载玻片前端的膜开始分离,漂浮在水面上,直到膜全部漂起后,取出载玻片。

⑤ 用镊子将铜网按 5 mm 左右的间距摆放在膜上,取一张滤纸,将滤纸轻轻盖在铜网上,滤纸慢慢浸湿与铜网接触紧密时,马上将滤纸连同铜网一起捞出水面,放入干燥器内备用。

(2) 修块。

修块是在实体显微镜下进行,首先将包埋块夹在专用的样品夹中,置于实体显微镜下,用单面刀片粗修,将包埋块的顶端修成金字塔形,然后用双面刀片细修,将样品切面最好修成梯形,因为梯形切面有利于切片离开刀口,切片梯形上下两边尽量平行,这样切片易形成切片带。

(3) 制作玻璃刀。

超薄切片使用的刀有钻石刀和玻璃刀两种。钻石刀质地坚硬,经久耐用,但价格昂贵。较硬的样品必须用钻石刀切，如骨骼、种子、有厚细胞壁的植物材料等。普通样品可以用玻璃刀。玻璃刀价格便宜，易制作，但不耐用。现在实验室一般常用 LKB7800B 型制刀机制刀，现用现做。

玻璃刀制好之后，还需在玻璃刀上做水槽，其作用是使超薄切片漂在水面上。水槽有制好的模具，直接用蜡封在玻璃刀上即可，可反复使用。如果没有模具，可以用胶布临时制作胶布水槽，将胶布剪成 3 cm 长、0.6 cm 宽的长方形，围在刀口周围，然后用熔化的热石蜡封好接口，防止漏水。

(4) 超薄切片。

国内常用的超薄切片机为 LKB 公司和 NOVA 公司的系列产品，它们都是热胀式超薄切片机。具体操作如下：

① 包埋块的安装：将包埋块夹在样品夹中，固定包埋块时，使梯形切面样品上下两边呈水平放置。

② 玻璃刀的安装：将做好水槽的玻璃刀夹在刀槽中，使刀与刀的标尺等高。

③ 调节刀与组织块的位置关系：调节刀的粗调和细调旋钮，在实体显微镜下观察，使刀接近组织块。

④ 给刀槽加蒸馏水：用注射器向刀槽中加蒸馏水，直到液面浸没刀刃，同时调节灯光，使液面上有一较大亮斑，这样，才能观察到切片的干涉颜色。

⑤ 自动切片。

⑥ 切片厚度的判断：切片厚度只能从切片的干涉颜色来判断，它们的关系见表 4-4-1。作为一般研究，银白色和金黄色切片的厚度是较为理想的，因为在这个厚度范围内的切片，既有足够的分辨力，又有良好的反差。

表 4-4-1　超薄切片干涉颜色与切片厚度的关系

切片颜色	切片厚度/μm
暗灰色	40 以下
灰色	40～50
银白色	50～70
金黄色	70～90
紫色	90 以上

⑦ 捞片：当刀槽水面上的切片足够多，且比较集中时，或当样品做得比较好，能切出连续切片时，就可以用带支持膜的铜网进行捞片。捞片之前还需要用滤纸蘸二甲苯，在刀槽水面上方熏片，目的是使切片展平。捞片有 2 种方法，一种是用镊子夹住铜网，必须使支持膜朝下，使铜网的面与水面平行，轻轻的一粘，切片就粘在铜网上了；另一种方法是用镊子夹住铜网，使铜网面与水面垂直地从切片旁边插入水槽，然后捞起切片。如果切片比较分散，可以用自制眉毛针轻轻地拨动水面，使切片集中在一起，便于捞片。

(5) 电子染色。

生物样品主要由 C、H、O、N 等原子序数较低的元素组成。原子序数较低的元素对电子的散射能力较弱，这将导致电子像的反差较低。为了增加切片的反差，必须进行电子染色处理。常用的电子染色剂为铀和铜等重金属盐类。乙酸双氧铀-柠檬酸铅双染法染色如下：

染色在蜡盘中进行，先取一只蜡盘，在蜡盘中以适当的间隔滴上数滴乙酸双氧铀染液，用镊子夹住捞有切片的铜网分别放在每一滴染液上，盖好蜡盘的盖子，染色 30 min 后，取出铜网，经蒸馏水洗涤 3 次，用滤纸吸去水分，自然干燥。再取另一只蜡盘，在蜡盘里面摆上一圈固体氢氧化钠颗粒，用来吸收蜡盘中的 CO_2，防止碳酸铅沉淀的生成，然后用上述同样的方法，进行柠檬酸铅的染色，最后取出铜网，经蒸馏水洗涤3次，用滤纸吸去水分，自然干燥后，储存于铜网盒中，等待观察。染色最关键的是防止铅污染，即防止碳酸铅沉淀的生成，进行柠檬酸铅染色时，千万不要对着样品呼气。

注意事项

(1) 取材时动作一定要迅速轻巧，所用刀片要洁净锋利，否则会损伤样品结构。

(2) 配置包埋剂的过程中，需要充分搅拌，在搅拌的同时，使包埋剂产生很多小气泡，此时需将包埋剂放入40℃烘箱中，赶走小气泡。否则样品不能充分浸透，影响切片效果。

(3) 包埋过程中所使用的一切器皿和工具，都必须充分干燥。

(4) 特别注意的是在连阴雨天，不能做超薄切片。

思考题

1. 超薄切片如果不完整，与哪几个制备过程有关，为什么？
2. 为了防止样品铅污染，应注意哪些问题，为什么？

二　扫描电镜样品的制备

目的要求

了解扫描电子显微镜样品制备的基本过程。

实验原理

在Oatley等的努力下，于1965年研制成功了世界上第一台用来观察标本表面形态结构的扫描电镜(scanning electron microscope，SEM)。它将标本表面上发射出的次级电子，由栅极收集后，向电子显像管发送信号，在荧光屏上显示出与电子束同步的扫描图像。图像为立体形象，反映了标本表面的真实结构。

电子枪、聚光镜和物镜等组成了扫描电镜的电子光学系统。在该系统中，物镜位于样品的上方，起着汇聚电子束的作用。由电子枪发射的电子束经聚光镜和物镜的汇聚作用形成极细的电子束照射样品。在扫描线圈的作用下，入射电子束在样品表面作栅状扫描。由入射电子和样品相互作用产生的二次电子经样品上方的光电倍增管监测并输出电信号。该电信号由视频放大器放大后输入显像管的栅极，用来调制其亮度。显像管的扫描线圈与入射电子束的扫描线圈出于同一扫描发生器控制，所以入射电子束与显像管成像电子束的扫描同步，即物点和像点一一对应。由于显像管上某点(像点)的亮度由样品上对应点(物点)所产生的二次电子信号控制，所以在显像管上可以显示样品表面形貌的图像。为了使标本表面发射出次级电子，标本要进行特殊处理。标本在固定、脱水后，要喷涂上一层重金属微粒，重金属在电子束的轰击下会发出次级电子信号，可用于电子成像。

材料与器材

1. 器材

解剖器一套、干燥箱。

2. 试剂

2.5%戊二醛、1%锇酸、0.2 mol/L磷酸缓冲液、液体二氧化碳、乙酸异戊酯等。

3. 材料

小鼠小肠。

实 验 步 骤

(1) 取材:注意保护好样品的表面,清洗干净,暴露出小肠内腔面的最佳位置。

(2) 固定、漂洗和脱水:与超薄切片样品制备相似,脱水至无水乙醇。

(3) 用乙酸异戊酯置换乙醇。

(4) 临界点干燥:在临界点干燥仪中用液态 CO_2 置换乙酸异戊酯并且进行干燥。

如何对样品进行干燥处理是扫描电镜生物样品制备技术需要解决的一个关键问题。由于表面张力的作用,在自然干燥过程中样品的表面形貌受到破坏,所观察的二次电子像不能真实反映出样品表面的形态信息。为了避免表面张力的影响,通常采用临界点干燥方法对生物样品进行干燥处理。当液体和气体二相体系的温度和压力增大时,气体的密度逐渐升高,而液体的密度逐渐降低。待温度和压力增加至特定值时,气体和液体二相的密度相等,两相之间的界面消失,表面张力等于零,该体系处于临界点。此后继续增大压力,体系中气体不会转变成液体,从而可以达到干燥样品的目的。因此在临界状态下对样品进行干燥处理可以较好的保存样品的表面结构。水的临界温度和压力分别为374℃和22.1 MPa(218大气压),显然这样的条件不适合生物样品的干燥。由于 CO_2 的临界温度和压力分别为31℃和7.4 MPa(72.8大气压),所以可以使用 CO_2 作为置换液对生物样品进行临界点干燥。

(5) 粘贴样品:在样品托上涂抹少量导电胶,然后将样品粘贴上。

(6) 离子溅射镀膜:将样品托插入离子溅射仪真空室样品台上,操作溅射仪,使样品表面覆盖一层10～15 nm厚的金属膜。

(7) 观察,拍照。

思 考 题

扫描电子显微镜的应用如何?

实验五　免疫胶体金技术

相关理论知识

胶体金溶液是指分散相粒子直径在1～150 nm的金溶胶，属于多相不均匀体系，颜色呈橘红色到紫红色。

1962年，Feldherr和Marshall第一次介绍了胶体金可以作为一种在电镜下示踪的标志。1971年，Faulk等首先将胶体金作为一种特异的标记物应用于电镜研究中。1975年、1977年Horisberger等将胶体金引入扫描电镜。1978年Geoghegan建立了用银显影液增强光镜下金颗粒可见性的方法。由于胶体金在光镜和电镜中均呈有效的标记物，可以检测单一和多重抗原，还能与其他细胞化学、免疫细胞化学技术相结合，应用于光镜和电镜几乎所有领域，是一种观察细胞结构的独特的标记系统。近年来，胶体金标记技术趋向成熟，已在免疫检测等领域显示了广阔的前景。

目 的 要 求

了解免疫胶体金技术的基本原理，掌握操作方法。

实 验 原 理

利用化学方法将氯金酸盐水溶液还原为胶体金微粒。在氯金酸盐溶液中加入各种还原剂，使溶质分子聚集成多分子胶体，产生一定大小金颗粒的溶液。胶体金在电解质中是不稳定的，易成絮状凝集，但被蛋白质包被的胶体金是稳定的，目前常用免疫球蛋白或A蛋白包被胶体金。本实验用山羊抗鼠Ig抗体包被胶体金。一般认为是由于金颗粒表面的负电荷与蛋白质的正电荷基团之间的静电作用而相互吸引，由于这是一种非共价键的静电吸引，故一般不影响蛋白质的活性。

免疫胶体金染色法测定细胞表面标志，是以单抗为一抗，以胶体金标记的羊抗鼠IgG为二抗，与细胞孵育、固定后，经银显影液染色和Giemsa复染，即可在光镜下进行观察。本方法无需特殊仪器，染色后的样本可长期保存，稳定性好，操作简便。

材料与器材

1. 材料

人外周抗凝全血、1.5～3.0 mg/mL山羊抗鼠Ig抗体、金标记山羊抗鼠Ig抗体、对T淋巴细胞特异的单克隆抗体。

2. 试剂

氯金酸钠、1%柠檬酸钠水溶液、颗粒直径18～20 nm胶体金溶液、10%氯化钠、1%聚乙二醇(PEG)、0.01 mo/L pH 7.2的PBS、含0.2%叠氮化钠的1%BSA(牛血清蛋白)、2%热灭活人AB血清的PBS、1%戊二醛、50%硝酸银溶液、明胶显影液、Giemsa原液、2% pH 6.8 Giemsa磷酸盐缓冲液染液。

3. 器材

超速离心机、显微镜、水浴(或电热板)、分光光度计、0.2 μm滤膜、培养皿(16 cm)、镊子、滤纸、擦镜纸、离心管、量筒(100 mL)、刻度吸管(5 mL)、试剂瓶、酒精灯、玻璃棒、烧杯、载玻片、盖玻片。

实验步骤

(1) 胶体金溶液的制备。

① 称取 0.1 g 氯金酸钠，并将其溶解于约 1000 mL 无离子水中。

② 加热煮沸，在剧烈搅拌下，快速加入 25 mL 新配的 1%柠檬酸钠溶液。

③ 连续煮沸大约 5 min，待溶液变成橘红色。

④ 用蒸馏水将 525 nm 光吸收值调到 0.8。

这样制备的胶体金颗粒直径约 18～20 nm。

(2) 胶体金的包被。

① 将山羊抗鼠 Ig 抗体溶液在 4℃对蒸馏水适当透析后，以 36 900 *g* 离心 30 min。

② 取出上清液经 0.2 μm 滤膜过滤。

③ 确定蛋白质包被的最适浓度。

A. 将蛋白质溶液作连续 10 倍稀释，体积为 1 mL。

B. 将各个稀释度的蛋白质溶液分别加到 5 mL 胶体金溶液中(其 pH 应调到稍高于蛋白质液的 pH)，快速混合。

C. 1 min 后加入 1 mL 10% NaCI 溶液，快速混合后静置 5 min。

D. 用蒸馏水将 5 mL 胶体金稀释到 7 mL，用作空白对照。

E. 分别测定光吸收值，选择呈最低吸收值的蛋白质浓度用于正式包被。

④ 先将蛋白质浓度稀释到 0.5 mg/mL，然后按所确定的蛋白质浓度和胶体金体积，将所需量的蛋白质液加到胶体金中。

⑤ 快速混合后，让蛋白质吸附 1～2 min 后，每 100 mL 胶体加 1 mL 1% PEG，以阻止发生非特异性凝集。

⑥ 以 12 000 *g* 离心 1 h，使包被的胶体金沉淀于管底。

⑦ 吸弃上清液，将胶体金悬浮于含 1% PEG 的 PBS 中。

⑧ 同(6)离心，洗涤去除未吸附的蛋白质。

⑨ 吸弃上清液后，将包被的胶体金稀释到在 525 nm 光吸收值为 1.5(以稀释剂作空白对照)。

⑩ 用 0.2 μm 滤膜过滤后，保存于 4℃备用。

如发现有非特异性凝集，则应废弃重制。

(3) 从外周抗凝血液分离白细胞(低速离心，取其棕黄层)。

(4) 取 20 μL 白细胞悬液与 5 μL 对 T 淋巴细胞特异的单克隆抗体在 4℃下作用 30 min。

(5) 将上述细胞用洗液离心洗 2 次。

(6) 将洗涤后的细胞与 20 μL 金标记的山羊抗鼠 Ig 抗体在室温下作用 30 min。

(7) 将上述细胞用洗液离心洗涤 2 次。

(8) 加 5 μL 自源血浆，在 37℃下作用 30 min。

(9) 将细胞制涂片，用 1%戊二醛在室温下固定 10 min。

(10) 自来水下冲洗 3 min。

(11) 按银染色法染色，并用 2%Giemsa 磷酸盐缓冲液复染 1～3 min，镜检。

思考题

1. 影响胶体金颗粒大小有哪些因素？
2. 简述蛋白质包被胶体金的基本原理。
3. 简述胶体金标记技术在细胞生物学研究中的应用前景。

实验六 植物组织及细胞的培养

相关理论知识

植物组织培养技术的发展是由1838～1839年德国科学家Schleiden和Schwann发表的细胞学说开始，细胞学说奠定了组织培养的理论基础。1902年，德国植物学家Haberlandt根据细胞学说，提出单个细胞的植物细胞全能性(totipotency)理论。1904年，Hanning最先成功地培养了萝卜和辣根菜的胚。1922年，Knudson采用胚培养法获得大量兰花幼苗。1934年，White用番茄根尖建立起第一个活跃生长的无性繁殖系，从而使非胚器官的培养首先获得成功。1958年，英国科学家Steward等用胡萝卜根的愈伤组织细胞进行悬浮培养，成功诱导出胚状体并分化为完整的小植株，不但使细胞全能性理论得到证实，而且为组织培养的技术程序奠定了基础。1962年，Murashinge和Skoog在烟草培养中筛选出至今仍被广泛使用的MS培养基。1964～1966年，印度科学家Guha和Maheswari在曼陀罗花药培养中首次由花粉诱导得到了单倍体植株。1972年，Carlson通过两个种的烟草原生质体融合培养，获得了第一个体细胞杂交的杂种植株。

植物组织培养技术具有培养条件可以人工控制；生长周期短，繁殖率高和管理方便，利于工厂化生产和自动化控制等特点。因此该技术在植物育种、植物次生代谢产物的获得、植物脱毒和快速繁殖、植物生理和病理研究、植物种质资源保护方面等方面有广泛的应用价值。

一 植物愈伤组织的诱导及分化

目 的 要 求

掌握植物组织培养技术，了解不同激素及其比例对愈伤组织再分化的作用。

实 验 原 理

植物组织培养是指植物的器官、组织以及单个细胞在人工无菌操作条件下，能够继续生长甚至分化发育成一完整植株的过程，其原理是基于高等植物细胞具有全能性，在高等植物细胞分化过程中，他们的遗传潜力并没有丧失、仍保持着潜在的全能性。植物组织在一定的营养因素作用下，由原来已经分化、停止生长的细胞，又能重新分裂，形成没有组织结构的细胞团，即愈伤组织，这一过程称为“脱分化作用”已经脱分化的愈伤组织，在一定条件下，又能重新分化形成输导系统以及根和芽等组织和器官，这一过程称为“再分化作用”。植物激素在此起程中起着重要的作用，吲哚乙酸和6-苄基氨基腺嘌呤的比例，决定了根和芽的分化。

材料与器材

1. 材料

烟草茎、胡萝卜、枸杞叶片等。

2. 试剂

(1) 5%～7%次氯酸钠溶液、95%乙醇、70%乙醇、吲哚乙酸、2,4-D、6-苄基氨基腺嘌呤。

(2) MS培养基母液：

A液：取NH_4NO_3 165 g，KNO_3 190 g，KH_2PO_4 17 g，定容为2 L，为50倍液。

B液：取$MgSO_4 \cdot 7H_2O$ 37 g，定容为1 L，为100倍液。

C液：取$CaCl_2 \cdot 2H_2O$ 44 g，定容为1 L，为100倍液。

D 液：取 Kl 83 mg，H_3BO_3 620 mg，$MnSO_4 \cdot 4H_2O$ 2230 mg，$ZnSO_4 \cdot 4H_2O$ 860 mg，$Na_2MoO_4 \cdot 2H_2O$ 25 mg，$CuSO_4 \cdot 5H_2O$ 2.5 mg，$CoCl_2 \cdot 6H_2O$ 2.5 mg，定容为 1 L，为 100 倍液。

E 液：以 Na_2-EDTA 3.73 g，$FeSO_4 \cdot 7H_2O$ 2.78 g，定容为 1 L，为 100 倍液。

F 液：取肌醇 10 g，烟酸 50 mg，盐酸硫胺素 10 mg，盐酸吡哆素 50 mg，甘氨酸 200 mg，定容为 1 L，为 100 倍液。

3. 器材

培养室、接种箱或超净工作台、高压灭菌锅、分析天平、镊子、解剖刀、剪刀、三角烧瓶、容量瓶、烧杯、移液管、量筒、培养皿、牛皮纸、棉塞、棉线、pH 试纸。

实 验 步 骤

1. 配制培养基

(1) 愈伤组织诱导培养基。

将 A 液 20 mL、B 液 10 mL、C 液 10 mL、D 液 10 mL、E 液 10 mL、2，4-D 0.2 mg/L、蔗糖 30 g、琼脂 10 g、蒸馏水 600～700 mL 加入大烧杯中，加热使琼脂溶解，然后用蒸馏水定容至 1 L。用 1 mol/L HCl 或 1 mol/L NaOH 调 pH 至 5.8。

(2) 试验培养基。

将 A 液 20 mL、B 液 10 mL、C 液 10 mL、D 液 10 mL、E 液 10 mL、F 液 10 mL、蔗糖 30 g、琼脂 10 g、蒸馏水 600～700 mL 加入烧杯中，另按表 4-6-1 比例加入吲哚乙酸和 6-苄氨基腺嘌呤，然后加热使琼脂溶解，最后用蒸馏水定容至 1 L。并用 1 mol/L HCl 或 1 mol/L NaOH 调 pH 至 5.8。

表 4-6-1　试验培养基配制

序　号	吲哚乙酸/(mg/L)	6-苄基氨基腺嘌呤/(mg/L)
1	0	2.0
2	0.2	2.0
3	0.5	2.0
4	1.0	2.0
5	2.0	2.0
6	2.0	1.0
7	2.0	0.5
8	2.0	0.2
9	2.0	0

吲哚乙酸用少量 0.1 mol/L NaOH 溶解，6-苄基氨基腺嘌呤用少量 0.1 mol/L HCl 溶解。

2. 培养基灭菌

将配好的培养基趁热分装于 100 mL 三角烧瓶中，每瓶约 20 mL。标好号，使培养基冷却凝固后，用一层牛皮纸包扎瓶口，并用棉线扎牢，然后在高压灭菌锅中 121℃下灭菌 20 min。取出三角烧瓶，冷却后备用。接种操作所需的一切用具(如长镊子、解剖刀、剪刀等)及灭菌水，需同时灭菌。

3. 材料的脱毒

选取胡萝卜的含形成层的部分，横切厚度为 1～1.5 cm。利用水洗净，再用 70%酒精浸泡 15～30 s，然后放入 5%～7%的次氯酸钠溶液浸泡 20 min，进行材料脱毒，然后用无菌水冲洗多次。

4. 接种

(1) 将初步洗涤及切割的材料放入烧杯，带入超净台上，用无菌水冲洗，最后沥去水分，取出放置在灭过菌的滤纸上。

(2) 材料吸干后，一手拿镊子，一手拿剪子或解剖刀，对材料进行适当的切割。胡萝卜切成0.5～1 cm见方的小块(含形成层)；在接种过程中要经常灼烧接种器械，防止交叉污染。

(3) 用灼烧消毒过的器械将切割好的胡萝卜放置到培养基上。具体操作过程是：先解开包口纸，将三角瓶几乎水平拿着，使试管口靠近酒精灯火焰，并将三角瓶口在火焰上方转动，使瓶口里外灼烧数秒。然后用镊子夹取一块切好的材料送入瓶内，轻轻贴到培养基，以放1～3块为宜。至于材料放置方法除茎尖、茎段要正放(尖端向上)外，其他尚无统一要求。接完种后，将管口在火焰上再灼烧数秒钟。并用棉塞塞好后，包上包口纸，包口纸里面也要过火。

5. 培养、观察

将已接入植物组织(外植体)的三角烧瓶，25℃条件下暗培养，每星期检查1～2次，剔除材料已被杂菌污染的三角烧瓶，直到产生较多的愈伤组织。

6. 愈伤组织分化

选取愈伤组织生长良好的三角烧瓶，按无菌操作要求，用解剖刀将愈伤组织切下，转移到含有不同激素的试验培养基中(也可连同原来的外植体一起转移)，每瓶放1～2块，仍培养在25℃条件下，每周1～2次观察不同处理的三角烧瓶中愈伤组织分化情况，直至长出根和芽。长成的幼小植株即为“试管苗”，可移栽于花盆中。

思 考 题

1. 植物激素与器官分化有何关系?
2. 植物组织培养技术有哪些实际用途?

二 植物细胞的悬浮培养

目 的 要 求

了解植物细胞悬浮培养的意义，掌握悬浮培养的基本方法。

实 验 原 理

植物细胞悬浮培养(suspend culture of plant cell)是指将游离的植物细胞悬浮在液体培养基中进行的培养。通过悬浮培养游离分散的细胞，为研究植物细胞的生理、生化、遗传工程提供实验材料，并为利用植物细胞生产次级代谢产物的工业生产提供技术基础。

悬浮培养的植物细胞具有细胞的全能性，容易人工诱导其突变。

材料与器材

1. 材料

烟草愈伤组织。

2. 试剂

MS基本培养基加入水解乳蛋白0.1%、酵母膏0.1%、蔗糖3%、pH调至5.8～6.0。

3. 器材

超净工作台或无菌接种室、恒温培养室、往复式摇床、高压灭菌锅、pH计、三角瓶、培养皿、200目镍丝网。

实 验 步 骤

(1) 烟草茎的髓部培养于附加2.0 mg/L 2,4-D的MS固体培养基(加9 g/L琼脂)上，7天后就可得到愈伤组织。愈伤组织发生后仍用同样培养基进行继代培养，每 20 天转接一次，以保存材料，愈伤组织的发生和培养都在黑暗处，25℃恒温室中进行。

(2) 在进行液体培养前，先把愈伤组织转入附加 1.0 mg/L 2,4-D 的 MS 固体培养基上，以加速生长，到生长最旺盛时(7 天)就转入液体培养。液体培养基成分为基本培养基附加 1 mg/L 2,4-D 和 5%椰乳。在 100 mL 三角瓶中加入 10 mL 培养液，接种愈伤组织后放于往复式摇床上进行培养。振荡频率为 100 次/min 左右。振荡的目的是确保组织和细胞呼吸所需要的空气，并增加细胞的分散度。培养 7 天后细胞进入生长最旺盛阶段，这时转入平板培养。

(3) 振荡培养后悬液中有一定数量的游离细胞，然而仍有各种大小不等的细胞团。为了尽可能用单细胞进行平板培养，所以用孔径为 200 目的镍丝网进行过滤，滤去大的细胞团。过滤后用培养液冲洗镍丝网 3 次，尽量把单细胞冲洗下去。在滤液中主要是单细胞和小细胞团(4～8 个细胞)。滤液用台式离心机将细胞沉降下来；倾去上清液，再加一定量的培养液调节细胞密度。一般以 10^3～10^5 个细胞/mL 为宜。过稀不利于细胞的生长和分裂，过密则不利于单细胞无性系的挑选。以此进行平板培养。

平板培养的方法如下：将泡沫塑料浸泡后高压消毒，剪成对角线与培养皿直径相等的方块，把用于细胞悬浮培养的液体培养基分装入培养皿中，再放一张与泡沫塑料相等面积的粗滤纸，把愈伤组织转移到滤纸上，旋转培养。

(4) 植株的再生。

大约悬浮培养两星期后，将细胞分裂形成的小愈伤组织团快(直径 1.5～2.5 mm)及时转移到分化培养基上，室温 25±1℃，连续光照 3 个星期后即可分化出试管苗。

待试管苗长至试管顶端时(大约在愈伤组织转入分化培养基后 40 天)，取出冲洗掉琼脂，将根在 0.1%烟酰胺水溶液中浸泡 1 h，然后移栽塑料钵中，放入塑料罩中以保持一定的湿度，一周后再移入温室中。

思考题

1. 悬浮培养的植物细胞有何特征？
2. 试举例说明植物激素对悬浮培养细胞生长和繁殖的影响。

三　原生质体的分离、融合与培养

(一) 植物原生质体的分离和培养

目的要求

掌握植物原生质体分离和培养的基本方法，并对培养的结果进行初步观察。

实验原理

原生质体是除去细胞壁的裸露细胞。在适宜的培养条件下，分离的原生质体能合成新壁，进行细胞分裂并再生成完整植株。

植物的幼嫩叶片、子叶、下胚轴、未成熟果肉、花粉四分体、培养的愈伤组织和悬浮培养细胞均可作为分离原生质体的材料来源。

分离原生质体常采用酶解法。其原理是根据由纤维素酶、果胶酶和半纤维酶配制而成的溶液对细胞壁成分的降解作用，而使原生质体释放出来，利用诱导剂或其他方法能促使两亲本原生质体融合，融合可以是种内的也可以是种间，甚至是属间、科内。诱导融合的方法有物理和化学两类，物理方法常用电场，显微操作，离心振动等机械力促使原生质体融合，化学方法是用不同试剂为诱导剂诱导融合，目前常用的是 PEG（聚乙二醇）。原生质体的产率和活力与材料来源、生理状态、酶液的组成以及原生质体收集方法有关。酶液通常需要保持较高的渗透压，以使原生质体在分离前细胞处于质壁分离状态，分离之后不会膨胀破裂。渗透剂常用甘露醇、山梨醇、葡萄糖或蔗糖。酶液中还应含有一定量的钙离子，来稳定原生质膜。游离出来的原生质体可用过筛-低速离心法收集，用蔗糖漂浮法纯化，然后进行培养。

材料与器材

1. 材料

烟草幼苗的叶片、向日葵无菌苗的叶片、烟草或胡萝卜根诱导的松软愈伤组织。

2. 试剂

70%酒精、0.1%升汞水溶液、灭菌蒸馏水、0.1% MES 溶液（pH 5.8～6.2）、20%和 12%蔗糖溶液（pH 5.8～6.2）、酶液 A、酶液 B、DPD 培养基、C81V 培养基、MS 培养基 0.1%酚藏花红（0.4 mol/L 甘露醇）、0.01%荧光增白剂（0.3 mol/L 甘露醇）。

3. 器材

超净工作台、台式离心机或手摇离心机、倒置显微镜、普通显微镜、培养室、灭菌锅、血细胞计数板等。

细菌过滤器和 0.45 μm 的滤膜、300 目不锈钢网筛及配套的小烧杯、解剖刀、尖头镊子、注射器（5、10 mL）和 12 号长针头、带皮头的刻度移液管（5、10 mL，上部管口加棉塞）、培养皿、吸水纸等，使用前需经过灭菌。

实 验 步 骤

1. 叶肉原生质体的分离和培养

（1）取充分展开的叶片，用自来水冲洗干净。

（2）将叶片在 0.1%升汞溶液中浸泡灭菌 10 min，中间摇动几次。取出后用无菌蒸馏水漂洗。

（3）将叶片移入培养皿中，用吸水纸吸去上面的水珠。然后将叶背面朝上，小心用镊子撕去下表皮。

（4）将撕去下表皮后的叶片放进预先放有酶液 A 的培养皿或带盖三角瓶中，每 10 mL 酶液放叶片 3～5 片。若叶片不易撕下下表皮，可用锋利的解剖刀将叶片切成约 0.5 mm 宽的小条，放入酶液。

（5）将培养皿封口，在 28℃条件下保温 3～6 h，中间轻轻摇动 2～3 次。在倒置显微下检查，直到产生足够量的原生质体。

（6）将酶解后的原生质体悬浮液用不锈钢网筛过滤到小烧杯中，以除去未酶解完全的组织。

（7）将滤液分装在刻度离心管中，用 600 r/min 的速度离心 5 min，使原生质体沉淀下来。

（8）用移液管吸去上清液。将沉淀的原生质体悬浮在 2 mL 0.2 mol/L 的 $CaCl_2$ 中。

（9）用注射器（装上长针头）向离心管底部缓缓注入 20%蔗糖溶液 6 mL，600 r/min 离心 5 min。此步完成后，在两相溶液的界面之间将出现一层纯净的完整原生质体带。

（10）用注射器吸出管底杂质和下部的蔗糖溶液及上部的 $CaCl_2$ 溶液。

（11）离心管中留下的纯净原生质体用 8 mL 0.2 mol/L $CaCl_2$ 悬浮。600 r/min 离心 5 min，吸去上清液。再用培养基洗涤一次。

（12）将收集的原生质体悬浮在适量 DPD 培养基中，将其密度调整到 5×10^4 个/mL 左右。

(13) 用带皮头的刻度移液管将原生质体悬液分装在培养皿中,每皿放 2 mL。

(14) 用石蜡膜带封口置 26℃左右条件下进行暗培养。

2. 愈伤组织原生质体的分离和培养

(1) 胡萝卜松软愈伤组织的诱导和保存。

① 取田间生长两个月左右的植株的根,用自来水冲洗干净。

② 在 70%酒精中浸泡 2 min,取出后放在 7%～9%的次氯酸钠升汞溶液中浸泡 20 min。再用灭菌蒸馏水换洗 5 次。

③ 在大培养皿中用解剖刀切取根中央部分,并切成 3～5 mm 厚的横切片。

④ 将切片摆放在含 2 mg/L 2,4-D、0.2 mg/L 激动素和 500 mg/L 水解酪蛋白的 MS 培养基上。在 26℃左右条件下进行暗培养,诱导愈伤组织。

⑤ 培养 2 周以后,用镊子将外植体周围形成的愈伤组织取下转移到新鲜培养基上。

⑥ 连续继代培养多次,每三周转移一次。待愈伤组织成为松软状态便可用于分离原生质体。

(2) 取传代培养一周左右,并处于旺盛生长期的愈伤组织,直接放在酶液 B 中,每 10 mL 酶液放 2 g 左右。在室温下保温过夜,或 26℃下保温 6 h 以上,直到产生足够量的原生质体。

(3) 将酶解后的原生质体悬液用不锈钢网筛过滤,除去未完全消化的组织。

(4) 向过滤液中加入等体积的 0.16 mol/L $CaCl_2$ 溶液,混合之后转移到带盖离心管中。在 600 r/min 速度下离心 5～10 min,使原生质体充分沉淀。

(5) 吸去上清液,将沉淀的原生质体悬浮在 2 mL 0.16 mol/L $CaCl_2$ 溶液中。

(6) 用注射器向离心管底部缓缓注入 12%蔗糖溶液 6 mL,然后 600 r/min 离心 5～10 min。两相溶液界面间出现纯净原生质体带。

(7) 将注射器插入管底,吸出沉淀的杂质。并吸出下部蔗糖液及上部钙液。

(8) 用 0.16 mol/L $CaCl_2$ 悬浮,离心一次,再用 C81V 培养基洗涤一次。

(9) 用 C81V 培养基培养,其操作同叶片原生质体培养。

实验结果

1. 活力检查

凡具活力的原生质体均呈现圆球形,在显微镜下可观察到明显的细胞质环流运动。在叶肉原生质体中由于叶绿体的阻挡,看不清细胞质环流。可取一滴原生质体悬液放在载玻片上,加一滴 0.1%酚藏花红溶液,凡活的原生质体均不着色,而死去的原生质体立即染成红色。

2. 细胞壁再生的观察

培养 24～48 h 后,大部分原生质体已再生新壁。并且体积增大,变成椭圆形。可用以下方法鉴别细胞壁的再生。

(1) 取一滴原生质体培养悬液放在载玻片上,加一滴高浓度(25%)蔗糖溶液,有壁的细胞将发生质壁分离。

(2) 取一滴原生质体培养悬液放在载玻片上,加一滴 0.01%荧光增白剂溶液。在荧光显微镜下,当用 365 nm 波长的紫外光照射时,细胞壁将发黄绿色荧光。

3. 细胞分裂的观察

培养 4 天以后,将出现第一次分裂,可在倒置显微镜下观察。在培养 8～10 天后,应统计分裂频率,即出现分裂的原生质体占成活原生质体的百分率。

一般在细胞团形成后(在培养的 15～20 天),应向培养瓶中补加渗透剂减半的新鲜培养基,以促进细胞团的增殖。待小愈伤组织形成后,转移到固体培养基上,进行植株分化的条件试验。

思　考　题

1. 酶解液以及原生质体起始培养基中，为何要保持较高渗透压？
2. 为何在培养一段时间后，需向培养瓶补加降低渗透压的新鲜培养基？
3. 如何判断分离原生质体的活力和新壁再生？

（二）植物原生质体融合与体细胞杂交

目 的 要 求

了解利用聚乙二醇(PEG)方法诱导植物原生质体融合的技术，并能根据亲本原生质体的形态标志来鉴别杂种细胞。

实 验 原 理

不同种植物的原生质体可在人工诱导条件下融合。所产生的杂种细胞，即异核体，经过培养可再生新壁，分裂形成愈伤组织，进而分化产生杂种植株。由于进行融合的原生质体来自体细胞，故该项技术也叫体细胞杂交。原生质体融合能使有性杂交不亲和的植物种间进行广泛的遗传重组，因而在育种上具有巨大的潜力。该技术在植物遗传操作研究中也是关键技术之一。

人工诱导原生质体融合可使用物理学方法，如运用细胞融合仪，在电场诱导下实现融合。然而至今广为使用的仍是聚乙二醇和高 pH 钙溶液处理的化学方法。该法应用相对分子质量为 1500～6000 的聚乙二醇(PEG)溶液引起原生质体的聚集和粘连，然后用高 pH 的钙溶液稀释时，就产生了高频率的融合。融合的频率和活力常与所用 PEG 的相对分子质量、浓度、作用时间、原生质体的生理状态与密度以及操作有关。

材料与器材

1. 材料

(1) 烟草或其他植物无菌苗的叶片。

(2) 胡萝卜肉质根诱导的松软愈伤组织或悬浮培养细胞。

2. 试剂

(1) 酶液及洗涤液，同植物原生质体的分离和培养实验。

(2) PEG 溶液：30%(m/V)PEG(Mw=6000)、$CaCl_2$ 10 mmol/L、KH_2PO_4 0.7 mmol/L、山梨醇 0.1 mol/L，pH 5.8～6.2。

(3) 高 pH 高钙稀释液：$CaCl_2$ 0.1 mol/L、山梨醇 0.1 mol/L、Tris(缓冲液) 0.05 mol/L，pH 10.5。

(4) DPD 培养基同植物原生质体的分离和培养实验。

3. 器材

同植物原生质体的分离与培养。

实 验 步 骤

所有操作均在超净工作台上进行。

(1) 原生质体的分离和收集。

(2) 将收集的两种不同材料的原生质体分别悬浮在 0.16 mol/L 的 $CaCl_2$(pH 5.8～6.2)中。原生质体密度调整为 2×10^5 个/mL 左右(用血细胞计数板统计原生质体密度)。

(3) 将两种原生质体悬液等量混合。

(4) 用微量移液器将混合的原生质体悬液滴在平皿中,然后静置 10 min,使原生质体贴在皿底上,形成一薄层。

(5) 用吸管将等量的 PEG 溶液缓慢地加在原生质体液滴上,再静置 10~15 min。此时可取一个平皿在倒置显微镜上观察原生质体间的粘连。

(6) 用微量移液器向原生质体液滴慢慢地加入高 pH、高钙稀释液。第一次加 0.5 mL,第 2 次 1 mL,第 3、4 次各 2 mL,每次之间间隔 5 min。

(7) 将平皿稍微倾斜,吸去上清液,再缓缓加入 4 mL 稀释液。5 min 后,再倾斜平皿,吸去上清液。注意吸去上清液时勿使原生质体漂浮起来。

(8) 用 DPD 培养基如上法换洗二次。

(9) 每平皿中加培养基 2 mL,轻轻摇动平皿。

(10) 用蜡膜密封平皿。置 26℃下进行 24 h 暗培养,然后转到弱光条件下培养。

(11) 在倒置显微镜下观察异源融合。在培养 3 天以内,可根据双亲原生质体的形态特征来鉴别异核体。因为来自叶肉组织的原生质体具有明显绿色叶绿体,而来自培养细胞的原生质体无色,但具浓密原生质丝,并可看到显示的核区。

(12) 统计异源融合的频率。

思 考 题

说明影响原生质体融合成功的因素有哪些。

实验七 动物细胞的培养

相关理论知识

细胞培养是将植物或动物机体内的组织取出，消化分散成单个细胞，使其在人工条件下不断分裂繁殖的方法。动物细胞培养又分为原代培养和传代培养。利用体外细胞培养技术，可以帮助研究者观察细胞的分裂增殖、接触抑制、分化、死亡等生命现象，还可以帮助研究者认识基因、蛋白质等的生物功能以及分析外界因素对细胞的影响。目前，有许多从不同组织培养成熟的能够反复传代的细胞株，如 HeLa(人宫颈癌细胞)、A_{375}(人黑色素瘤细胞)等。为了能够维持细胞株的可持续利用，可以对细胞进行冷冻保存，复苏、培养。

早期细胞培养，依靠的是精湛的操作技术和尽可能的靠近火焰以达到细胞的无菌化。目前，无菌室及超净工作台的使用是最有效的达到无菌的手段。

一 贴壁细胞的传代培养

目的要求

(1) 掌握超净工作台的使用；

(2) 无菌操作技术；

(3) 掌握细胞传代培养实验技术。

实验原理

长满瓶的细胞用胰酶消化洗脱后、将一部分转移至培养瓶中继续培养的过程叫做传代培养。贴壁细胞通过细胞膜上的贴附蛋白，附着在培养瓶的培养面上。用胰酶裂解贴附蛋白，使细胞重新悬浮于细胞液中，丢弃一部分细胞，使细胞重新获得生长的空间。

材料与器材

1. 材料

HeLa 细胞(人子宫颈癌细胞株)。

2. 试剂

含 5%FCS 的 RPMI1640 培养液、小牛血清(FCS)、0.5%胰蛋白酶、谷氨酰胺、Hepes、PBS(—)、0.4%台盼蓝。

3. 器材

与细胞接触容器均需灭菌。移液器、枪头、细胞计数板、镊子、小烧杯、酒精灯、细胞培养瓶，超净台，离心机、恒温摇床、倒置显微镜、CO_2 培养箱。

实验步骤

(1) 从培养箱中取出细胞，在显微镜下观察细胞形态。

(2) 倒掉原有的细胞培养液，加入 5 mLPBS(—)，洗涤 2 次。

(3) 加入 0.5%胰蛋白酶 100～200 μL，迅速前后旋转细胞培养瓶 4～5 次，以便胰蛋白酶覆盖所有细胞，于 37℃培养箱中孵育 5 min，消化细胞。

(4) 在显微镜下观察细胞变化。待到细胞变为球形，尚未从培养瓶壁上脱落下来时，用手轻敲培养瓶两侧，使细胞从培养瓶壁上脱落下来，加入含有小牛血清的细胞培养液 2～5 mL。

(5) 如果细胞不能敲打下来，再加入少量胰酶放回培养箱中孵育几分钟。

(6) 将消化下来的细胞倒入 50 mL 离心管中，再向细胞培养瓶中加入 10 mL 培养液洗涤，一并倒入离心管中，1000～2500 r/min 离心 10 min。

(7) 取出离心管，倒掉上清液，在桌面上轻敲离心管底，使沉降在离心管底的细胞分散均匀。

(8) 倒入 5 mL 细胞培养液，混匀。细胞计数。

(9) 取需要数量的细胞放入细胞培养瓶内，加入 5～10 mL 培养液。

(10) 显微镜下观察。

(11) 将传代细胞放入培养箱中培养。培养瓶盖应轻轻的拧上，不要完全拧死，以保证气体的交换。

(12) 两天后显微镜下观察细胞生长情况。

附：细胞计数方法

(1) 按上述方法，用胰蛋白酶处理细胞，细胞重悬于细胞培养液中。

(2) 用沾有 70%酒精的棉球擦净细胞计数板和盖玻片，盖玻片放好在细胞计数板上。

(3) 用移液器吸取细胞标本 10 μL，加入 10 μL 台盼蓝溶液混匀，吸取 10 μL 混合液从盖玻片的一侧将混合液打入盖玻片与计数板之间。

(4) 在显微镜下，计数细胞。

(5) 计数：细胞计数板每一小室中，上下左右角和中间的大方格中(5 个格)的细胞数。

$$每毫升细胞总数 = [(A_1+B_1+C_1+D_1+E_1)+(A_2+B_2+C_2+D_2+E_2)]\times 10^3\times 2$$

(6) 活力染色：台盼蓝染料排斥实验，台盼蓝配成 0.4% m/V 浓度。加入细胞后，染料的停留不少于 3 min 不超过 10 min。由于健康细胞能排斥台盼蓝染料，但是细胞膜的完整性丧失后，染料可以进入细胞，细胞被染成蓝色。所以，健康的细胞不能染上色，而死亡的细胞被染成蓝色。台盼蓝染色方法是一种粗略的活力测定方法，无法区别 10%～20%的活力差异。

思　考　题

1. 为什么加入胰酶前要用 PBS(－)洗 2 次？
2. 细胞计数为什么要用台盼蓝染色？

二　小鼠胚胎细胞的原代培养

目 的 要 求

(1) 掌握小鼠解剖操作技术；

(2) 掌握原代细胞培养的一般方法与步骤。

实 验 原 理

原代细胞培养：是将机体内的某组织取出，消化分散成单细胞，在人工条件下培养使其生存并不断生长、繁殖的方法。选择大约半足孕时间的小鼠胚胎(10～13 天龄胚胎)，此时含有最大数量的未分化的间质细胞，可从这些细胞衍生获得成纤维细胞。成纤维细胞或结缔组织细胞已被广泛应用于细胞和分子生物学研究的许多方面。这主要是由于成纤维细胞是最易培养的细胞，其良好的耐受性使之易于进行从基因转染到显微注射等较多领域的研究。成纤维细胞呈典型的梭形，生长方式受到密度的限制，通常在培养液中只有约50代的相对有限的生命周期。

材料与器材

1. 材料

半足孕小鼠胚胎3～4个。

2. 试剂

含1%FCS的RPMI1640培养液、0.25%胰蛋白酶、PBS(－)、小牛血清(FCS)、青霉素、链霉素。

3. 器材

(与细胞接触容器均需灭菌)镊子、剪刀、灭菌的烧杯50 mL、离心管、纱布培养皿、细胞培养瓶、玻璃搅拌棒、移液器、枪头、细胞计数板、酒精灯、超净台、离心机、倒置显微镜、CO_2培养箱。

实验步骤

(1) 胚胎的分离。

① 将半足孕期雌鼠颈椎拉断处死。

② 立即在超净台内用70%乙醇擦洗整个动物。

③ 在右侧后腿下作一腹部水平切口，用镊子将皮肤扯向前腿。

④ 切开腹部，取出含有胚胎的子宫，置于培养皿上。

⑤ 剔除胚胎包膜，将胚胎放于盛有PBS(－)的100 mL烧杯中。

⑥ 漂洗胚胎直至清洗液清亮为止。

(2) 将1～2个胚胎转移至另一个培养皿中，剪刀小心地剪碎胚胎，用PBS(－)漂洗。

(3) 将剪碎的胚胎转移于一个50 mL离心管中，加入40 mL 0.25%的胰蛋白酶。

(4) 置于37℃摇床中轻轻摇动15 min。

(5) 让存留的组织块在重力作用下慢慢沉降(也可用纱布过滤)，将含有悬浮细胞的液体转移至50 mL离心管中，按照每10 mL细胞悬液加入1 mL小牛血清的比例加入小牛血清。

(6) 加入新鲜胰蛋白酶溶液(见前述步骤)于含有残留未消化组织块的原来的50 mL离心管中，重复步骤(4)和(5)。

(7) 离心混合的细胞悬液，1200 r/min离心5 min，弃上清。

(8) 用PBS(－)重悬沉淀的细胞，按步骤(7)再次离心。

(9) 用PBS(－)反复洗涤细胞直至上清透明为止。

(10) 用含有10%牛血清和抗生素(如青霉素、链霉素)的RPMI1640 10 mL再悬沉淀，并使终体积为20 mL。

(11) 为确定现有细胞浓度，加入0.2 mL细胞悬液于1.8 mL 1%乙酸溶液中以裂解红细胞，用血细胞计数器进行细胞计数。

(12) 按每瓶1×10^6个细胞的密度接种于培养瓶中加入约10 mL培养液，在饱和湿度的37℃ CO_2浓度为5%的培养箱中培养细胞。

三　细胞的融合

目的要求

(1) 初步掌握细胞PEG融合的方法；

(2) 学习细胞融合及其应用的有关知识。

实验原理

2个或2个以上的细胞合并成为1个细胞的现象，称为细胞融合。细胞融合的主要方法有病毒法、聚乙二醇(PEG)法和电融合3种方法。

1974年，当用聚乙二醇(polyethylene glycol，PEG)作为植物原生质体的凝聚剂进行实验时，发现如在原生质体凝聚之后随即缓慢地加入培养基，就会导致原生质体融合。此后，PEG被应用于多种植物和动物细胞的融合试验。由于PEG易得、操作方法简单、效果稳定，很快成为标准融合剂，比其他细胞融合方法使用更加广泛。

细胞融合的结果，产生两类多核细胞。一类细胞中含有来自同一种亲本的核，称为同核体；而另一类细胞中含有来自两个亲本的核，称为异核体。细胞融合后的多核细胞大多只能存活一段时间(约十几天)就相继死亡，只有双核的异核体才能存活下来。存活下来的异核体进行有丝分裂，则可产生杂种细胞。在杂种细胞中，分离开的细胞核的核被膜破裂，两个核的染色体汇聚在一起，形成1个大核，经克隆培养，可从杂种细胞产生杂种细胞系。杂种细胞被广泛地应用于研究核质关系、绘制染色体基因图谱、制备单克隆抗体、进行育种和肿瘤学研究等。

材料与器材

1. 材料

鸡红细胞、HeLa细胞。

2. 试剂

Alsever溶液、GKN溶液、0.85%生理盐水、50%PEG溶液、双蒸水、Janus green染液。

3. 器材

光学显微镜、离心机、恒温水浴锅、CO_2培养箱、超净台、倒置显微镜、血球计数板、烧杯、50 mL离心管。

实验步骤

(1) 在公鸡翼下静脉抽取2 mL鸡血，加入到盛有8 mL的Alsever液中，使血液与Alsever液的比例达1∶4，混匀后可在冰箱中存放一周。

(2) 取此储存鸡血1 mL加入4 mL 0.85%生理盐水，充分混匀，800 r/min离心3 min，弃去上清，再用上述条件离心两次。最后弃去上清，加GKN液4 mL 800 r/min离心3 min。

(3) 弃上清，加GKN液，制成细胞悬液。

(4) 取上述细胞悬液以血球计数器计数，用GKN液将其调整为1×10^6个/mL。

(5) 用胰蛋白酶消化处于对数生长期的HeLa细胞，1500 r/min离心5 min，弃上清液，用Hank's液调节HeLa细胞浓度为10^6个/mL，取5 mL备用。

(6) 取以上述两种细胞悬液各1 mL于离心管，放入37℃水浴中预热。同时将50% PEG液一并预热20 min。

(7) 20 min后将0.5 mL 50% PEG溶液逐滴沿离心管壁加入到1 mL细胞悬液中，边加边摇匀，然后放入37℃水浴中保温20 min。

(8) 20 min后，加入GKN溶液至8 mL，静止于水浴中20 min左右。

(9) 800 r/min离心3 min，弃去上清，加GKN溶液再离心1次。

(10) 弃去上清，加入GKN液少许，混匀，取少量悬浮于载玻片上，加入Janus green染液，用牙签混匀，盖上盖玻片，观察细胞融合情况。

注意事项

(1) 要严格控制37℃水浴保温的条件。

(2) 该实验的时间条件非常严格,特别是向细胞悬液中滴加PEG的时间和加入后的静置时间,都需作预实验,否则或者产生多个细胞彼此融合成的合胞体,或造成融合率极低。

思考题

1. 简述细胞融合的几种方法。
2. 简述细胞融合的应用。
3. 做动物细胞PEG融合实验时,应注意哪些问题?
4. 名词解释:细胞融合,同核体,异核体,杂种细胞。

四 细胞冻存与复苏

目的要求

掌握细胞保存的方法,能独立地进行细胞冻存与复苏操作。

实验原理

细胞冻存是细胞保存的主要方法之一。将细胞置于−196℃液氮中低温保存,可以使细胞暂时脱离生长状态而将其细胞特性保存起来,这样在需要的时候可将细胞复苏应用。而且适度地保存一定量的细胞,可以防止因正在培养的细胞被污染或其他意外事件而使细胞丢种,起到了细胞保种的作用。除此之外,还可以利用细胞冻存的形式来购买、交换和运送某些细胞。

细胞冻存时向培养基中加入保护剂——终浓度5%~15%的甘油或二甲基亚砜(DMSO),可使溶液冰点降低,加之在缓慢冻结条件下,细胞内水分透出,减少了冰晶形成,从而避免细胞损伤。

采用"慢冻快融"的方法能较好地保证细胞存活。标准冷冻速度开始为1~2℃/min,当温度低于−25℃时可加速,到−80℃之后可直接投入液氮内(−196℃)。复苏细胞时则直接将装有细胞的冻存管投入40℃热水中迅速解冻。

材料与器材

1. 材料

HeLa细胞。

2. 试剂

培养基(RPMI 1640或DMEM)、小牛血清、0.25%胰蛋白酶溶液、二甲基亚砜(DMSO)或甘油、0.5%台盼蓝染液、液氮。

3. 器材

冻存管、离心管、4℃冰箱、−70℃冰箱、液氮容器、微量加样器、水浴锅、离心机、烧杯、胶布、搪瓷杯、75%酒精棉球。

实验步骤

1. 细胞冻存

(1) 取待冻存的细胞用胰酶消化,用PBS(−)洗涤细胞,1000 r/min离心5 min,弃上清收集细胞。如果是悬浮生长的细胞,则可直接离心收集细胞。

(2) 加入适量冻存液(10%甘油+90%培养基,或者10%DMSO+90%培养基)制成细胞悬液。细胞浓度宜大,3×10^6 个/mL左右,并可适量增加小牛血清浓度至20%。

(3) 细胞悬液装入冻存管中。用胶布封裹,做好标记(写上细胞种类、时间及冻存条件等)。

(4) 冻存管在4℃下存放30 min,转放−20℃ 1.5～2 h,再转入−70℃ 4～12 h后即可转移到液氮内(−196℃),注意进行登记。

2. 细胞复苏

(1) 取一搪瓷杯盛上适量自来水加热至40℃左右。

(2) 从液氮中取出冻存管立即放入40℃水中迅速解冻。

(3) 取出冻存管,用75%酒精清洁管口,打开。

(4) 离心去上清收集细胞,用无血清培养基洗1次,加入3 mL新鲜含10%小牛血清培养基,于小培养瓶中培养。

(5) 每日观察细胞生长情况,如果死细胞较多,复苏次日应换液。待细胞长满后可进行传代培养。

注意事项

(1) 在使用含有DMSO的冻存液时,因为DMSO在室温状态易损伤细胞,所以在细胞加入冻存液后应尽快放入4℃环境中。

(2) 准确记录细胞的种类、冻存时间、冻存液的品种和冻存者的姓名。

思考题

1. 应如何运用“缓慢冻存,快速复苏”的原因保存细胞?

2. 冻存液的作用是什么?

实验八 细胞的分离与鉴定

相关理论知识

对于细胞的结构及功能的研究，是细胞生物学的基本课题，其重要的研究手段之一是分离纯的亚细胞组分，观察它们的结构或进行生化分析。这种分离的方法，使细胞中的各种过程彼此分开，互不干扰，便于确定一种复杂过程中的细节，从而深化我们对细胞整体功能的认识。用这种方法已经阐明了细胞中许多重要的生物过程，比如蛋白质合成原理。最初发现细胞质粗提液能使 RNA 翻译出蛋白质，将细胞质分级分离，依次得到了核糖体、rRNA 和许多酶，用分别加入或不加入这些纯组织的方法，证明了所有这些分子构成了蛋白质合成体系。

一 细胞器的分级分离

目 的 要 求

了解细胞器分离的基本原理，掌握操作方法。

实 验 原 理

分离亚细胞组分的方法主要有差速离心和密度梯度离心。差速离心适于分离密度和大小有显著数量级差别的颗粒，用在分离细胞器是成功的，也是最常用的。对于精细的分级分离，则密度梯度离心效果更好，但制备介质梯度比较费时。

需要指出的是，针对不同的动植物材料和分离的目的物，采用的分离介质及方法细节不同，这些方法和条件都是通过反复实验才建立的，我们除了可以借助文献资料外，更需要基于实践经验，方能达到较好的分离效果。

组织经过匀浆化后，放在均匀的悬浮介质上，即可用差速离心法分离其亚细胞组分。

球形颗粒在均匀的悬浮介质中的沉降速度取决于离心场 G、颗粒的密度、半径以及悬浮介质的黏度。

$$G = \frac{4\pi^2 n^2 r}{3600} \tag{1}$$

式中，n 为转速(r/min)；r 为颗粒到旋转轴的辐射距离(cm)；π 值为 3.1416。

离心场一般可用相对离心场 RCF，即重力常数 g(980 cm/s^2)的倍数来表示，因此式(1)又写作

$$\text{RCF} = \frac{4\pi^2 n^2 r}{3600 \times 980} = 1.11 \times 10^{-5} n^2 r \tag{2}$$

对于一定的离心机转头，r 值是恒定的，改变转速 n 便得到不同的 RCF。

在一给定的离心场中，相对密度和大小不同的球形颗粒沉降速度不同，它们从介质顶部的弯月面沉降到离心管底部所需要的时间为

$$t = \frac{Q}{V} \cdot \frac{\eta}{\omega^2 r_p^2 (\rho_p - \rho)} \ln \frac{r_b}{r_i} \tag{3}$$

式中，t——沉降时间(s)；

Q——颗粒带电荷量；

V——颗粒沉降速度；

η——悬浮介质的黏度；

r_P——颗粒半径；

ρ_p——颗粒密度；

ω——离心角速度；

ρ——介质密度；

r_i——从旋转轴中心到液体弯月面的辐射距离；

r_b——从旋转轴中心到管底的距离。

在离心的同一时刻，密度和大小不同的球形颗粒将处于介质的不同高度位置。

这样，如果依次选用不同的离心场和不同的离心时间，即依次增加离心转速和离心时间，就能够使非均匀混合体中的颗粒(此处为各种细胞器等)。按其大小、轻重分批沉降到离心管底部，分批收集。主要细胞成分的沉降顺序是：细胞核及细胞碎片和质膜，叶绿体，线粒体，溶酶体和其他“微体”，微粒体(内质网碎片)，核糖体和大分子。

细胞器分离常用介质是缓冲的蔗糖水溶液。它比较接近细胞质的分散相，具有足够渗透压防止颗粒膨胀破裂，对酶活性干扰较小，在 pH 7.4 的条件下细胞器不容易发生聚集。

实验操作注意使样品保持 0～4℃，以免酶失活。

分离物鉴定用组织化学染色或生化方法鉴定其标志酶。

材料与器材

1. 材料

大鼠肝脏。

2. 试剂

生理盐水、0.25 mol/L 蔗糖-0.01 mol/L Tris-盐酸缓冲液(pH 7.4)、0.34 mol/L 蔗糖-0.01 mol/L Tris-盐酸缓冲液(pH 7.4)、0.34 mol/L 蔗糖-0.5 mol/L $Mg(Ac)_2$ 溶液、0.88 mo/L 蔗糖-0.5 mol/L $Mg(Ac)_2$ 溶液、RSB 溶液、相对密度 $d_{20}=1.18$ 的蔗糖溶液(51.5 g/L)、1%詹纳斯绿B(Janus green B)染液、甲基绿-派洛宁染液、卡诺(Carnoy)固定液、丙酮、酸性磷酸酶显示用液、酸性磷酸酶作用液、葡萄糖-6-磷酸酶显示试剂。

3. 器材

解剖刀剪、漏斗、玻璃匀浆器、尼龙织物、温度计、离心管、冰浴、恒温箱、冰箱、载玻片、盖玻片、显微镜、冷冻高速离心机。

实 验 步 骤

1. 制备大鼠肝细胞匀浆

将空腹 12 h 大鼠，击头处死，剖腹取肝，迅速用生理盐水洗涤，用滤纸吸干。称取肝组织 2 g，剪碎。用预冷的 0.25 mol/L 蔗糖溶液洗涤数次。然后按每克肝加 9 mL 冷的 0.252 mol/L 蔗糖溶液(分数次加入)，在 0～4℃冰浴中用玻璃匀浆器制备肝匀浆，用双层尼龙织物过滤备用。

2. 差速离心

将 9 mL 0.34 mol/L 蔗糖溶液倒入离心管，沿管壁轻轻加入 9 mL 大鼠肝匀浆液，覆盖于蔗糖溶液上层。按下面各图进行差速离心。

(1) 分离细胞核(图 4-8-1)。

(2) 收集质膜。

吸出核沉淀①中较疏松的上层，混悬于相对密度 $d_{20}=1.16$ 的蔗糖溶液中，制备质膜溶液。再沿管壁小心地将该溶液加入离心管，使其覆盖在等量的相对密度为 $d_{20}=1.18$ 的蔗糖溶液之

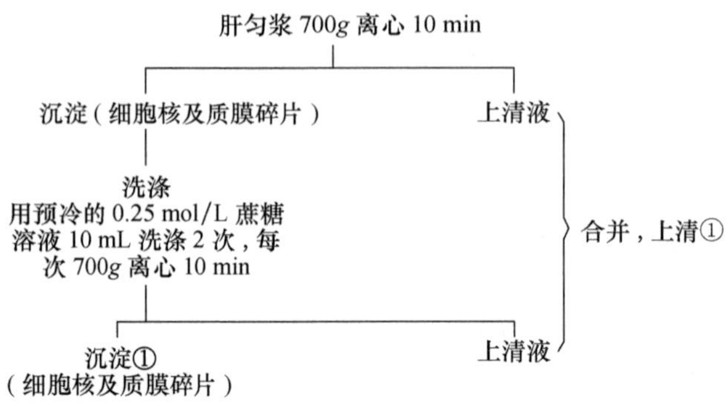

图 4-8-1　分离细胞核

上。700g 离心 10 min，质膜最终集中在二层溶液的界面上。用尖头吸管小心地吸出质膜。

（3）细胞核纯化。

将沉淀①下层重新悬浮于 5 倍体积的 0.34 mol/L 蔗糖-0.5 mmol/L $Mg(Ac)_2$ 溶液中制备细胞核悬液，沿管壁小心加 4 倍于核悬液体积的 0.88 mol/L 蔗糖-0.5 mmol/L $Mg(Ac)_2$ 溶液之上，1500 g 离心 20 min，弃上清，沉淀为纯化的细胞核。在 RSB 溶液中置 4℃可保存数天。在 0.01 mmol/L EDTA-0.5 mmol/L 二硫苏糖醇（DTT）-5 mmol/L $MgCl_2$-25％甘油-50 mmol/L Tris-HCl 缓冲液（pH 7.4）中，－20℃可保存数月。

（4）分离线粒体（图 4-8-2）。

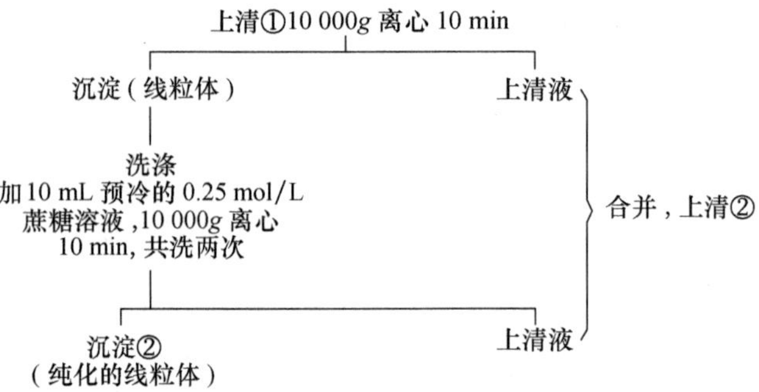

图 4-8-2　分离线粒体

纯化的线粒体可悬浮于 0.25 mol/L 蔗糖溶液中，置－70℃保存。

（5）分离溶酶体（图 4-8-3）。

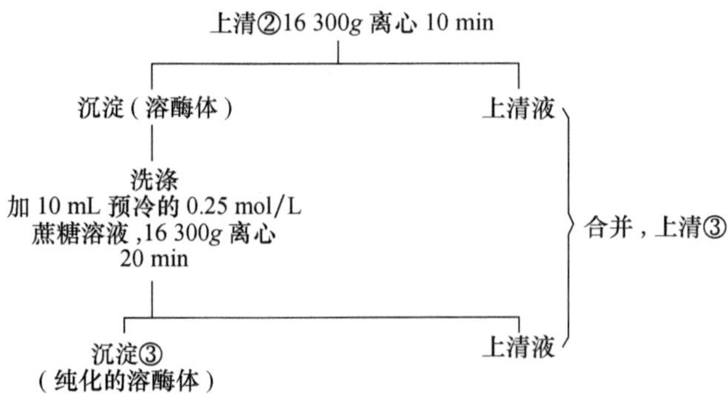

图 4-8-3　分离溶酶体

(6) 分离微粒体(内质网碎片)(图 4-8-4)。

(7) 上清液④经 150 000g 超速离心 3 h 可获得核糖体、病毒、生物大分子等。

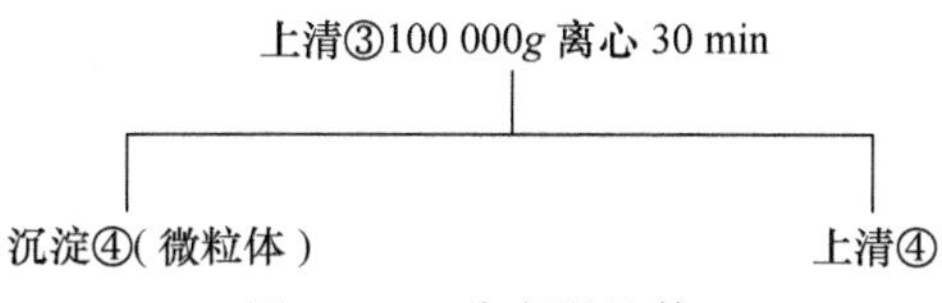

图 4-8-4　分离微粒体

3. 分离物鉴定

(1) 细胞核。

取沉淀①作稀薄的涂片,加入卡诺固定液 30 min,取出晾干,加入甲基绿-派洛宁染色 10～30 min,加入纯丙酮分色 30 s,蒸馏水漂洗,用滤纸吸干水分,40 倍物镜检查。结果:细胞核呈蓝绿色,核仁和混杂的细胞质 RNA 呈红色。纯化的细胞核上应无大量胞质粘连,背景中完整细胞低于 10%,无细胞碎片。

(2) 线粒体。

取沉淀②作稀薄涂片,不待干即滴加 1%詹纳斯绿 B 染液染色 10～20 min,扣上盖玻片,显微镜检查,线粒体呈蓝绿色。

(3) 溶酶体。

沉淀③ 4℃预冷后在同样预冷的载玻片上涂片,立即加入 4℃冷丙酮固定 15～30 min。用蒸馏水洗净固定液,用滤纸吸干。

加入酸性磷酸酶作用液,37℃处理 30 min 至 2 h。用 2%乙酸水溶液稍微冲洗一下片子,蒸馏水洗。

加入 1%硫化铵溶液 1～2 min,充分水洗。亦可用 0.1%中性红复染,看是否混杂入细胞核及胞质碎片,染色 5～10 min。甘油-明胶封片(明胶 10 g,甘油 12 mL,蒸馏水100 mL),镜检。

设置对照片:涂片放湿盒,在 50℃水浴中作用 30 min 使酶失活,其余操作步骤同前。结果:涂片上布满棕黑色的颗粒,对照片阴性反应。

(4) 微粒体。

显示其标志酶——葡萄糖-6-磷酸酶鉴定微粒体。取少量微粒沉淀涂片,不固定,立即入作用液在 37℃孵育 5～15 min。蒸馏水轻轻洗。加入 1%硫化铵溶液处理 1 min。蒸馏水洗。加入 10%中性甲醛固定 30 min,自来水冲洗。用 50%甘油水溶液封片,镜检。

结果:微粒体呈棕黑色小颗粒。

注 意 事 项

(1) 尽可能充分破碎组织,缩短匀浆时间,整个分离过程不宜过长,以保持组分生理活性。

(2) 差速离心要求在 0～4℃进行,如果使用非冷冻控温的离心机,一般只宜分离细胞核和线粒体,同时注意用冰浴使样品保持冷冻。

思　考　题

1. 差速离心与密度梯度离心方法有什么不同?
2. 离心结束时亚细胞组分在介质中各呈什么样的分布?
3. 收集亚细胞组分的方法有什么区别?

二 玉米线粒体的分离与观察

目的要求

掌握差速离心法分离植物细胞线粒体的方法。

实验原理

分离线粒体的方法仍采用均匀介质中的差速离心。0.25 mol/L 蔗糖也可以用0.3 mol/L甘露醇代替。用 EDTA 螯合 Ca^{2+} 离子,促使组织分散成单个细胞。牛血清白蛋白(BSA)能包在细胞外面,并作为竞争性底物削弱蛋白酶的作用。

用詹纳斯绿活染法鉴定线粒体。詹纳斯绿 B(Janus green B)是对线粒体专一的活细胞染料,毒性很小,属于碱性染料,解离后带正电,由电性吸引堆积在线粒体膜上。线粒体的细胞色素氧化酶使该染料保持在氧化状态呈现蓝绿色从而使线粒体显色,而胞质中的染料被还原成无色。

从植物细胞分离线粒体,除了作线粒体功能测定外,常用于分离线粒体 DNA 等目的。

材料与器材

1. 材料

玉米种子。

2. 试剂

分离介质浓度为 0.25 mol/L 蔗糖、50 mol/L 的 Tris-HCl 缓冲液(pH 7.4)、3 mol/L EDTA、0.75 mol/L 牛血清蛋白(BSA)的混合液。保存液、20%次氯酸钠(NaClO)溶液、1%詹纳斯绿 B 染液。

50 mol/L 的 Tris-HCl 缓冲液(pH 7.4)配法:50 mL 0.1 mol/L Tris 溶液与 42 mL 0.1 mol/L 盐酸混匀后,加水稀释至 100 mL。

3. 器材

温箱、冰箱、纱布、瓷研钵、冷冻控温高速离心机。

实验步骤

(1) 玉米种子用 20%次氯酸钠溶液浸泡 10 min 消毒,清水冲洗 30 min,再浸泡清水 15 h。将种子平铺在放有湿纱布的盘内,保持湿度,置温箱 28℃于暗处培育 2~3 天。待芽长到 1~2 cm 长时剪下约 15 g,放 0~4℃ 1 h。

(2) 加 3 倍体积分离介质,在瓷研钵内快速研磨成匀浆。

(3) 用多层纱布过滤,滤液经 700 *g* 离心 10 min,除去沉淀。

(4) 取上清液 10 000 *g* 离心 10 min,沉淀为线粒体。再加入 3 倍体积分离介质,离心洗涤一次。

(5) 沉淀为线粒体,可存于 0.3 mol/L 甘露醇中。注意以上匀浆化及离心均控制在 0~4℃进行。

思考题

为什么在提取线粒体时,匀浆及离心控制在 0~4℃进行?

三　叶绿体分离及离体叶绿体对染料的还原作用

目 的 要 求

掌握叶绿体的分离技术及希尔反应方法，了解植物体内叶绿体进行光合作用的过程。

实 验 原 理

叶绿体是植物细胞内进行光合作用的场所，大多数呈扁椭圆形，在电子显微镜下，可以看到叶绿体由叶绿体膜、类囊体和基质三部分构成。在某些部位，许多圆盘状的类囊体叠成垛，形成基粒，组成基粒的类囊体通常称为基粒类囊体；基粒之间通过基质类囊体相连。叶绿素和类胡萝卜素以及许多与光合作用有关的酶主要定位于类囊体膜上。

在等渗溶液中制备分离叶绿体，以减少渗透压对叶绿体的伤害。仔细研磨，然后离心得叶绿体的悬浮液。整个过程应在0～5℃下进行，所有提取物、溶液和材料也应保存在该温度下，分离后活性测定工作应尽快进行。

分离的完整叶绿体，在合适的氧化剂存在下，例如，染料二氯靛酚钠(DCPIP)，当光照时可以使水光解释放氧气同时使染料还原，结果染料从原来的蓝紫色变为粉红色至无色。此反应为希尔所发现，故常称为希尔反应。可用分光光度计测定反应前后染料吸光度A的变化，变化在4～5 min内呈线性关系。

材料与器材

1. 材料

菠菜叶(晴天上午10时左右摘取)。

2. 试剂

(1) 0.35 mol/L NaCl。

(2) 35 mmol/L NaCl。

(3) 配制10 mmol/L Tris-HCl缓冲液(pH 7.8)：称1.21 g三羟甲基氨基甲烷溶于900 mL蒸馏水中，用浓盐酸调pH至7.8，再加蒸馏水至1000 mL。

(4) 配制100 mmol/L磷酸缓冲液(pH 7.3)：

储液A：称2.78 g $NaH_2PO_4 \cdot H_2O$，加蒸馏水定容至100 mL。

储液B：称5.37 g $Na_2HPO_4 \cdot 7H_2O$ 或7.17 g $Na_2HPO_4 \cdot 12H_2O$，加蒸馏水定容至100 mL。

取23 mL A+77 mL B，加蒸馏水稀释至200 mL。

(5) 配制0.3 mmol/L 2,6-二氯靛酚钠：称取8.7 mg二氯靛酚钠，加蒸馏水定容至100 mL。

3. 器材

离心机、研钵、天平、分光光度计、移液管、容量瓶、量筒、烧杯、试管、纱布。

实 验 步 骤

1. 叶绿体的分离

(1) 将菠菜叶洗净，吸干水，去叶柄及主脉，称取鲜重10 g在冰浴中研磨。

(2) 研磨时加入0.35 mol/L NaCl 20 mL、10 mmol/L Tris-HCl缓冲液2 mL以及少量石英砂。

(3) 研磨成匀浆后，用4层纱布过滤于烧杯中。

(4) 滤液 1000 r/min 离心 2 min，弃去沉淀，收集上清液。

(5) 上清液 3000 r/min 离心 5 min，弃去上清液，沉淀即是叶绿体。

(6) 将沉淀分成 2 份，分别加入 0.35 mol/L NaCl 溶液和 35 mmol/L NaCl 溶液各10 mL，制成悬液，使叶绿体分别处于等渗和低渗溶液中，以获得完整叶绿体和破碎叶绿体。

2. 希尔反应

(1) 加样。取干净试管 6 支，分成两组，并分别编成 1、2、3 号，然后按表 4-8-1 加入试剂。

表 4-8-1

	管 号	磷酸缓冲液 /mL	叶绿体悬液 /mL	煮沸 /min	二氯靛酚
完整叶绿体	1	9.4	0.1	—	0.5
	2	9.4	0.1	5	0.5
	3	9.9	0.1	—	—
叶绿体碎片	1	9.4	0.1	—	0.5
	2	9.4	0.1	5	0.5
	3	9.9	0.1	—	—

2 号管水浴后用蒸馏水补足丧失的水分，3 号管为比色时调零点用，各管在加染料前保存在冰浴中。

(2) 比色。当加入染料后立即摇匀倒入相应的比色杯中，迅速测定吸光度，波长为 620 nm，此即代表 0 时的吸光度。然后将比色杯置于离 150 W 灯泡约 60 cm 处光照，每隔 1 min 快速读下吸光度的变化，连续进行 5 或 6 次读数，严格控制光照时间。

(3) 结果。将结果以每分钟 A_{620} 的变化($\triangle A_{620}$/min)为纵坐标作图。

思 考 题

1. 为什么叶绿体的分离要在 0～4℃下进行？
2. 比较完整叶绿体和叶绿体碎片结果有无不同？煮沸有何影响？

实验九　细胞生理性质实验

相关理论知识

细胞膜具有为细胞的生命活动提供相对稳定的内环境；选择性的物质运输；提供细胞识别位点，并完成细胞内外信息跨膜传递；为多种酶提供结合位点等多种功能。正常红细胞对物质的通透性具有选择性。高分子物质如蛋白质不能通透；脂溶性物质可以从浓度高处通过红细胞膜的脂质双层向浓度低处运转；亲水性物质不能透过疏水的脂质双层，依靠红细胞膜上的载体蛋白扩散；一些电解质经过耗能泵作用可以从浓度低处通过膜向浓度高处运转。

一　细胞膜透性观察

目的要求

掌握细胞膜的渗透性及各类物质进入细胞的速度。

实验原理

本实验是将红细胞放入数种低渗溶液，而红细胞对各种溶质的透性不同，有的溶质可以渗入，有的溶质不能渗入。渗入的溶质能够提高红细胞的渗透压，所以促使水分进入细胞，引起溶血。由于溶质透入速度互不相同，因此溶血时间也不相同。

材料与器材

1. 材料

羊血或兔血。

2. 试剂

0.17 mol/L 氯化钠、0.17 mol/L 氯化铵、0.17 mol/L 乙酸铵、0.17 mol/L 硝酸钠、0.12 mol/L 乙二酸铵、0.12 mol/L 硫酸钠、0.32 mol/L 葡萄糖、0.32 mol/L 甘油、0.32 mol/L 乙醇、0.32 mol/L 丙酮。

3. 器材

小烧杯、移液管、试管、试管架。

实验步骤

1. 羊血细胞悬液

取 50 mL 小烧杯一只，加 1 份羊血和 10 份 0.17 mol/L 氯化钠溶液，形成一种不透明的红色液体，即稀释的羊血。

2. 低渗溶液

取试管一支，加入 10 mL 蒸馏水，再加入 1 mL 稀释的羊血，注意观察溶液颜色的变化，由不透明的红色逐渐澄清，说明红细胞发生破裂造成 100%红细胞溶血，使光线比较容易透过溶液。

3. 红细胞的渗透性

(1) 取试管一支，加入 0.17 mol/L 氯化钠溶液 5 mL，再加入稀释的羊血 0.5 mL，轻轻摇动，注意颜色有无变化、有无溶血现象。

(2) 取试管一支，加入 0.17 mol/L 氯化铵溶液 5 mL，再加入稀释的羊血 0.5 mL，轻轻摇动，注意颜色有无变化、有无溶血现象。若发生溶血，记下时间（自加入稀释羊血到溶液变成红色透明澄清所需时间）。

（3）分别在另外8种低渗溶液中进行同样实验。步骤同（2）。

将观察现象列表（表4-9-1），对实验结果进行比较和分析

表4-9-1　不同低渗溶液下的溶血现象

试管编号	试　剂	稀释羊血/mL	是否溶血	时　间	结果分析
1	5 mL 氯化钠	0.5			
2	5 mL 氯化铵	0.5			
3	5 mL 乙酸铵	0.5			
4	5 mL 硝酸钠	0.5			
5	5 mL 乙二酸铵	0.5			
6	5 mL 硫酸钠	0.5			
7	5 mL 葡萄糖	0.5			
8	5 mL 甘油	0.5			
9	5 mL 乙醇	0.5			
10	5 mL 丙酮	0.5			

思　考　题

哪些溶质进入细胞快？为什么？

二　巨噬细胞吞噬现象的观察

相关理论知识

巨噬细胞是由血液中的单核细胞进入组织中后分化而成大的单核吞噬细胞。在高等动物中，主要有大小两类吞噬细胞（即巨噬细胞和嗜中性粒细胞），专司吞噬作用，为非特异免疫功能的重要组成部分。巨噬细胞由骨髓干细胞分化生成，然后进入血液到达各组织内，并进一步分化为各种巨噬细胞。当病原微生物或其他异物侵入机体时能招引巨噬细胞，而巨噬细胞又有趋化性，能响应招引因子的招引，产生活跃的变形运动，主动向病原体和异物移动，在接触到病原体或异物时，即伸出伪足，将之包围并内吞入胞质，形成吞噬体，继而细胞质中的初级溶酶体与吞噬泡发生融合，形成次级溶酶体，在水解酶等作用下，将病原体杀死，消化分解，最后将不能消化的残渣排出细胞外。

目 的 要 求

通过对小白鼠腹腔巨噬细胞吞噬鸡血红细胞活动的观察，加深理解细胞吞噬作用的过程及其意义。

实 验 原 理

巨噬细胞能吞噬和杀灭胞内寄生虫、细菌、自身衰老和死亡的细胞以及肿瘤细胞，参与机体的免疫防御、免疫自稳、免疫监视功能。吞噬鸡红细胞百分率为61.39％～64.15％，吞噬指数为1.009～1.107。

材料与器材

1. 材料

(1) 小白鼠。

(2) 1%鸡血细胞悬液制备。

自健康鸡翼静脉采血或从集市杀鸡处接血 1 mL(防止污染),放入盛有 4 mL Alsever 溶液瓶中,混匀置 4℃冰箱保存备用(一周内使用)。使用前加入 0.85%生理盐水离心(1500 r/min,10 min)洗涤二次,再用生理盐水配成 1%浓度悬液。

2. 试剂

0.85%生理盐水、Alsever 溶液、4%台盼蓝染液、6%淀粉肉汤(含台盼蓝染液)。

3. 器材

显微镜、解剖盘、剪刀、镊子、载玻片、盖玻片、注射器、吸管、吸水纸。

实验步骤

(1) 在实验前一天,给小白鼠腹腔注射 6%淀粉肉汤(含台盼蓝)1 mL。

(2) 实验时,每组取一只注射过淀粉肉汤的小白鼠,腹腔注射 1%鸡红细胞悬液 1 mL,轻按小白鼠腹部,使悬液分散。

(3) 20 min 后,用颈椎脱臼法处死小鼠。

(4) 将小鼠置于解剖盘中,剪开腹部,把内脏推向一侧,用不装针头的注射器或吸管吸取腹腔液。

(5) 每人取一张干净载玻片,滴一滴腹腔液,盖上盖玻片,置显微镜下观察。

(6) 调节集光器使显微镜视野中光线稍暗些。在高倍镜下,先分辨清鸡红细胞和巨噬细胞。鸡红细胞是一些淡黄色、椭圆形有核的细胞;而数量较多、较大的圆形或不规则的细胞,其表面具有许多似刺毛状的小突起(伪足),胞质中含有数量不等的蓝色颗粒(为吞入的含台盼蓝的淀粉肉汤形成的吞噬体),即为巨噬细胞。慢慢移动玻片标本,仔细观察巨噬细胞吞噬鸡红细胞过程。

思　考　题

1. 在高倍镜下绘出在不同吞噬阶段的巨噬细胞图各一个(如鸡红细胞附于巨噬细胞表面、部分吞入红细胞、吞入后形成吞噬体和吞噬体已开始被消化分解等),表示吞噬作用的过程。

2. 为什么实验前一天要给白鼠注射肉汤?

实验十　细胞凋亡相关实验

相关理论知识

细胞凋亡是正常生理过程中(如胚胎发育、角质细胞的形成、断奶后乳房的退化等)或病理条件下(如肿瘤、衰老、变性性疾病等)细胞的一种主动死亡的方式。机体通过激活这种内在的细胞死亡程序来消除不再需要或已严重受损的细胞,故细胞凋亡又称"细胞程序性死亡"(programmed cell death,PCD)。形态学上,凋亡细胞散发分布,从核开始变化,核与细胞首先缩小,细胞质内在线粒体及其他亚细胞器的形态基本正常,细胞皱缩,胞浆浓集,染色体凝结,形成"凋亡小体",凋亡小体被吞噬细胞吞噬,不留痕迹地被消除,不伴有炎症反应。最突出的生化特征是细胞染色质的有控降解,即DNA双链在核小体联结子部位逐渐断裂,形成一系列长度约为180 bp倍数的寡核苷酸片断,在凝胶电泳中成典型的梯状条带。

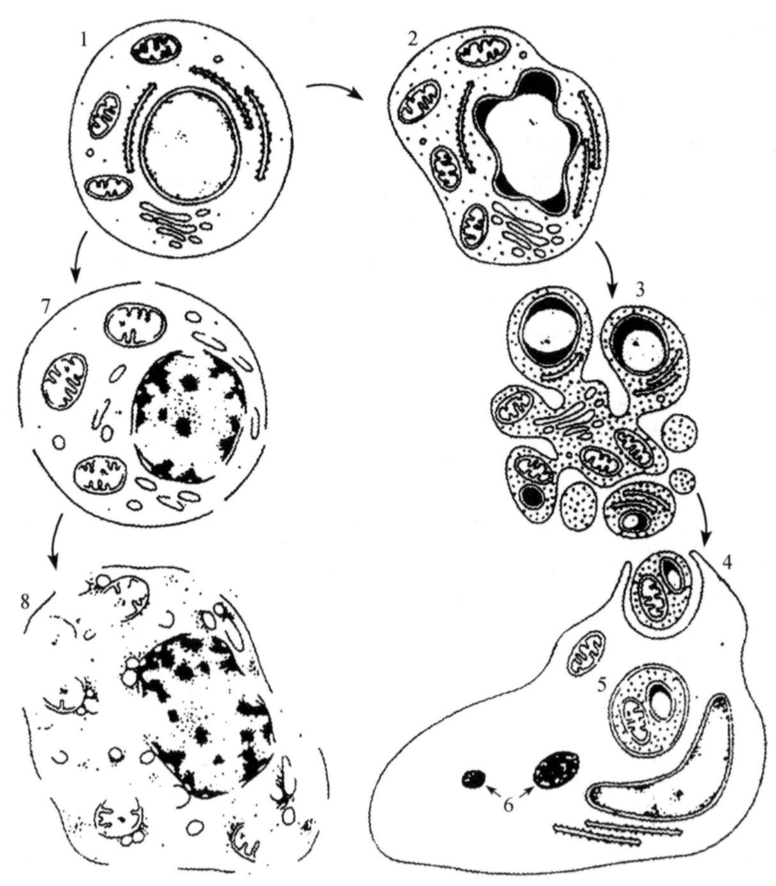

图 4-10-1　细胞凋亡过程形态变化示意图

1. 正常细胞有稀疏的胞浆和异核染色质;2. 细胞体积变小,细胞器聚集,染色质凝集成月牙状、周边化;3. 细胞呈现沸腾运动,核裂解为小球,细胞凋亡小体发泡;4. 细胞裂解为凋亡小体,被巨噬细胞吞噬;5. 在溶酶体空泡内降解;6. 进一步成致密残体;7. 细胞坏死开始;8. 核及其他细胞器裂解

一　细胞凋亡的形态学观察

目的要求

掌握凋亡细胞的进行形态学特征区别细胞凋亡与坏死在形态学上的差异。

实验原理

细胞凋亡是一个主动的由基因决定的自动结束生命的过程。在凋亡的过程中，细胞膜发生皱褶，染色体断裂并发生边缘化，细胞膜包裹断裂的染色体或细胞器后逐渐分离形成众多的凋亡小体。在生理状态下凋亡小体最终被附近的巨噬细胞吞噬。

材料与仪器

倒置显微镜、载玻片、6 孔细胞培养板、小牛血清、细胞培养液等。

实验步骤

(1) 将培养过夜的细胞分别置于含有 5%小牛血清和不含 5%小牛血清的培养液中，培养过夜。

(2) 将培养板置倒置显微镜下观察。观察比较含有和不含有牛血清的细胞形态、大小和细胞凋亡小体的出现时间。照相或绘出细胞形态。

二　凋亡细胞的碘化丙啶(PI)排斥分析法

目的要求

(1) 掌握细胞碘化丙啶染色细胞区分凋亡细胞的方法；

(2) 掌握流式细胞分析仪的原理及使用方法。

实验原理

PI 和 Ho(双苯并咪唑)均可使用 340 nm 紫外光激发，其荧光分别为红色(>620 nm)和蓝色(480±20 nm)。因此，可使用适当的滤光片和二色镜测定 Ho 的蓝色荧光，使用长程滤光片测定 PI 的红色荧光。对照活细胞的 Ho 蓝色荧光最强；而早期凋亡细胞由于其 DNA 降解和丢失，其 Ho 蓝色荧光较弱，也有很弱的 PI 红色荧光。晚期凋亡细胞 PI 红色荧光加强。坏死细胞 PI 红色荧光最强，而 Ho 蓝色荧光较弱。

材料与器材

1. 试剂

(1) 碘化丙啶 PI 储存液：1 mg/mL，蒸馏水溶解。

(2) PI 染色液：使用 PBS 溶液将 PI 储存液稀释至 20 μg/mL。

(3) 双苯并咪唑 Ho 储存液：1 mmol/L，蒸馏水溶解。

(4) Ho 染色液：使用无钙、镁的 PBS 溶液，按 1∶4 稀释 Ho 储存液。

(5) 细胞固定液：以 PBS 配制 25%的乙醇。

2. 仪器

流式细胞分析仪，使用 351 nm 光线氩离子激光源或带有 UG1 滤片的高压汞灯。

实验步骤

（1）细胞离心去上清后，将细胞悬浮于 50 μL PBS 中。

（2）加入 100 μL PI 染色液，混匀，置冰浴中染色 30 min。

（3）加入 1.85 mL 细胞固定液，混匀。

（4）加入 50 μL Ho 染色液，混匀，置冰浴中染色至少 30 min（细胞可在此溶液中在 4℃保存一周）。

（5）进行流式细胞仪分析。

注意事项

（1）可使用不加染料的正常培养细胞作为阴性对照，地塞米松处理（1 μmol/L，3～4 h）的小鼠胸腺细胞作为阳性对照。

（2）如果先固定细胞，再进行 PI 染色，然后根据凋亡细胞、坏死细胞和活细胞光散射性质的不同，鉴定凋亡细胞。不能将凋亡细胞与坏死细胞和受机械损伤的细胞严格地区别开来。

三　细胞群染色体 DNA 断裂的测定

目的要求

掌握细胞凋亡的特征之 DNA 断裂带的测定方法

实验原理

细胞凋亡时主要生物化学特征是其染色质发生浓缩，染色质 DNA 在核小体单位之间的连接处断裂，形成 50～300 kb 长的 DNA 片段，或 180～200 bp 整数倍的寡核甘酸片段，在凝胶电泳上表现为梯形电泳图谱（DNA ladder）。细胞经处理后，采用常规方法分离提纯 DNA 后，进行琼脂糖凝胶电泳和溴化乙啶染色，在凋亡细胞群中则可观察到典型的 DNA ladder。如果细胞量很少，还可在分离提纯 DNA 后，用 ^{32}P-ATP 和脱氧核糖核苷酸末端转移酶（TdT）使 DNA 标记，然后进行电泳和放射自显影，观察凋亡细胞中 DNA ladde 的形成。

此外，在正常细胞中，其核是完整的，胞浆中不会产生低分子量的 DNA，而在凋亡细胞中，其核发生裂解，细胞浆中可产生低相对分子质量的 DNA。因此，通过测定比较细胞内的 DNA 变化也是鉴别群体凋亡细胞的重要生物化学方法。

材料与器材

1. 试剂

（1）磷酸缓冲液（PBS，pH 7.4）

K_2HPO_4	1.392 g
$NaH_2PO_4 \cdot H_2O$	0.276 g
NaCl	8.770 g

先溶于 900 mL 蒸馏水，然后用 0.01N KOH 调 pH 7.4，并用蒸馏水定容到 1000 mL。

(2) 细胞裂解液

10 mmol/L Tris-HCl,pH 8.0
10 mmol/L NaCl
10 mmol/L EDTA
100 μg/mL 蛋白酶 K
1% SDS

(3) 水饱和的酚、氯仿、异丙醇、无水乙醇(4℃)

(4) 3 mol/L 乙酸钠

408.1 g NaAC · $3H_2O$,溶于 800 mL 蒸馏水,用冰乙酸调节 pH 5.2,然后用蒸馏水定容到 1000 mL。

(5) 10 mg/mL RNA 酶(无 DNA 酶活性)

(6) TE 缓冲液

0.1 mol/L Tris-HCl,pH 8.0
10 mM EDTA

(7) 50×TAE 电泳缓冲液

Tris 碱	242 g
冰乙酸	57.1 mL
0.5M EDTA,pH 8.0	100 mL

加蒸馏水定容到 1000 mL。

(8) 100bp DNA ladder 分子量标准品(GIBCO/BRL)

96×样品缓冲液:
0.25%溴酚蓝
40%蔗糖
加水溶解,4℃保存。

2. 仪器

台式高速离心机,恒温水浴,全套琼脂糖凝胶电泳装置,凝胶电泳照相设备。

实 验 步 骤

(1) 将待测细胞用 PBS 洗一遍。

(2) 在 1.5 mL 微量离心管中,离心沉淀 5×10^5 或 2×10^6 个细胞,去除上清。

(3) 加入 50 μL 细胞裂解液,混匀,于 37℃水浴保温至混合物变得清亮。

(4) 在台式高速离心机中,以室温 12 000 r/min 离心 5 min,将上清转移至另一洁净的微量离心管中。

(5) 以等体积的苯酚/氯仿(1:1)、苯酚/氯仿/异丙醇(25:24:1)和氯仿各抽提一次。

(6) 在上清中加入 1/10 体积 3 mol/L 乙酸钠和 2 倍体积冷乙醇,于-20℃沉淀过夜。

(7) 于 4℃、12 000 r/min 离心 10 min,收集沉淀。将沉淀溶于 20 μL TE 缓冲液,加入 2 μL RNA酶,37℃保温 1 h。

(8) 加入 4 μL 样品缓冲液,混匀,立即加到含有 0.4 μg/mL 溴化乙啶的 1%~2%琼脂糖凝胶的样品孔中,室温、恒流 75 mA,于 1×TAE 缓冲液中电泳 1~2 h,紫外灯下照相和记录结果。

注意事项

实验过程中，关键要防止 DNA 酶的作用和剧烈震荡造成 DNA 断裂。本实验在细胞裂解后，进行离心，因而一些大分子核蛋白被除去了。

思考题

1. 凋亡细胞的 DNA 断片呈现的特征是什么？和坏死细胞的 DNA 断片有何区别？
2. 实验过程中为什么要加入 RNA 酶？

实验十一　利用 RT-PCR 技术检测 HeLa 细胞中 β-actin 的表达

相关理论知识

RT-PCR 是将 RNA 的反转录(RT)和 cDNA 的聚合酶链式扩增(PCR)相结合的技术。首先经反转录酶的作用从 RNA 合成 cDNA,再以 cDNA 为模板,扩增合成目的片段。RT-PCR 技术灵敏而且用途广泛,可用于检测细胞中基因表达水平,细胞中 RNA 病毒的含量和直接克隆特定基因的会序列。作为模板的 RNA 可以是总 RNA、mRNA 或体外转录的 RNA 产物。无论使用何种 RNA,关键是确保 RNA 中无 RNA 酶和基因组 DNA 的污染。用于反转录的引物可视实验的具体情况选择随机引物、oligo dT 及基因特异性引物中的一种。对于短的不具有发卡结构的真核细胞 mRNA,三种都可。

目 的 要 求

(1) 掌握动物细胞总 RNA 的提取方法以及 RT-PCR 技术。

(2) 掌握 RT-PCR 的原理及技术。

实 验 原 理

Actin(肌动蛋白)是构成微丝的基本成分,其分子质量为 4.3KD,具有 3 种异构体,即 α、β、γ 肌动蛋白。所有的真核细胞都含有肌动蛋白,并且在多数细胞中,它是含量最高的细胞质蛋白。利用 β-actin 引物,以 HeLa 细胞内 RNA 分子为模板进行 PCR 扩增,再用凝胶电泳检测。

材料与器材

1. 材料

HeLa 细胞、细胞培养瓶、0.2 mL 薄壁 EP 管、微量加样器、微量离心管、吸头、一次性手套。

2. 试剂

RPMI 1640 培养基、小牛血清、trizol 试剂、氯仿、0.1%焦碳酸二乙酯、溴化乙锭、琼脂糖、氯化镁、DTT(二硫苏糖醇)、10×加样缓冲液、TBE 缓冲液、oligo(dT)$_{12\sim18}$ DNA 相对分子质量标准物、5×第一链反应缓冲液、dNTP(1∶1∶1∶1)、Superscript™ Ⅱ 反转录酶、*Taq* DNA 聚合酶。

β-actin 引物(5′-GTGGG GCGCC CCAGG CACCA-3′,5′-CTTCC TTAAT GTCAC GCACG ATTTC-3′)

3. 器材

超净工作台、CO_2 培养箱、台式冷冻离心机、紫外分光光度计、PCR 仪。

实 验 步 骤

1. HeLa 细胞总 RNA 的制备

(1) HeLa 细胞的培养。

将 HeLa 细胞(约 10^6 个)接种于 100 mL 培养瓶中,在含有 5%血清的 RPMI1600 培养基中于 37℃、5% CO_2 条件下培养至对数生长期。

(2) 总 RNA 的提取。

① 取 HeLa 细胞(0.5×10^7～1×10^7 个/mL)用 PBS(pH 7.4)洗 3 次,加入 1 mL trizol 溶液,吹打后转至 1.5 mL 微量离心管中室温放置 5 min。

② 加入 0.2 mL 氯仿,剧烈混匀 15 s,室温旋转 2 min,12 000 r/min、4℃离心 15 min。

③ 吸取无色水相至另一个 1.5 mL 微量离心管中,加入 0.5 mL 异丙醇颠倒数次,室温放置 10 min,12 000 r/min、4℃离心 10 min,弃上清。

④ 加入 1 mL 75%乙醇(用 0.1% DEPC 处理水配制)轻轻振荡后,7500 g、4℃离心 5 min,弃上清。空气干燥 30～60 min。

⑤ 加入 15～20 μL 0.1% DEPC 处理水,55～60℃处理 10 min,使 RNA 溶解,将样品保存于 －80℃。

(3) 总 RNA 定量。

取 1 μL RNA 样品,用 TE(pH 7.4)稀释 100 倍。以 TE 为空白,用分光光度计测定 260 nm 和 280 nm 的 OD 值。可根据读数间的比值($OD_{260\ nm}/OD_{280\ nm}$)估计核酸的纯度。RNA 纯品的 $OD_{260\ nm}/OD_{280\ nm}$ 为 2.0,如污染有蛋白质或酚其 $OD_{260\ nm}/OD_{280\ nm}$ 将明显低于此值。以 $1OD_{260\ nm}$ = 40 μg/mL RNA,计算 RNA 含量。

RNA 含量(μg/mL)=$OD_{260\ nm}$值×40 μg/mL×稀释倍数。

(4) 总 RNA 电泳。

① 配制 1%变性琼脂糖凝胶:在 0.2 g 琼脂糖中加入 0.1% DEPC 处理水 12.6 mL,用微波炉加热配制琼脂糖溶液,加入 5×甲醛凝胶电泳缓冲液 4 mL,37%甲醛 3.4 mL,10 mg/mL EB 0.5 μL,制胶。

② 在一灭菌的微量离心管中混合下列液体:

RNA 样品	4.5 μL
5×甲醛凝胶电泳缓冲液	2 μL
甲酰胺	10 μL
甲醛	3.5 μL

65℃作用 15 min,立即冰浴,加入 2 μL10×RNA 加样缓冲液混匀,上样,80 V 电泳 30 min。在紫外灯下进行观察。

2. cDNA 的合成(reverse transcription)

(1) 在一个 0.2 mL 薄壁管中加入下列组分:

oligo$(dT)_{12\sim18}$(500 μg/mL)	1 μL
总 RNA	1～5 μg
加入 0.1% DEPC 处理水至总体积为	12 μL

(2) 70℃作用 10 min,立即冰浴,并加入下列组分:

5×第一链反应缓冲液	4 μL
0.1 mol/L DTT	2 μL
10 mmol/L dNTP(1∶1∶1∶1)	1 μL

(3) 轻轻混匀,42℃ 2 min,加入 1 μL 200 U Superscript™ Ⅱ 反转录酶,轻轻混匀,42℃作用 50 min,70℃ 15 min 终止反应。

3. PCR 扩增

(1) 在 0.2 mL 薄壁管中加入以下成分:

10×PCR 缓冲液	2 μL
10 mmol/L dNTP(1∶1∶1∶1)	0.4 μL
25 mmol/L $MgCl_2$	1.2 μL
β-actin 5′引物(50 μmol/L)	0.2 μL
β-actin 3′引物(50 μmol/L)	0.2 μL
合成的 cDNA(模板)	1 μL
Taq DNA 聚合酶(5 U/μL)	0.3 μL
0.1%DEPC 处理水	14.7 μL

(2) 轻轻混匀，在 PCR 仪上按如下程序进行反应：

① 94.3℃，3 min。

② 25 循环：94℃，50 s；55℃，50 s；72℃，30 s。

③ 72℃，7 min。

④ 保存于 4℃，待电泳检测。

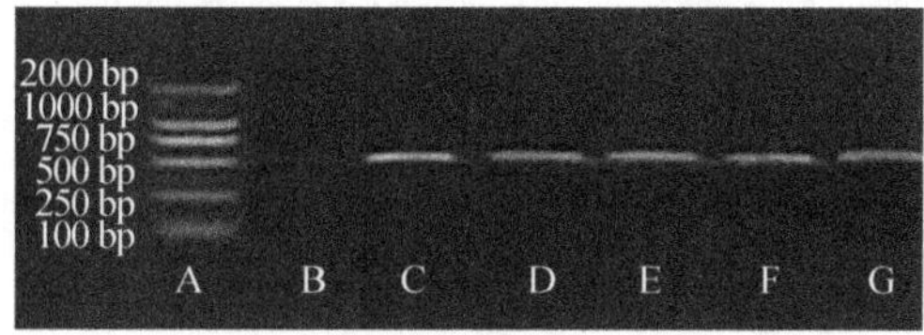

图 4-11-1　琼脂糖凝胶电泳结果图

4. 电泳检测

配制 1.5%琼脂糖凝胶(用 0.5×TBE 缓冲液配制)，对 RT-PCR 产物进行电泳分析，检测细胞中 β-actin 的表达。在本实验中可观察到的结果如图 4-11-1 所示。

注意事项

(1) 为了防止 RNA 被降解，实验中使用的一次性塑料制品需经灭菌处理，玻璃器皿需经 180℃干烤 8 h。RNA 电泳的电泳槽需经 3% H_2O_2 室温处理 10 min，再用 0.1% DEPC 处理水冲洗。在涉及 RNA 的一切操作过程中应戴一次性手套，并随时更换手套。

(2) RNA 提取过程中，在加入氯仿离心后吸取无色水相应避免污染白色的中间相及粉红色的有机相。

(3) cDNA 合成以及 PCR 过程中注意加样量准确无误，$MgCl_2$ 在使用前需振荡混匀。

思考题

1. 如果在本实验中经电泳检测不到 RT-PCR 产物，其可能的原因是什么？
2. 如何验证所提取的细胞 RNA 未被 RNase 所降解？
3. 如何比较两种细胞中某奢侈基因的表达水平？

实验十二　新生大鼠心脏细胞的分离和培养

相关理论知识

哺乳动物心脏细胞分多种类型，非心肌细胞占近75%，诸如成纤维细胞和血红细胞。心脏细胞称为心肌细胞占25%。心脏细胞的繁殖在胚胎发育的早期就开始了，在大鼠出生前，心脏细胞的胞质分裂，有丝分裂和DNA合成几乎完全停止。出生后大鼠心脏质量的增大并非由于心脏细胞增多，而是由细胞个体体积扩张而致。心脏细胞虽所占细胞总数比例少，但它们的体积最大的。研究人员已利用心脏细胞研究心肌肥大的病理。

目 的 要 求

掌握从动物组织中分离纯化原代细胞进行培养的方法。

实 验 原 理

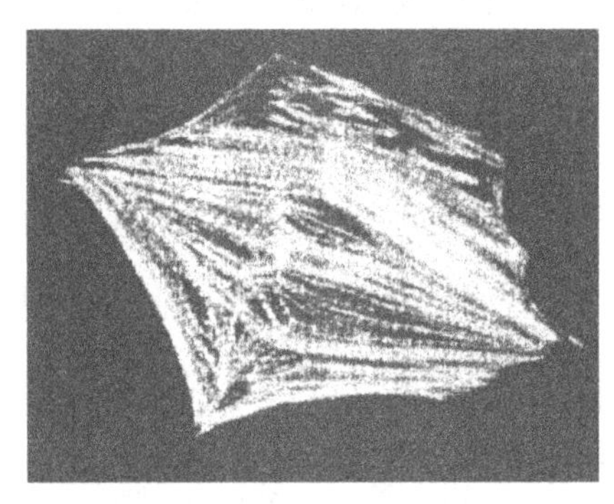

图 4-12-1　培养了3天的大鼠心肌细胞细胞经β-鬼笔环肽处理，显示出丝状的肌动蛋白

像其他哺乳动物纹状肌一样，心脏的收缩活动受制于一系列复杂的、组装成厚薄交错纤维的收缩蛋白(图4-12-1)。当心脏细胞于体外培养时，仍能维持原有的许多细胞结构和功能。例如，当用加血清培养基培养胚胎或新生鼠的心脏细胞时，它们能自发收缩，这为研究心脏的各种分子机制提供了一个极佳的体外模型。利用这种同步自发收缩的特性，培养的心脏细胞被用于探索与细胞收缩有关的因素以及细胞肥大对收缩的影响。

尽管使用培养的心脏细胞有许多好处，仍然有一些因素限制了其应用。新生鼠心脏细胞不具备繁殖能力，故不可能传代，只能利用原代培养物，然而心脏细胞培养物易受培养技术及处理条件的影响，例如，新生鼠心肌组织对酶消化处理极其敏感。消化过度或者使用了错误的酶均能导致心脏细胞丧失贴壁能力和/或收缩现象。这种敏感似乎也受时间左右。出生前后短时间内，心脏细胞胞外基质组成变化显著，故消化组织用的酶需求情况不同。

心脏细胞培养遇到的另一个普遍的问题是成纤维细胞的污染。增殖的成纤维细胞能很快从数量上压倒心脏细胞并可能影响到心脏细胞的分化。因为成纤维细胞一般比心脏细胞更易贴壁，所以将细胞悬液预接种(步骤17)能暂且削减这一问题，这样一来，留在悬液中的是富集了的心脏细胞。尽管如此，若需长时间培养心脏细胞，应施以诸如溴化乙锭等化学处理(步骤17)，也有例子说明使用不同的血清(如牛血清)，能降低成纤维细胞的繁殖速率也能增加心脏细胞的收缩性能。

最后一个应考虑的问题是合适的接种密度以保持培养物的健康跳动。心脏细胞培养物的伸缩性似乎和细胞与细胞之间接触有些关系，尽管形成一个融合成片的心脏的单层培养物极其困难。由于心脏细胞个体大，形态各异，贴壁的心脏细胞之间留下的空隙对于其他心脏细胞生长而言则太小。这些细胞也需要更大的空间便于伸缩。另外，研究单个细胞以及区分非心脏细胞，会由于细胞致密变得困难。借助于化学处理如施以去甲肾上腺素或加入牛血清可以提高细胞的伸缩性。

材料与器材

1. 材料

16～20 g 的小鼠。

2. 试剂

胰酶(0.1%)、生理盐水、接种培养基、交换培养基。

3. 器材

弯头的解剖剪、5 号钳子、带橡皮塞的锥形瓶(内装一搅拌棒)。

实 验 步 骤

本实验适合处理 20～30 只幼鼠,若少于 20 只鼠则可能会发生组织消化过度的情况,若超过 30 只,则由于准备工作加长降低了细胞的成活性。所有器械使用前均应消毒灭菌。为了进一步保证无菌条件,最好用一次性无菌塑料用品。所有的孵育操作均应在高湿度的 5% CO_2 37℃孵箱中。

(1) 在细胞操作间内,放一个加热搅拌台,上放一个装有 100 mL 灭菌水的容量为 600 mL 的烧杯,加热至 37℃。

(2) 准备胰酶液。用水浴或温箱使胰酶液温度保持在 37℃。

(3) 做一个冰台:将一只平皿装满冰后倒置即可,70%乙醇擦拭平皿后放进操作台。取 3 个 60 mm 的一次性组织培养平皿,加入 5 mL 生理盐水,标记上 1、2、3 放进操作台的冰台上。

(4) 取一只干净加盖的烧杯,内放一块 Metofane 饱和的纱布,把 0～1 日龄的 Sprague Dawley 幼鼠放进该烧杯中麻醉。麻醉 20 只幼鼠大约需要 5 min 时间。用 70%乙醇擦净烧杯再放进操作间。

(5) 一次取出一只幼鼠,一定要再盖好盖子,然后将幼鼠躺着放在一块无菌纱布上。用乙醇擦洗其胸部及腹部。把鼠肩胛骨往后夹,使突出胸腔,在肋骨下沿胸骨方向拉一口,摘出心脏放进标记着 1 的培养皿中。

24 mm 规格的弯头解剖刀适合用于切口及摘除心脏。此时幼鼠心脏仍能跳动,故一般很容易找到并摘除。可用同一把解剖刀将心脏摘出放进生理盐水溶液,若需要也可用灭菌的 5 号钳子。

(6) 继续处理余下的幼鼠,一定要保持手套及所用器械洁净。每次解剖约需 1 min。

(7) 上述操作完成后,用两把 5 号钳子剔除心脏上结缔组织和血块再转入标记为 2 的平皿中。再洗一遍,转入标记为 3 的平皿中。

(8) 取一只无菌巴斯德吸管轻轻地把平皿 3 中的生理盐水吸出,然后加入 2 mL 孵育过的胰酶液。用准备好的第二把无菌解剖刀把心脏切碎成沙粒大小。

(9) 把上述切碎的心脏及胰酶液转入加了搅拌子的锥形瓶中。另外吸取 3 mL 新鲜的胰酶冲洗平皿和剪刀并转入锥形瓶,补加胰酶至终体积 10 mL,加上塞子,放入 37℃水浴中。打开搅拌器,调节转速至 60 r/min 左右,消化 15 min。

务必保证水浴温度恒定在 37℃,并且消化时间不超过 15 min。

(10) 从水浴中拿出锥形瓶,小心吸去上清,上清中的主要成分是血红细胞。加入 10 mL 新的胰酶,37℃水浴再作用 15 min。

(11) 弃上清,加入 10 mL 新的胰酶,用一支一次性带刻度的吸管吹打溶液两次,机械分散细胞,再孵育 10 min。

注意不要过分吹打,否则会导致组织过度消化。

(12) 上述消化处理的同时，往一支50 mL的一次性无菌锥形管中加入10 mL冷的接种培养基。

(13) 消化处理之后，小心移出上清转至上述加有接种培养基的锥形管中，这就是第一次得到的分离出的细胞。余下的组织块中加入10 mL新胰酶继续消化。

(14) 消化的同时，上述含培养基和细胞上清的锥形管以1200 r/min离心4 min。轻轻吸去上清，加5 mL接种培养基重新悬浮细胞团。

(15) 重复(11)～(14)步骤9次或直至只剩余少许组织为止。将所用细胞悬液集中于一支锥形管中。

(16) 最后一次沉淀细胞，加接种培养基至10 mL，吹打几次以散开所有细胞团。

(17) 将上述10 mL悬液转移到100 mm规格的无菌组织培养平皿中，于5%CO_2高湿度的37℃温箱中放置1～1.5 h，目的是减少成纤维细胞的污染(这些细胞比心脏细胞贴壁快)。

若细胞培养超过三天，就可以在头三天的培养液中加入0.1 mmol/mL BrdU：(2′-脱氧尿嘧啶核苷)(Sigma公司)以阻止成纤维细胞的繁殖。

(18) 孵育后，收集所有平皿中的培养液，培养液包含非贴壁细胞(经富集了心脏细胞)，每个平皿用10 mL预温的接种培养液洗涮后收集。量一量最后所收集溶液的体积，用台盼蓝拒染法计数细胞。一般地，总细胞数在5×10^7～1×10^8，成活率约85%。

(19) 用接种培养基将细胞密度调整至5×10^5～6×10^5个细胞/mL，制成接种液。

(20)每只35 mm规格平皿加2 mL上述接种液，60 mm规格的平皿加5 mL的接种液，孵育4～6 h。

如果接种用平皿不带玻璃盖玻片，可用Primeria^R(Falcon)组织培养皿代替。如果加了盖玻片，任何组织培养皿都可使用，但必须先将之处理一下以利于心脏细胞附着：涂些聚赖氨酸(相对分子质量30 000～70 000，Sigma)很有效。用0.10 mg/mL的聚赖氨酸包被盖玻片5 min，然后无菌水冲洗，空气中晾干，紫外线灭菌。也有别的方法，就是先用加有10% FBS的培养基浸泡盖玻片1～2 h，用前吸去培养基，但这种方法不如前种方法奏效。

(21) 4～6 h后，用培养基或生理盐水液(一定要预温至37℃)轻轻洗涮平皿两次，倒掉，加入交换培养基继续孵育过夜。

(22) 用培养基或生理盐水(务必预温到37℃)冲洗平皿两次，加入新配制的交换培养基。继续温育，两天换一次液。

不加BrdU处理的话，心脏细胞跳动现象可持续至培养第7天，若加以BrdU处理，则可持续两周。

思　考　题

1. 从动物组织中分离培养细胞需注意哪些问题?
2. 胰酶处理时间对细胞培养有何影响?
3. 培养的心脏细胞和其他细胞系如肿瘤细胞有何异同之处?

实验十三　哺乳动物早熟染色体凝聚诱导

相关理论知识

早期染色体凝聚现象(premature chromosome condensation,PCC),以 M 期的 HeLa 细胞与 G_1 期、S 期、G_2 期的细胞相互融合,发现那些原来不会出现形态的间期细胞,核居然多现提早凝集的染色体,形态各异,由此揭示 M 期细胞中具有诱导染色质凝集的活性因子,称为成熟促进因子(MPF)。PCC 现象不受物种分类所限制,如人、牛、马、鸡、鱼、昆虫的细胞之间都能诱导 PCC,因此,MPF 在真核细胞中普遍存在。

目 的 要 求

(1) 掌握细胞融合技术;

(2) 了解 MPF 的作用的机制和用途。

实 验 原 理

由于 M 期细胞中含有 MPF(促成熟因子),当处于 M 期的细胞与处于间期的细胞融合后,MPF 诱导间期细胞核膜破裂,染色质凝集,形成早熟染色体凝集现象(PCC)。

材料与器材

1. 材料

HeLa 细胞。

2. 试剂

45%PEG(以 RPMI 1640 配制)、Eagle MEM 培养液、Hank's 液、Giemsa 染液、1%地衣红。

3. 器材

恒温箱、恒温水浴、倒置显微镜、细胞离心涂片机、显微镜、离心管、培养瓶、载玻片、盖玻片、吸管、移液管、量筒。

实 验 步 骤

1. 有丝分裂细胞的准备

(1) 将 HeLa 细胞接种于 3~4 个大方瓶中,在细胞对数生长期,加入最终浓度为 0.05 μg/mL 的秋水仙酰胺,过夜,使细胞阻断于 M 期。

(2) 由瓶侧面叩击,M 期细胞即脱离壁面漂浮。

(3) 将含有 M 期细胞的培养液倒入离心管中计数备用。

(4) 取少量 M 期细胞,在细胞离心涂片机上离心,使细胞沉积于载玻片上,在卡诺液中固定 2~3 min,加一滴 1%的乙酸地衣红,盖上盖玻片,在显微镜下统计分裂指数(I_M),I_M 达 90%以上则可用于细胞融合。

2. 间期细胞的准备

取间期细胞用 0.25%胰酶溶液消化 2~3 min,弃胰酶,加入 5 mL Hank's 液,用移液管吹打成单个分离细胞,计数,备用。

3. 细胞融合

将 M 期和间期细胞按 1∶1(约各为 10^6 个)混合,用 Hank's 液(pH 6.8 左右)洗两次,离心

(1000 r/min 左右),倾去 Hank's 液。取 45% PEG 液 0.5 mL,一滴滴地加到混合细胞的试管中,并轻轻振荡,整个过程为 90 s。迅速加入 4.5 mL 无血清培养液稀释,在 37℃水浴中培养 15 min,然后离心去上清液,加入 1 mL 有血清培养液,再加入几滴 1 μg/mL 秋水仙酰胺,混匀,在 37℃水浴中温育 45 min。

4. 制片

细胞温育后加入 10 mL 0.075 mol/L KCl 低渗处理 15 min,滴入新配制的卡诺液数滴(预固定),离心(1000 r/min)5 min,去上清,用手指轻弹试管底部,令细胞分散。加入卡诺液固定 2 次,每次 15 min,制备空干染色体片。第二天用 Giemsa 染液染色。若想立即染色,须用电热风将片子吹干,然后按常规染色。

思 考 题

S 期细胞的早熟染色体凝集有什么特点,为什么?

实验十四　设计创新实验

实验目的

目的是培养学生的创新意识、创新精神、创新能力和科学思维，引导学生的科研兴趣、训练学生的综合科研技能和协作能力，推进学生自主学习、合作学习、研究性学习。

选题范围

（1）细胞生理功能性实验。

（2）各种化合物对细胞的诱导性实验。

（3）细胞的分化研究实验。

实验步骤

在完成基础和综合实验的基础上，学生们根据自己的兴趣在以上范围内，选择一个研究题目进行自主设计，通过自行查阅资料、设计实验方案、填写设计实验申请书、根据自己时间来实验室进行实验研究、自行处理实验数据、撰写实验研究论文等。

设计创新实验申请书、实施程序、工作流程和设计创新实验要求等详细内容见附录 8。

第五篇　免疫学实验

NK 细胞
T 细胞
B 细胞
浆细胞
树突状细胞
淋巴
干细胞
红细胞
CFU-E
BFU-E
中性粒细胞
CFU-G
多能
干细胞
单核细胞
巨噬细胞
CFU-M
CFU-
GEMM
嗜酸粒细胞
CFU-Eo
嗜碱粒细胞
CFU-Bas
血小板
BFU-MK
CFU-MK
巨核细胞

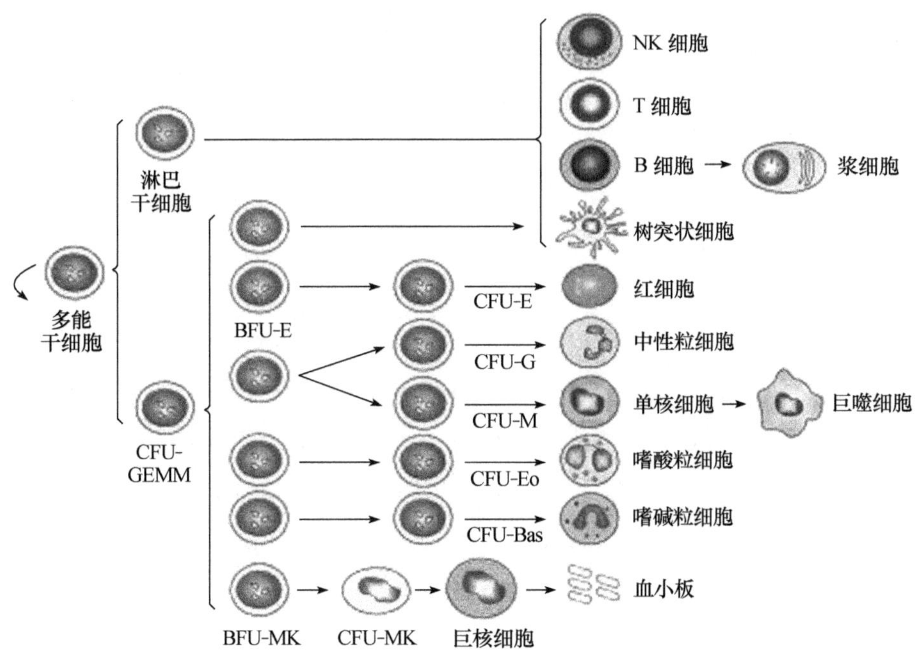

实验备忘记录

实验一　淋巴细胞功能检测

相关理论知识

淋巴细胞包括T细胞及B细胞，这类细胞是克隆分布的，每一克隆的细胞，表达一种识别抗原受体，特异识别、结合一种抗原或单一的抗原表位(抗原分子中决定抗原特异性的基本结构单位)。T细胞识别的主要是蛋白质中的多肽，该类多肽抗原表达于抗原递呈细胞表面，并与MHC分子形成复合物而被T细胞受体(TCR)结合，使相应克隆的T细胞活化，然后经过克隆扩增以增加细胞数目，并进一步分化为效应细胞，执行效应功能，杀伤靶细胞；还有部分细胞分化为记忆性T细胞，再遇相同抗原时，即可迅速克隆扩增，发挥效应功能；B细胞识别可溶性抗原，B细胞表面受体(BCR)特异地识别及有效地结合相应抗原将诱导B细胞激活、增殖并分化为浆细胞或记忆细胞，浆细胞分泌特性性抗体来发挥免疫防御功能。

从以上的介绍中可以看出淋巴细胞的增殖和分化是机体免疫应答过程中的一个重要阶段，对淋巴细胞数量和功能的测定是免疫细胞检测技术的重要内容。在本实验中，我们将分别介绍淋巴细胞分离技术及T、B淋巴细胞功能检测的方法。

一　淋巴细胞的分离和计数

目的要求

(1) 了解淋巴细胞的分离和计数的实验原理；

(2) 掌握淋巴细胞的分离和计数实验的操作方法。

实验原理

外周血液中的单个核细胞包括淋巴细胞和单核细胞。常用来分离人外周血单个核细胞(PBMC)的分层液相对密度是1.077±0.001的聚蔗糖(ficoll)——泛影葡胺(urografin)(F/H)分层液。红细胞、粒细胞相对密度大，离心后沉于管底；淋巴细胞和单核细胞的相对密度小于或等于分层液相对密度，离心后漂浮于分层液的液面上，也可有少部分细胞悬浮在分层液中。吸取分层液液面的细胞，就可从外周血中分离到单个核细胞，其中，淋巴细胞占90%以上。

材料与器材

1. 材料

抗凝人外周血。

2. 试剂

淋巴细胞分层液、Hank's液、0.2%台盼蓝染色液、10%小牛血清RPMI1640。

3. 器材

细胞计数板、高速冷冻离心机、可调式微量移液器、CO_2培养箱、酶标测定仪。

实验步骤

(1) 在试管中加入适量淋巴细胞分离液(与待分离的血液体积比为1∶2)。

(2) 取肝素抗凝静脉血与等量Hank's液混匀，用滴管沿管壁缓慢叠加于分层液面上，注意保持清楚的界面。1500 r/min离心20 min。

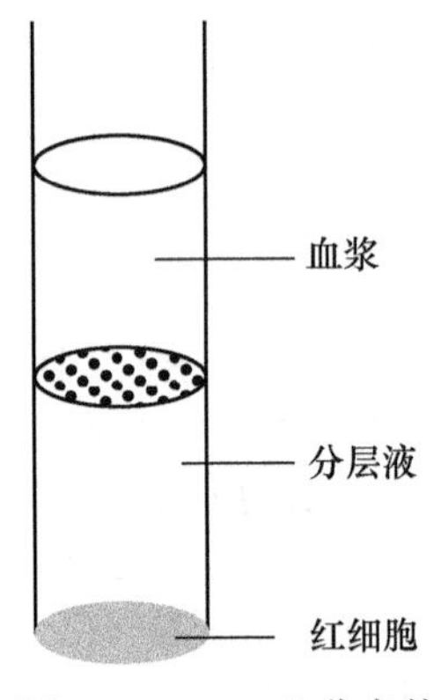

图 5-1-1 Ficoll 分离外周血淋巴细胞示意图

(3) 离心后管内分为三层，上层为血浆和 Hank's 液，下层主要为红细胞和粒细胞，中层为淋巴细胞分离液。在上、中层界面处有一以单个核细胞为主的白色云雾层狭窄带，包括淋巴细胞和单核细胞(图 5-1-1)。

(4) 小心吸取单个核细胞层，置入另一短试管中，加入 2 倍以上体积的 Hank's 液，1500 r/min 离心 10 min，洗涤细胞两次。

(5) 末次离心后，弃上清，加入含有 10%小牛血清的 RPMI1640，重悬细胞。

(6) 取 1 滴细胞悬液与 1 滴 0.2%台盼蓝染液混合，于血球计数板上，计数 4 个大方格内的细胞总数。

$$每毫升细胞数=\frac{4个大方格细胞总数}{4}\times 10^4\times 稀释倍数$$

注 意 事 项

(1) 向分层液中加血细胞时一定要缓慢。

(2) 吸取单个核细胞时尽量不要混有分层液。

(3) 计数时淋巴细胞在 16 个小格内的数目不要超过 100。

(4) 保持淋巴细胞的活性是非常重要的，所以一般情况下，采血后立即进行分离。

二 T 淋巴细胞功能检测——转化试验

目 的 要 求

(1) 了解 T 细胞转化试验的原理。

(2) 掌握 T 细胞转化试验——MTT 法的操作方法。

实 验 原 理

T 细胞在体外培养时，在非特异性有丝分裂原(如 PHA、ConA)或特异性抗原刺激因素存在条件下，代谢旺盛，蛋白和核酸合成增加，形态学上表现出细胞体积增大即发生淋巴母细胞化。淋巴母细胞化的程度可以间接反映机体的细胞免疫功能水平和状态，因此可作为测定机体细胞免疫功能的指标之一。

淋巴细胞转化试验的方法主要有形态法、MTT 法和同位素法三种。

MTT 法即四甲基偶氮唑盐微量酶反应比色法。MTT 是一种噻唑盐，化学名 3-(4,5-二甲基-2-噻唑)-2,5-二苯基溴化四唑，水溶液为黄橙色。小鼠脾细胞受到 ConA 作用后发生增殖活化，其胞内线粒体琥珀酸脱氢酶活性相应升高，MTT 作为其底物参与反应，形成蓝色的甲臜(formazan)颗粒沉积于细胞内或细胞周围，经盐酸-异丙醇溶解后为蓝色溶液，可用酶标测定仪测定细胞培养物的 OD 值，测定波长 570 nm。根据 OD 值的大小计算反应体系中细胞增殖程度。

^{3}H-TdR 掺入法：细胞增殖的基本条件或前提为细胞质和细胞核的复制，这是正常细胞增殖过程缺一不可的前提。一般来说，一个细胞周期可大致分为四期，即 G_1 期、S 期、G_2 期和 M 期。其中 S 期为 DNA 合成期，主要功能活动为 DNA 合成。^{3}H-TdR 即(甲基-^{3}H)胸腺嘧啶核苷[(^{3}H-methyl) thymidine]，是 DNA 合成的前体。加入细胞培养液中后被细胞摄取作为 DNA 合成的原料。细胞合成的 DNA 越多，则所掺入的^{3}H-TdR 就越多，因此，检测所掺入的^{3}H-TdR 就可反映细胞增殖的程度。因该方法有同位素污染问题，故我们实习中仍用 MTT 法。

材料与器材

1. 材料

纯系小鼠。

2. 试剂

(1) IMDM 培养液、Hank's 液、MTT 1 mg/mL、2.5%碘酒、75%酒精、DMSO。

(2) 刀豆蛋白 A(ConA),用 IMDM 液配成 1 mg/mL,分装小瓶,冷冻保存。

3. 器材

微量移液器、无菌解剖器械、96 孔平底培养板、5%CO_2 培养箱、酶标测定仪。

实 验 步 骤

(1) 取一个灭菌的平皿,加入 5mL Hank's 液。脱臼处死小鼠,无菌取脾脏,放入平皿中,在钢网上研磨并过筛,制成细胞悬液。

(2) 计数。

(3) 将细胞悬液移入一离心管中,1500 r/min 离心 10 min,弃上清,用 IMDM 培养液稀释,制成 5×10^6/mL 的脾细胞悬液,然后加入 ConA 使每孔最终浓度为 2 μg/mL,同时做阴性对照。

(4) 将上述细胞悬液加入 96 孔平底培养板中,每孔 100 μL。

(5) 将培养板放入含有 5% CO_2 的 37℃培养箱中培养 72 h,在培养结束前 4～6 h,于培养板各孔内加入 1 mg/mLMTT 液,10 μL/孔,37℃培养 6 h。

(6) 各孔内加入 DMSO 50 μL,用酶标测定仪测 OD 值,测定波长为 570 nm。

实 验 结 果

转化值=实验组的平均 OD 值－对照组的平均 OD 值。

注 意 事 项

(1) 注意无菌操作。

(2) 细胞操作要轻柔、迅速,以免细胞损伤影响实验结果。

三　B 淋巴细胞功能检测——溶血空斑试验

目 的 要 求

(1) 了解 B 淋巴细胞功能检测的实验原理。

(2) 掌握 B 淋巴细胞功能检测——溶血空斑试验的操作方法。

实 验 原 理

溶血空斑形成试验的基本原理是将经特异性抗原免疫的小鼠脾细胞与一定量的抗原细胞混合,在补体参与下,使抗体形成细胞周围那些受到抗体分子致敏的抗原细胞溶解,形成肉眼可见的溶血空斑。主要用于测定 B 细胞抗体产生能力。

材料与器材

1. 材料

豚鼠血清(补体)、绵羊红细胞、小鼠。

2. 试剂

1.4%琼脂、0.7%琼脂、生理盐水、IMDM。

3. 器材

冰箱、放大镜。

实验步骤

(1) 底层琼脂平皿的制备：将1.4%琼脂加热融化后倾注于平皿内，每个平皿6 mL，凝固后置湿盒内于37℃备用。

(2) 0.7%琼脂加热融化后加入小三角烧瓶内，50℃水浴保温备用。

(3) 免疫小鼠脾细胞悬液制备：用4×10^3个绵羊红细胞(SRBC)盐水悬液腹腔免疫小鼠，对照为等量生理盐水。4天后，小鼠拉脱颈椎处死，取出脾脏，于含IMDM的平皿内不锈钢筛网上研磨成悬液，洗涤两次，调整细胞数为5×10^6/mL。台盼蓝染色查活细胞数应大于90%。置4℃冰箱备用。

(4) 试验平皿的制备：依次将预温37℃左右的25%SRBC以及保存于4℃的脾细胞悬液各0.1 mL加入预热50℃的含0.7%琼脂的三角烧瓶中，迅速混匀，立即倾注于铺有底层琼脂的平皿内，凝固后，置37℃孵育1 h。

(5) 加入1∶10～1∶5稀释的新鲜豚鼠血清0.5～1.0 mL，使其均匀覆盖表面，再次置37℃温育30 min，即可用肉眼或借助于放大镜进行空斑计数。

注意事项

(1) 0.7%琼脂必须置50℃水浴融态保温。

(2) 离体的脾细胞应置4℃冰箱保存。

(3) 加入的补体应均匀覆盖于表层琼脂上。

思考题

1. 分离淋巴细胞时，其位于分离液的哪一层？
2. 检测淋巴细胞增殖，常用几种方法？
3. 溶血空斑试验可用来检测什么？

实验二　NK 细胞功能检测

相关理论知识

NK 细胞即天然杀伤细胞(naturall killer cell),是一类无需抗原致敏就能杀伤靶细胞的介导非特异性免疫应答的淋巴样细胞,其胞浆中含有颗粒故又称为大颗粒淋巴细胞。NK 细胞对肿瘤细胞和某些病毒感染细胞有明显的杀伤作用,它是抗体依赖的细胞介导的细胞毒作用(ADCC)的重要效应细胞,即当 IgG 与靶细胞结合并与 NK 细胞的 CD16 结合时可引起 NK 细胞对靶细胞的杀伤作用;除此以外,NK 细胞也可以通过与靶细胞结合而直接被活化,继而释放细胞毒性因子而导致靶细胞死亡。

检测 NK 细胞活性是评价机体细胞免疫功能的重要指标之一。检测方法主要有三种:放射性核素释放法、细胞染色法和酶释放检测法。本实验采用的是敏感性较高的放射性核素释放法。

目 的 要 求

(1) 了解 NK 细胞功能检测的原理;

(2) 掌握 NK 细胞功能检测的操作方法。

实 验 原 理

用放射性核素标记 NK 细胞的靶细胞,当 NK 细胞对靶细胞进行杀伤时,导致靶细胞裂解而释放出放射性核素,通过测定释放出来的或留在未被杀伤的细胞内的放射性核素的放射活性,即可推测 NK 细胞的细胞毒活性。常用的放射性核素有^{51}Cr、^{3}H-TdR、^{125}I-UdR 等,我们采用的是^{51}Cr。

^{51}Cr 进入增殖期靶细胞内可与胞浆内的大分子物质结合而使靶细胞被标记;当标记有^{51}Cr 的靶细胞与 NK 细胞共孵育而被杀伤时,即释放^{51}Cr,^{51}Cr 发射 γ 射线,通过测定靶细胞释放到培养上清中^{51}Cr 的 cpm 值来推算 NK 细胞活性。

材料与器材

1. 材料

效应细胞:人外周血单个核细胞(PBMC)。

靶细胞:慢性骨髓性白血病母细胞 K562 细胞株。

2. 试剂

IMDM 培养液(含 10%胎牛血清)、细胞分层液、^{51}Cr。

3. 器材

自然杀伤管、CO_2 培养箱、γ 射线计数仪、高速冷冻离心机、可调式微量移液器、酶标仪、高通量自动洗板机。

实 验 步 骤

(1) 制备效应细胞:采用淋巴细胞分层液分离人 PBMC,用含 10%胎牛血清的 IMDM 培养液调节细胞浓度为 5×10^6/mL,待用。

(2) 靶细胞标记:取生长状态良好的靶细胞 K562,用培养液调节细胞浓度为 4×10^6/mL,加入100 μL Na_2CrO_4(100～200 μCi)，置5% CO_2 孵箱37℃培养1 h；培养液洗涤细胞3次，洗去未结合的^{51}Cr后重悬细胞至1×10^5/mL。

(3) 在自然杀伤管(NR)中，效应细胞和靶细胞各0.2 mL，效靶比为50∶1；在最大释放管(MR)中加入0.2 mL效应细胞，再加IMDM 0.2 mL；在自然释放管(SR)中加靶细胞0.2 mL，再加IMDM 0.2 mL。上述各管设3复孔，置于37℃，5% CO_2 孵育4 h。

(4) 各管分别加入冷的Hank's液0.6 mL终止反应，3500 r/min离心10 min后，各取0.5 mL上清加于计数管内，于γ计数仪上测量其cpm值。

实验结果

自然杀伤率(%)=(NR管cpm均值－SR管cpm均值)/(MR管cpm均值－SR管cpm均值)×100%

自然释放率(%)=[SR管cpm均值－BG(背景)管cpm均值]/(MR管cpm均值－BG管cpm均值)×100%

注意事项

(1) 要注意保证效应细胞的活力及靶细胞的质量，靶细胞的存活率应＞95%。

(2) 效靶细胞比率一般选择(50～100)∶1。

(3) 注意防护同位素损伤和污染。

思考题

1. NK细胞杀伤试验中，效靶比应为多少？

2. NK细胞杀伤试验中，对照组包括那些？

实验三　抗体的制备——多克隆抗体的制备

相关理论知识

抗体是指能与相应抗原特异性结合的具有免疫功能的球蛋白，是由特异性B细胞经过抗原识别、活化，增殖分化为抗体产生细胞即浆细胞所分泌的，主要存在于血清、黏膜分泌液及其他体液中。天然抗原分子中常含多种不同抗原特异性的抗原表位（即抗原决定簇），可被不同的T或B细胞克隆所识别；以该抗原物质刺激机体免疫系统，体内多个B细胞克隆被激活，产生的抗体中实际上含有针对多种不同抗原表位的免疫球蛋白，称为多克隆抗体（polyclonal antibody，pAb）。获得多克隆抗体的途径主要有动物免疫血清、恢复期病人血清或免疫接种人群。其优点是：作用全面，具有中和抗原，还可介导补体依赖的细胞毒作用（CDC）及抗体介导的补体依赖的细胞毒作用（ADCC）；缺点是：特异性差，易发生交叉反应。

目的要求

（1）了解动物的饲养。

（2）掌握抗原的制备和纯化的原则和操作方法。

（3）熟练掌握免疫的方法和程序。

（4）掌握抗体效价的测定方法。

一　抗原的制备和纯化

抗原是诱导机体产生特异性抗体、并能与抗体发生特异性反应的物质。抗原的质量是能否制得合格的抗体最重要的因素之一，同时，作为诊断试剂的抗原也必须是单一特异性的，即纯化的抗原。自然界众多的物质皆可成为抗原，但其中的绝大多数是复合成分，因此，抗原的纯化是一个很重要的过程。按抗原的性质和组成成分不同，制备和纯化的方法也有区别，简述如下。

（一）颗粒性抗原的制备

颗粒性抗原主要是指细胞性抗原或细菌、病毒性抗原。最常用的细胞性抗原有红细胞，如制备溶血素用的绵羊红细胞。这种抗原制备比较简单。采集新鲜绵羊红细胞，以无菌盐水洗涤3次（每次离心2000 r/min 10 min），最后配成1×10^6个/mL浓度的细胞悬液，即可应用。细菌抗原多用液体或固体培养物培养一段时间后，收集菌液经离心处理。颗粒抗原悬液呈乳浊状，多采用静脉内免疫法，较少使用佐剂作皮内注射。

（二）可溶性抗原的制备和纯化

绝大多数蛋白质是可溶性抗原。这些蛋白质多为复杂的蛋白组分，为了取得更好的免疫效果，在免疫前需要对蛋白质进行纯化。以免疫化学纯化方法为例进行介绍。

1. 组织和细胞粗抗原的制备

蛋白质多来源于动植物的组织或细胞，这些材料在取得可溶性蛋白质之前，必须先进行处理，以适合于进一步纯化。

（1）组织细胞抗原的制备。所用组织必须是新鲜的或低温（液氮）保存的。器官或组织得到后立即去除表面的包膜或结缔组织以及一些大血管。如有条件，脏器应进行灌注，除去血管内残留的血液。处理好的组织用生理盐水洗去血迹及污染物。将洗净的组织剪成小块，用捣碎机或研磨的方法进行粉碎。组织匀浆通过2000～3000 r/min离心10 min后分成两个部分：沉淀物含有大量的组织细胞和碎片；上清液作为提取可溶性抗原的材料，提取前还要通过 1000～2000 r/min 高速离心 20～30 min，以除去微小的细胞碎片，此时上清液应澄清。

(2) 组织细胞或培养细胞可溶性抗原的制备。抗原用的细胞包括正常细胞、病理细胞(如肿瘤细胞)或传代细胞。组织细胞的制备一般通过上述机械破碎后取得或通过酶消化，所用的酶大多为胃蛋白酶或胰酶。通过酶解将细胞间质蛋白消化，获得游离的单个细胞。细胞抗原一般分为三个组分：膜蛋白抗原、细胞浆抗原(主要为细胞器)和细胞核及核膜抗原。三种抗原的制备皆需将细胞破碎，方法有如下几种。

① 反复冻融法：将待破碎的细胞(有时为整块组织)置－80℃冰箱内冻结，然后缓慢地融化。如此反复几次，大部分组织细胞及细胞内的颗粒可被融破。

② 超声破碎法：对微生物和组织细胞多用此法。处理效果与样品浓度和使用频率有关。一般组织细胞皆易破碎，而细菌，尤其是真菌的厚膜孢子则较难打破。超声波所使用的频率从 1～20 kHz 不等。同样要间歇进行，因长时间超声也会产热，易导致抗原破坏。一次超声 1～2 min，总时间为 10～15 min。

③ 表面活性剂处理法：常用的有十二烷基吡啶、Triton 等。

2. 超速离心和梯度密度离心法

超速离心是分离亚细胞及蛋白质大分子的有效手段，往往是进一步纯化的第一次过筛。超速离心又分差速离心和梯度离心。差速离心系指低速与高速离心交替进行，用于分离大小差别较大的颗粒。梯度密度离心是一种区带分离法，通过离心，沉淀的颗粒比液体的相对密度大，漂浮的颗粒比液体的比重小。通常待分离的悬液中的颗粒比液体重，假如要使之上浮，必须加入第三种成分，使其密度连续或不连续地升高，形成所谓梯度。第三种成分多用甘油、蔗糖、氯化铯或氯化铷等。假如梯度柱的范围所表现的密度同待分离颗粒的密度大致相等时，则经过较长时间离心可得到分离。这种方法称为密度离心或梯度离心。

用超速离心或梯度离心分离和纯化抗原只是一种根据抗原的比重特点分离的方法，目前仅用于少部分大分子抗原。对于大量的中、小分子量蛋白质，多不适宜用超速及梯度密度离心作为纯化手段。

3. 选择性沉淀法

选择性沉淀是采用各种沉淀剂或改变某些条件促使抗原成分沉淀，从而达到纯化的目的。

盐析沉淀法由于方法简便、有效、不损害抗原活性等优点，被广泛应用。

4. 凝胶过滤和离子交换层析

凝胶过滤又名分子筛层析，利用微孔凝胶，将不同相对分子质量的成分分离。离子交换层析是利用一些带离子基团的纤维素或凝胶，吸附交换带相反电荷的蛋白质抗原，将蛋白质抗原按带电荷不同或量的差异分成不同的组分。这两种层析如能共同应用或者反复应用其中的一种，皆可将某一蛋白质从一复杂的组分中纯化出来。

5. 亲和层析

亲和层析是利用生物大分子的生物学特异性，即生物分子间所具有的专一性亲和力而设计的层析技术。例如抗原和抗体、酶和酶抑制剂(或配体)、酶蛋白和辅酶、激素和受体等之间有一种特殊的亲和力，在一定条件下，它们能紧密地结合成复合物。此法的优点是迅速，有时仅需一步即可达到纯化的目的。免疫亲和层析通常专指抗原与抗体。良好的配体必须具备以下 3 个条件：

① 抗原或抗体必须是单一特异性。

② 抗原与抗体之间必须有强的亲和力。

③ 配体必须有一个适当的化学基团，这个基团不参与配体和大分子的特异结合，但可用来连接支持物，而且这种连接不应当影响配体与大分子结合的亲和性。

6. 纯化抗原的鉴定

纯化抗原的鉴定方法较多，常用的有聚丙烯酰胺凝胶电泳法、结晶法、免疫电泳法、免疫双扩散法等。蛋白抗原的定量可用生化分析中的常用方法。根据测试抗原量的多少可用双缩脲法或酚试剂法。如果抗原极为宝贵，可用紫外光吸收法。

二　动物的免疫

（一）免疫动物的选择策略

能用作免疫的动物主要是哺乳类和鸟类。常用的有家兔、绵羊、豚鼠、小鼠、鸡等，有时根据需要也可选用较大的动物如山羊和马。挑选合适的动物进行免疫对于收获目的血清的数量和质量极为重要，通常在选择免疫动物主要考虑以下的几个因素。

1. 抗原与动物种属关系

抗原与免疫动物的种属关系差异越远越好。

2. 动物个体的选择

选择用于制备免疫血清的动物必须是适龄、健康，最好为雄性无病原体感染的正常动物，体重合乎要求，如家兔年龄选择在 6 个月以上，体重最好在 2～3 kg。

3. 抗原性质与动物种类

不同动物种类对同一免疫原有不同的免疫应答表现，因此对不同性质的免疫原，所选用的动物有所不同。这一点通常需要预实验来进行确认。

4. 制备大量的免疫血清应选体型较大的动物

如马等，动物免疫后要认真做好动物的编号、标记、管理和记录，增加营养饲料，注意动物体温、体重、呼吸、粪便是否正常，注射部位及是否有其他异常表现等。

（二）免疫途径、免疫剂量和免疫程序的选择

选定用于制备免疫血清用的动物后，就要根据抗原的性质确定一定的免疫剂量、接种途径及免疫间隔时间，这些条件对于能否成功制备免疫血清同样非常重要。

1. 免疫剂量

决定抗原的免疫剂量时最主要的考虑因素是抗原的免疫原性。免疫原性强的抗原注射剂量应小一些，免疫原性弱的抗原注射剂量应大一些，但是注射量不宜过大，以免导致免疫耐受。通常家兔的免疫剂量为 100～200 μg 蛋白，豚鼠和大鼠的免疫剂量为 10～100 μg 蛋白，小鼠的免疫剂量为 5～50 μg 蛋白。为提高免疫效果，可以使用佐剂。通常动物用的佐剂为弗氏佐剂。

2. 免疫途径

免疫途径有时对免疫的成功有明显的影响，免疫途径通常有静脉、腹腔、肌肉、皮下、皮内、淋巴结、脚掌等，具体依不同的免疫方案而异。

免疫时通常采用多点注射，如足掌、腋窝淋巴结周围、背部两侧、耳后等处的皮内或皮下。皮内易引起细胞免疫反应，皮内注射较困难特别是天冷时更难注入。静脉或腹腔注射后抗原能很快进入血液，一般多用于颗粒性抗原的免疫和加强注射。如抗原量比较小或制备不易，也可采用淋巴结内微量注射法，只需 10～100 μg 抗原即可获得较好的免疫效果。

3. 免疫方案

抗体产生具有一定的规律，因此，考虑免疫方案时最主要的依据就是抗体的产生规律。一般而言，机体在首次接触抗原的一周以后，才有可能在其血清中出现抗体，并在 2 周内抗体达到高峰，这段时期称为初次应答（primary response）。在此后的一定时间间隔内，如果再次接触同一

抗原，则特异抗体的生成量将超过初次反应的许多倍，这一现象称为二次应答（secondary response）。鉴于这样的规律，在设计免疫方案时应合理安排免疫次数和时间间隔。通常在首次免疫（基础免疫）2 周后进行加强免疫，加强免疫至少 2 次，必要时需 3～5 次，每次时隔 1～2 周。

三 免疫血清的分离和纯化

在收获免疫血清前，应测定血清抗体的效价。常用免疫扩散和 ELISA 法测定抗体效价，若达到要求，应及时采血，否则抗体量将会下降。不同免疫动物的采血方式不尽相同，也可根据需要进行全采血或部分采血。通常待放血的动物应禁食 24 h，只给予饮水。

1. 采血

目前常用采血方法有以下 3 种。

(1) 颈动脉放血方法：这是最常用的方法，家兔、山羊、绵羊等动物采血常用此方法。此方法放血量较多，动物不易中途死亡，具体方法如下：

① 动物仰面固定于动物固定架上，头部放低，暴露颈部。

② 沿颈部中线用 2%普鲁卡因局部麻醉，15 min 后剪开颈中部皮肤。沿气管钝性剥离皮下皮肤组织，至见到淡红色搏动的颈动脉。

③ 在向（近）心端用止血钳夹住（止血钳头部用细塑料管包裹，避免损伤动脉）颈动脉，在远心端用绳结扎。然后用小的尖头眼科剪刀在中间的动脉壁上剪开一小口，插入塑料放血管并用丝线固定好。

④ 轻轻松开止血钳，使血液很快射入玻璃瓶，直至彻底放血。

(2) 心脏采血：将动物固定于仰卧或垂直位，用食指触其胸壁探明心脏搏动最明显处，用适合大小的针头在该部位于胸壁成 45°刺入，针头刺中心脏有明显的落空感。待血液进入针筒后固定位置取血。本法常用于家兔、豚鼠、大白鼠、鸡等小动物，如操作不当易引起动物死亡。

(3) 静脉采血：家兔可用耳中央静脉，山羊、绵羊、马和驴可用颈静脉。这种放血法可隔日一次，有时可采集多量血液。家兔采用耳静脉切开法可采集数毫升左右血液。小白鼠取血通常用摘除眼球或断尾法，每只小鼠可获 1～1.5 mL 血液。

2. 血清分离

抗体存在于血液的血清部分，采血后一旦血清析出，应立即将血清与血细胞分离。

(1) 从血液中直接分离血清：血液置室温中凝固约 1 h，然后置 4℃过夜，使血块收缩。将血块自容器壁分离，也可通过离心进一步去除血细胞。收获的血清分装后存于－80℃冰箱。

(2) 从血浆中分离血清：如果血液中加了抗凝剂，可将血浆脱纤维以制备血清。这样可以去除一些污染物，如凝血因子，并且在操作过程中标本不会凝固。但脱纤维过程中一些蛋白可被内源性蛋白酶降解。

四 血清抗体效价的测定

可利用免疫沉淀反应及间接 ELISA 等方法对抗体效价进行测定，详细步骤请参见本篇内相关实验。

思 考 题

1. 何为多克隆抗体？
2. 制备多克隆抗体包括哪几个主要步骤？

实验四　抗体的制备——单克隆抗体的制备

相关理论知识

免疫血清制备的抗体是针对抗原分子上不同抗原表位产生的一种多样抗体的混合物即多克隆抗体；那么仅针对一个抗原表位的一个B淋巴细胞或克隆所分泌的单一表位特异性抗体即为单克隆抗体(monoclonal antibody，McAb)。其优点是结构均一、纯度高、特异性强、效价高、血清交叉反应少或无。由于目前单克隆抗体都是鼠源的，因此其缺点是具有较强的免疫原性，反复使用可诱导产生人抗鼠的免疫应答从而被清除。单克隆抗体在生物学和医学研究领域显示了极大的应用价值，它是亲和层析中重要的配体，是免疫组化中主要的抗体，是免疫检验中的新型试剂，是生物治疗的导向武器。

目的要求

(1) 了解单克隆抗体制备的原理；

(2) 掌握单克隆抗体制备的操作方法。

实验原理

1975年，Kohler和Milstein发现将小鼠骨髓瘤细胞和绵羊红细胞免疫的小鼠脾细胞进行融合，形成的杂交瘤细胞既可产生抗体，又可无限增殖，从而创立了单克隆抗体杂交瘤技术。这一技术利用瘤细胞的无限生长特性和B细胞产生抗体的特性，通过体外的细胞融合技术和细胞培养技术获得并筛选能产生抗体的杂交瘤细胞，从而得到针对抗原某种表位的特异的单克隆抗体。

材料与器材

1. 材料

纯系小鼠、骨髓瘤细胞。

2. 试剂

抗原完全佐剂、不完全佐剂、细胞培养液、HT培养基(次黄嘌呤和胸腺嘧啶核苷培养基)、HAT选择培养基(次黄嘌呤、氨基蝶呤、胸腺嘧啶核苷培养基)、胎牛血清、磷酸盐缓冲液、DMSO。

3. 器材

超净工作台、细胞培养瓶、酶标板、酶标仪、CO_2孵箱、倒置显微镜、离心机、水箱、细胞冻存管、小鼠手术器材。

实验步骤

制备单克隆抗体包括动物免疫、细胞融合、选择杂交瘤、检测抗体、杂交瘤细胞的克隆化、冻存以及单克隆抗体的大量生产，要经过几个月的一系列实验步骤，下面按照制备单克隆抗体的流程顺序(图5-4-1)，逐一介绍其实验方法。

(一) 细胞融合前准备

1. 免疫方案

选择合适的免疫方案对于细胞融合杂交的成功，获得高质量的McAb至关重要。一般要在

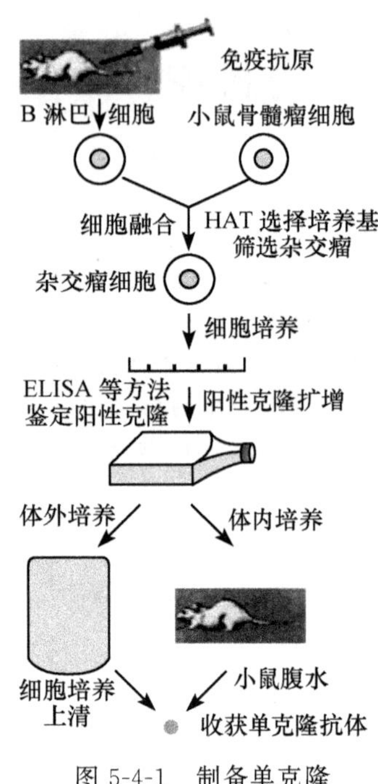

图 5-4-1 制备单克隆抗体的流程

融合前两个月左右确立免疫方案开始初次免疫，免疫方案应根据抗原的特性不同而定。

颗粒性抗原免疫性较强，不加佐剂就可获得很好的免疫效果。可溶性抗原免疫原性弱，一般要加佐剂，常用佐剂：福氏完全佐剂，福氏不完全佐剂。要求抗原和佐剂等体积混合在一起，研磨成油包水的乳糜状，放一滴在水面上不易马上扩散呈小滴状表明已达到油包水的状态。商品化福氏完全佐剂在使用前需振摇，使沉淀的分枝杆菌充分混匀。

常规的免疫程序如下：

初次免疫：Ag 1～50 μg 加福氏完全佐剂皮下多点注射

（一般 0.8～1 mL 0.2 mL/点）

↓3 周后

第二次免疫：剂量同上，加福氏不完全佐剂皮下或腹腔注射(ip)

（ip 剂量不宜超过 0.5 mL）

↓3 周后

第三次免疫：剂量同上，不加佐剂，ip

（5～7 天后采血测其效价，检测免疫效果）

↓2～3 周后

加强免疫：剂量 50～500 μg 为宜，ip 或 iv(静脉注射)

↓3 天后

取脾融合

2. 饲养细胞

常用的饲养细胞有：小鼠腹腔巨噬细胞（较为常用）、小鼠脾脏细胞或小鼠胸腺细胞，也有人用小鼠成纤维细胞系 3T3 经放射线照射后作为饲养细胞，使用比较方便，照射后可放入液氮罐长期保存，随用随复苏。

小鼠腹腔巨噬细胞的制备：

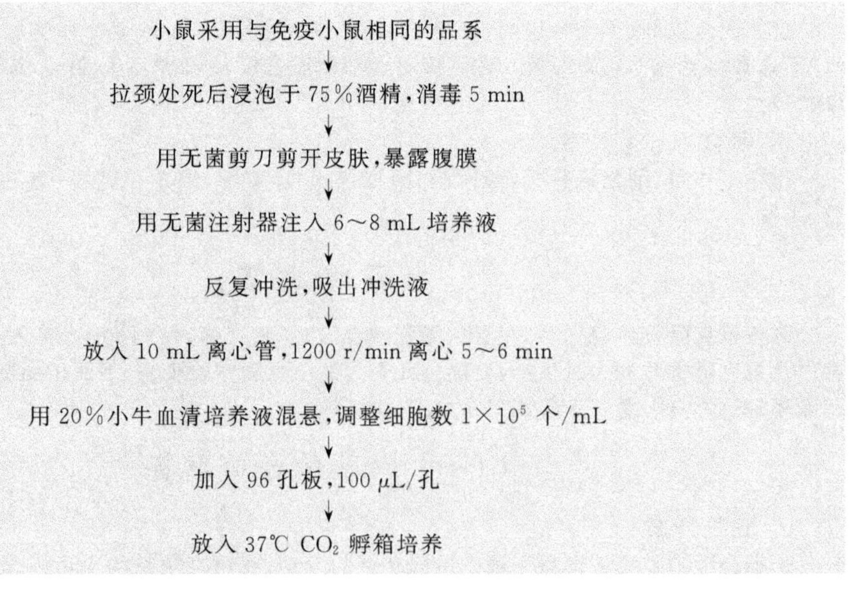

小鼠采用与免疫小鼠相同的品系

↓

拉颈处死后浸泡于 75%酒精，消毒 5 min

↓

用无菌剪刀剪开皮肤，暴露腹膜

↓

用无菌注射器注入 6～8 mL 培养液

↓

反复冲洗，吸出冲洗液

↓

放入 10 mL 离心管，1200 r/min 离心 5～6 min

↓

用 20%小牛血清培养液混悬，调整细胞数 1×10^5 个/mL

↓

加入 96 孔板，100 μL/孔

↓

放入 37℃ CO_2 孵箱培养

一般饲养细胞在融合前一天制备,一只小鼠可获得 5×10^6～8×10^6 个腹腔巨噬细胞,若用小鼠胸腺细胞作为饲养细胞时,细胞浓度为 5×10^6 个/mL,小鼠脾细胞为 1×10^6/mL,均为 100 μL/孔。

3. 骨髓瘤细胞

骨髓瘤细胞系应和免疫动物属于同一品系,这样杂交融合率高,也便于接种杂交瘤细胞在同一品系小鼠腹腔内产生大量 McAb。

常用骨髓瘤细胞系有:NS1、SP2/0、X63 Ag8.653 等。

骨髓瘤细胞的培养适合于一般的培养液,如 RPMI1640,DMEM 培养基。小牛血清的浓度一般在 10%～20%,细胞的最大密度不得超过 1×10^6 个/mL,一般扩大培养以 1∶10 稀释传代,每3～5天传代一次。细胞的倍增时间为 16～20 h,上述三株骨髓瘤细胞系均为悬浮或轻微贴壁生长,只用弯头滴管轻轻吹打即可悬起细胞。

一般在准备融合前的两周就应开始复苏骨髓瘤细胞,为确保该细胞对 HAT 的敏感性,每3～6月应用 8-AG(8 杂氮鸟嘌呤)筛选一次,以防止细胞的突变。

保证骨髓瘤细胞处于对数生长期,良好的形态,活细胞计数高于 95%,也是决定细胞融合的关键。

4. 免疫脾细胞

免疫脾细胞指的是处于免疫状态脾脏中 B 淋巴母细胞即浆母细胞。一般取最后一次加强免疫 3 天以后的脾脏,制备成细胞悬液,由于此时 B 淋巴母细胞比例较大,融合的成功率较高。

脾细胞悬液的制备:在无菌条件下取出脾脏,用不完全的培养液洗一次,置平皿中不锈钢筛网上,用注射器针芯研磨成细胞悬液后计数。一般免疫后脾脏体积约是正常鼠脾脏体积的 2 倍,细胞数为 2×10^8 左右。

(二)细胞融合,选择杂交瘤

1. 细胞融合流程

(1)取对数生长的骨髓瘤细胞 SP2/0,1000 r/min 离心 5 min,弃上清,用不完全培养液混悬细胞后计数,取所需的细胞数,用不完全培养液洗涤 2 次。

(2)同时制备免疫脾细胞悬液,用不完全培养液洗涤 2 次。

(3)将骨髓瘤细胞与脾细胞按 1∶10 或 1∶5 的比例混合在一起,在 50 mL 塑料离心管内用不完全培养液洗 1 次,1200 r/min,8 min。

(4)弃上清,用滴管吸净残留液体,以免影响 PEG 的浓度。

(5)轻轻弹击离心管底,使细胞沉淀略加松动。

(6)30 s 内加入预热的 1 mL 45% PEG(Merek,相对分子质量 4000)含 5% DMSO,边加边搅拌。作用 90 s,加预热的不完全培养液,终止 PEG 作用,每隔 2 min 分别加入 1 mL,2 mL,3 mL,4 mL,5 mL 和 10 mL。

(7)800 r/min 离心 6 min。

(8)弃上清,先用 6 mL 左右 20%小牛血清 RPMI1640 轻轻混悬,切记不能用力吹打,以免使融合在一起的细胞散开。

(9)根据所用 96 孔培养板的数量,补加完全培养液,10 mL 一块 96 孔板。

(10)将融合后细胞悬液加入含有饲养细胞的 96 孔板,100 μL/孔,37℃、5% CO_2 孵箱培养。

2. HAT 选择杂交瘤

一般在融合 24 h 后,加 HAT 选择培养液。HT 和 HAT 均有商品化试剂 50×储存,用时

1 mL加入 50 mL 20%小牛血清完全培养液中。

因为在培养板内已加入饲养细胞、融合后的细胞，200 μL/孔。所以在加选择培养液时应加 3 倍量的 HAT。我们认为，融合后最初补加的量可用全量的 2/3 进行选择，可得到满意的筛选结果。

一般选择 HAT 选择培养液维持培养两周后，改用 HT 培养液，再维持培养两周，改用一般培养液。

（三）抗体的检测

筛选杂交瘤细胞通过选择性培养而获得杂交细胞系中，仅少数能分泌针对免疫原的特异性抗体。

一般在杂交瘤细胞布满孔底 1/10 面积时，即可开始检测特异性抗体，筛选出所需要的杂交瘤细胞系。

常用的方法有：

(1) ELISA 用于可溶性抗原（蛋白质）、细胞和病毒等 McAb 的检测，具体方法见本篇实验八。

(2) RIA 用于可溶性抗原、细胞 McAb 的检测。

(3) FACS（荧光激活细胞分类仪）用于检查细胞表面抗原的 McAb 检测。

(4) IFA 用于细胞和病毒 McAb 的检测。

上述方法均为一般实验室的常规方法，故在此不介绍具体的实验过程。

可靠的筛选方法必须在融合前建立，避免由于方法不当贻误整个筛选时机。

（四）杂交瘤的克隆化和冻存

1. 克隆化

克隆化一般是指将抗体阳性孔进行克隆化。经过 HAT 筛选后的杂交瘤克隆不能保证一个孔内只有一个克隆。在实际工作中，可能会有数个甚至更多的克隆，可能包括抗体分泌细胞、抗体非分泌细胞、所需要的抗体（特异性抗体）分泌细胞和其他无关抗体分泌细胞。要想将这些细胞彼此分开，就需要克隆化。克隆化的原则是，对于检测抗体阳性的杂交克隆应尽早进行克隆化，否则抗体分泌的细胞会被抗体非分泌的细胞所抑制。即使克隆化过的杂交瘤细胞也需要定期的再克隆，以防止杂交瘤细胞的突变或染色体丢失，从而丧失产生抗体的能力。

2. 杂交瘤细胞的冻存

及时冻存原始孔的杂交瘤细胞、每次克隆化得到的亚克隆细胞是十分重要的。因为在没有建立一个稳定分泌抗体的细胞系的时候，细胞的培养过程中随时可能发生细胞的污染、分泌抗体能力的丧失等。如果没有原始细胞的冻存，则可能因为上述的意外而前功尽弃。

杂交瘤细胞的冻存方法同其他细胞系的冻存方法一样，原则上细胞应在每支安瓿含 1×10^6 个以上，但对原始孔的杂交瘤细胞可以因培养环境不同而改变，在 24 孔培养板中培养，当长满孔底时，一孔就可以冻一支安瓿。

冻存液最好预冷，操作动作轻柔、迅速。冻存时从室温可立即降到 0℃，再降温时一般按每分钟降温 2～3℃，待降至－70℃可放入液氮中。或细胞管降至 0℃后放－70℃超低温冰箱，次日转入液氮中。也可以用细胞冻存装置进行冻存。冻存细胞要定期复苏，检查细胞的活性和分泌抗体的稳定性，在液氮中细胞可保存数年或更长时间。

（五）单克隆抗体的大量生产

大量生产单克隆抗体的方法主要有两种：

（1）体外使用旋转培养管大量培养杂交瘤细胞，从上清中获取单克隆抗体。但此方法产量低，一般培养液含量为10～60 μg/mL，如果大量生产，费用较高。

（2）体内接种杂交瘤细胞，制备腹水或血清。

① 实体瘤法。对数生长期的杂交瘤细胞按 1×10^7～3×10^7 个/mL 接种于小鼠背部皮下，每处注射0.2 mL，共2～4点。待肿瘤达到一定大小后（一般10～20天）则可采血，从血清中获得单克隆抗体含量可达到1～10 mg/mL。但采血量有限。

② 腹水的制备。常规是先腹腔注射0.5 mL pristane（降植烷）或液体石蜡于BaLb/c鼠，1～2周后腹腔注射 1×10^6 个杂交瘤细胞，接种细胞7～10天后可产生腹水，密切观察动物的健康状况与腹水征象，待腹水尽可能多，而小鼠濒于死亡之前，处死小鼠，用滴管将腹水吸入试管中，一般一只小鼠可获1～10 mL腹水。也可用注射器抽取腹水，可反复收集数次。腹水中单克隆抗体含量可达5～20 mg/mL，这是目前最常用的方法，还可将腹水中细胞冻存起来，复苏后转种小鼠腹腔则产生腹水快、量多。

（六）单克隆抗体的鉴定

对制备的McAb进行系统的鉴定是十分必要的。应对其做如下方面的鉴定：

抗体特异性的鉴定，McAb的Ig类与亚类的鉴定，McAb中和活性的鉴定，McAb识别抗原表位的鉴定，McAb亲和力的鉴定等。

注意事项

制备McAb的实验周期长、环节多，影响因素比较多，稍不注意就会造成失败尤其需要注意以下事项：

（1）无菌操作。

（2）筛选单克隆抗体方法的灵敏性。

（3）及时冻存阳性克隆。

思考题

1. 何为单克隆抗体？

2. 制备单克隆抗体包括哪几个主要步骤？

实验五 抗原抗体反应——凝集反应

相关理论知识

根据其物理性状的不同，抗原可分为颗粒性抗原和可溶性抗原。细菌和细胞等颗粒性抗原与相应抗体特异结合后，在有适量的电解质存在下，可以出现肉眼可见的凝集现象，称为抗原抗体的凝集反应。出现凝集物的原因是电解质中的离子中和了抗原抗体复合物表面的大部分电荷，使之失去了彼此间的静电排斥力，导致免疫复合物分子间可以相互吸引聚集成凝集物。根据检测条件可将凝集反应分为玻片凝集和试管凝集；根据检测方式也可将其分为直接凝集反应、间接凝集反应、间接凝集抑制试验等。该方法简便但敏感性差，仅用于抗体效价判定、血型配型和细菌检测等。本实验要介绍的是直接凝集法通过试管凝集检测血型抗体效价。

直接凝集法测血型抗体效价（示范教学）

目 的 要 求

(1) 了解凝集反应的原理；

(2) 掌握直接凝集法的操作方法。

实 验 原 理

直接凝集反应是直接将细菌、螺旋体或红细胞等颗粒性抗原与相应的特异性抗体混合反应，并在生理盐水存在的条件下发生凝集。该反应可在玻片或试管中进行，通常用于定性或抗体效价的判定。红细胞表面存在许多种血型抗原，其中，包括ABO血型抗原系统。本实验利用红细胞作为颗粒性抗原，与相应的血清抗体在试管中进行直接凝集反应来判定血型抗体效价。

材料与器材

1. 材料

A型血细胞、抗A型红细胞标准阳性血清抗体、标准阴性血清。

2. 试剂

0.9%生理盐水。

3. 器材

试管(1 cm×8 cm)、试管架、恒温箱、吸管等。

实 验 步 骤

(1) 取试管9支，置于试管架上并做好标记。

(2) 第1号管加0.9%生理盐水0.90 mL，其余每管加入0.50 mL，另用1 mL的刻度吸管吸取0.10 mL待检血型抗体加入第一号试管中。反复吹吸3次混匀(表5-5-1)。

表5-5-1 直接凝集试验程序 单位：mL

	管号								
	1	2	3	4	5	6	7	8	9
生理盐水	0.9 ↓	0.5 ↓	0.5 ↓	0.5 ↓	0.5 ↓	0.5 ↓	0.5 ↓(弃0.5)	0.5(阳性血清)	0.5(阴性血清)
待测血清	0.1	0.5	0.5	0.5	0.5	0.5	0.5		
红细胞	0.5	0.5	0.5	0.5	0.5	0.5	0.5	0.5	0.5

(3) 以第 1 试管中吸取 0.50 mL 混合好的液体加入第 2 试管中，第 1 试管尚剩 0.50 mL。按第 1 管的办法吹吸混匀第 2 管，再从第 2 管吸取 0.50 mL 放入第 3 管，以此类推，直至将第 7 管混匀后，弃去 0.50 mL。第 8 管加 0.5 mL 阳性血清，第 9 管加阴性血清 0.50 mL(表 5-5-1)。

(4) 向 9 个管内加入 0.50 mL 的 A 型血红细胞并混匀。

(5) 放入 37℃温箱放置 2～4 h，取出，观察并记录结果。

实验结果

结果用"＋"表示反应强度。

＋＋＋＋：液体完全透明，红细胞完全被凝集，呈伞状沉于管底。

＋＋＋：液体透明，红细胞基本被凝集沉于管底。

＋＋：液体不甚透明，管底有明显的凝集沉淀。

＋：液体透明度不明显或不透明，有不明显的沉淀或有沉淀的痕迹。

－：液体不透明，呈均匀混浊，管底无凝集。有时有少量菌体集中于管底中心，呈脐状，但振摇时，立即散开呈均匀浑浊。

以出现"＋＋"的最高血清稀释倍数即为该份血型抗体的效价。

注意事项

(1) 尽量采集新鲜红细胞，避免溶血。

(2) 必须作生理盐水阴性对照管，以区分颗粒性抗原发生的自凝。

(3) 混合反应要充分，凝集现象不明显可置于 37℃加速反应。

思考题

何种抗原与抗体混合可形成凝集反应？

实验六 利用流式细胞术进行双色淋巴细胞亚群分析

相关理论知识

流式细胞仪(flow Cytometer,简称 FCM)是一项集激光技术、电子物理技术、光电测量技术、计算机技术以及细胞荧光化学技术、单克隆抗体技术为一体的新型高科技仪器。流式细胞术就是利用流式细胞仪对于处在快速直线流动状态中的细胞或生物颗粒进行多参数的、快速的定量分析和分选技术。它具有主要特点有:①分析快速、大量,极短时间内可分析大量细胞,可以每秒钟数千个细胞的速率进行测量,测量的细胞总数可达数万乃至数百万个。②可同时分析单个细胞的多种特征,用不同荧光素标记的不同单克隆抗体进行多色荧光染色,获得单细胞的多种信息,使细胞亚群的识别、计数更为准确。③可定性或定量分析细胞,通过荧光染色对单细胞的某些成分如 DNA 含量、抗原或受体表达量、Ca^{2+} 浓度、酶活性以及细胞的功能等均可进行定性与定量分析。④强大的分选功能,在分析的同时可以对特定群体加以分选。

流式细胞术主要应用于对机体免疫状态的监测、干细胞计数、细胞周期和倍体分析、流式分选。

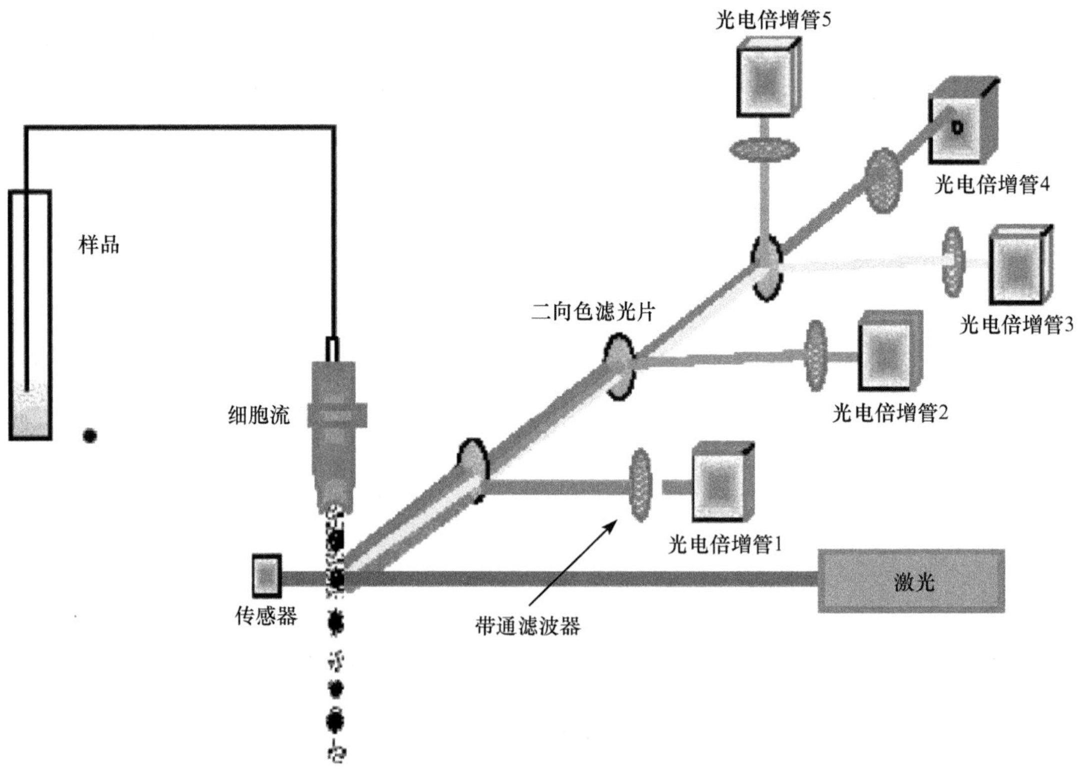

图 5-6-1 流式细胞仪构造原理图

目 的 要 求

学习利用流式细胞术对淋巴细胞亚群进行分析。

实 验 原 理

利用荧光技术在不同的抗体上标记荧光素，该荧光抗体即通过抗原-抗体反应与细胞表面的抗原分子特异性结合，然后用流式细胞仪检测，分析细胞表面相应蛋白的表达情况，计算百分比。本实验以人双色淋巴细胞亚群为例，介绍流式细胞术双色样本检测流程。

材料与器材

1. 材料

待测抗凝血。

2. 试剂

荧光单克隆抗体：

① Isotype control(IgG1-FITC/IgG1-PE)，PN：A07794；

② CD3-FITC/CD19-PE，PN：A07736；

③ CD3-FITC/CD4-PE，PN：A07733；

④ CD3-FITC/CD8-PE，PN：A07734；

⑤ CD3-FITC/CD16+56-PE，PN：A07735；

红细胞裂解液：OptiLyse C(A11895)，即用型，室温保存(18～25℃)。

0.01mol/L PBS。

Immunotrol(PN：6607077)质控血或者 EDTA 抗凝血。

3. 器材

流式细胞仪。

实 验 步 骤

(1) 取 5 支流式试管，编号为 1、2、3、4、5，分别将 100μL 抗凝全血或 Immunotrol 质控血加入 1～5 号试管中，小心不要将血挂在试管内壁上。

(2) 在各管中依次加入 20μL 的 IgG1-FITC/IgG1-PE、CD3-FITC/CD19-PE、CD3-FITC/CD4-PE、CD3-FITC/CD8-PE、CD3-FITC/CD16+56-PE，涡旋混匀后，室温避光孵育 15min。

(3) 取出试管，每管加入 500μL 红细胞裂解液 OptiLyse C，涡旋混匀，室温避光 10min；300*g*(约 1200r/min)室温离心 5min，弃去上清液。

(4) 每管加入 2mL 的 PBS，涡旋混匀，300g 室温离心 5min，弃去上清液。

(5) 每管加入 0.5mL PBS 混匀，4℃避光 1h 内上机检测；若不能及时上机，加入 0.5mL 含 1%～2%多聚甲醛的 PBS 溶液，置于 4℃冰箱保存，24h 内上机检测。

实验结果

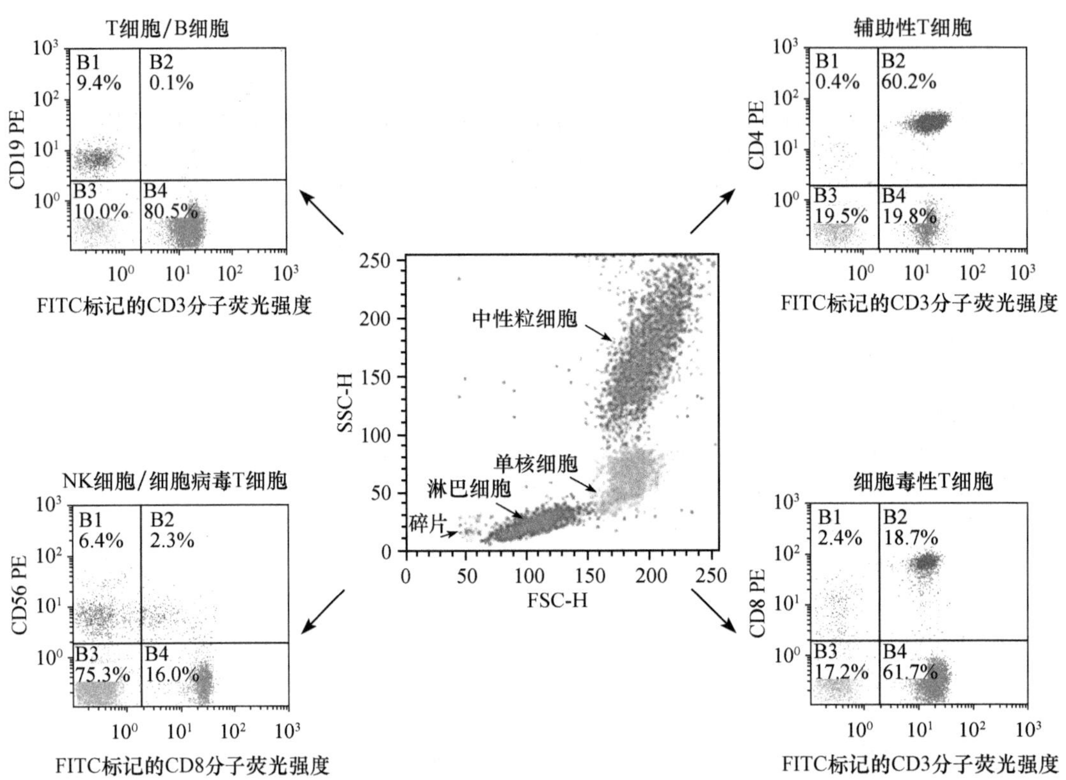

图 5-6-2　外周血淋巴细胞亚群双色分析结果

注意事项

(1) 弃掉试管中上清液时,一定保证一次性垂直倒掉,不能反复倾倒,防止细胞丢失。

(2) 2～8℃保存,抗体试剂在保质期内稳定,不能冻存。抗体保存期间或与细胞孵育时注意避光。试剂瓶应保持干燥。

(3) 任何试剂的外观改变,如沉淀、变色,都表明试剂已不稳定,这时试剂不能使用。

(4) 为得到理想结果,血样应在静脉穿刺后 6h 内染色。

(5) 操作时如未按指定的孵育时间、离心次数或温度进行,容易发生错误。

(6) 抗体试剂虽含有叠氮钠保护剂,仍需注意微生物污染,以免导致错误结果。

思　考　题

本实验在临床上的意义是什么

实验七 抗原抗体反应——补体介导细胞毒实验

相关理论知识

补体是存在于血清、组织液和细胞膜表面的一组经活化后具有酶活性的蛋白质，包含 30 余种可溶性蛋白质和膜结合蛋白，故被称为补体系统。在生理情况下，血清中大多数补体成分均以无活性的酶前体形式存在。只有在某些活化物的作用下或在特定的固相表面上，补体各成分才依次被激活，形成一系列放大的级联反应；之后级联活化的各补体分子进行组装，在靶细胞表面形成膜攻击复合物(membrane attack complex，MAC)，在细胞上打孔，最终导致溶细胞效应(即细胞毒效应)。补体系统广泛参与机体抗微生物防御反应以及免疫调节，也可介导免疫病理的损伤性反应，是体内具有重要生物学作用的效应系统和效应放大系统。

细胞表面抗原与相应抗体形成的免疫复合物是补体活化物之一，启动的是补体激活的经典途径，它是抗体介导的体液免疫应答的主要效应方式。因此通过检测补体介导的细胞毒作用，可以对抗原抗体反应做出判定。

目 的 要 求

(1) 了解补体介导细胞毒实验的基本原理；

(2) 掌握补体介导细胞毒实验的基本操作方法。

实 验 原 理

用抗 Thy-1 血清(一种 T 淋巴细胞的特异性抗体)与小鼠胸腺细胞相互作用，在胸腺细胞表面形成免疫复合物，进而激活补体产生溶细胞效应；采用台盼蓝染料染色时，损伤细胞因膜通透性增加，染料可以进入细胞而使细胞染成蓝色，而活细胞不着色，通过显微镜计数蓝色死亡细胞数所占总细胞的比率，判断细胞死亡率，即补体介导细胞毒作用。

材料与器材

1. 材料

小鼠、抗小鼠 Thy-1 抗体、补体。

2. 试剂

Hank's 液、台盼蓝。

3. 器材

解剖器械(眼科剪、眼科镊)、平皿、试管、载玻片、盖玻片、5mL 注射器。

实 验 步 骤

(1) 制备小鼠胸腺细胞悬液。将 4～6 周龄小鼠采用颈椎脱臼法处死，取出胸腺放入已加入约 4 mL 冷 Hank's 液的平皿中，研磨后的细胞悬液离心并用 Hank's 液洗两次。最终将沉淀的细胞重悬于 Hank's 液中，配成 1×10^7 个/mL 细胞悬液。

(2) 取试管 3 支，标明顺序，依据表 5-7-1 依次加入 1×10^7 个/mL 胸腺细胞悬液、抗小鼠 Thy-1 的抗体(最适稀释度)及 Hank's 液，放入 37℃水浴 30 min。

表 5-7-1　补体介导细胞毒实验操作程序

实验材料	实验管/mL	补体对照管/mL	细胞对照管/mL
1×10^7/mL 胸腺细胞悬液	0.1	0.1	0.1
抗 Thy-1 抗体	0.1	—	—
Hank's 液	—	0.1	0.2
1∶3 补体	0.1	0.1	—

(3) 取出后每管加入台盼蓝染液 1 滴，混匀，室温放置 2 min。

(4) 重新混匀后分别在一张载玻片上滴片，加盖玻片镜检，观察并记录实验结果。

实验结果

在显微镜视野下，死细胞呈蓝色，细胞形态不规则，肿胀变大；活细胞不着色、有光泽且形态正常。

高倍镜下计数 200 个细胞并计算其中死细胞的百分数。计算式如下：

$$死细胞百分率 = \frac{实验管死细胞数\% - 补体对照管死细胞数\%}{100\% - 细胞对照管死细胞数\%}$$

注意事项

(1) 台盼蓝对细胞有毒性，观察记录要快。

(2) 实验所需抗体和补体要通过预试验确定其稀释浓度。

思考题

1. 台盼蓝可以染什么细胞？原理是什么？
2. 实验中，胸腺细胞所起的作用是什么？

实验八　免疫标记技术——ELISA(间接法)

相关理论知识

免疫标记技术是采用荧光素、酶及放射性同位素等示踪物质标记抗原或抗体，通过示踪物质的显示检测未知抗原或抗体的一种方法。该方法灵敏度高，可以检测常规血清学反应无法观察的微量抗原抗体反应。

示踪物质不同，其检测手段也不同；在本篇中介绍的几个免疫标记技术均以酶作为标记物标记抗体，用来检测相应抗原；酶的催化放大作用与抗原抗体反应的特异性相结合可以用来进行微量分析；常用的酶有过氧化物酶(HRP)和碱性磷酸酶(AP)，他们可以催化底物使显色剂显色，因此是通过显色反应来示踪的。

目的要求

(1) 了解 ELISA 方法的基本原理；

(2) 掌握 ELISA(间接法)的基本操作方法。

实验原理

ELISA 即酶联免疫吸附试验(enzyme linked immunosorbent assay)，是将抗体或抗原吸附固定于固相载体表面，然后加入酶标记的抗原或抗体，抗原抗体反应在载体表面进行，从而利于游离型和结合型酶标记物的分离，可以直接加入底物和显色剂进行显色反应，显色的强弱和酶标记抗体-抗原复合物的量成正比，通过酶标仪来测定显色强弱即可反映出待测抗原或抗体的量。

ELISA 方法分为：直接法、间接法及双抗体夹心法。间接法 ELISA 的基本原理是将定量的可溶性抗原吸附在固相支持物表面，加入待测抗体(一抗)与之反应，再加入酶标抗抗体(二抗)，显色的强弱与待测抗体浓度呈正比。

材料与器材

1. 材料

待测血清，已知抗原，酶标记抗抗体(二抗)。

2. 试剂

包被液：0.05 mol/L pH 9.6 碳酸盐缓冲液。

洗涤液：含 0.05%Tween-20 的 0.01 mol/L pH 7.4 PBS 缓冲液。

封闭液：含 2%BSA 的 0.01 mol/L pH 7.4 PBS 缓冲液。

底物液：邻苯二胺 1 mg/mL 溶于 pH 5.0 柠檬酸-磷酸缓冲液(0.1 mol/L 柠檬酸 9.7 mL，0.2 mol/L磷酸氢二钠 10.3 mL)，每毫升底物加 1 μL 30% H_2O_2，临用前配制。

终止液：2 mol/L H_2SO_4 溶液。

3. 器材

酶标板，微量移液器，温箱，酶标测定仪。

实验步骤

(1) 抗原包被：将包被液稀释的抗原以每孔 100 μL 加入酶标板中，4℃包被过夜。

(2) 封闭:将过夜包被板甩干,PBS洗涤三次,加封闭液,每孔100 μL,于37℃放置1 h。

(3) 加待测血清:将倍比稀释的待测血清以每孔100 μL加入酶标板孔中,于37℃孵育2 h,甩干,以洗涤液洗涤三次,每次3 min。

(4) 加酶标二抗:取最适稀释度的酶标二抗加入孔中,每孔100 μL,于37℃孵育2 h,甩干,以洗涤液洗涤三次,每次3 min。

(5) 显色:每孔加100 μL新鲜配制的底物液,室温避光反应5～10 min。

(6) 终止:每孔加终止液50 μL终止反应。

(7) 检测:用酶标仪于492 nm波长检测OD值。

实验结果

OD值大于阴性对照两倍的阳性血清稀释倍数为待检血清抗体的效价。

注意事项

(1) 需要预实验来决定酶标二抗的最佳稀释度。

(2) 反应温度升高可以缩短反应时间,但同时也增强非特异吸附。

思考题

1. ELISA的中文全称是什么?
2. 间接ELISA方法加样的次序是什么?

实验九 免疫标记——免疫组织化学技术

相关理论知识

免疫组织化学技术是指用带有标记物的特异性抗体在组织细胞原位通过抗原抗体反应，对相应抗原进行定性、定位、定量测定的一项技术。它把免疫反应的特异性、组织化学的可视性结合起来，借助显微镜(包括荧光显微镜、电子显微镜)的显像和放大作用，在细胞、亚细胞水平检测各种抗原物质(如蛋白质、多肽、酶、激素、病原体以及受体等)。抗体的标记物多采用可示踪的荧光或酶，后者是通过其催化的有色反应而示踪。

免疫组织化学技术的优点是保持了传统形态学对组织细胞的观察，同时保证形态与机能密切结合；该技术可应用于多种器官、组织和细菌、病毒以及寄生虫等病原体的检查。

目 的 要 求

(1) 了解免疫组织化学技术的原理；

(2) 掌握免疫组织化学技术的操作方法。

实 验 原 理

本实验介绍的是间接法免疫酶组织化学技术，即将标记物——酶(如辣根过氧化物酶，HRP)标记到抗一抗的第二抗体上，优点是一种标记抗体可以与多个来源于同种动物的第一抗体结合，因此一种标记好的抗体可检测多种抗原，并通过级联放大作用而使敏感性增高。将固定好的细胞或组织切片进行处理，增强组织和细胞的通透性，充分暴露抗原，以使抗原和抗体最大限度的结合；首先加入抗原特异性抗体即一抗，然后再加入酶标记的针对一抗的二抗，充分的抗原抗体反应后，加入酶的底物从而在抗原存在部位的局部催化生成有色的不溶性产物，在显微镜下既可对细胞或组织内某种抗原成分进行定位、定量、定性的观察。

材料与器材

1. 材料

组织标本、特异性抗体(一抗)、酶标二抗、正常山羊血清。

2. 试剂

PBS溶液、3% H_2O_2、柠檬酸缓冲液、80%甲醇、DAB、石蜡、苏木精。

3. 器材

冷冻电脑切片机、微波炉、显微镜、摇床、可调式微量移液器、刀片。

实 验 步 骤

1. 取材

要求为新鲜组织固定。通过物理或化学的方法，使细胞内蛋白质凝固，终止外源性、内源性分解酶作用，防止细胞自溶，保持组织细胞原有的结构和形态，原则为既要保持组织结构、细胞完整性，又不损害待检测的抗原性物质。通常用的是10%～20%福尔马林作为固定剂，也可采用4℃冷丙酮固定。

2. 石蜡包埋组织

3. 切片

利用石蜡切片机对包埋好的组织进行切片，厚度一般为3～5 μm，切片太厚会影响组织化学染色结果和判断；为防止实验操作过程中出现脱片，我们可在载玻片表面涂上黏附剂(如明胶，多聚赖氨酸等)。

4. 组织切片的脱蜡至水

依次将载玻片放入二甲苯→二甲苯→100%乙醇→100%乙醇→95%乙醇→90%乙醇→80%乙醇→70%乙醇，每次 10 min 左右。

5. 抗原修复

脱蜡后的切片在清水中冲洗一段时间，加入 3% H_2O_2 浸泡 10 min，从而除去内源性的过氧化氢酶；弃掉 H_2O_2 后在清水中洗两次；加入柠檬酸缓冲液，放入微波炉中蒸煮 10～20 min(中火)，然后冷却至室温，蒸煮的目的是为了使抗原的位点暴露出来。

6. 血清封闭

弃柠檬酸缓冲液，水洗 2 次，然后将载玻片置于 PBS 中 5 min，洗 2 次。滴加正常山羊血清，封闭非特异性位点，放入 37℃孵育 0.5 h。

7. 加一抗

弃封闭血清，滴加特异性一抗，室温静置 1 h 或 4℃过夜。

8. 加二抗

弃一抗，于 PBS 中洗 3 次，每次 5 min；滴加二抗，室温静置或 37℃ 1 h。

9. 显色

弃二抗，于 PBS 中洗 3 次，每次 5 min；加显色剂[显色剂的配置：在 1 mL 水中加 1 滴显色剂 A，摇匀，然后加 1 滴显色剂 B，摇匀，再加 1 滴显色剂 C，摇匀(A：DAB，B：H_2O_2，C：磷酸缓冲液)]。

10. 复染

显色后的片子用清水冲洗一段时间后，苏木精染色 5～10 min。

11. 脱水、透明

经水冲洗后，依次将载玻片放入 70%乙醇→80%乙醇→90%乙醇→95%乙醇→100%乙醇→100%乙醇→二甲苯→二甲苯，进行脱水、透明，每步 2 min。通风橱中室温放置数分钟，使二甲苯蒸发。

12. 封片、镜检

滴加一滴中性树胶，盖上盖玻片，晾干后于光学显微镜下观察。

实验结果

抗原抗体结合部位呈棕褐色。

注意事项

(1) 高质量切片。

(2) 抗原修复。

(3) 防止出现非特异性染色。

(4) 缓冲液 pH 与抗原抗体反应相匹配。

思考题

1. 免疫组织化学技术最显著的特点是什么？

2. 实验中，组织切片要进行蒸煮，目的是什么？

3. 实验中正常山羊血清的作用是什么？

实验十　免疫标记——免疫印记杂交技术

相关理论知识

印迹技术是将凝胶电泳分离的样品（核酸或蛋白质）通过转移电泳原位转印至固相支持物上（如尼龙膜、硝酸纤维素膜），然后根据待检样品的特性（如核酸的分子杂交特性或蛋白质的抗原性），采用相应的手段对膜上的样品直接进行定性或定量的分析。免疫印迹又称为 Western blot，是利用酶标抗体通过抗原-抗体反应对凝胶电泳分离的蛋白质进行检测和鉴定的技术，它融合了凝胶电泳分辨率高和抗原抗体反应特异性强、敏感度高等优点，而且方法简便、标本可长期保存，故已成为生命科学中常用的一种研究方法，尤其在研究蛋白质特性的领域中发挥着重要作用。

目的要求

（1）了解免疫印迹杂交的实验原理；

（2）掌握免疫印迹杂交技术的操作方法。

实验原理

将含有目标蛋白（抗原）的样品首先用 SDS-聚丙烯酰胺凝胶电泳（SDS-PAGE）或非变性电泳（Native-PAGE）等分离后，通过印迹技术将凝胺上的蛋白质转移至固相支持物上（即转膜）。然后再对膜表面的蛋白质用特异性抗体进行检测。

基本过程包括：

制备蛋白质样品、SDS-PAGE 分离样品、转膜、膜上样品再经封闭及与抗体杂交，最后根据抗体标记物，采用相应的指标系统观察杂交结果（图 5-10-1）。

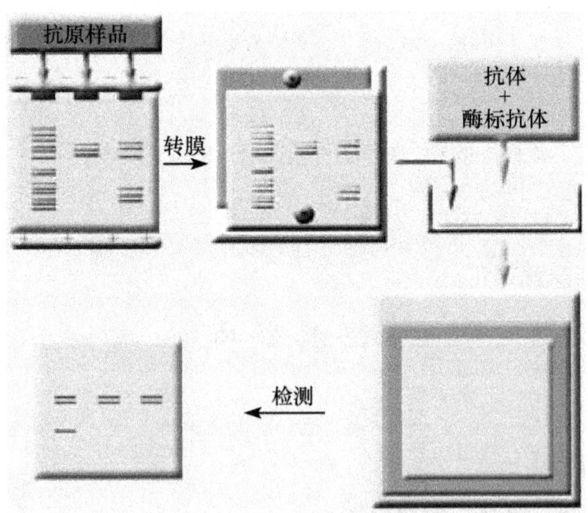

图 5-10-1　Western blot 的实验流程

材料与器材

1. 材料

含有待测蛋白的样本。

2. 试剂

组织细胞裂解液、30%丙烯酰胺、5×Tris-甘氨酸电泳缓冲液、蛋白质相对分子质量标准品、10%SDS、TEMED、SDS-PAGE凝胶电泳、考马斯亮蓝染液、2×SDS凝胶加样缓冲液、封闭液(3%脱脂奶用PBS溶解)、磷酸缓冲盐溶液(PBS)、PBST(0.5% Tween 20+PBS)、碱性磷酸酶缓冲液、NBT、BCIP、底物溶液。

3. 器材

垂直板电泳仪、半干电泳仪、硝酸纤维素膜、电转装置、SDS-PDGE电泳装置、摇床。

实 验 步 骤

1. 蛋白质样本的获得与处理

蛋白质通常来自于组织细胞内或细胞培养上清,因此需要应用细胞/组织裂解液裂解细胞、组织来释放蛋白质或收集细胞培养上清获取蛋白质样品;获取的匀浆或上清经离心(4℃,15 000 r/min,10 min),除去不溶物,然后与SDS上样缓冲液混合并于100℃变性3~5 min,目的是使所有蛋白质都只显示SDS的负电荷,在以下的电泳过程中,蛋白质的泳动将与自身的电荷量无关,而只和其相对分子质量大小有关。

2. 变性聚丙烯酰胺凝胶电泳(SDS-PAGE)

(1) 依照所分离的蛋白相对分子质量选择合适的分离胶浓度配制(10%、12%、15%分离胶配方见表5-10-1,本次选择10%分离胶)5 mL,混匀,灌胶,并加适量异丙醇覆盖于胶表面上。

(2) 待分离胶凝固后,将异丙醇倾去,用滤纸吸干水分;依表5-10-2配制5%积层胶2 mL,混匀,灌胶于分离胶上。

(3) 安装凝胶于电脉槽中,并注入电泳液。

(4) 将蛋白样品及分子量标准品上样,电泳,根据待测样品相对分子质量大小选择电泳时间。

表5-10-1　分离胶的制备

	10%分离胶	12%分离胶	15%分离胶
水	2.05 mL	1.7 mL	1.2 mL
30%丙烯酰胺溶液	1.65 mL	2.0 mL	2.5 mL
1.5 M Tris-HCl(pH 8.8)	1.25 mL	1.25 mL	1.25 mL
10%SDS	50 μL	50 μL	50 μL
10%过硫酸铵溶液	50 μL	50 μL	50 μL
TEMED	5 μL	5 μL	5 μL

表5-10-2　积层胶的制备

	5%积层胶
水	1.22 mL
30%丙烯酰胺溶液	260 μL
1.5 M Tris-HCl(pH 8.8)	500 μL
10%SDS	20 μL
10%过硫酸铵溶液	20 μL
TEMED	2 μL

3. 转膜

以下为电转移方法：

(1) 取下凝胶，去除浓缩胶。

(2) 将凝胶及相应大小的滤纸、硝酸纤维素膜浸入转移缓冲液中 15～30 min。

(3) 按照泡沫、滤纸、凝胶、硝纤膜、滤纸、泡沫的顺序组装转移夹层。

(4) 将转移夹放入转移槽中，确保转移夹的凝胶侧面向阴极，膜侧面向阳极。

(5) 接通电源进行转膜，40 mA 过夜或 200 mA 2 h。

(6) 转移完成后，小心取出膜并在 PBST 中漂洗。

4. 杂交

(1) 封闭：将膜浸于封闭液中，室温缓摇 1～2 h 或 4℃过夜。

(2) PBST 漂洗一次，5 min。

(3) 加入 PBST(含 1%脱脂奶粉)稀释的一抗，室温缓摇 1～2 h。

(4) 用 PBST 漂洗滤膜 3 次，5 min/次。

(5) 加入 PBST(含 1%脱脂奶粉)稀释的酶标二抗，室温缓摇 2～3 h。

(6) 用 PBST 洗四次，5 min/次；然后用 PBS 洗一次。

(7) 取 66 μL NBT 溶液与 10 mL 碱性磷酸酶缓冲液混匀，加入 33 μL BCIP 溶液，这一生色底物混合液应在 30 min 内使用。

(8) 用生色底物混合液浸泡膜，于室温平缓摇动进行温育。

(9) 细心观察反应过程，蛋白带的颜色浓度达到要求(约 20 min)，终止反应，滤膜用 PBS 漂洗后晾干。

(10) 拍摄滤膜照片作永久实验记录。

注 意 事 项

(1) 转膜要彻底。

(2) 尽量选用特异性高的单克隆抗体。

(3) 丙烯酰胺有毒，要小心操作。

(4) 不同的抗体，应用时稀释度会不同，需要预实验摸索最佳稀释度。

思　考　题

1. Western blot 最显著的特点是什么？
2. 实验中，脱脂奶粉的作用是什么？
3. Western blot 主要的实验步骤是什么？

实验十一　细胞因子检测技术

相关理论知识

细胞因子是指由活化的免疫细胞和某些基质细胞分泌的，介导和调节免疫、炎症反应的小分子多肽，是除免疫球蛋白和补体之外的另一类非特异性免疫效应物质；在免疫应答过程中，它对于细胞间相互作用、细胞的生长和分化有重要调节作用。细胞因子已成为当今基础免疫学与临床免疫学研究中一个活跃的领域。

由于科学技术的飞速发展，越来越多的细胞因子被发现，根据其功能，细胞因子主要分为以下几类：白细胞介素（参与细胞间相互作用、免疫调节、造血以及炎症过程）、集落刺激因子（刺激造血干细胞及祖细胞增殖分化）、干扰素（具有抗病毒、抗肿瘤和免疫调节作用）、肿瘤坏死因子（参与肿瘤杀伤、免疫调节剂、发热和炎症的发生）、趋化性细胞因子（招募血液中的单核细胞、中性粒细胞、淋巴细胞等进入感染部位）以及生长因子（具有刺激细胞生长作用，例如，转化生长因子、β表皮生长因子、血管内皮细胞生长因子等）。

细胞因子的检测概括起来包括免疫学方法、生物学方法及分子生物学方法。免疫学方法主要是依据细胞因子具较强的抗原性，因此可利用抗原抗体反应相关的免疫学技术对细胞因子进行定量检测，如酶联免疫吸附法（ELISA）、放射免疫法等；生物学方法主要是根据细胞因子的特定生物学活性而设计的测定其生物学功能的方法；分子生物学法则利用分子杂交及反转录-PCR（RT-PCR）等技术检测细胞因子的基因表达水平。本实验是以白细胞介素-2（IL-2）生物学活性检测为例，介绍细胞因子的生物学检测方法。

目的要求

（1）了解生物学方法检测细胞因子的原理；

（2）掌握生物学方法检测细胞因子活性的实验方法。

实验原理

细胞因子通常作用于一定靶细胞而表现其特定的生物学活性，如刺激细胞增殖或抑制、杀伤靶细胞等，因此检测靶细胞的生长状态或功能改变即可反映细胞因子的生物学活性。本实验中检测的IL-2是由活化的辅助性T细胞分泌的一种细胞增殖因子，其主要的生物学活性之一是促进体外培养的T细胞生长，因此本实验的原理是根据IL-2对其特定的靶细胞（也称为依赖性细胞株）的促增殖作用，通过检测增殖细胞中的DNA合成（^{3}H-TdR法）或酶活性（MTT法，见淋巴细胞功能检测实验二），来确定IL-2的生物学活性。本实验介绍^{3}H-TdR法。

材料与器材

1. 材料

IL-2依赖的细胞株CTLL-2。

2. 试剂

IMDM培养液（含10％胎牛血清）、IL-2标准品、IL-2待测样品、^{3}H-TdR。

3. 器材

细胞培养板、CO_2孵箱、细胞收集器、β闪烁计数仪。

实 验 步 骤

（1）制备 CTLL-2 细胞：生长状态良好的 CTLL-2 细胞，用培养液离心洗涤 2 次，每次 1000 r/min 5 min，然后用含 10%胎牛血清 IMDM 培养基将细胞浓度配成 1×10^5 个/mL，接种于 96 孔培养板，100 μL/孔。

（2）加样：待测样品与 IL-2 标准品做倍比稀释，以每孔 100 μL 加入细胞中，每个稀释度设 3 复孔，另设培养液对照孔，置 5% CO_2 孵箱，37°C 培养 16～24 h。

（3）^{3}H-TdR 掺入：每孔加入 0.5 μCi ^{3}H-TdR 20 μL，继续培养 4～6 h。

（4）测定：细胞收集器收集细胞于 49 型玻璃纤维滤纸上，烤干后加闪烁液，用 β 闪烁计数仪测定^{3}H-TdR 掺入量即 cpm 值。

实 验 结 果

利用 IL-2 标准品各稀释度所测得的 cpm 值绘制标准曲线，根据标准曲线计算待测样品中 IL-2 水平。

注 意 事 项

（1）在试验中一定要设阴性对照和复孔。

（2）细胞密度可根据具体细胞因子的不同而不同。

（3）注意同位素损伤防护和污染。

思 考 题

1. 检测细胞因子的方法主要有哪几大类？
2. 生物学方法检测细胞因子的依据是什么？
3. 实验中，^{3}H-TdR 的作用是什么？

实验十二　设计创新实验

实验目的

目的是培养学生的创新意识、创新精神、创新能力和科学思维，引导学生的科研兴趣、训练学生的综合科研技能和协作能力，推进学生自主学习、合作学习、研究性学习。

选题范围

(1) 选取一种蛋白质作为抗原，免疫动物获得其特异性抗体，并用此抗体去检测组织或细胞中该蛋白的表达情况。

(2) 应用一种病毒疫苗刺激外周血单个核细胞检测其上清中细胞因子的分泌情况。

(3) 检测肿瘤组织中，某些蛋白质表达的变化。

实验步骤

在完成基础和综合实验的基础上，学生们根据自己的兴趣在以上范围内，选择一个研究题目进行自主设计，通过自行查阅资料、设计实验方案、填写设计实验申请书、根据自己时间来实验室进行实验研究、自行处理实验数据、撰写实验研究论文等。

设计创新实验申请书、实施程序、工作流程和设计创新实验要求等详细内容见附录8。

主要参考文献

白毓谦等.微生物试验技术.济南:山东大学出版社,1986
陈绍铭等.水生微生物实验法.北京:海洋出版社,1985
陈声明等.微生物学研究法.北京:中国农业科技出版社,1996
陈世昌.植物组织培养.重庆:重庆大学出版社,2006
陈守良.动物生理学.第二版.北京:北京大学出版社,1996
陈慰峰.医学免疫学.第三版.北京:人民卫生出版社,2004
程宝鸾.动物细胞培养技术.广州:中山大学出版社,2006
程永保等.微生物学实验与指导.北京:中国医药科技出版社,1994
范秀容等.微生物学实验.北京:人民教育出版社,1980
范秀容等.微生物学实验.第二版.北京:高等教育出版社,1989
根井外喜男.微生物保存法.金连缘等译.上海:上海科学技术出版社,1982
关显智等.医学微生物学习指导.长春:吉林科学技术出版社,1999
郝士海等.现代细菌学培养基合生化试剂手册.北京:科学出版社,1992
黄培棠等译.细胞实验指南.北京:科学出版社,2001
黄秀梨.微生物学实验指导.北京:高等教育出版社,1999
焦瑞身等.微生物胜利代谢试验技术.北京:科学技术出版社,1990
李凡等.基础医学实验教程.北京:高等教育出版社,2002
李建忠等.生物过程的优化.中山大学学报,2002,(41):132～137
李素文.细胞生物学实验指导.北京:高等教育出版社,2001
李永文等.植物组织培养技术.北京:北京大学出版社,2007
李志勇.细胞工程.北京:科学出版社,2003
林加涵等.现代生物学实验.北京:高等教育出版社,2000
刘水平等.医学微生物学实验指导.西安:世界图书出版公司,2002
刘志恒等.放线菌现代生物学与生物技术.北京:科学出版社,2004
柳忠辉等.免疫学常用实验技术.北京:科学出版社,2002
彭珍荣等.现代微生物学.武汉:武汉大学出版社,1995
钱存柔等.微生物学实验.北京:北京大学出版社,1985
钱存柔等.微生物学实验教程.北京:北京大学出版社,2008
沈萍等.微生物学实验.北京:高等教育出版社,1999
沈萍等.微生物学实验.第三版.北京:高等教育出版社,1999
盛祖嘉等.微生物遗传学实验.北京:人民教育出版社,1982
司徒镇强等.细胞培养.西安:世界图书出版公司,2007
宋大新等.微生物学实验技术教程.上海:复旦大学出版社,1993
滕利荣,孟庆繁.生物学基础实验教程.长春:吉林科技出版社,2005
滕利荣等.现代生物制药技术.长春:吉林科学技术出版社,1999
汪矛.植物生物学实验教程.北京:科学出版社,2004
汪小凡等.植物生物学实验.北京:高等教育出版社,2006
王伯扬著.神经电生理学.北京:高等教育出版社,1991
王玢等.人体及动物生理学.第二版.北京:高等教育出版社,2002
王玉英等.植物组织培养技术手册.北京:金盾出版社,2006
卫杨保等.微生物生理学.北京:高等教育出版社,1989

吴剑波等.微生物制药.北京:化学工业出版社,2002
武汉大学、复旦大学生物系微生物教研室.微生物学.第二版.北京:高等教育出版社,1980
邢米君等.普通真菌学.北京:高等教育出版社,1999
许屏.荧光和免疫荧光染色技术及应用.北京:人民卫生出版社,2000
严杰等.现代微生物学实验技术及其应用.北京:人民卫生出版社,1997
严杰等.现代微生物学实验技术及其应用.北京:人民卫生出版社,1997
杨文博等.微生物学实验.北京:化学工业出版社,2004
姚玉虹等.检查细菌呼吸方式和运动性的一管多用坚定培养基.微生物学通报,1999,26(4):274~276
张镜如等.生理学.第四版.北京:人民卫生出版社,1996
张志良等.植物生理学实验指导.北京:高等教育出版社,2006
赵斌等.微生物学实验.北京:科学出版社,2002
中科院微生物所.菌种保藏手册.北京:科学出版社,1980
中山大学细胞生物学网络课程.http://202.116.64.20/wjf/indexs/intro.htm
周德庆等.微生物学试验手册.上海:上海科学技术出版社,1983
周正任等.病原生物学.北京:科学出版社,2001
祖若夫等.微生物学实验教程.上海:复旦大学出版社,1993
G M Shepherd.神经生物学.蔡南山等译.上海:复旦大学出版社,1992

附　　录

附录1　玻璃仪器的洗涤及各种洗涤液的配制

实验中所使用的玻璃器皿清洁与否直接影响实验结果。由于器皿的不清洁或被污染，往往造成较大的实验误差，甚至会出现相反的实验结果。因此，玻璃器皿的洗涤清洁工作是非常重要的。

玻璃器皿在使用前必须洗刷干净。将锥形瓶、试管、培养皿、量筒等浸入含有洗涤剂的水中，用毛刷刷洗，然后用自来水及蒸馏水冲洗。移液管先用含有洗涤剂的水浸泡，再用自来水及蒸馏水冲洗。洗刷干净的玻璃器皿置于烘箱中烘干备用。

1. 初用玻璃器皿的清洗

新购买的玻璃器皿表面常附着有游离的碱性物质，先用肥皂水(或去污粉)洗刷，再用自来水洗净，然后浸泡在1%～2%盐酸溶液中过夜(不少于4 h)，再用自来水冲洗，最后用蒸馏水冲洗2～3次，在100～130℃烘箱内烘干备用。

2. 使用过的玻璃器皿的清洗

(1) 一般玻璃器皿

如试管、烧杯、锥形瓶等(包括量筒)。先用自来水洗刷至无污物，再选用大小合适的毛刷蘸取去污粉(掺入肥皂粉)刷洗或浸入肥皂水内。将器皿内外，特别是内壁，细心刷洗，用自来水冲洗干净后再蒸馏水洗2～3次，热的肥皂水去污能力更强，可有效地洗去器皿上的油污。洗衣粉与去污粉较难冲洗干净而常在器壁上附有一层微小粒子，故要用水多次甚至10次以上充分冲洗，或可用稀盐酸摇洗一次，再用水冲洗。烘干或倒置在清洁处备用。凡洗净的玻璃器皿，不应在器壁上带有水珠，否则表示尚未洗干净，应再按上述方法重新洗涤。若发现内壁有难以去掉的污迹，应分别使用上述的各种洗涤剂予以清除，再重新冲洗。用过的载玻片与盖玻片如滴有香柏油，要先用皱纹纸擦去或浸在二甲苯内摇晃几次，使油垢溶解。再在肥皂水中煮5～10 min，用软布或脱脂棉擦拭，立即用自来水冲洗，然后在稀洗涤液中浸泡0.5～2 h，自来水冲去洗涤液，最后用蒸馏水换洗数次，待干后，浸于95%乙醇中保存备用。使用时在火焰上烧去乙醇。用此法洗涤和保存的载玻片和盖玻片清洁透亮，没有水珠。检查过活菌的载玻片或盖玻片应先在2%新洁尔灭溶液中浸泡24 h，然后按上述方法洗涤与保存。玻璃器皿经洗涤后，若内壁的水均匀分布成一薄层，表示油垢完全洗净，若挂有水珠，则还需要用洗涤液浸泡数小时，然后用自来水充分冲洗，最后用蒸馏水洗2～3次备用。

(2) 量器

如吸量管、滴定管、量瓶等。使用后应立即浸泡于凉水中，勿使其中物质干涸。工作完毕后用流水冲洗，以除去附着的试剂、蛋白质等物质，晾干后浸泡在铬酸洗液中4～6 h(或过夜)，再用自来水充分冲洗，最后用蒸馏水冲洗2～4次，风干备用。

(3) 其他

具有传染性样品的容器(如分子克隆、病毒玷污过的容器)常规先进行高压灭菌或其他形式的消毒，再进行清洗。盛过各种毒品(特别是剧毒药品和放射性核素物质的容器)必须经过专门处理，确知没有残余毒物存在时方可进行清洗。否则使用一次性容器。装有固体培养基的器皿应先将其刮去，然后洗涤。带菌的器皿在洗涤前先浸在2%煤酸皂溶液(来苏水)或0.25%新洁尔灭消毒液内24 h或煮沸0.5 h，再用上述方法洗涤。

3. 洗涤液的种类和配制方法

(1) 铬酸洗液。重铬酸钾-硫酸洗液，简称洗液或清洁液广泛用于玻璃器皿的洗涤，常用的配制方法有4种：

① 取100 mL工业浓硫酸置于烧杯内，小心加热，然后慢慢地加入重铬酸钾粉末，边加边搅拌，待全部溶解后冷却，储存于带玻璃塞的细口瓶内。

② 称取5 g重铬酸钾粉末置于250 mL烧杯中，加水5 mL，尽量使其溶解。慢慢加入100 mL浓硫酸，边加边搅拌，冷却后储存备用。

③ 称取80 g重铬酸钾，溶于1000 mL自来水中，慢慢加入工业浓硫酸1000 mL，边加边搅拌。

④ 称取200 g重铬酸钾，溶于500 mL自来水中，慢慢加入工业浓硫酸500 mL，边加边搅拌。

(2) 浓盐酸(工业用)。可洗去水垢或某些无机盐沉淀。

(3) 5%草酸溶液。可洗去高锰酸钾的痕迹。

(4) 5%～10%磷酸钠($Na_3PO_4 \cdot 12H_2O$)溶液。可洗涤油污物。

(5) 30%硝酸溶液。洗涤CO_2测定仪器及微量滴管。

(6) 5%～10%乙二铵四乙酸二钠(EDTA)溶液。加热煮沸可洗去玻璃器皿内壁的白色沉淀物。

(7) 尿素洗涤液。为蛋白质的良好溶剂，适用于洗涤盛蛋白质制剂及血样的容器。

(8) 酒精与浓硝酸混合液。最适合于洗净滴定管，在滴定管中加入3 mL酒精，然后沿管壁慢慢加入4 mL浓硝酸(相对密度1.4)，盖住滴定管管口。利用所产生的氧化氮洗净滴定管。

(9) 有机溶液。如丙酮、乙醇、乙醚等可用于洗脱油脂、脂溶性染料等污痕。二甲苯可洗去油漆污垢。

(10) 氢氧化钾-乙醇溶液和含有高锰酸钾的氢氧化钠溶液。它是两种强碱性的洗涤液，对玻璃器皿的侵蚀性很强，清除容器内壁污垢，洗涤时间不宜过长。使用时应小心谨慎。

上述洗涤液可多次使用，但使用前必须将待洗涤的玻璃器皿先用水冲洗多次，除去肥皂液、去污粉或各种废液。若仪器上有凡士林或羊毛脂时，应先用软纸擦去，然后再用乙醇或乙醚擦净。否则会使洗涤液迅速失效。例如，肥皂水、有机溶剂(乙醇、甲醛等)及少量油污物均会使重铬酸钾-硫酸液变绿，降低洗涤能力。

4. 细胞培养级玻璃器皿的洗涤处理

(1) 按上述方法对玻璃器皿进行初洗，晾干。

(2) 将玻璃器皿浸泡入洗液中，24～48 h。注意玻璃器皿内应全部充满洗液，操作时小心勿将洗液溅到衣服及身体各部。

(3) 取出，沥去多余的洗液。

(4) 自来水充分冲洗。

(5) 排列6桶水，前3桶为去离子水，后3桶为去离子双蒸水。

(6) 将玻璃器皿依次过6桶水，玻璃器皿在每桶中过6～8次。

(7) 倒置，60℃烘干。

(8) 用硫酸纸包扎，160℃干烤3 h。

附录2　培养基的常规配制程序

1. 灭菌前玻璃器皿的包装

(1) 培养皿的包装

培养皿由一盖一底组成一套。可用报纸将几套培养皿包成一包，或者将几套培养皿直接置于特制的铁皮圆筒内，加盖灭菌。包装后的培养皿须经灭菌之后才能使用。

(2) 移液管的包装

在移液管的上端塞入一小段棉花(勿用脱脂棉)，可避免外界及口中杂菌吸入管内并防止菌液等吸入口中。塞入此小段棉花应距管口约 0.5 cm，棉花自身长度约 1～1.5 cm。塞棉花时，可用一外圈拉直的曲别针将少许棉花塞入管口内。棉花要塞得松紧适宜，吹时以能通气而又不使棉花滑下为准。

先将报纸裁成宽约 5 cm 宽左右的长纸条，然后将已塞好棉花的移液管尖端放在长条报纸的一端，约呈 45°。折叠纸条包住尖端，用左手握住移液管身，右手将移液管压紧，在桌面上向前搓转，以螺旋式包扎起来。末端剩余纸条折叠打结，准备灭菌(附图 1)。

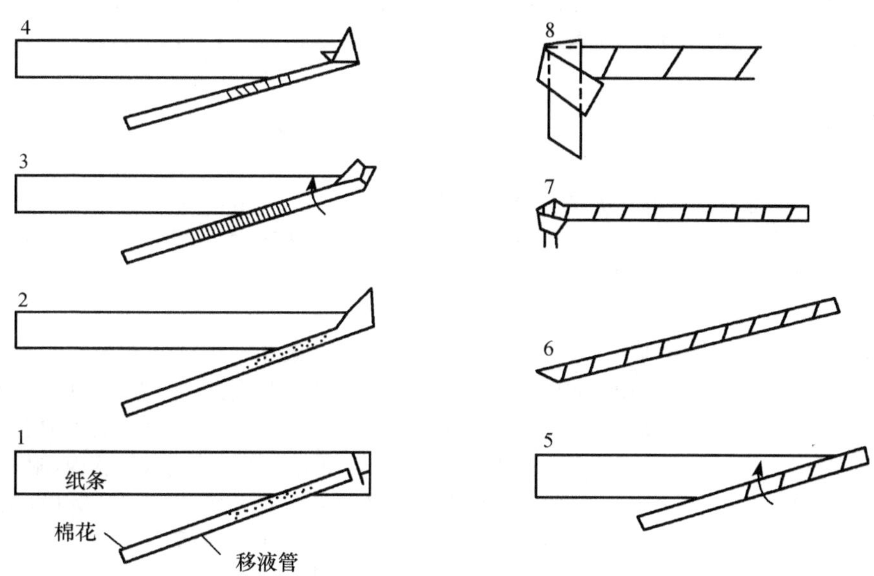

附图 1　单支移液管包装

(3) 试管和三角烧瓶等的包装

试管管口和三角烧瓶口塞棉花塞或泡沫塑料塞，然后在棉花塞口和瓶的外面，用二层报纸或牛皮纸与细线包扎好(如果能用铝箔则更好，可省去用线扎且效果好)。进行干热或湿热灭菌，试管塞好塞子后也可一起装在铁丝篓中，用大报纸或铝箔将一篓试管口做一次包扎，包纸的目的在于保存期避免灰尘浸入。

2. 液体及固体培养基的配制

(1) 液体培养基的配制

① 称量。一般可用1/100粗天平称量配制培养基所需的各种药品。先按培养基的配方计算成分的用量，然后进行准确称量。

② 溶化。将称好的药品置于一烧杯中，先加入少量水(根据实验需要可用自来水或蒸馏水)，用玻璃棒搅动，加热溶解。

③ 定容。待全部药品溶解后倒入一量筒中，加水至所需体积。如某种药品用量太少时，可预先配成较浓溶液，然后按比例吸取一定体积溶液，加入至培养基中。

④ 调pH。一般用pH试纸测定培养基的pH。用剪刀剪出一小段pH试纸，然后用镊子夹取此段pH试纸在培养基中蘸一下，观看其pH范围。如培养基偏酸或偏碱时，可用1 mol/L NaOH或1 mol/L HCl溶液进行调节。调节pH时应逐滴加入NaOH或HCl溶液，防止局部过酸或过碱，破坏培养基中成分。边加边搅拌，并不时用pH试纸测试，直至达到所需pH为止。

⑤ 过滤。用滤纸或多层纱布过滤培养基。一般无特殊要求时，此步可省去。

(2) 固体培养基的配制

配制固体培养基时，应将已配好的液体培养基加热，再将称好的琼脂(1.5%～2%)加入，并用玻璃棒不断搅拌，以免糊底烧焦。继续加热至琼脂全部融化，最后补足因蒸发而失去的水分。

3. 培养基的分装

根据不同需要可将已配好培养基分装入试管或锥形瓶内，分装时注意不要使培养基玷污管口或瓶口以免造成污染。如操作不小心使培养基玷污管口或瓶口时，可用镊子夹一小块脱脂棉，擦去管口或瓶口的培养基，并将脱脂棉弃去。

(1) 试管的分类

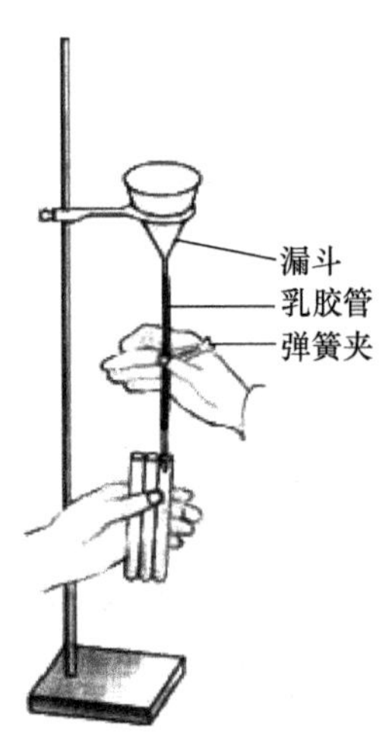

附图2 培养基的分装

取一个玻璃漏斗装在铁架台上，漏斗下连一根乳胶管，乳胶管下端再与另一玻璃管连接，乳胶管的中部加一弹簧夹。分装时，用左手拿住空试管中部，并将漏斗下的玻璃管嘴插入试管内，以右手拇指及食指开放弹簧夹，中指及无名指夹住玻璃管嘴，使培养基直接流入试管内(附图2)。

装入试管培养基的量视试管大小及需要而定。若所用试管大小为15 mm×150 mm时，液体培养基可分装至试管高度1/4左右为宜。如分装固体或半固体培养基时，在琼脂完全熔化应趁热分装于试管中。用于制作斜面的固体培养基的分装量为管高1/5(3～4 mL)。半固体培养基分装量为管高的1/3为宜。

(2) 锥形瓶的分类

用于振荡培养微生物时，可在250 mL锥形瓶中加入50 mL的液体培养基。若用于制作平板培养基时，可在250 mL锥形瓶中加入150～200 mL培养基，然后再加入3～4 g琼脂粉(按2%计算)，灭菌时瓶中琼脂粉同时被熔化。

4. 棉塞的制作及试管、锥形瓶的包扎

培养好气性微生物提供优良通气条件。同时，为防止杂菌污染，必须对通入试管或锥形瓶内的空气预先进行过滤除菌。通常方法是在试管及锥瓶口加上棉花塞等。

(1) 试管棉塞的制作

制棉塞时，应根据试管口的大小选用大小、厚薄适中的普通棉花一块，铺展成正方形，再对折成三角形，然后从三角形的一端卷起，卷成上粗下细的圆柱(附图3)。制作的棉塞应紧贴管壁，不留缝隙，以防外界微生物沿缝隙侵入，不宜过紧或过松。塞好后以手提棉塞，试管不下落为准。棉塞的2/3在试管内，1/3在试管外(附图4)。目前也有采用金属或塑料试管帽代替棉塞，直接盖在试管口上，灭菌待用。

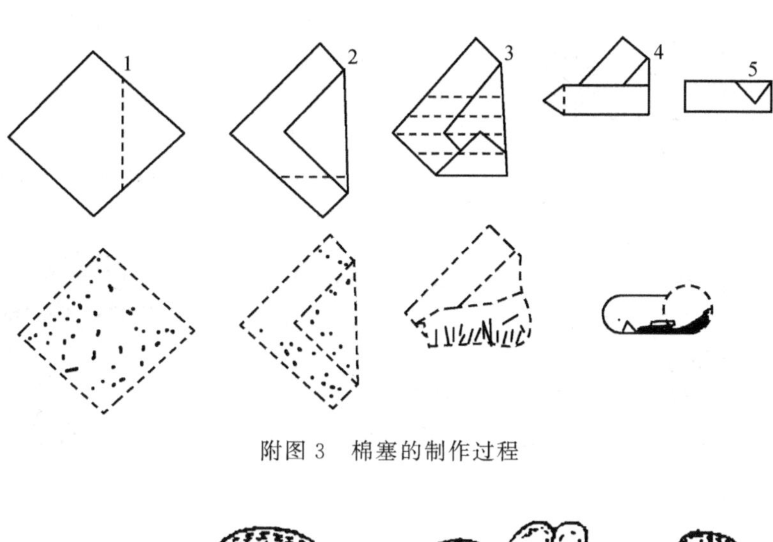

附图3　棉塞的制作过程

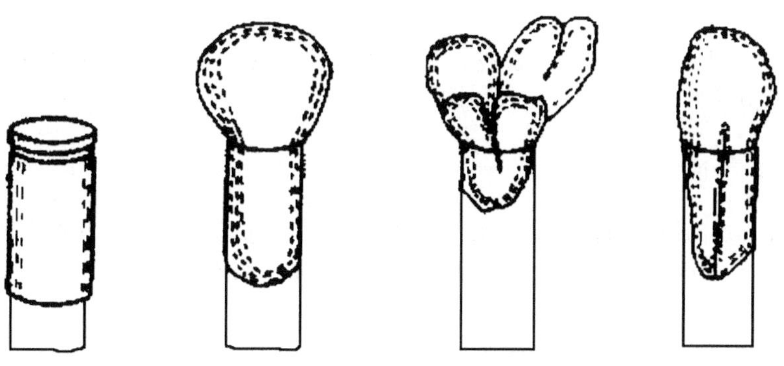

附图4　试管帽和棉塞

将装好培养基并塞好棉塞或盖好管帽的试管捆成捆，外面包上一层牛皮纸。用铅笔注明培养基名称及配制日期，灭菌待用。

(2) 锥形瓶棉塞制作

通常在棉塞包上一层纱布，再塞在瓶口上。有时为了进行液体振荡培养加大通气量，则可用8层纱布代替棉塞包在瓶口上。目前也有采用无菌培养容器封口膜直接盖在瓶口上，既保证良好通气、过滤除菌，又操作简便，很受欢迎。

在装好培养基并塞好棉塞或盖好培养容器封口膜的锥形瓶口上，再包上一层牛皮纸(可用聚

丙烯薄膜代替牛皮纸，其防水效果好，且可重复使用)并用线绳捆好，灭菌待用。

5. 培养基的灭菌

培养基经分装包扎之后，应立即进行高压蒸汽灭菌，0.1 MPa 灭菌 20 min。若有特殊情况不能及时灭菌，则应暂存于冰箱中。

6. 斜面和平板的制作

(1) 斜面的制作

将已灭菌装有琼脂培养基的试管，趁热置于木棒上，使成适当斜度，凝固后即成斜面(附图 5)。斜面长度以不超过试管长度的 1/2 为宜。如制作半固体或固体深层培养基时，灭菌后则应垂直放置至冷凝。

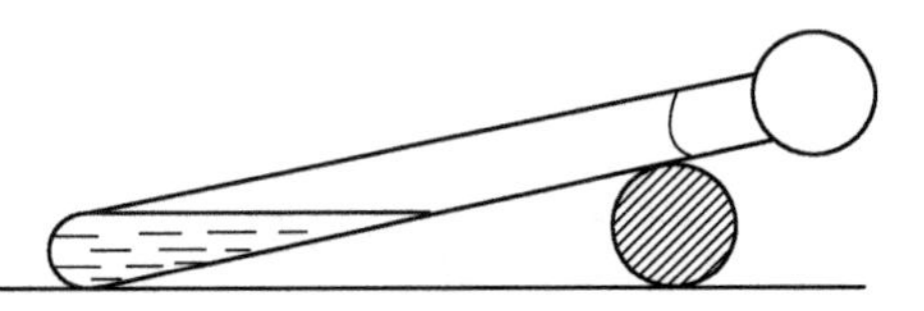

附图 5 斜面设置

(2) 平板的制作

将装在锥形瓶或试管中已灭菌的琼脂培养基融化后，待冷至 50℃左右倾入无菌培养皿中。温度过高时，皿盖上的冷凝水太多；温度低于 50℃，培养基易于凝固而无法制作平板。

平板的制作应在火焰旁进行。左手拿培养皿，右手拿锥形瓶的底部或试管，左手同时用小指和手掌将棉塞打开，灼烧瓶口，用左手大拇指将培养皿盖打开一缝，至瓶口正好伸入，倾入培养基(直径为 90 mm 的培养皿培养基的量为 15～20 mL 为宜)，迅速盖好皿盖，置于桌上，轻轻旋转平皿，使培养基均匀分布于整个平皿中，待冷凝后成平板(附图 6)。

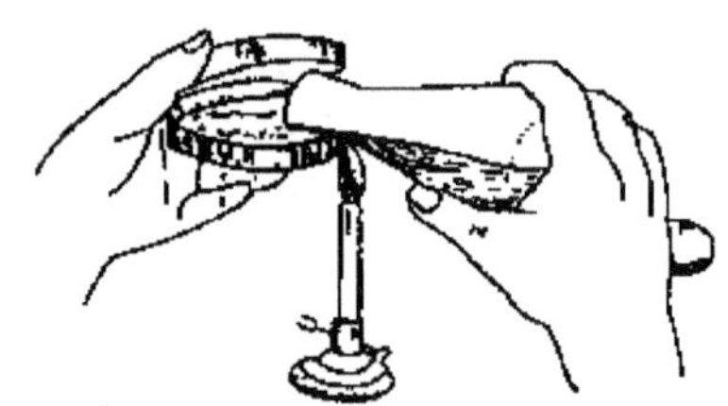

附图 6 将培养基倒入培养皿内

7. 培养基的无菌检查

灭菌后的培养基一般进行无菌检查。最好从中抽出几管(瓶)放在 37℃的培养箱中培养 1～2 天，确定无菌后方可使用。

8. 无菌水制备

在每个 250 mL 的锥形瓶内装 99 mL 的蒸馏水并塞上棉塞。在每支试管内装 4.5 mL 蒸馏水。塞上棉塞或盖上塑料试管盖。再在棉塞上包上一张牛皮纸或聚丙烯薄膜，高压蒸汽灭菌，0.1 MPa 20 min。

附录 3 微生物学实验试剂和溶液的配制

试剂	组分	配比
3%酸性乙醇溶液	浓盐酸	3 mL
	95%乙醇	97 mL
中性红指示剂	中性红	0.04 g
	95%乙醇	28 mL
	蒸馏水	72 mL
	中性 pH 6.8～8 颜色由红变黄,常用浓度为 0.04%	
淀粉水解试验用碘液(卢戈氏碘液)	碘片	1 g
	碘化钾	2 g
	蒸馏水	300 mL
	先将碘化钾溶解在少量水中,再将碘片溶解在碘化钾溶液中,待碘全溶后,加足水分即可	
溴甲酚紫指示剂	溴甲酚紫	0.04 g
	0.01 mol/L NaOH	7.4 g
	蒸馏水	92.6 mL
	溴甲酚紫 pH 5.2～5.6,颜色由黄变紫,常用浓度为 0.04%	
溴麝香草酚蓝指示剂	溴麝香草酚蓝	0.04 g
	0.01 mol/LNaOH	6.4 mL
	蒸馏水	93.6 mL
	溴麝香草酚蓝 pH 6.0～7.6,颜色由黄变蓝,常用浓度为 0.04%	
甲基红试剂	甲基红(Methyl red)	0.04 g
	95%乙醇	60 mL
	蒸馏水	40 mL
	先将甲基红溶于 95%乙醇中,然后加入蒸馏水即可	
V.P.Y 试剂	1. 5%α-萘酚无水乙醇溶液	
	甲基红(Methyl red)	0.04 g
	95%乙醇	60 mL
	蒸馏水	40 mL
	先将甲基红溶于 95%乙醇中,然后加入蒸馏水即可	
	α-萘酚	5 g
	无水乙醇	100 mL
	2. 40%KOH 溶液	
	KOH 40 g 用蒸馏水定容至 100 mL 即可	
吲哚试剂	对二甲基氨基苯甲醛	2 g
	95%乙醇	190 mL
	浓盐酸	40 mL

附录4 微生物学常用染液的配制

染液	组分		配比
吕氏(Loeffer)碱性美蓝染液	A液：	美蓝(methylene blue)	0.6 g
		95%乙醇	30 mL
	B液：	KOH	0.01 g
		蒸馏水	100 mL
	分别配制A液和B液，配好后混合即可		
齐氏(Ziehl)石炭酸复红染色液	A液：	碱性复红(basic fuchsin)	0.3 g
		95%乙醇	10 mL
	B液：	石炭酸	5.0 g
		蒸馏水	95 mL
	将碱性复红在研钵中研磨后，逐渐加入95%乙醇，继续研磨使其溶解，配成A液 将石炭酸溶于水中，配成B液 混合A液及B液即成。通常可将此混合液稀释5～10倍使用，稀释液易变质失效，一次不宜多配		
革兰氏(Gram)染色液	1. 草酸铵结晶紫染液		
	A液：结晶紫(crystal violet)		2 g
	95%乙醇		20 mL
	B液：草酸铵(ammonium oxlate)		0.8 g
	蒸馏水		80 mL
	混合A液及B液，静置48 h后使用		
	2. 卢戈氏(Lugol)碘液		
		碘片	1 g
		碘化钾	2 g
		蒸馏水	300 mL
	先将碘化钾溶解在少量水中，再将碘片溶解在碘化钾溶液中，待碘全溶后，加足水分即成		
	3. 95%的乙醇溶液		
	4. 番红复染液		
		番红(safranine O)	2.5 g
		95%乙醇	100 mL
	取上述配好的番红乙醇溶液10 mL与80 mL蒸馏水混匀即成		
芽孢染色液	1. 孔雀石绿染液		
		孔雀石绿(malachite green)	5 g
		蒸馏水	100 mL
	2. 番红水溶液		
		番红	0.5 g
		蒸馏水	100 mL
	3. 苯酚品红溶液		
		碱性品红	11 g
		无水乙醇	100 mL
	取上述溶液10 mL与100 mL 5%的苯酚溶液混合，过滤备用		

续表

染 液	组 分		配 比
芽孢染色液	4. 黑色素(nigrosin)溶液		
		水溶性黑色素	10 g
		蒸馏水	100 mL
	称取 10 g 黑色素溶于 100 mL 蒸馏水中,置沸水浴中 30 min 后,滤纸过滤两次,补充水到 100 mL,加 0.5 g 甲醛,备用		
荚膜染色液	1. 黑色素水溶液		
		黑色素	5 g
		蒸馏水	100 mL
		福尔马林(40%甲醛)	0.5 mL
	将黑色素在蒸馏水中煮沸 5 min,然后加入福尔马林作防腐剂		
	2. 番红溶液		
	与革兰氏染液中番红复染液相同		
鞭毛染色液	1. 硝酸银鞭毛染色液		
	A 液:	单宁酸	5 g
		$FeCl_3$	1.5 g
		蒸馏水	100 mL
		福尔马林(15%)	2 mL
		NaOH(1%)	1 mL
	冰箱内可以保存 3~7 天,延长保存期会产生沉淀,但用滤纸除去沉淀后,仍能使用		
	B 液:	$AgNO_3$	2 g
		蒸馏水	100 mL
	待 $AgNO_3$ 溶解后,取出 10 mL 备用,向其余的 90 mL $AgNO_3$ 中滴入 NH_4OH,使之成为很浓厚的悬浮液,再继续滴加 NH_4OH,直到新形成的沉淀又重新刚刚溶解为止。再将备用的 10 mL $AgNO_3$,直到摇动后仍呈现轻微而稳定的薄雾状沉淀为止。冰箱内保存通常 10 天内仍可使用。如雾重,则银盐沉淀出,不宜使用		
	2. Leifson 氏鞭毛染色液		
	A 液:	碱性复红	1.2 g
		95%乙醇	100 mL
	B 液:	单宁酸	3 g
		蒸馏水	100 mL
	C 液:	NaCl	1.5 g
		蒸馏水	100 mL
	临用前将 A,B,C 液等量混合均匀后使用。三种溶液分别于室温保存可保存几周,若分别置冰箱保存,可保存数月。混合液装密封瓶内置冰箱几周仍可使用		

附录5 微生物学实验常用培养基的配制

培养基	组 分	配 比
牛肉膏蛋白胨培养基（培养细菌用）	牛肉膏	3 g
	蛋白胨	10 g
	氯化钠	5 g
	琼脂	15～20 g
	水	1000 mL
	pH	7.0～7.2
	121℃灭菌 20 min	
高氏(Gause)1号培养基（培养放线菌用）	可溶性淀粉	20 g
	硝酸钾	1 g
	氯化钠	0.5 g
	磷酸氢二钾	0.5 g
	硫酸镁	0.5 g
	硫酸亚铁	0.01 g
	琼脂	20 g
	水	1000 mL
	pH	7.2～7.4
	配制时，先用少量冷水将淀粉调成糊状，倒入煮沸的水中，在火上加热，边搅拌边加入其他成分，熔化后，补足水分至 1000 mL。121℃灭菌 20 min	
查氏(Czapek)培养基（培养霉菌用）	硝酸钠	2 g
	磷酸氢二钾	1 g
	氯化钾	0.5 g
	硫酸镁	0.5 g
	硫酸亚铁	0.01 g
	蔗糖	30 g
	琼脂	15～20 g
	水	1000 mL
	pH	自然
	121℃灭菌 20 min	
马丁氏(Martin)琼脂培养基（分离真菌用）	葡萄糖	10 g
	蛋白胨	5 g
	磷酸二氢钾	1 g
	七水合硫酸镁	0.5 g
	硫酸亚铁	0.01 g
	1/3000 孟加拉红(rose bengal，玫瑰红水溶液)	100 mL
	琼脂	15～20 g
	pH	自然
	蒸馏水	800 mL
	112℃灭菌 30 min。	
	临用前加入 0.03%链霉素稀释液 100 mL，使每毫升培养基中含链霉素 30 μg	

续表

培养基	组　分	配　比
马铃薯培养基(简称PDA) (培养真菌用)	马铃薯	200 g
	蔗糖(或葡萄糖)	20 g
	琼脂	15～20 g
	pH	自然
	马铃薯去皮,切成块煮沸30 min,然后用纱布过滤,再加糖及琼脂,熔化后补足水至1000 mL。121℃灭菌30 min	
麦芽汁琼脂培养基	1. 取大麦或小麦若干,用水洗净,浸水6～12 h,至15℃阴暗处发芽,上面盖纱布一块,每日早、中、晚淋水一次,麦根伸长至麦粒的两倍时,即停止发芽,摊开晒干或烘干,储存备用 2. 将干麦芽磨碎,1份麦芽加4份水,在65℃水浴中糖化3～4 h,糖化程度可用碘滴定之。加水约20 mL,调匀至生泡沫时为止,然后倒在糖化液中搅拌煮沸后再过滤 3. 将糖化液用4～6层纱布过滤,滤液如混浊不清,可用鸡蛋白澄清,方法是将一个鸡蛋白加水约20 mL,调匀至生泡沫时为止,然后倒在糖化液中搅拌煮沸后再过滤 4. 将滤液稀释到5～6波美度,pH 6.4,加入2%琼脂即成。121℃灭菌30 min	
无氮培养基(自生固氮菌、钾细菌)	甘露醇(或葡萄糖)	10 g
	磷酸二氢钾	0.2 g
	七水合硫酸镁	0.2 g
	氯化钠	0.2 g
	二水合硫酸钙	0.2 g
	碳酸钙	5 g
	蒸馏水	1000 mL
	pH	7.0～7.2
	113℃灭菌30 min	
半固体肉膏蛋白胨培养基	肉膏蛋白胨液体培养基	100 g
	琼脂	0.35～0.4 g
	pH	7.6
	121℃灭菌20 min	
合成培养基	偏磷酸铵	1 g
	氯化钾	0.2 g
	七水合硫酸镁	0.2 g
	豆芽汁	10 mL
	琼脂	20 g
	蒸馏水	1000 mL
	pH	7.0
	加12 mL 0.04%的溴钾酚紫(pH 5.2～6.8,颜色由黄变紫,作指示剂)。121℃灭菌20 min	
豆芽汁蔗糖(或葡萄糖)培养基	黄豆芽	100 g
	蔗糖(或葡萄糖)	50 g
	七水合硫酸镁	0.2 g
	蒸馏水	1000 mL
	二水合硫酸钙	0.2 g
	pH	自然
	称新鲜豆芽100 g,放入烧杯中,加入水1000 mL,煮沸约30 min,用纱布过滤。用水补足原量,再加入蔗糖(或葡萄糖)50 g,煮沸熔化。121℃灭菌20 min	

续表

培养基	组　分	配　比
油脂培养基	蛋白胨	10 g
	牛肉膏	5 g
	氯化钠	5 g
	香油或花生油	10 g
	1.6%中性红水溶液	1 mL
	琼脂	15～20 g
	蒸馏水	1000 mL
	pH	7.2
	121℃灭菌 20 min。	
	注：①不能使用变质油。②油和琼脂及水先加热。③调好 pH 后，再加入中性红。④分装时，需不断搅拌，使油均匀分布于培养基中	
淀粉培养基	蛋白胨	10 g
	牛肉膏	5 g
	氯化钠	5 g
	可溶性淀粉	2 g
	蒸馏水	1000 mL
	琼脂	15～20 g
	121℃灭菌 20 min	
明胶培养基	牛肉膏蛋白胨液	100 mL
	明胶	12～18 g
	pH	7.6
	在水浴锅中将上述成分熔化，不断搅拌。熔化后调 pH 7.2～7.4	
	121℃灭菌 20 min	
蛋白胨水培养基	蛋白胨	10 g
	氯化钠	5 g
	蒸馏水	1000 mL
	pH	7.6
	121℃灭菌 20 min	
糖发酵培养基	蛋白胨水培养基	1000 mL
	1.6%溴钾酚紫乙醇溶液	1～2 mL
	pH	7.6
	另配制 20%糖溶液(葡萄糖、乳糖、蔗糖等)各 10 mL	
	1. 将上述含指示剂的蛋白胨水培养基(pH 7.6)分装于试管中，在每管内放一倒置的小玻璃管(Durham tube)，使之充满培养液 2. 将已分装好的蛋白胨水和 20%的各种糖溶液分别灭菌，蛋白胨水 121℃灭菌 20 min；糖溶液 112℃灭菌 30 min。 3. 灭菌后，每管以无菌操作分别加入 20%无菌糖溶液 0.5 mL(按每 10 mL 培养基中加入 20%的糖液 0.5 mL，则成 1%的浓度)。配制用的试管必须洗干净，避免结果混乱。	
葡萄糖蛋白胨水培养基	蛋白胨	5 g
	葡萄糖	5 g
	磷酸氢二钾	2 g
	蒸馏水	1000 mL
	将上述各成分溶于 1000 mL 水中，调 pH 7.0～7.2，过滤。分装试管，每管 10 mL，112℃灭菌 30 min	

续表

培养基	组　分	配　比
麦氏(Meclary)琼脂（培养酵母菌用）	葡萄糖	1 g
	氯化钾	1.8 g
	酵母浸膏	2.5 g
	乙酸钠	8.2 g
	琼脂	15～20 g
	蒸馏水	1000 mL
	113℃灭菌 20 min	
柠檬酸盐培养基	磷酸二氢铵	1 g
	磷酸氢二钾	1 g
	氯化钠	5 g
	硫酸镁	0.2 g
	柠檬酸钠	2 g
	琼脂	15～20 g
	蒸馏水	1000 mL
	1%溴麝香草酚蓝乙醇溶液	10 mL
	将上述各成分加热溶解后，调 pH 6.8，然后加入指示剂，摇匀，用脱脂棉过滤。制成后为黄绿色，分装试管，121℃灭菌 20 min 后制成斜面，注意配制时控制好 pH，不要过碱，以黄绿色为准	
乙酸铅培养基	pH 7.4 的牛肉膏蛋白胨琼脂	100 mL
	硫代硫酸钠	0.25 g
	10%乙酸铅水溶液	1 mL
	pH	7.6
	将牛肉膏蛋白胨琼脂 100 mL 加热溶解，待冷却至 60℃时加入硫代硫酸钠 0.25 g，调至 pH 7.2，分装于三角瓶中，115℃灭菌 15 min。取出后待冷却至 55～60℃，加入 10%乙酸铅水溶液(无菌的)1 mL，混匀后倒入灭菌试管或平板中	
血琼脂培养基	pH 7.6 的牛肉膏蛋白胨琼脂	100 mL
	脱纤维羊血(或兔血)	10 mL
	将牛肉膏蛋白胨琼脂加热熔化，待冷却至 50℃时，加入无菌脱纤维羊血(或兔血)摇匀后倒平板或制成斜面。37℃过夜检查无菌生长即可使用	
玉米粉蔗糖培养基	玉米粉	60 g
	磷酸二氢钾	3 g
	维生素 B_1	100 mg
	蔗糖	10 g
	七水合硫酸镁	1.5 g
	蒸馏水	1000 mL
	121℃灭菌 30 min，维生素 B_1 单独灭菌 15 min 后另加	
酵母膏麦芽汁琼脂	麦芽粉	3 g
	酵母浸膏	0.1 g
	蒸馏水	1000 mL
	121℃灭菌 30 min	
棉籽壳培养基	棉籽壳 50%，石灰粉 1%，过磷酸钙 1%，水 65%～70%，按比例称好料，充分搅拌均匀后装瓶，较薄地平摊盘上	

续表

培养基	组 分	配 比
复红亚硫酸钠培养基 (远藤氏培养基)	蛋白胨	10 g
	乳糖	10 g
	磷酸氢二钾	3.5 g
	琼脂	20～30 g
	蒸馏水	1000 mL
	5%碱性复红乙醇溶液	20 mL
	先将琼脂加入 900 mL 蒸馏水中，加热溶解，再加入磷酸氢二钾及蛋白胨，使溶解，补足蒸馏水至 1000 mL，调 pH 7.2～7.4。加入乳糖，混匀溶解后，115℃灭菌 20 min。称取亚硫酸钠置一无菌空试管中，加入无菌水少许使溶解，再在水浴中煮沸 10 min 后。立刻滴加于 20 mL 5%碱性复红乙醇溶液中，直至深红色褪成淡粉红色为止。将此亚硫酸钠与碱性复红的混合液全部加至上述已灭菌的并仍保持熔化状态的培养基中，充分混匀，倒平板，放冰箱中备用，储存时间不宜超过 2 周	
伊红美蓝培养基 (EMB 培养基)	蛋白胨水培养基	100 mL
	20%乳糖溶液	2 mL
	2%伊红水溶液	2 mL
	0.5%美蓝水溶液	1 mL
	将已灭菌的蛋白胨水培养基(pH 7.6)加热熔化，冷却至 60℃左右时，再把已灭菌的乳糖溶液，伊红水溶液及美蓝水溶液按上述量以无菌操作加入。摇匀后，立即倒平板。乳糖在高温灭菌易被破坏必须严格控制灭菌温度，115℃灭菌 20 min	
乳糖蛋白胨培养液 (“水的细菌学检查”用)	蛋白胨	10 g
	牛肉膏	3 g
	乳糖	5 g
	氯化钠	5 g
	1.6%溴甲酚紫乙醇溶液	1 mL
	蒸馏水	1000 mL
	将蛋白胨、牛肉膏、乳糖及氯化钠加热溶解于 1000 mL 蒸馏水中，调 pH7.2～7.4。加入 1.6%溴甲酚紫乙醇溶液 1 mL，充分混匀，分装于有小倒管的试管中。115℃灭菌 20 min	
石蕊牛奶培养基	牛奶粉	100 g
	石蕊	0.075 g
	蒸馏水	1000 mL
	pH	6.8
	121℃灭菌 15 min	
LB(Luria-Bertani)培养基	蛋白胨	10 g
	酵母膏	5 g
	氯化钠	10 g
	蒸馏水	1000 mL
	pH	7.0
	121℃灭菌 20 min	
基本培养基	磷酸氢二钾	10.5 g
	磷酸二氢钾	4.5 g
	硫酸铵	1 g
	二水合柠檬酸钠	0.5 g
	蒸馏水	1000 mL
	121℃灭菌 20 min	

续表

培养基	组　分	配　比
基本培养基	需要时灭菌后加入：	
	糖(20%)	10 mL
	维生素 B_1(硫胺素)(1%)	0.5 mL
	七水合硫酸镁(20%)	1 mL
	链霉素(50 mg/mL)4 mL,终浓度 200 μg/mL	
	氨基酸(10 mg/mL)4 mL,终浓度 40 μg/mL	
	pH	自然(～7.0)
庖肉培养基	1. 取已去肌膜、脂肪之牛肉 500 g,切成小方块,置 1000 mL 蒸馏水中,以弱火煮 1 h,用纱布过滤,挤干肉汁,将肉汁保留备用。将肉渣用绞肉机绞碎,或用刀切成细粒 2. 将保留的肉汁加蒸馏水,使总体积为 2000 mL,加入蛋白胨 20 g,葡萄糖 2 g,氯化钠 5 g 及绞碎的肉渣,置烧瓶摇匀,加热使蛋白胨溶化 3. 取上层溶液测量 pH,并调整其达到 8.0,在烧瓶壁上用记号笔标示瓶内液体高度,121℃灭菌 15 min 后补足蒸发的水分,重新调整 pH 8.0,再煮沸 10～20 min,补足水量后调整 pH 7.4 4. 将烧瓶内容物摇匀,将溶液和肉渣分装于试管中,肉渣约占培养基的 1/4。经 121℃灭菌 15 min 后备用,如当日不用,应以无菌操作加入已灭菌的石蜡凡士林,以隔绝氧气	
乳糖牛肉膏蛋白胨培养基	乳糖	5 g
	牛肉膏	5 g
	酵母膏	5 g
	蛋白胨	10 g
	葡萄糖	10 g
	氯化钠	5 g
	琼脂粉	15 g
	pH	6.8
	蒸馏水	1000 mL
马铃薯牛乳培养基	200 g 马铃薯(去皮)煮出汁,脱脂鲜乳 100 mL,酵母膏 5 g,琼脂粉 15 g,加水 1000 mL pH 7.0。制平板培养基时,牛乳与其他成分分开灭菌,倒平板前再混合	
尿素琼脂培养基	尿素	20 g
	琼脂	15 g
	氯化钠	5 g
	磷酸二氢钾	2 g
	蛋白胨	1 g
	酚红	0.012 g
	蒸馏水	1000 mL
	pH	6.8±0.2
	在蒸馏水或去离子水 100 mL 中,加入上述所有成分(除琼脂外)。混合均匀。过滤灭菌。将琼脂加入 900 mL 蒸馏水或去离子水中,加热煮沸腾。121℃灭菌 15 min。冷却至 50℃,加入灭菌好的基本培养基,混匀后,分装于灭菌的试管中,放在倾斜位置上使其凝固	

附录6 细胞生物学培养基试剂配制方法

一、植物组织培养实验试剂及培养基的配制方法

1. 培养基的配制(MS培养基)

配制培养基前先要配制母液。母液分大量元素、微量元素、铁盐、及有机物质上类。

MS培养基母液配制

类别	成 分	规定量/mg	称取量/mg	母液体积/mL	扩大倍数	配1L培养基的吸取量/mL
大量元素	KNO_3	1900	1 900			
	NH_4NO_3	1650	16 500			
	$MgSO_4\cdot7H_2O$	370	3 700	1 000	10	100
	KH_2PO_4	170	1 700			
	$CaCl_2\cdot2H_2O$	440	4 400			
微量元素	$MnSO_4\cdot4H_2O$	22.30	2 230			
	$ZnSO_4\cdot7H_2O$	8.6	860			
	H_3BO_3	6.2	620			
	KI	0.83	83			
微量元素	$NaMoO_4\cdot2H_2O$	0.25	25			
	$CuSO_4\cdot5H_2O$	0.025	2.5	1 000	100	10
	$CoCl_2\cdot6H_2O$	0.025	2.5			
铁盐	Na_2-EDTA	37.25	3 725	1 000	100	10
	$FeSO_4\cdot7H_2O$	27.85	2 785			
有机物质	甘氨酸	2.0	100			
	盐酸硫胺素	0.4	20			
	盐酸吡哆素	0.5	25	500	100	10
	烟酸	0.5	25			
	肌醇	100	5000			

母液名称	配制方法
大量元素母液(10×)	分别称取10倍用量的各种大量无机盐,依次溶解于大约800 mL热的(60~80℃)蒸馏水中。(一种成分完全溶解后再加入下一种,最后加水,定容至1000 mL后装入试剂瓶中,存放冰箱内备用)
微量元素母液(100×)	分别称取100倍用量的微量无机盐,依次溶解于800 mL重蒸水中,加水定容到1000 mL
铁盐母液(100×)	称取100倍用量的 Na_2-EDTA(乙二胺四乙酸钠)和 $FeSO_4\cdot7H_2O$,溶于800 mL重蒸水中,最后定容到1000 mL
有机物质母液(100×)	分别称取50倍用量的各种有机物质,依次溶解于400 mL重蒸水中,定容至1000 mL装入棕色试剂瓶中,存放在冰箱中备用
生长素(部分培养基附加)	如2,4-D、IAA、NAA等。称取20 mL 95%乙醇溶解,然后加水,定容至20 mL,浓度为1 mg/mL,放在冰箱内备用
细胞分裂素(部分培养基附加)	如激动素(Kt)、6-BA。称取20 mg,先用2 mL 1 mol/L NaOH(或HCl)溶解,然后加水,定容至20 mL,浓度为1 mg/mL,放置冰箱内备用

2. 培养基的配制与分装

(1) 取1000 mL烧杯一只，加大量元素10倍母液100 mL、微量元素100倍母液10 mL、铁盐100倍母液10 mL、有机物质100倍母液10 mL。此外，根据培养材料和实验目的还要附加一定量的生长素、细胞分裂素及蔗糖等，然后加水至1000 mL，待蔗糖充分溶解后用1 mol/L的NaOH或HCl调酸碱度为pH 5.8，最后加入琼脂粉6.5 g，如用琼脂条，则要加10 g。

(2) 把盛有培养基的烧杯放在电磁炉上加热，待琼脂完全熔化后，分装到培养用的三角瓶中，每只100 mL三角瓶约装40 mL培养基。分装时要避免把培养基倒在瓶口上，否则培养时容易引起杂菌污染。

(3) 把锡箔纸裁成适当大小的长方形，背靠背折起来，折成正方形，紧密裹在瓶口上，随后便可进行灭菌。灭菌后培养基冷却，凝固才能使用。

二、动物细胞培养实验试剂配制方法

名称	成分	数量			
培养液的配制	蒸馏水必须是新鲜的三蒸水 选用RPMI 1640培养液 ① 配1 L RPMI 1640培养液的粉末(1袋)+2 g $NaHCO_3$ ② 溶于800 mL三蒸水中充分搅匀 ③ 用HCl调节pH 7.2～7.4 ④ 用蒸馏水补足1 L ⑤ 用灭过菌的滤器过滤(用Φ10.45或0.20 μm滤膜) ⑥ 用灭过菌的瓶分装(学生实验)100 mL/瓶				
磷酸盐缓冲液(PBS)的配制 配方一	pH	7.6	7.4	7.2	7.0
	H_2O/mL	1000	1000	1000	100
	NaCl/g	8.5	8.5	8.5	8.5
	Na_2HPO_4/g	2.2	2.2	2.2	2.2
	NaH_2PO_4/g	0.1	0.2	0.3	0.4
磷酸盐缓冲液(PBS)的配制 配方二	NaCl	8 g			
	KCl	0.2 g			
	Na_2HPO_4	1.56 g			
	KH_2PO_4	0.2 g			
	用重蒸水稀释至1 L加热灭菌				
10 000单位/mL硫酸链霉素、青霉素G钾盐的配制	硫酸链霉素	1 g			
	青霉素G钾盐	100万单位			
	将上述两种药品溶于100 mL生理盐水中，然后灭菌(过0.45 μm的滤膜)，分装于青瓶中放−20℃保存。使用时可按100单位/mL稀释。				
0.05%胰蛋白酶溶液的配制	① 1 g胰蛋白酶加入20 mL PBS中 ② 37℃搅拌2 h ③ 4℃ 7000 r/min离心20 min ④ 取上清灭菌(过0.45 μm的滤膜) ⑤ 每10 mL分装，放−20℃保存 ⑥ 取10 mL冻存的加入灭菌的PBS 1 L中，2%的EDTA(灭过菌的)10 mL ⑦ 配成终浓度0.05%的胰蛋白酶				
0.3%台盼蓝染液	称取台盼蓝(Trypan blue)粉0.3 g，溶于100 mL生理盐水中，加热使之完全溶解，用滤纸过滤除渣，装入瓶内室温保存				

续表

名 称	成 分	数 量
洗液	方法：先将重铬酸钾完全溶解于水中，如不溶可加热帮助溶解，然后缓慢加入浓硫酸。加浓硫酸时将产生大量热量，因此配制的容器宜用陶瓷，加入浓硫酸时要缓慢而不能过急，以免热量产生太多，导致容器破裂，发生危险	
	次强液：重铬酸钾	120 g
	次强液：浓硫酸	200 mL
	次强液：蒸馏水	1000 mL
	强液：重铬酸钾	63 g
	强液：浓硫酸	1000 mL
	强液：蒸馏水	200 mL

附录 7 细胞生物学实验试剂配制

一、常用试剂的配制方法

1. 缓冲液

(1) 磷酸盐缓冲液。

① 25℃下 0.1 mol/L 磷酸钾缓冲液的配制*

pH	1 mol/L K_2HPO_4/mL	1 mol/L KH_2PO_4/mL
5.8	8.5	91.5
6.0	13.2	86.6
6.2	19.2	80.8
6.4	27.8	72.2
6.6	38.1	61.9
6.8	49.7	50.3
7.0	61.5	38.5
7.2	71.7	28.3
7.4	80.2	19.8
7.6	86.6	13.4
7.8	90.8	9.2
8.0	94.0	6.2

② 25℃下 0.1 mol/L 磷酸钠缓冲液的配制*

pH	1 mol/L Na_2HPO_4/mL	1 mol/L NaH_2PO_4/mL
5.8	7.9	92.1
6.0	12.0	88.0
6.4	25.5	74.5
6.6	35.2	64.8
6.8	46.3	53.7
7.0	57.7	42.3
7.2	68.4	31.6
7.4	77.4	22.6
7.6	84.5	15.5
7.8	89.6	10.4
8.0	93.2	6.8

* 用蒸馏水将混合的两种 1 mol/L 储存液稀释至 1000 mL，根据 Henderson-hassebalch 方程计算其 pH：$pH = pK' + \lg([质子受体]/[质子供体])$，在此，$pK' = 6.86$(25℃)。

(2) 各种 pH 的 Tris 缓冲液的配制*

所需 pH(25℃)	0.1 mol/L HCl 的体积/mL	所需 pH(25℃)	0.1 mol/L HCl 的体积/mL
7.1	45.7	8.1	26.2
7.2	44.7	8.2	22.9
7.3	43.4	8.3	19.9
7.4	42.0	8.4	17.2
7.5	40.3	8.5	14.7
7.6	38.5	8.6	12.4
7.7	36.6	8.7	10.3
7.8	34.5	8.8	8.5
7.9	32.0	8.9	7.0
8.0	29.2		

* 某一特定 pH 的 0.05 mol/L Tris 缓冲液的配制：
将 50 mL 0.1 mol/L Tris 碱溶液与上表所示相应体积的 0.1 mol/L HCl 混合，加水将体积调至 100 mL。

2. 消化液

名 称	配制方法
胰蛋白酶(trypsin)溶液	胰蛋白酶是白色或淡黄色粉末，低温干燥保存。主要作用是使细胞间的蛋白质水解，使细胞离散。其活性以其消化酪蛋白的能力进行测定。常用 1∶250(或 1∶500)方法表示，即 1 份胰蛋白酶可以消化 250 份(或 500 份)酪蛋白。胰蛋白酶对细胞的分离作用与细胞的类型和细胞的性质关系密切。不同细胞系对胰蛋白酶溶液的浓度、温度和作用时间等的要求也不相同 无钙镁离子的平衡盐溶液(常用于配制胰蛋白酶溶液或用于洗涤细胞) NaCl 8 g Na_2HPO_4 0.073 g KCl 0.20 g 葡萄糖 2.00 g KH_2PO_4 0.02 g 酚红 0.02 g 溶于 1000 mL 水中 染色体的 G 带核型实验中胰蛋白酶用生理盐水配制 本实验室配制胰蛋白酶溶液常用培养液溶解所需浓度的胰蛋白酶，此种方法较为简便
EDTA 溶液	又称 versene，一般用其钠盐，因可溶性较好。有些组织需要 Ca^{2+}、Mg^{2+} 来保持其完整性，用 EDTA 来排除这些离子，可使细胞之间裂解，以分散细胞。其作用比胰蛋白酶缓和。使用的浓度为 0.02%，以无钙、镁的平衡盐液配制 实验室内常将胰蛋白酶和 EDTA 联合使用。可提高消化效率，细胞分散情况改善，EDTA 不被血清抑制，所以消化后必须彻底清洗，否则可致细胞脱落。EDTA对成纤维细胞作用差。
胶原酶溶液	① 用 Hank's 液配成 2000 U/mL ② 36.5℃搅拌溶解 2 h，4℃过夜 ③ 滤过消毒 ④ 分装成等份使用(1～2 周内) ⑤ 长时间储存宜在－20℃

3. 抗菌素液

青、链霉素：取青霉素 100 万单位，链霉素 100 万单位，溶于 100 mL 灭菌的 Hank's 液中，浓度为青霉素 10 000 U/mL 和链霉素 10 000 U/mL。使用浓度为 100 mL 培养基内加 1 mL，则培养基内的最终浓度为 100 U/mL 青霉素和 100 U/mL 链霉素。

常用抗生素剂量和作用

抗生素	浓度/(量/mL)	作用	
		细菌	支原体
青霉素 G	100～1000 U	+++	
链霉素	100～1000 U	+++*	
庆大霉素	50～200 μg	+++*	
卡那霉素	100～1000 μg	++*	+
四环素	10～50 μg	++	++
红霉素	50～100 μg	++	

* 对革兰氏阴性菌有效

4. 常用染色剂的配制

名　称	成　分		数　量
吕氏(Loeffler)碱性美蓝染液	A 液：	美蓝(methylene blue)	0.6 g
		95%乙醇	30 mL
	B 液：	KOH	0.01 g
		蒸馏水	100 mL
	分别配制 A 液和 B 液，配好后混合即可		
齐氏(Ziehl)石炭酸复红染色液	A 液：	碱性复红(basic fuchsin)	0.3 g
		95%乙醇	10 mL
	B 液：	石炭酸	5.0 g
		蒸馏水	95 mL
	将碱性复红在研钵中研磨后，逐渐加入 95%乙醇，继续研磨使其溶解，配成A 液。将石炭酸溶解于水中，配成 B 液 混合 A 液及 B 液即成。通常可将此混合液稀释 5～10 倍使用，稀释液易变质失效，一次不宜多配		
革兰氏(Gram)染色液	1. 草酸铵结晶紫染液		
	A 液：	结晶紫(crystal violet)	2 g
		95%乙醇	20 mL
	B 液：	草酸铵(ammonium oxalate)	0.8 g
		蒸馏水	80 mL
	混合 A、B 液，静置 48h 后使用。		
	2. 卢戈(Lugol)碘液		
		碘片	1.0 g
		碘化钾	2.0 g
		蒸馏水	300 mL
	先将碘化钾溶解在少量水中，再将碘片溶解在碘化钾溶液中，待碘全溶后，加足水分即成		
	3. 95%乙醇溶液		
		番红复染液	
		番红(safranine O)	2.5 g
		95%乙醇	100 mL
	取上述配好的番红乙醇溶液 10 mL 与 80 mL 蒸馏水混匀即成		

续表

名　称	成　分		数　量
芽孢染色液	1. 孔雀绿染液		
		孔雀绿(malachite green)	5 g
		蒸馏水	100 mL
	2. 番红水溶液		
		番红	0.5 g
		蒸馏水	100 mL
	3. 苯酚品红溶液		
		碱性品红	11 g
		无水乙醇	100 mL
	取上述溶液 10 mL 与 100 mL 5%的苯酚溶液混合，过滤备用		
	4. 黑色素(nigrosin)溶液		
		水溶性黑色素	10 g
		蒸馏水	100 mL
	称取 10 g 黑色素溶于 100 mL 蒸馏水中，置沸水浴中 30 min 后，滤纸过滤 2 次，补加水到 100 mL，加 0.5 mL 甲醛，备用		
荚膜染色液	1. 黑色素水溶液		
		黑色素	5 g
		蒸馏水	100 mL
		福尔马林(40%甲醛)	0.5 mL
荚膜染色液	将黑色素在蒸馏水中煮沸 5 min，然后加入福尔马林作防腐剂		
	2. 番红染液		
	与革兰氏染液中番红复染液相同		
鞭毛染色液	A 液：	单宁酸	
		$FeCl_3$	1.5 g
		蒸馏水	100 mL
		福尔马林(15%)	2.0 mL
		NaOH(1%)	1.0 mL
	配好后，当日使用，次日效果差，第三天则不宜使用		
	B 液：	$AgNO_3$	2 g
		蒸馏水	100 mL
	待 $AgNO_3$ 溶解后，取出 10 mL 备用，向其余的 90 mL $AgNO_3$ 中滴入浓 NH_4OH，使之成为很浓厚的悬浮液，再继续滴加 NH_4OH，直到新形成的沉淀又重新刚刚溶解为止。再将备用的 10 mL $AgNO_3$ 慢慢滴入，则出现薄雾，但轻轻摇动后，薄雾状沉淀又消失，再滴入 $AgNO_3$，直到摇动后仍呈现轻微而稳定的薄雾状沉淀为止。如所呈雾不重，此染剂可使用 1 周，如雾重，则银盐沉淀出，不宜使用		
富尔根氏核染色液	1. 席夫氏(Schiff)试剂		
	将 1 g 碱性复红加入 200 mL，煮沸的蒸馏水中，振荡 5 min，冷至 50℃左右过滤，再加入 1 mol/L HCl 20 mL，摇匀。待冷至 25℃时，加 $Na_2S_2O_5$(偏重亚硫酸钠)3 g，摇匀后装在棕色瓶中，用黑纸包好，放置暗入过夜，此时试剂应为淡黄色(如为粉红色则不能用)，再加中性活性炭过滤，滤液振荡 1 min 后，再过滤，将此滤液置冷暗处备用。注意，过滤需在避光条件下进行		
	在整个操作过程中所用的一切器皿都需十分洁净、干净，以消除还原性物质		
	2. Schandium 固定液		
	A 液　饱和升汞水溶液		
	50 mL 升汞水溶液加 95%乙醇 25 mL 混合即得		
	B 液　冰乙酸		
	取 A 液 9 mL+B 液 1 mL，混匀后加热至 60℃		
	3. 亚硫酸水溶液		
	10%偏重亚硫酸钠水溶液 5 mL，1 mol/L HCl 5 mL，加蒸馏水 100 mL 混合即得		

续表

名　称	成　分	数　量
Bouin 氏固定液	苦味酸饱和水溶液	75 mL
	福尔马林(40%甲醛)	25 mL
	冰乙酸	5 mL
	1 g 苦味酸可制成 75 mL 饱和水溶液	
	先将苦味酸溶解成水溶液,然后再加入福尔马林和冰乙酸摇匀即成	
乳酸石炭酸棉蓝染色液	石炭酸	10 g
	乳酸(相对比重 1.21)	10 mL
	甘油	20 mL
	蒸馏水	10 mL
	棉蓝(cotton blue)	0.02 g
	将石炭酸加在热蒸馏水中加热溶解,然后加入乳酸和甘油蓝,最后加入棉蓝,使其溶解即成	
瑞氏(Wrigilt)染色液	瑞氏染料粉末	0.3 g
	甘油	3 mL
	甲醇	97 mL
	将染料粉末置于干燥的乳钵内研磨,先加甘油,后加甲醇,放玻璃瓶中过夜,过滤即可	
美蓝(Levowitz-weber)染液	在 52 mL 95%乙醇和 44 mL 四氯乙烷的三角烧瓶中,慢慢加入 0.69 g 氯化镁蓝(mcthylene blue chloride),旋摇三角烧瓶,使其溶解。放 5～10℃,12～24 h,然后加入 4 mL 冰乙酸。用质量好的滤纸如 Whatman No. 42 或与之同质量的滤纸过滤。储存于清洁的密闭容器内	

5. 其他溶液

名　称	配制方法
肝素抗凝剂	有两种配制方法: ① 肝素注射液 1 支(12 500 U),溶于 25 mL 生理盐水,即成 500 U/mL 使用液。使用最终浓度为每毫升营养液含 12～20 U ② 称量 0.2 g 肝素,溶于 100 mL 生理盐水中,121℃ 15 min 高压灭菌。使用时每毫升营养液内加 0.01～0.02 mL
Giemsa 染液	称量 0.5 g Giemsa 粉,甘油 33 mL,在研钵内先用少量甘油和 Giemsa 粉混合,研磨直至无颗粒为止,再将剩余甘油倒入,56℃ 保温 2 h,加入 33 mL 甲醇,保存于棕色瓶内
琼脂(2.5%)	① 2.5 g 琼脂 ② 100 mL 蒸馏水 ③ 加热溶解 ④ 高压消毒后,室温保存
Ficoll(20%)	① 取 20 g Ficoll,撒在 80 mL 蒸馏水表面,令过夜溶解,补水至 100 mL ② 高压消毒后,室温保存
Hoechst 33258	① 用不含酚红 BSS 配成 1 mg/mL 的母液,－20℃储存 ② 使用时稀释成 1∶20 000(1.0 μL→20 mL)BSS(无酚红,pH 7.0)。本品可能有致癌性,使用时应注意
甲基纤维素(1.6%)培养基	① 取 8 g 甲基纤维素(4000 黏度单位)加入容量 500 mL 培养基瓶中,再加 250 mL 蒸馏水,在 80～100℃温度下,电磁搅拌溶解 ② 彻底溶解后,室温中冷却 ③ 移入稍冷室中继续搅拌过夜 ④ 高压灭菌,形成暗色固态 ⑤ 加入 250 mL 培养基,4℃搅拌过夜 ⑥ 分装入无菌 100 mL 瓶中,－20℃储存 使用时加已知量血清稀释甲基纤维素培养基,再加入细胞悬液,使用甲基纤维素的浓度最终达 0.8%

续表

名 称	配制方法
丝裂霉素(50×母液)	① 取 2 mg 包装丝裂霉素 ② 取 20 mL Hank's 液注入无菌容器中 ③ 用针管吸 2 mL Hank's 液注入丝裂霉素瓶中 ④ 置暗处 4℃中可存 1 周;长期储存需在−20℃ ⑤ 使用时为 2 μg/10^6 细胞
胰蛋白胨肉汤 (tryptose phosphate broth)	① 胰蛋白胨 100 g ② Hank's 液 1000 mL ③ 溶解搅拌 ④ 分装,高压灭菌 ⑤ 室温中储存 ⑥ 使用时按 1∶100 稀释(最终浓度为 0.1%)

二、其他实验试剂配制方法

1. 脂类染色实验试剂配制方法

名 称	成 分	数 量
10%中性福尔马林	甲醛	100 mL
	磷酸二氢钠	6.5 g
	蒸馏水	900 mL
苏丹Ⅲ染液	苏丹Ⅲ	0.1 g
	95%乙醇	20 mL
苏丹黑染液	苏丹黑	0.5 g
	70%乙醇	100 mL

2. 石蜡切片实验试剂配制方法

名 称	成 分	数 量
卡诺氏固定液	100%酒精	3 份
	冰乙酸	1 份
埃利希苏木精染液	苏木精	1.0 g
	乙醇	50 mL
	乙酸	5 mL
	甘油	50 mL
	硫酸铝钾	5 g
	蒸馏水	50 mL
	将苏木精溶于 15 mL 的乙醇中,再加乙酸并搅拌,以加速其溶解。当苏木精溶解后将甘油加入并摇动容器,同时加入其余的乙醇;硫酸铝钾需研磨并加热,然后溶解于蒸馏水中,将其一滴滴地加入上边的溶液,并不断摇动,此液配好后,将瓶口用纱布盖好,置通风处,经常摇动以加速其成熟,成熟约需 4 周左右,成熟的染液为深红色	
1%伊红乙醇溶液	伊红	1.0 g
	95%乙醇	100 mL
1%盐酸乙醇溶液	盐酸	1 份
	70%乙醇	100 份

续表

名　称	成　分	数　量
郝普特氏粘片剂	明胶	1.0 g
	蒸馏水	100 mL
	石炭酸	2.0 g
	甘油	15 mL
	配制时明胶溶解于 30℃的蒸馏水中(水浴锅中进行),溶解后加入石炭酸和甘油,搅拌均匀过滤,储存于玻璃瓶中	
1%番红染液	番红	1.0 g
	蒸馏水	100 mL
1%固绿染液	固绿	1.0 g
	蒸馏水	100 mL

3. PAS 反应实验试剂配制方法

名　称	成　分	数　量
1%过碘酸	过碘酸	1.0 g
	蒸馏水	100 mL
1 mol/L HCl	浓盐酸	8.5 mL
	蒸馏水	91.5 mL
0.5%偏重亚硫酸钠溶液	偏重亚硫酸钠	0.5 g
	蒸馏水	100 mL

4. Feulgen 反应实验试剂配制方法

名　称	成　分	数　量
Schiff 试剂	蒸馏水	100 mL
	蒸馏水 100 mL 煮沸后取下,立即放入碱性品红 1 g 使之溶解。冷却至 50℃时用滤纸过滤。加偏重亚硫酸钠(或钾)(或亚硫酸氢盐)2 g 及 1 mol/L HCl 20 mL。避光放置 18～24 h(室温)。溶液变为草黄色。然后加入 300 mg 活性炭,用力摇动 1 min,过滤。过滤后即得无色品红 此液配就后,封严瓶塞,外包黑纸,储于 4℃冰箱备用,用前升至室温	
1 mol/L HCl	浓盐酸	8.5 mL
	蒸馏水	91.5 mL
1%亮绿染液	亮绿	1 g
	蒸馏水	100 mL

5. 液泡系及线粒体的活体染色实验试剂配制方法

名　称	成　分	数　量
Ringer 溶液	氯化钠	0.85 g(变温动物用 0.65 g)
	氯化钾	0.25 g
	氯化钙	0.03 g
	蒸馏水	100 mL

续表

名 称	成 分	数 量
1%的 1/5000 詹姆斯绿 B 溶液	称取 50 mg 詹姆斯绿 B 溶于 5 mL Ringer 溶液混匀,稍加热(30～40℃)使之溶解,用滤纸过滤,即为 1%原液。取 1%原液 1 mL 加入 49 mL Ringer 溶液,即成 1/5000 工作液。将其装入瓶中备用。最好现用现配,以保持它的充分氧化能力	
1%的 1/3000 中性红溶液	称取 0.5 g 中性红溶液溶于 50 mL Ringer 液,稍加热(30～40℃)使之很快溶解,用滤纸过滤,装入棕色瓶于暗处保存。临用前,取已配制的 1%中性红溶液 1 mL 加入 29 mL Ringer 溶液混匀,装入棕色瓶备用	

6. 细胞融合实验试剂配制方法

名 称	成 分	数 量
Alsever's 血细胞保存液	氯化钠	0.42 g
	柠檬酸钠	0.80 g
	葡萄糖	2.05 g
	蒸馏水	100 mL
	将上述各成分混匀后,微加温使其溶解,用柠檬酸(约加 0.05 g)调节 pH 7.2～7.4,高压灭菌(115℃ 20 min),置 4℃冰箱保存	
1%鸡红细胞(1%羊红细胞)液	采集鸡翼下静脉血(或羊血),以 1∶5 的比例(体积分数)保存于 Alsever's 血细胞保存液中,4℃保存,一周内(至少)使用。临用前,用 0.75%(羊用 0.85%)生理盐水以 1500 r/min 离心洗 3 次,分别是 5 min、5 min、10 min,弃上清,再用生理盐水或 Hanks 液稀释配制成 1%鸡红细胞(1%羊红细胞)悬液(体积分数)	
GKN 溶液	NaCl	8 g
	KCl	0.4 g
	$Na_2HPO_4 \cdot 2H_2O$	1.77 g
	$NaH_2PO_4 \cdot H_2O$	0.69 g
	葡萄糖	2 g
	酚红	0.01 g
	溶于 1000 mL 水中	
50%PEG 溶液	称取一定量的 PEG(W_M=4000)放入烧杯中,沸水浴加热,使之熔化,待冷却至 50℃时,加入等体积预热至 50℃的 GKN 溶液,混匀,置 37℃备用	

7. 利用 RT-PCR 技术对 HeLa 细胞中 β-actin 的表达进行检测的试剂配制

名 称	成 分	数 量
0.1%焦碳酸二乙酯(DEPC)处理水	在 1 L 蒸馏水中加入 1 mL DEPC,在磁力搅拌器上搅拌过夜,分装后高压灭菌 30 min 备用。	
5×甲醛凝胶电泳缓冲液	MOPS	0.1 mol/L
	NaAC	40 mmol/L
	EDTA(pH 8.0)	5 mmol/L
10×RNA 加样缓冲液	甘油	50%
	EDTA(pH 8.0)	1 mmol/L
	二甲苯青	0.25%
	溴酚蓝	0.25%

续表

名 称	成 分	数 量
6×DNA 加样缓冲液	蔗糖(质量/体积分数)	40%
	二甲苯青	0.25%
	溴酚蓝	0.25%
5×第一链反应缓冲液	Tris-HCl(pH 8.3)	250 mmol/L
	KCl	375 mmol/L
	$MgCl_2$	15 mmol/L
10×PCR 缓冲液	Tris-HCl(pH 8.4)	200 mmol/L
	KCl	500 mmol/L
5×TBE(Tris-硼酸缓冲液)	称取 54 g Tris 碱,27.5 g 硼酸,依次溶解于 800 mL 蒸馏水中,加入 20 mL 0.5 mol/L EDTA(pH 8.0)定容至 1 L	
溴化乙啶(10 mg/mL)	在 100 mL 蒸馏水中,加入 1 g 溴化乙啶,在磁力搅拌器上搅拌数小时以确保其完全溶解,于室温避光保存	

附录8 设计创新实验程序与要求

一、设计创新实验实施程序

1. 选题

学生根据课程设计创新实验选题范围要求自主选题，要求选题应具有科学性、新颖性、实用性。在此之前，由创新实验总指导进行选题指导讲座。

2. 文献检索

获取信息阶段当选定研究题目后，需要查阅大量的文献资料及实践资料，了解本题目近年来已取得的成果和存在的问题，找出要探索的课题关键所在，提出自己新的构思或假说，从而确定研究方案。同时，也可在方案中恰当地引用文献中先进的实验技术、方法。锻炼学生收集整理信息和科学运用信息的能力，培养学生的科学思维。此阶段前，安排文献检索讲座。文献检索要求：

1）检索工具的类型

几种检索工具：由于计算机检索速度快、检索范围大、检索途径多，可以同时检索多个数据库，并且可以立刻得到原文，因此成为现在最有效、最方便、最理想、应用最广的检索工具。

索引：许多图书馆都建立了馆藏图书查询系统，读者可以通过人名索引和关键词索引很方便地进行查询。

文摘：使人们不必看全文就可以大致了解文章的内容，是一种使用广泛的检索工具。

书目：将各种图书按内容或不同学科分类所编制的目录。

参考性与资料性工具书。

2）文献检索的方法及步骤

（1）分析研究课题：在检索之前要分析检索的课题，首先要分析主题内容，弄清课题的关键问题所在，确定检索的学科范围；接下来要分析文献类型，不同类型的文献各具特色，根据自己的需要确定检索文献类型范围、时间范围；最后要分析已知的检索线索，逐步扩大检索范围。

（2）确定检索工具：现在首选的方法是通过计算机在网络中搜索文献，再者就是到图书馆查询现有的书籍及期刊。

（3）几种常用的检索方法：①顺序查找法：从课题研究的起始年代开始往后顺时查找，直到近期为止，这种方法查全率高，但费时。②回溯查找法：利用某一篇论文（或专著）后面所附的参考资料为线索，跟踪追查的方法。这种方法是一种针对性更强、更直接、效率更高的文献查阅方法，在检索工具不齐全，对课题不熟悉的情况下是可取的。

（4）确定检索途径：现在常用的检索途径主要有 4 种主题途径：根据文献的主题词组织起来的检索系统，尤其是使用计算机检索文献的时候，利用搜索引擎，按照主题词去查找特定的文献，其效益更加明显。书名或篇名途径，把文献的名称按照一定的排检方法组织起来后形成的检索系统，用户只要知道文献的名称，就可以查找到原始文献。作者途径，把文献的作者按照一定的排检方法组织起来后形成的检索系统，比较适合对于某一特定作者所著文献的查找。分类途径，把文献的名称按照学科自身的体系组织起来的检索系统，它比较适合对某一特定学科中特定类别文献的查找。

（5）获取原始文献，利用检索工具查找的文献线索，获取原始文献。

(6) 建文献目录，这是查阅文献的最后一步，把阅读参考过的材料按照一定的顺序排列，叫做文献目录。

3) 针对某课题进行文献检索的一般步骤

分析问题，确定要研究内容的主题词和关键词。

根据确定的主题词和关键词，通过学校图书馆网站或者系统查询电子文献，查找该领域最新、最主要的研究方法、研究进展及研究成果。在项目立题或者编写实验计划时应重点检索期刊、杂志、国际会议、科研报告、国内外专利等内容，以了解该项目最新研究进展及现状。

在这些文献的基础上精心归纳总结，提出自己的观点及项目创新点，进行可行性论证，确定实验方案。

根据确定的方案进行回查。回查可以利用已有文献后面附的参考文献信息，找到实验方法、操作技巧及注意事项的原始文献，拿到第一手材料。文献回查时，可以通过图书馆的索引及数据库检索，应注意重点查询由该领域专家或者学术领头人编纂的教科书、实验手册、工具书、国家或者行业标准、学位论文的纸本或者电子图书，同时注重专门针对该实验方法进行研究的原始论文的查找。

文献回查时，可以通过文献的题目、作者进行检索，也可以通过刊载论文的期刊名称、年、卷、期、页码等信息进行回查。一般的数据库都有所收录期刊的列表，选择相应的期刊，该期刊会进一步按照年、卷、期的顺序列出，再选择相应的卷或期，会进一步列出该期刊物中所有的论文列表，再查找文献的摘要及全文信息。

4) 常用文献资源介绍

现在图书馆提供的电子文献已经成为最主要的文献来源。

图书馆现有的中文电子图书馆有超星数字图书馆、书生之家数字图书馆，在使用之前分别需要安装超星、书生之家图书浏览器；

图书馆现有的英文电子图书馆有 NetLibrary 电子图书、Springer 电子丛书；

图书馆现在提供的与生命科学相关的中文期刊全文数据库包括中国期刊网、万方数字化期刊、维普中文科技期刊；

图书馆现在提供的与生命科学相关的外文期刊全文数据库包括 Elsevier、Springer-Link、Web of Science-SCI、BIOSIS Previews、Science Online、OVID、John Wiley、High Wire Press 等；

图书馆现有的学位论文全文数据库包括吉林大学学位论文全文库、万方学位论文数据库；

图书馆还提供中国、美国、加拿大、欧洲、日本的专利数据库，部分国际会议论文数据库，网上免费科技报告数据库的链接。

学校及实验中心的图书馆还收藏着大量的教材、期刊、词典、工具书、专著、论文集等图书，也是收集文献的重要来源。学校和实验中心的图书馆对这些文献进行了编目，且已实现了信息化管理。实验中心图书馆的图书可以到实验中心的图书室直接办理借书证借阅。学校图书馆的图书可以通过任何一台电脑登陆学校图书馆主页 http://lib.jlu.edu.cn 进行查询；也可以使用图书馆提供的电脑进行检索；同时还可以向图书馆的工作人员寻求帮助，提供书名、作者、出版信息让工作人员帮助查询。检索学校图书馆的图书：登陆学校图书馆网站→查找资料→馆藏书目→书目查询，进入检索主菜单界面，也可以通过图书馆网站→图书/电子图书→图书馆书目查询系统(OPAC)进入检索主菜单界面，检索图书馆所收藏的所有中外文图书及期刊信息。学校图书馆的图书可以在网上进行预约或者续借，根据检索结果页面的提示，点击全部细节，在接下来的界面中，左面会出现“预约”链接，可以在此进行预约借书，再到图书馆相应位置借书。

互联网上浩瀚的信息，其中有大量免费的电子文章及电子书，也是我们学习及科研文献的重要来源。现有的搜索引擎种类繁多，常用的搜索引擎如下：

常用的中文搜索引擎 Google、Baidu、sogou、yisou；常用的英文搜索引擎 Yahoo、ovid、MSN、Aol、Previewseek；专门针对文献搜索的引擎有：Scholar of google、pubmed、博客搜索、专利搜索等；搜索引擎高度智能化、个性化，需要选择合适的进行搜索；中文非专业和一般专业问题选择百度；较专业信息选择 google；查专业性资料，首选 pubmed，再次选择 Scirus，当然也可以到各大杂志或数据库的网站查询，如 SD，OVID 等。

常用的生命科学论坛有：丁香园 http://www. dxy. cn；生物谷 http://www. bioon. com；生命经纬 http://www. biox. cn；生物软件网 http://www. bio-soft. net；国家科学数字图书馆生命科学学科信息门户 http://www. lifesciences. cn/SPT-Home. php 等。

在 baidu、google 及专业的 Scholar of google 的搜索引擎中，都包含高级搜索工具，可以对搜索的范围及搜索文件的类型进行限制，中文的文献一般是以 word 文档保存的，而英文文献一般以 pdf 格式保存，因此也可以将搜索到的文献限定为 doc、ppt、caj 或者 pdf 格式，这样来减少无关的新闻、技术、实验、人物信息，缩小搜索范围，提高命中率，直接找到期刊文献或者电子书。

网址的英文名称后缀是有行业及地域性质的，如以 edu. cn 为后缀的一般是中国教育网内的高校网址，因此可以通过限定网址 site:edu. cn 或 site:ac. cn 来限制搜索结果。

3. 设计实验方案

学生根据自主选择的题目，结合所学过的知识和综合文献，确定自己的研究方案，填写设计创新实验申请书（附表 1）。申请书按照科研课题申请内容，结合大学生创新实验特点设计，内容包括：实验题目、实验的理论依据、实验方案、设计小组人员名单、实验基础要求、申请者承诺、教师推荐意见、评审意见。这个过程可让学生了解科研课题申报的程序，培养学生用精炼语言表达自己的创新思想和设计方案，锻炼学生综合归纳的能力。

附表 1　设计创新实验项目申请书

编号：__________
项目名称：____________________
指导教师：____________________
项目负责人：____________________
联系电话：____________________
申请日期：____________________

项目负责人情况	姓　名		性　别	
	出生年月		学　号	
	政治面貌		所学专业	
	入学时间		电子邮箱	
	联系电话		项目负责人签字	
课程学习情况和主要科研业绩				

续表

项目组成员分工	

成员情况	排　名	姓　名	性　别	所学专业	本人签字
	1				
	2				
	3				
	4				

导师情况	姓　名		电子邮箱	
	职　称		联系电话	
	研究方向			

一、项目研究的目的意义、国内外现状(含应用前景、技术引进和市场情况)

1. 目的意义

2. 国内外研究现状

二、承担本项目的基本条件

三、研究内容(包括技术难点、技术关键、预期研究成果、创新性、可行性分析)

1. 技术难点

2. 技术关键

3. 预期研究成果

4. 创新性

5. 可行性分析

四、项目的研究方案[包括技术路线(工艺流程)、实验方案、主要参考文献]

1. 技术路线(工艺流程)

2. 实验方案(包括具体的实验操作步骤、所用药品、玻璃仪器、仪器设备及试剂配制方法)

3. 主要参考文献

五、计划进度(根据你自己的时间详细填写实验进度和时间安排)

六、研究经费预算

七、导师意见:(导师对所申报项目的意义、目标等的评价)

指导教师(签字):

年　月　日

八、评审组意见

评审组组长(签字):

年　月　日

九、中心意见

主管主任(签字):

年　月　日

4. 方案评审

按三个程序进行：教师初审、学生修改、讲评。方案由每个小组的指导教师初评，写出修改意见，学生进行修改，然后由中心组织师生统一讲评，每个小组对自己设计方案的创新点、采用的方法、实验安排等进行讲述，师生提问，进一步完善实验方案。

5. 实验的实施

被评审批准后的项目，先签署“设计创新实验协议书”交中心备案。再由创新实验秘书安排具体实验室，同时学生按实验计划提交设计创新实验所需材料、试剂和仪器等用品申请单，指导教师确认签字，主任审批签字后，交材料采购人员购买，由所在实验室管理老师负责到库房领取实验用品，并根据实验计划随时发放。并到档案室领取实验记录专用本。

设计创新实验协议书

实验项目：____

开放实验室学生在遵守“学生实验守则”、“学生实验习惯评定方法”、“实验室开放管理规定”等各项规章制度的同时，并严格遵守以下各项规定。

(1) 严格遵守实验操作规程，履行安全防火措施，对没有安全保证的实验严格禁止进行。

(2) 在开放实验室实验所使用的材料、试剂、玻璃仪器和仪器设备不准带出(搬出)该实验室。试剂使用后须放回原处，玻璃仪器使用后须刷洗干净并放回原处。

(3) 开放实验室学生必须填写“实验室开放记录簿”，进实验室须穿实验服。

(4) 实验过程中须严格按仪器的操作规程使用仪器，并填写“仪器使用记录”。实验后，须保证仪器设备、实验台面、试剂架及地面的清洁卫生，并填写“值日生工作完成登记簿”。离开实验室时一定要关好水、电、煤气和门窗。

(5) 遵守“开放实验材料消耗管理规定”。资助项目经费不得超支，实验材料的使用要力行节约，可重复使用的实验材料一定要回收再利用。实验中心按实验的设计方案检查实验材料和经费的使用情况，对实验材料浪费者视情节给予批评教育或停止实验。

(6) 要有严谨和务实的科研学风，按照“设计创新实验记录的基本规范”认真如实记录；按照“科研论文撰写要求”撰写论文。

(7) 遵守“开放实验项目成果管理规定”。严守实验项目的关键技术，不经指导教师允许，不得与企业、科研部门等洽谈与本项目有关的合作。

(8) 遵守“项目诚信承诺”，不得抄袭他人成果，不得弄虚作假、编造实验数据。一经发现，创新实验成绩视为不及格。

(9) 按“项目进度安排”保质保量完成各项研究任务。如实填写“大学生创新性实验计划项目进展表”，每月 30 日上交一次直至项目结题为止。

(10) 按时上交“创新性实验计划项目申请书”、“创新实验论文”或“专利”(打印版和电子版)和创新实验记录本。

(11) 晚上做完实验回寝室的同学一定要搭伴同行，保证同学的自身安全，否则责任自负。

协议保证人名单

	保证人签字	住址(随时可以联系)	电 话	签字日期
组长				
组员				
组员				
组员				
组员				
组员				
组员				

实验地点:________ 指导教师:________ 管理教师:________

实验时要严格按操作规范操作,观察细致,记录及时、准确、翔实,并进行数据统计与分析。实验记录按科研要求统一制定,培养严谨求实的科研品质和科学作风。

设计创新实验记录的基本规范

实验记录是记录发明行为的日志,是实验过程及结果的唯一原始记录,以便自己或他人能够据之重复研究者的结果,也是专利申请的重要佐证。为了培养学生科学、严谨和务实的科研学风,详细、准确地记录实验过程,特制定本规范:

(1) 记录本规格。记录本要装订成册并编上页码,并包含有目录页(研究中重要方法和结果要求在目录中有所体现)。每个记录本通常由一个研究者使用。实验记录本应当妥善保存,避免水、酸、碱浸蚀,无破损、不丢失。

(2) 记录书写基本要求。使用永久墨水,字迹清晰和完整;记录应按年度日期顺序排列,并根据连续编号记录;研究者应在实验中实时记录,并在每页附上签名及实验时间。记录应整洁、有序和完整,能保证同行和专利律师方便辨认。

(3) 可以记录的内容。实验记录本可记录研究中各种各样的数据,内容包括:初步的参考文献;研究目标;原理(尽管有些可能直到研究完成才可能知道);研究内容;研究方法;研究材料;使用的试剂(名称、级别、规格、批号、厂商);溶液的配制(浓度、配制日期、配制方法及保存条件);专利发明和实验时的想法;观察到的现象;采集的数据(应包括预期的和非预期的数据);所有的计算、结论以及解释和注释等,以及其他研究活动。例如会议、维护实验设备、使用到的大型/特殊设备和仪器(名称、型号和制造商)等。

(4) 记录和修订的要求。记录应措辞规范,如果使用缩略词、商标、商品名或代号,至少首次使用时在每一本记录本上对其进行定义。实验记录还要求不能涂抹任何内容,错误的记录要用单划线删除,并保证能辨认删除内容,还需注明删除理由和日期。严禁撕除记录页或者其中的附加物。实验中重要想法、实验或测试,或者有可能申请专利的发明的记录页应有旁证人;合作研究所有的贡献者必须签名,并注明参与人做了哪些具体贡献,而且所有人员都必须在记录本上签署名字和日期。每一个实验都必须在新页上填写。每页上不得记录超过两个及两个以上的实验记录;实验记录应连续,不得因为实验未完而预留空白页。不能连续记录的页面规定要指明承接的页码。任何空白处需划线填充以防止添加新的注释和结果。

(5) 其他注意事项。①所有数据必须直接记录在本上,禁止写在另外的纸上再抄录。原始数据如果不在该记录本上,则应注明出处。②附加物如表格、照片、图表、仪器输出件等,应使用胶水或胶带粘牢。在粘贴的附加物与实验记录页的交界处,应做上标记或签名。③不得在已记录的图片上做修改,应该重新绘制。④旁证人签名后任何人不得再对记录内容作修改,如有修改,应另行记录。

在开放实验室工作的学生要认真填写“实验室开放记录薄”(附图 7)、仪器设备使用记录和实验材料消耗记录。

实验室:________ 编号:________

实验室开放记录簿

吉林大学国家级生物实验教学示范中心

(a) 封面

姓 名	年 级	实验项目	实验日期	开始时间	结束时间

(b) 内文

附图 7 实验室开放记录簿

6. 中期汇报

设计创新实验的学生必学参加中期进展汇报,每小组将工作进展和下一部工作计划做成 PPT 汇报 5 分钟。

7. 结题总结

实验结束后,组织学生总结讨论,由每个小组对实验过程和结果进行阐述,指导教师或其他组学生对其进行提问,小组学生均可回答。指导教师对每一个创新实验进行点评和对创新实验的全过程进行总结,鼓励学生科研热情,激发学生创新愿望。

8. 撰写论文阶段

学生参加专家进行的科学论文撰写讲座,然后将自己的设计创新实验撰写成一篇学术小论文。论文刊登在《大学生创新实验》刊物上进行交流,优秀的论文推荐到核心以上刊物上发表。论文撰写要求如下。

1) 论文内容

(1) 论文内容应是由作者独立完成的具有理论意义或应用价值的较新研究成果。论文的文字应简洁、流畅、可读性强,语法与标点符号正确。

(2) 题名的编写应以最恰当、最简明的词语反映论文中最重要的特定内容。题名所用词语须避免使用不常见的缩略语、首字母缩写字、字符、代号和公式；应尽量避免使用副标题；避免使用标点符号；字数在20字之内。

(3) 题名下是作者姓名、单位、所在省、市、邮政编码。作者须是直接或部分参加课题研究的工作者、论文的撰写者、论文的主要责任者。署名顺序按课题研究和论文的贡献大小排列。不够署名资格，但对论文有帮助的人员应在文末致谢。当作者分属几个单位时，在姓名右上角标明序号，在单位中分别注明。

(4) 地脚内容有基金项目和作者简介，基金项目要注明基金项目名称和编号，不是基金项目的可不写；作者简介要注明第一作者姓名、出生年月、性别、年级、出生地、研究方向及电话、E-mail信箱；通讯联系人的说明可接续排列。

(5) 论文的中英文摘要既需具备研究目的、方法、结果和结论四要素，是一篇可供引用的完整短文，且要有自明性、独立性、简洁性，其中不包括图、表、参考文献，须以第三人称撰写。中文摘要字数应在250字之内。

(6) 关键词要有能满足文献标引及检索的词或词组3～8个，最好能从《汉语主题词表》或专业性主题词表中选取。

(7) 中文关键词下请注明中图分类号和文献标识码。①中图分类号即采用《中国图书馆分类法》对论文进行分类。②文献标识码的设置如下：A——理论与应用研究学术论文(包括综述报告)；B——实用性技术成果报告(科技)；C——业务指导与技术管理性文章(包括领导讲话、特约评论)；D——一般动态性信息(通讯、报道、会议活动、专访等)；E——文件、资料(包括历史资料、统计资料、机构、人物、书刊、知识介绍等)。

(8) 论文须有英文摘要(包括英文题名、作者姓名、单位、城市、邮编、省份、国名、摘要、关键词)，一起放在中文摘要下方，英文题名字数不宜超过10个实词，姓名用汉语拼音，姓和名分开，姓在前，名在后，姓全部用大写，名首字母大写，双字名两字中间用短线相连。英文摘要内容须与中文摘要对应。

(9) 论文的前言应该反映所研究领域的最新进展，对已有的研究成果要进行充分论述，对本文工作的创新思想和意义进行简要叙述。引用资料须给出文献。

(10) 论文应该对研究方法、研究成果进行充分的论述和分析讨论，突出论文的创新点，并对研究成果作出实事求是的总结和评价。

(11) 论文的参考文献要有代表性，要以近五年发表的论文为主。

(12) 研究论文的中文字数一般应该控制在8000字以内；研究简报一般应该控制在5000字以内(含图表及英文摘要)。

2) 文件格式

《设计创新实验》论文用word软件输入；图用Origin绘图软件制作；文字和图表混合排版。

3) 排版格式

(1) 页面设置：全文采用单栏格式；纸张：A4；页边距：上边距2.54 cm、下边距2.50 cm、左边距2.45 cm、右边距2.45 cm。

(2) 字体：中文用宋体字，英文和数字用Times New Roman字体；书眉：8号字；第一页脚注：6.5号字；题目：小二号黑体，居中，段落后1行；作者、单位：五号楷体，居中，人名间空格隔离，学院与城市间用中文逗号隔开，城市与邮编间空格隔开，段落后1行；中英文摘要、中英文关键词、中图分类号、文献标识码及文章编号用小五号宋体，标题加黑；一级标题(前言、材料与方法、结果与讨论、结论等)：标题编排应采用阿拉伯数字分级编号，编号应左起顶格，并用小四号宋体加黑，段落前后各 0.5 行；二级标题：标题编排应采用阿拉伯数字分级编号，编号应左起顶格，并用五号宋体加黑；正文：五号宋体；符号说明、参考文献：应左起顶格，用小五号宋体字，标题用五号宋体字加黑，段落前后各 0.5 行。

(3) 图、表：插图下要有图序、图注、中英文图题。图中线条要清晰、光滑，主线和辅线线型分开，标识符号大小要适宜；图的大小尽量用双栏排，曲线图宜选总宽 6～7 cm，总高 4.5～5 cm，总宽最大不超过 8 cm；图中字用小五号宋体，字数不宜过多；坐标图横纵坐标的起点和终点要有刻度和标识数字，横纵坐标刻度标识的稀疏要相当；图注放在图题上方，也可放在图中，用小五号宋体加黑；照片图要黑白清晰；表格采用三线表，含有表序、中英文表题，字体为中文用小五号宋体加黑，英文用六号 Times New Roman 字体；表中文字、数据、单位表达应清楚完整。表内不宜用“同上”、“同左”、“〃”等表示法，应填入具体数字或文字，如未测或无此项则不填任何符号，以空白表示，未检出或未发现项用“—”表示，实测结果为 0 则用“0”表示。需要对表格作说明时，在表格底线下以表注形式给出；表的总注用“*”号在表题上方标注，然后在表格下用“*”号给出标注内容；表中的注用①②③……注出，然后在表格下用①②③……给出。

(4) 量和单位：文中及图表中的计量单位须采用我国颁布标准中规定的法定计量单位，不能使用已废弃的单位，单位符号用正体表示。量符号尽量采用国家标准推荐的符号，要有正斜体之分。代表变量的用斜体，仅作为说明和注释用的字母或符号用正体；文中出现的量符号、缩写符号和自定的上下标含义全文应统一，并在文中说明含义或者在正文后用符号说明列出，量与单位间用“/”号隔开。

(5) 公式：公式应该用公式编辑器编排，不能用文本框编排。

(6) 参考文献：参考文献采用顺序编码制，在引文处，对引用的文献，按在论文中出现的顺序以阿拉伯数字连续排序，将序号置于方括号内，采用上角标形式标出。文后参考文献的序号应与文中对应。参考文献著录项目顺序

主要责任者：责任者最多取 3 名，多于 3 名时，在 3 名后用“，等”(英文用“，et al.”)表示。无论中文还是外文名的责任者，都应以姓前名后的形式著录，姓不能缩写，外文名缩写时首字母大写，中间空开，不加其他标点。

文献题名及版本：题名不加书名号“《》”；版本可以阿拉伯数字表示，例如“第 3 版”或“3rd ed”，初版可省略。

文献类型及载体标识：

参考文献类型	专著	论文集	报纸文章	期刊文章	学位论文	报告	标准	专利
文献类型标识	M	C	N	J	D	R	S	P

出版地：包含地名；出版者按来源形式著录；出版年份、卷号(期号)著录顺序。

主要类型如下：【期刊】作者(列 3 人以后用“等”). 文献题名[J]. 刊名，年，卷(期)：起-止页；【专著、论文集、学位论文、报告】作者. 书名[M 或 C 或 D 或 R]. 版本. 出版地：出版者，出版年. 起-止页(任选)；【论文集中的析出文献】析出文献主要责任者. 析出文献题名[A]. 原文献题名[C]. 出版地：出版者，出版年. 析出文献起-止页；【专利】专利所有者. 专利题名[P]. 专利国别(或区)，专利号. 出版年-月-日。

9. 成绩评定

学生完成以上程序后，将实验记录、研究论文等交到创新实验教学秘书，由指导教师根据学生选题科学性、方案可行性、实验创新性、实验数据准确性、结果的正确性、实验习惯、动手能力、敬业精神、团队意识等方面综合评定学生的设计创新实验成绩。然后，创新实验教学秘书将全部资料交中心档案室存档。

10. 奖学金与经验交流

为了鼓励学生科技创新，高新技术企业设立了“创新实验”专项奖学金，由基地科技创新奖学金评定委员会，根据学生科技创新过程中的实践能力、创新能力、科学思维及科技创新成果等分一、二、三等评定创新实验专项奖学金，并选部分学生进行创新实验经验介绍。

二、设计创新实验有关要求

1. 实验室开放管理规定

为了充分利用实验室的资源优势，鼓励学生在课余时间参加课外科技创新活动，提高实验教学水平，实施开放式教学，规范有序地做好中心实验室的开放工作，提高实验室的开放率和仪器设备的完好率，特制定本管理规定。

(1) 开放实验室学生签署“实验协议书”后，方可进入实验室进行实验。

(2) 实验时须严格遵守“学生实验守则”、“学生实验习惯评定方法”、“开放实验材料消耗管理”和“实验协议书”等实验中心的各项规章制度。

(3) 严格遵守实验操作规程，履行安全防水、防火、防燃和防爆措施，对没有安全保证的实验坚决禁止进行。要树立安全第一的思想，保证实验室的绝对安全。

(4) 指导教师要认真审核设计创新实验所需的仪器设备、实验材料、试剂等，避免浪费。确定后指导教师签字，中心主任审批后，方可购进。

(5) 指导教师要负责审核学生设计创新实验的时间安排，尽可能安排在白天和晚上10点前完成，极特殊情况要与实验中心联系，到保卫处办理手续，并与实验室值班人员预约。

(6) 实验材料的使用力行节约，可重复使用的实验材料一定要回收再利用。实验中心组织有关人员按实验的设计方案检查实验材料和经费的使用情况，对实验材料浪费者视情节情况给予批评教育或停止实验。

(7) 实验过程中玻璃仪器丢失、损坏，按“玻璃器皿使用管理及损坏赔偿规定”进行赔偿。

(8) 实验过程中仪器设备丢失、损坏，按“仪器设备、器材损坏丢失赔偿的管理办法”进行赔偿。

(9) 实验过程中须严格按仪器的操作规程使用仪器，并填写仪器使用记录。实验后，须保证实验仪器、实验台面、试剂架及地面的清洁卫生，并填写值日生工作完成登记簿。离开实验室时一定要关好水、电、煤气和门窗。

(10) 实验中心在设计创新(开放)实验期间，将安排人员轮流值班，有事请与值班教师联系。

(11) 仪器使用过程中出现问题应立刻报告，并及时维修，保证仪器设备的正常运行；仪器设备不允许擅自借出或搬到其他实验室。

(12) 设计创新实验如因实验设计不合理或实验操作失误，使实验无法正常进行，实验中心将终止其实验。

(13) 要有严谨的科学态度和实事求是的科研学风，按“设计创新实验记录的基本规范”认真进行记录。实验结束后，总结报告或研究论文和实验记录本由指导教师收回，统一返回实验中心备案。

(14) 严守实验项目的关键技术，不经实验中心允许，不得与企业、科研部门等洽谈与本项目有关的合作。

(15) 学生参与开放实验项目取得优异成果者可给予奖励。学校每年评选一批在培养学生创新能力方面成效突出的开放实验项目作为优秀项目，对参加者和指导教师进行奖励。

(16) 实验教师指导开放实验项目,可计算相应的工作量。

(17) 为资助和鼓励实验室开放工作,国家和学校每年设置一定数额的"大学生创新性实验"项目专项基金。学生申报经学校主管部门审定后,可获得开放实验项目专项经费资助。

2. 开放实验材料消耗管理

为了在有限的实验教学经费条件下,避免实验材料的浪费和流失,保障学生科技创新实践的顺利进行,特制定开放实验材料消耗管理规定。

(1) 指导教师要认真审核开放实验所需实验材料、试剂的数量,确定后经指导教师签字,中心主任或副主任审批后,方可购进。

(2) 各种层析柱及其柱料,必须由中心主任亲自审批后方可购入和领用。

(3) 材料采购教师和管理教师要严格监控开放实验的经费使用,避免实验项目的超支。

(4) 单价在50元以下(含50元)的材料和试剂,管理教师具体负责实验材料、试剂的领用管理,学生随用随取,不得一次性交给学生;单价在50元以上材料,由库房管理教师具体负责,用多少取多少;单价在100元以上的贵重药品由库房管理教师和材料采购教师共同负责管理,用多少领取多少。

(5) 学生应按实验设计方案使用材料和试剂,溶液配制须现用现配、够用即可,工艺探索须先做小量试验。

(6) 实验材料的使用力行节约,可重复使用的实验材料一定要回收再利用。实验中心组织有关人员按实验的设计方案检查实验材料和经费的使用情况,对实验材料浪费者视情节情况给予批评教育或停止实验。

3. 开放实验项目成果管理

为了鼓励大学生科技创新实验取得的成果,规范科学研究成果的管理,特制定本办法。

(1) 本办法适用于所有在实验中心从事科研工作学生所取得科技成果的管理。

(2) 在实验中心所属实验室完成的科研工作,知识产权归实验中心和研究者共同所有。

(3) 不经实验中心主任允许,实验人员不得私自公开发表论文和申报专利,不得与企业、科研部门等洽谈与本项目有关的合作。

(4) 对于可充分体现科技创新能力的高水平成果,实验中心按有关规定给予实验技术成果完成人相应的奖励。①大学生在科技创新实验期间发表论文,自己的研究成果在核心期刊发表论文者每篇奖励500元,被EI收录者每篇奖励1000元,被SCI收录者每篇奖励2000元;申报专利通过者每个专利奖励2000元。②对于完成某项科研成果有突出贡献者,奖励500～5000元。

(5) 涉及国家秘密的科技成果,按国家科技保密的有关规定进行管理。

(6) 严格保守技术秘密,严禁违规转移、转让科学技术成果,牟取私利,损害学校的声誉和技术经济权益。一经发现,学校有权按国家及学校有关规定予以处理。

(7) 科技创新实验所取得的技术成果实行登记、备案制度。

(8) 本办法若有与学校规定相抵触,则以学校规定为准。